Jetzt helfe ich mir selbst

Start-Schwierigkeiten

Dieser Wegweiser soll Ihnen helfen, bei streikendem Motor den Fehler einzukreisen. In Frage kommen fast immer nur zwei Störungsursachen: Zünd- oder Kraftstoffanlage. Der aussichtsreichste Weg: Von beiden Gruppen die Anfangsfrage beantworten und falls diese bejaht werden können, mit dem Wegweiser für die Zündanlage beginnen. Entsprechend unserer Tabelle läßt sich der

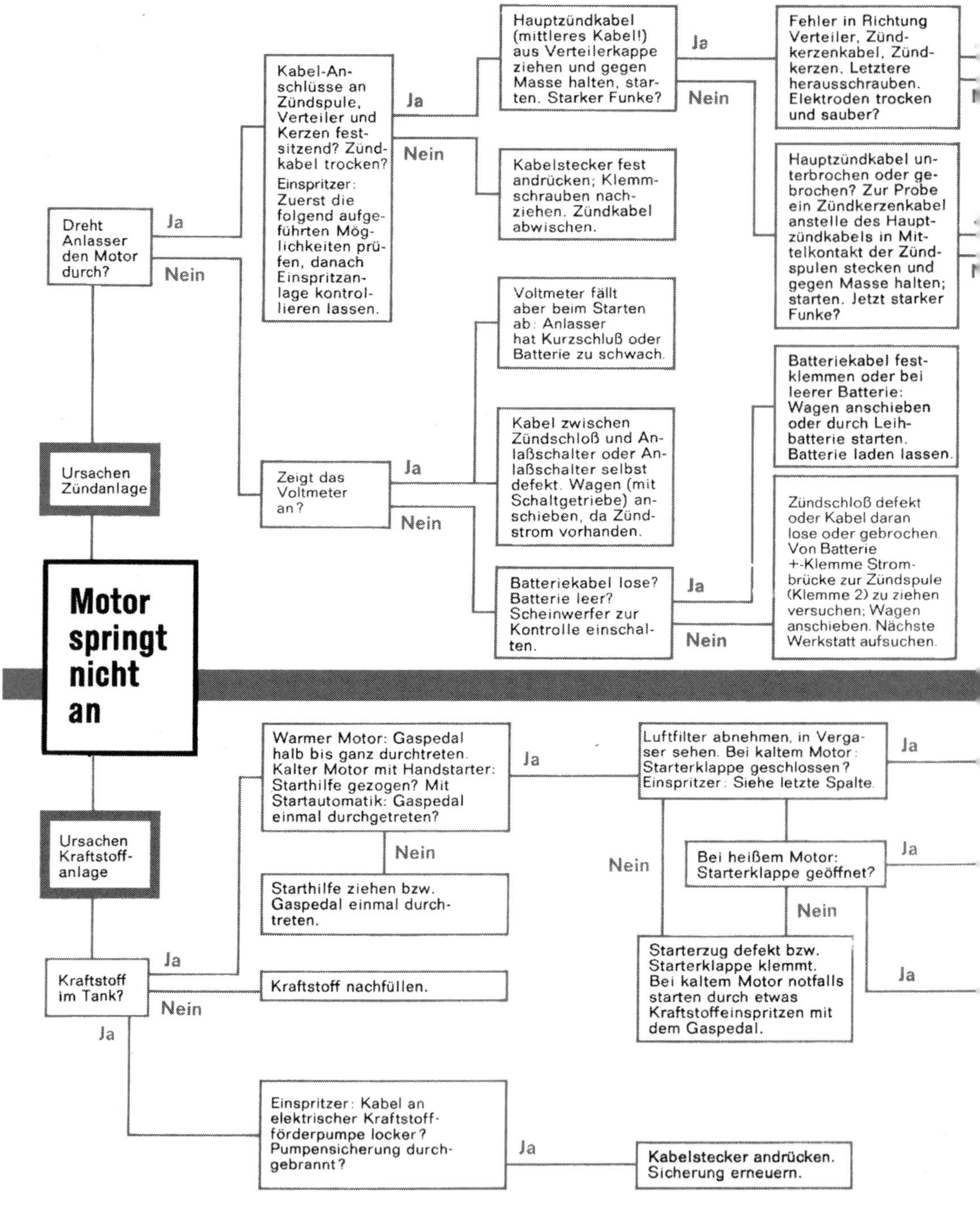

Dieter Korp

Peugeot 504

alle Vierzylinder außer Diesel

Jetzt helfe ich mir selbst

Unter Mitarbeit von
Wolfgang Schmarbeck

Motorbuch Verlag Stuttgart

Umschlagentwurf und Buchgestaltung: Peter Werner / Siegfried Horn
Titelbild: Wolfgang Schmarbeck

ISBN 3-87943-429-8

Auflage Nr. 103 188

Die in diesem Buch enthaltenen Ratschläge werden nach bestem Wissen und
Gewissen erteilt, jedoch unter Ausschluß jeglicher Haftung.
Änderungen durch Weiterentwicklung der beschriebenen Fahrzeugmodelle nach Drucklegung dieser
Auflage möglich. Idee und Gestaltung des Störungsfahrplanes in der vorderen Buchklappe: Verfasser.
Fotos: Dunlop 1, Peugeot 2, Schmarbeck 112.
Zeichnungen: Peugeot 25, Schmarbeck 1, Solex 2, Teroson 1.
Satz: Staub & Mayer, Vereinigte Druckereien, 7 Stuttgart 1.
Druck: KN Digital Printforce GmbH, Schockenriedstr. 37, 70565 Stuttgart
Printed in Germany.

Sie finden in diesem Buch

Seite

Antrieb und Fahrwerk

Die elektrische Anlage

Dies und jenes

Vorwort

So bleibt Ihr Auto mobil

Ständig steigende Kosten trüben die Freude am Auto. Neben festen und kalkulierbaren Zahlungen muß man als Autofahrer noch mit Ausgaben rechnen, deren Höhe von Arbeitslöhnen und Ersatzteilpreisen abhängt, wenn nämlich diese oder jene Reparatur notwendig wird. Kein Wagen läuft wartungsfrei tagein und tagaus, ganz abgesehen davon, daß im Laufe des Lebens eines Autos auch einiges für dessen Werterhaltung getan werden muß.
Inspektionen und Reparaturen müssen jedoch nicht immer Anlaß hoher Geldausgaben sein. Mit Hilfe dieses Buches können Sie einen großen Teil der anfallenden Pflegearbeiten selbst erledigen und noch manche nötige Instandsetzung dazu. Der Hauptzweck des vor Ihnen liegenden Handbuches soll es sein, Ihnen Geld und in manchem Fall auch kostbare Zeit sparen zu helfen. Würden Sie etwa gleich eine Werkstätte bemühen, wenn der Motor neuerdings beim Halt an Kreuzungen abstirbt? Wie der Leerlauf mit wenigen Handgriffen einreguliert wird, können Sie ab Seite 109 feststellen.
Zugleich gewinnen Sie Einblicke in die »Geheimnisse« Ihres Peugeot – ohne mit schwer verständlichen Fachausdrücken überhäuft zu werden. Das Wissen, das Ihnen dieses Buch vermittelt, ermöglicht Ihnen auch, unvermeidbaren Werkstattbesuchen wohlgerüstet entgegenzusehen und auch für die Prüfungen beim TÜV sachkundig vorbereitet zu sein.
Dieses Buch behandelt die Typenreihe des Peugeot 504, ausgenommen die Modelle mit Sechszylindermotor und mit Dieselmotor. Bestimmt erleichtern die positiven Eigenschaften und nicht zuletzt der individuelle Charakter des 504 Ihr Vorhaben, sich um das Wohlergehen Ihres Autos selber zu kümmern. Damit befinden Sie sich in der Gesellschaft einer sehr großen Anzahl tatkräftiger Leute, für die es längst zur Routine geworden ist, »mal eben« das Ventilspiel zu kontrollieren oder auch nur nachzusehen, ob der Säurestand in der Batterie noch stimmt. Solche vorsorglichen Maßnahmen behüten Sie vor unliebsamen Überraschungen.
Sehr freundliche und hilfsbereite Menschen trugen durch ihre Erfahrungen dazu bei, daß auf den folgenden Seiten viele praktische Ratschläge erteilt werden konnten. Dafür sei herzlich gedankt!

Die Verfasser

Das Stadtmonument von Belfort gab Armand Peugeot die Inspiration zum Markenemblem für seine Automobile. Bestimmt hatte er dabei auch die königlichen Eigenschaften des Löwen – Kraft und Ausdauer – im Sinn.
Will unser pfiffig dreinschauender Plüschlöwe die kleinen Peugeot 504-Modelle, die ihn umrunden, beschützen oder betrachtet er sie nur als Spielzeug – wer weiß es? Nun, mit tierischem Ernst soll man seinen Wagen nicht behandeln. Mit ihm und an ihm will man hauptsächlich Freude haben. Dazu ist es freilich nötig, dem Wohlergehen seines rollenden Freundes gelegentlich einige Aufmerksamkeit zu schenken. Mit des Buches Hilfe wird Ihnen das gelingen. Dann ist es verständlich, wenn Sie sich in Ihrem Peugeot wohlfühlen wie ein König.

Auf den ersten Blick

Niemand ist technisch so unbegabt, daß er nicht eine Birne des Kronleuchters oder die Batterien im Kofferradio wechseln könnte. Für jeden Handgriff, den man – vielleicht nur aus Bequemlichkeit – machen läßt, muß man heutzutage Geld auf den Tisch legen. Dazu gehört z. B. auch das Einsetzen einer neuen Scheinwerferlampe unterwegs an fremder Tankstelle. Ohne jegliche Spezialausbildung kann man sich auch als Autofahrer selbst helfen oder wenigstens einen entstehenden Schaden rechtzeitig entdecken, obgleich man auch nicht immer in der Lage sein wird, ihn selbst zu beheben.
Sie brauchen demnach kein Fachmann zu sein, um sich über den Zustand Ihres Peugeot im Klaren zu sein. Dazu müssen Sie noch nicht einmal Werkzeug haben und sogar die Hände bleiben sauber. Ganz gewiß verfügen Sie über so viel Beobachtungsgabe, um auch in größeren Zeiträumen allmählich entstehende, äußerlich sichtbare Veränderungen festzustellen (womit nicht nur die Bildung von Rost gemeint ist). Wie einfach es ist, lediglich mit Auge und Ohr verschiedene Kontrollen durchzuführen, wird Ihnen beim Lesen des nächsten Abschnitts sogleich auffallen.

Prüfen im Stand

Will man sich davon überzeugen, ob sich die Technik eines Autos in einwandfreiem Zustand befindet, muß man eine Probefahrt vornehmen. Probefahrten beginnen aber schon im Stand. Nur ein guter Zustand aller Aggregate und Teile garantiert auch während der Fahrt deren Funktion.
Gehen Sie gelegentlich um Ihren Wagen herum. Bei hellem Tageslicht erkennt man am ehesten

- Kratzer im Lack,
- Rostansatz,
- Beulen,

und im gleichen ›Arbeitsgang‹ beurteilt man den

- Zustand der Reifen.

Zu jeder Tages- und Nachtzeit läßt sich die Beleuchtungsanlage überprüfen:

- Abblendlicht?
- Standlicht?
- Fernlicht?
- Rückleuchten?
- Bremslichter?
- Alle Lichtspender sauber?

Machen Sie die Motorhaube auf:

- Ölstand?
- Vergaser feucht?
- Keilriemenspannung?
- Kühlwasserstand?
- Scheibenwaschbehälter gefüllt?
- Stand der Bremsflüssigkeit?
- Batteriepole sauber?
- Zündkabel locker?

Starten Sie jetzt den Motor und nehmen Sie Ihr Gehör zu Hilfe:

- Ungleichmäßiger Leerlauf?
- Ventilgeräusche?
- Sonstige, früher nicht wahrgenommene Geräusche?

Sehen Sie sich als nächstes den Standplatz des Wagens an: Frische Ölflecken?

Wenn ja, woher? Und wie verhält es sich mit der Unterseite des Autos? Nutzen Sie zu dieser Betrachtung den nächsten Ölwechsel bei Ihrer Tankstelle, wenn der Peugeot über einer Grube oder auf einer Hebebühne steht. Sollte bis dahin aber noch längere Zeit vergehen, tun Sie zur Sicherheit folgendes: Nehmen Sie Packpapier, alte Zeitungen oder praktischer noch eine öfter verwendbare Kunststoffolie, worauf Sie sich legen können, und kriechen Sie so weit wie möglich unter Ihren seitlich angehobenen Wagen. Schauen Sie sich in Ruhe und der Reihe nach an:

- ■ Öl am Kurbelgehäuse, Getriebe?
- ■ Bremsleitungen verrostet?
- ■ Anschlüsse der Bremsleitungen feucht?
- ■ Handbremsseil locker?
- ■ Stoßdämpfer ölverschmiert?
- ■ Auspuff durchgerostet?
- ■ Unterbodenschutz angegriffen?
- ■ Rostansatz?

Sie sollen diese Kontrollen »unten herum« auch von der anderen Seite des Wagens aus vornehmen. Dann können Sie mehr beurteilen und gleichzeitig feststellen, ob alle freihängenden Räder schwergängig sind und ob die Radlager zu viel Spiel aufweisen.
Wenn Ihre Untersuchung irgendwelche Mängel aufdeckte, können Sie selbst beurteilen, wie Sie Abhilfe schaffen wollen. Suchen Sie im Stichwortverzeichnis dieses Buches den entsprechenden Abschnitt und lesen Sie diesen durch. Welche Möglichkeiten der Eigenhilfe sich bieten oder wie eventuell die Werkstatt vorgehen würde, um einen Schaden zu beheben – die Beschreibung wird Sie zu dem für Sie günstigsten Entschluß führen. Der Sinn dieses Buches ist es ja, Ihnen Ratschläge zu erteilen, wie Sie in möglichst perfekter und zugleich kostengünstigster Art den Zustand Ihres Autos erhalten können.

Probefahrt

Pflegearbeit Nr. 31

Im Anschluß an die eben beschriebene Untersuchung muß man natürlich auch beobachten, wie sich das Auto während der Fahrt verhält. Probefahrten, die in den Werkstätten nach Inspektionsdiensten und nach größeren Reparaturen vorgenommen werden, führen dort nicht immer zu echten Aufschlüssen. Zeitmangel im Betrieb und Verkehrsdichte vor dem Werkstattor verhindern oder verfälschen manchmal diese wichtige Kontrolle. Der Fachmann kommt auch zu aufschlußreichen Beobachtungsergebnissen, wenn der Wagen in der Werkstatt auf dem Prüfstand steht.
Die selbst ausgeführte und mit Umsicht unternommene Probefahrt bietet Sicherheit und läßt rechtzeitig eventuelle Mängel erkennen. Jedermann kann – je nach Erfahrung – seine eigene Methode entwickeln, eine solche Probefahrt mit wirklichen Erkenntnissen über sein Auto zu beenden, ohne irgendwelchen Täuschungen zu unterliegen. Wir schlagen vor, die Reihenfolge der Kontrollen nach folgendem Schema einzuhalten:
Bremsen – Lenkung – Motor – Kupplung – Getriebe – Elektrik.

■ Bremsen: Siehe Abschnitt »Bremsen prüfen« im Kapital »Die Bremsen«.

■ Rollt der Wagen leicht (Motor im Leerlauf, Schalthebel neutral) weiter? (Sonst zu schwergängige Räder; nicht zurückgezogene Bremsbeläge?)

■ Wagen mit Gas und ohne Gas fahren und rollen lassen, Hände vom Lenkrad. Der Wagen darf nicht einseitig ziehen (die Straße darf nicht gewölbt sein, gilt auch für den Bremsversuch). Lenkung kurz anreißen und loslassen: Kommt der Wagen von selbst in die Geradeausrichtung zurück? Stellt sich die Lenkung nach der Kurve ohne Nachhilfe zurück? Läßt sich das Lenkrad leicht drehen? Kein zu großes Spiel in der Lenkung?

■ Läuft der Motor im Leerlauf leise und gleichmäßig? Auch nach längerer Fahrt? Sauberer Übergang und ruckfreies Beschleunigen beim Gasgeben?

Gaswegnehmen aus höherer Geschwindigkeit: Unübliche Geräusche von Motor, Getriebe, Auspuff? Patschen im Vergaser oder im Auspuff?

■ Trennt die Kupplung beim Schalten (kein Kratzen im Getriebe)? Rutscht sie beim scharfen Gasgeben gleich nach dem Schalten und entlastetem Kupplungspedal durch (Motor dreht hoch, ohne daß der Wagen schneller wird)? Bei Getriebeautomatik: Reagiert der Wagen in allen Fahrstufen in gewohnter Weise?

■ Funktionieren alle Scheinwerfer, Leuchten und Kontrollampen? Arbeiten die Blinker richtig? Zeigen die Instrumente an? Funktioniert das Gebläse?

Prüfen vor der TÜV-Kontrolle?

Die Verkehrssicherheit würde allgemein sinken, müßten nicht die Autos alle zwei Jahre beim Technischen Überwachungsverein vorgeführt werden. Wann der nächste Vorführtermin für Ihren Wagen festgelegt ist, das ersehen Sie aus der farbigen Plakette auf dem hinteren polizeilichen Kennzeichenschild und aus dem entsprechenden Vermerk im Kraftfahrzeugschein. Das Überziehen dieses Termins kostet ein Verwarnungs- oder Bußgeld.

Der bisweilen gefürchteten Kontrolle können Sie in Ruhe entgegensehen, wenn Sie Ihren Peugeot sachverständig, anhand dieses Buches, gepflegt haben. In Selbsthilfe oder in der Werkstatt abgestellte Mängel beweisen dem Prüfer Ihr Interesse und lassen seine Beurteilung bei einer eventuell doch noch zu bestehenden Beanstandung sachlicher ausfallen, als wenn er ein im ganzen verkommenes Fahrzeug vor sich hätte. Es gehört also auch dazu, die Wagenunterseite direkt vor der Fahrt zum TÜV gründlich reinigen zu lassen. Das bekommt man an jeder Tankstelle gemacht. Die Fahrwerkteile und die Bremsleitungen müssen für den Prüfer mühelos – also ohne Dreckkruste – zu erkennen sein. So vorbereitet wird die TÜV-Untersuchung nur zu einer Routineinspektion.

Natürlich werden Sie Ihren Peugeot vorher selbst eingehend unter die Lupe nehmen. Der Auspuff ist auf Durchrostung, die Reifen sind auf Profiltiefe zu prüfen. Die nicht serienmäßigen Anbauteile, etwa fremde Auspufftöpfe, überlaute Signalhörner, Eigenbau-Schaltungen, sind zu entfernen und zu ersetzen. Sie können auch einer Werkstatt den Auftrag erteilen, Ihren Wagen für die TÜV-Kontrolle vorzubereiten. Aber das wird möglicherweise teuer. Solchen gern gesehenen Kunden könnte manche geschäftstüchtige Werkstatt Ersatzteil- und Reparaturkosten auf die Rechnung setzen, die mit dem Auftrag nur wenig zu tun hätten.

Gewitzte Autobesitzer handeln umgekehrt. Sie führen erst einmal Ihren gesäuberten Wagen dem TÜV vor und erklären dabei, daß Sie sich über eventuelle Mängel informieren wollen. Nach der Kontrolle überreicht der Prüfer einen

Sorglosigkeit kann teuer zu stehen kommen. Darum sollte man es öfter tun als andere Wagenbesitzer: die Beleuchtungsanlage kontrollieren. Bequemer hat es natürlich der, der sich bei dieser Probe helfen lassen kann wie hier auf dem Bild. Aber es geht auch, wenn man alleine ist und das Funktionieren der einzelnen Lampen bei allen Schaltungen separat überprüft. Zugleich sollte man auch – unabhängig von der Wagenwäsche – öfter die Deckgläser mit einem feuchten Tuch sauberwischen. Dadurch kann die vom Schmutz verminderte Leuchtkraft wieder voll wirksam werden.

schriftlichen Befund, nach dem sich jetzt die Werkstatt richten soll. Der ausdrückliche Hinweis, nur die vermerkten Mängel zu beheben, verhilft zu einer preislich angemessenen Instandsetzung. Danach stellt man den Wagen ein zweites Mal dem TÜV vor, möglichst unter Beifügung der detaillierten Rechnung. Die neue Prüfplakette wird man jetzt ohne Verdruß erhalten. Trotz Nachgebühr spart man mit diesem erneuten Besuch schließlich doch.
Vor dem Besuch beim TÜV ist außerdem noch einiges zu beachten. In einzelnen, diesbezüglichen Abschnitten des vorliegenden Buches finden Sie das erklärt. An dieser Stelle sei besonders auf die Seiten 87, 110 und 158 hingewiesen.
Und noch einige Tips: Die Untersuchung braucht nicht bei einer TÜV-Stelle am Wohnort zu erfolgen (man kann sich also eine solche aussuchen, bei der man sich mehr Entgegenkommen verspricht). Ungünstige Prüfzeiten sind die Tage vor den Ferien und vor den Feiertagen, allgemein jedoch das Frühjahr. Mit einzelnen Prüfstellen kann man auch Termine vereinbaren.

Kraftstoffverbrauch messen

Der Verbrauch eines jeden Autos wird durch Verkehrsverhältnisse, Belastung und Witterung beeinflußt, insbesondere aber durch die Fahrweise dessen, der da schaltet und Gas gibt. Fallen die genannten Umstände negativ aus, liegt der Benzinverbrauch merklich höher als normal. Zu hoher Verbrauch kann natürlich auch andere Ursachen haben, wie Sie gleich noch sehen werden. Um aber realistisch beurteilen zu können, wann und warum der Verbrauch eventuell zu hoch ist, beherzigen Sie: Gleichmäßiges und aufmerksames Fahren ist immer rentabler als ein sehr flotter und nervöser Fahrstil. Bei den hohen Benzinpreisen ist es für viele Autofahrer wichtig zu wissen, welche Sparmöglichkeiten gegeben sind. Der Rat zu einer überlegten Fahrweise ist hier am Platze.

Was ist der Normverbrauch?

Wenn die Rede auf den Kraftstoffverbrauch kommt, fällt vielfach die Bezeichung »Normverbrauch«. Dieser wird nach den DIN (= **D**eutsche **I**ndustrie **N**orm)-Prüfbedingungen 70030 ermittelt: Die Verbrauchswerte werden seit 1979 unter drei unterschiedlichen Fahrbedingungen gemessen. Im Stadtverkehr ist ein sogenannter Fahrzyklus vorgeschrieben, der aus 25 Einzelvorgängen besteht – u. a. Leerlauf, Beschleunigen, Schalten, Bremsen und verschiedene Geschwindigkeiten von 10, 15, 32, 35 und 50 km/h. Dann kommt eine Fahrt mit konstant 90 Stundenkilometern und eine solche mit 120 km/h.
Früher wurde der DIN-Verbrauch so gemessen: Das mit halber Nutzlast beladene Auto fährt gleichmäßig mit $^3/_4$ der Höchstgeschwindigkeit (höchstens jedoch 110 km/h) auf einer absolut ebenen Fahrbahn bei Windstille. Zu dem so erreichten Wert wurden noch 10% hinzuaddiert.
Allgemein muß man mit höheren Durchschnitten als mit dem als »Normverbrauch« bezeichneten Wert rechnen. Nur unter sehr günstigen Bedingungen wird man diese Angabe unterschreiten können. Allgemein wird der Verbrauch bei den Limousienen schließlich zwischen 11 und 14 Liter/100 km liegen, letztere Angabe auf Stadtbetrieb oder winterliche Bedingungen bezogen, die sich beim vollbeladenen Kombiwagen noch entsprechend erhöhen kann. Die Schwankungen im Verbrauch bei einem hubraumstarken Wagen wirken sich stärker aus als bei einem schwachmotorisierten Wagen, bei dem eine 50prozentige Verbrauchssteigerung (etwa im Winter) wegen des an sich schon geringen Normverbrauchs weniger ins Geld geht.
Bei jedem Auto steigt der Verbrauch mit der gefahrenen Geschwindigkeit. Wäre es möglich, ständig ein bestimmtes Tempo einzuhalten, so sähe die Sache noch ganz gut aus. Aber so ideal sind die Verkehrsbedingungen selten und man muß abbremsen und wieder Gas geben, was den Konsum erhöht. Rechnen Sie des-

halb bei der 93-PS-Limousine ruhig mit einem knappen 13-Liter-Durchschnitt und beim Break mit annähernd 13,5 l. Wie wir feststellten, kann man trotzdem zufrieden sein: Die Messungen bei mehreren Autobahnfahrten zwischen Tempo 120 und 140 bei letzterem ergaben exakt einen 13-Liter-Verbrauch.

Verbrauchsmessung mit dem Fahrtenbuch

Für die laufende Verbrauchsbeobachtung eignet sich am besten ein ordentlich geführtes Fahrtenbuch (kostenlos bei der Tankstelle erhältlich). Die Verbrauchsmessung geht dann so: Jeweils getankte Benzinmengen eintragen, alle paar tausend Kilometer zusätzlich nach dem Volltanken den genauen Kilometerstand eintragen. Alle Nachfüllmengen zwischen zwei km-Eintragungen addieren und den Gesamtverbrauch durch die gefahrenen km (mindestens 2000 km!) teilen und mit 100 multiplizieren – das ergibt den Liter-Verbrauch auf 100 km. Rechenbeispiel: Letzte km-Notierung 34387, vorletzte Notierung 32159 km, ergibt 2228 km Meßstrecke. Getankt wurden nach km-Stand 32159 (ohne die damalige Volltankung!) bis einschließlich km-Stand 34387 insgesamt 257,56 Liter. 257,56 : 2228 = 0,1156 (das ist der Liter-Verbrauch auf einen Kilometer). Mit 100 multipliziert erhalten Sie 11,56 Liter Verbrauch je 100 km.
Falls Ihnen die Fahrtenbuchführung zu umständlich ist, sollten Sie wenigstens die Tankquittungen sorgfältig sammeln, bei Volltankungen darauf Ihren km-Stand notieren und von Zeit zu Zeit mit diesen Quittungen nach der eben beschriebenen Methode prüfen, ob der 504 keinen über den Durst trinkt.

Zu hoher Verbrauch

Stets wird das Auto Ihres Nachbarn weniger Benzin verbrauchen. Bei näherer Nachprüfung dürften sich diese angeblichen Verbrauchswerte aber spürbar in Richtung Wirklichkeit verschieben.
Denn man kann gar nicht dauernd sparsam fahren, das lassen die heutigen Verkehrsverhältnisse überhaupt nicht zu. Es ist nicht vertretbar, als rollendes Verkehrshindernis zu erscheinen, dessen Fahrer sich scheut, auf das Gaspedal zu treten. Ständiger, allzu geiziger Blick auf den Kraftstoffanzeiger schadet nämlich am Ende. Fortwährend niedrigtourig und lahm gefahrene Motoren erreichen besonders auf kurzen Strecken kaum die günstigste Betriebstemperatur. Somit unterliegen sie einem höheren Verschleiß und leiden unter Rückstandablagerung aus der unvollkommenen Verbrennung von Kraftstoff und Öl, trotz scheinbar schonender Fahrweise.
Wenn also das kostbare Naß nicht durch ein Loch im Tank ins Freie rinnt, wenn auch Ihre Fahrweise Ihrer Ansicht nach benzinsparend sei und wenn der Motor Ihres Peugeot trotzdem über alle Maßen säuft, dann müssen Sie den Grund dazu in einer der nachstehend aufgeführten Ursachen suchen.

Fahrerursachen

■ Beschleunigen mit voll durchgetretenem Gaspedal. Man spart Benzin durch langsames Niederdrücken des Gaspedals in der Weise zunehmend, wie der Motor Gas annehmen kann.
Der günstige Verbrauch liegt im Bereich der höchsten Durchzugkraft des Motors (= günstigstes Drehmoment bei bester Zylinderfüllung). Das maximale Drehmoment der Peugeot 504-Motoren liegt bei folgenden Drehzahlen: 1,8-Liter-Motor mit 73 PS = 2500 U/min, dagegen 3000 U/min bei den Motoren mit 2 Liter Hubraum (93 und 104 PS). Dem entspricht beispielsweise, daß man im Stadtverkehr bei der 50-km/h-Beschränkung am sparsamsten im 2. und 3. Gang fährt.
■ »Bleifuß« fahren. Die Differenzgeschwindigkeit zwischen dauerndem Vollgas und leicht zurückgenommenem Gasfuß ist unwesentlich. Der Benzinverbrauch sinkt jedoch bei besonnener Fahrweise spürbar.

Wagenursachen

■ Hohe Belastung (Urlaubsgepäck) kostet mehr Verbrauch. Man merke sich: 100 kg Zuladung erfordern ca. 0,5–1 Liter mehr Benzin auf 100 km.

■ Zu niedriger Reifendruck erhöht den Rollwiderstand. Vor Autobahnfahrt Luftdruck prüfen. Falls nötig erhöhen; siehe Seite 164.

■ Zu knappes Radlagerspiel oder schleifende Bremsbeläge machen die Räder schwergängig. Die Handbremse muß auch richtig eingestellt sein.

■ Radeinstellung der Vorderräder stimmt nicht. Einseitige Abnutzung der Reifen und unsaubere Lenkeigenschaften lassen dies erkennen.

■ Reifenart beeinflußt den Verbrauch. Die ohnehin vorgeschriebenen Gürtelreifen verhelfen zur Sparsamkeit. M+S-Reifen erhöhen den Rollwiderstand und damit den Verbrauch.

Motorursachen

■ Ein neuer Motor braucht ungefähr 5000 km, bei ungünstigen Fahrbedingungen bis zu 10 000 km, bis er die vorteilhaftesten Leistungs- und Verbrauchswerte erreicht.

■ Verschmutztes Luftfilter behindert eine optimale Zylinderfüllung.

■ Schwimmer klemmt oder ist porös, oder Schwimmerventil ist undicht. Siehe Kapitel »Vergaser«.

■ Zündung nicht in Ordnung. Zündzeitpunkt verstellt. Zündkerzen verschmutzt, locker oder verbraucht. Siehe Kapitel »Zündanlage«.

■ Kraftstoffpumpe ohne ordnungsgemäße Förderleistung. Siehe Kapitel »Vom Tank zur Kraftstoffpumpe« und »Die Einspritzanlage«.

■ Kraftstoffleitungen gelockert. Kurz nach dem Abstellen des Wagens meist mit einem Blick unter das Fahrzeug festzustellen, wenn Benzin auf den Boden tropft.

■ Starker Motorverschleiß. Schlecht schließende Ventile, verschlissene Kolben und Zylinder ergeben mangelhafte Kompression und führen zu Leistungsverlusten und ansteigendem Verbrauch.

Äußere Ursachen

■ Vorwiegend Stadtverkehr. Der Motor dreht zu oft im Leerlauf. Notwendige Betriebstemperatur wird nicht erreicht. Starkes Beschleunigen nach Kreuzungen läßt sich meist nicht vermeiden, steigert aber den Verbrauch erheblich.

■ Niedrige Außentemperaturen lassen den Motor nicht warm werden. Schmierstoffe in Motor, Getriebe und Radlagern bleiben länger steif und leisten Widerstand.

■ Schnee und Matsch, aber auch Kurven und schlechte Straßenoberflächen erhöhen den Rollwiderstand.

■ Gebirgsstrecken zwingen zum vielen Schalten und Beschleunigen. Winterlicher Stadtverkehr kann den Verbrauch bis um 3 Liter ansteigen lassen.

Die Benzin-Qualität

Die Klopffestigkeit eines Kraftstoffes hängt einerseits von der entsprechenden Qualität und Verarbeitung des Rohöls ab und sie wird andererseits durch sogenannte »Klopfbremsen« – zumeist das hochgiftige Bleitetraäthyl – auf die notwendige OZ-Höhe gebracht. Lediglich für einige Zeit nach 1972 und 1976, als durch gesetzliche Vorschrift in der Bundesrepublik der »Bleianteil« bis auf 0,15 Gramm pro Liter Benzin gesenkt werden mußte – die anderen europäischen Länder haben heute noch einen 3- bis 6-fachen Bleizusatz –, sank hierzulande die Klopffestigkeit der Kraftstoffe ein wenig. Seit einigen Jahren liegt aber in der Bundesrepublik die Klopffestigkeit der Kraftstoffe wieder an der Spitze mit 98 bis 100 ROZ für Super und 91 bis 95 ROZ bei Normal. Vorgeschrieben sind in der Bundesrepublik nach DIN 51 600 für Super mindestens 98 ROZ sowie 88 MOZ und für Normal 91 ROZ sowie 82,8 MOZ.

Verdichtungsverhältnis bestimmt die Kraftstoffart

Die Peugeot-Motoren sind nicht so hoch verdichtet, daß man bei der gegenwärtigen Kraftstoffqualität Bedenken aufkommen lassen müßte. Die nachfolgende Tabelle zeigt, welchen echten OZ-Anspruch die verschiedenen 504-Motoren haben, wobei natürlich ein innen sauberer Motor – Verbrennungsrückstände im Zylinder erhöhen den OZ-Anspruch erheblich! – und eine einwandfreie Einstellung von Vergaser und Zündung Voraussetzung sind.

Motor	Hubraum	Verdichtung	Bedarf ROZ	Bedarf MOZ	Kraftstoff
504 GL	1796	8,4	95	86	Super
504 Injection	1796	8,4	95	86	Super
504 GL	1971	8,4/8,8	95	85	Super
504 TI	1971	8,4/8,8	95	86	Super
504 L, 504	1796	7,5	90	80	Normal
504 ab 1980	1796	8,8	95	86	Super

Um den ab Oktober 1976 in Kraft getretenen Abgasbestimmungen zu entsprechen, wurde das Verdichtungsverhältnis des GL- und TI-Motors erhöht, wie in der Tabelle hinter dem Schrägstrich angegeben. Die 1980 erhöhte Verdichtung beim Grundmodell ergab einen geringeren Verbrauch.

In einigen Ostblockländern muß man allerdings wachsam sein und bei Reisen dorthin rechtzeitig Informationen über die dort angebotenen Kraftstoffe einholen. Auch im Inland soll es vorkommen, daß an vereinzelten Tankstellen nicht immer der beste »Saft« zur Verfügung steht. Schwierigkeiten in westlichen Ländern sind nicht zu erwarten.

Man sollte – als Vorsichtsmaßnahme – vom Übergang von längerem Stadtverkehr, wenn die Verbrennungsräume des Motors durch Rückstandsbildung verkokt sind, auf scharfe Fernfahrt vor der ersten Stunde maximal nur 4500 U/min drehen lassen. Das sind in den beiden oberen Gängen beim Zweilitermotor rund 100 km/h und 130 km/h. Der Motor braucht dann speziell auf der Autobahn diese Zeit zum Einlaufen bzw. Freibrennen der Brennräume. Im Sommer ist es wichtig, das Warnlicht für mangelhaften Öldruck im Auge zu behalten. Siehe hierzu den Abschnitt »Die Öldruckanzeige« Seite 214.

Was ist Klingeln oder Klopfen?

Es gibt zwei Arten dieser für den Motor schädlichen Erscheinungen, entweder durch die Verwendung falschen Kraftstoffs oder durch eine abweichende Zündzeitpunkt-Einstellung verursacht. Die eine Art, das sogenannte Beschleunigungsklopfen, tritt nur kurzzeitig – beim Beschleunigen – auf und auch nur in den seltenen Fällen, wenn etwa der superkraftstoffbedürftige Motor mit Normalbenzin betrieben wird. Das Klingeln wird dann bei plötzlichem Gasgeben aus niedrigen Drehzahlen heraus hörbar, wenn Sie beispielsweise im 3. Gang aus 20 bis 30 km/h heraus kräftig beschleunigen oder an einer Steigung schaltfaul fahren, also den Motor quälen. Man muß aber ein aufmerksames Ohr haben, um das Klingeln im Motor zu hören, denn es wird zum Teil von Fahrgeräuschen überdeckt. Es ist besser hörbar, wenn man den zu prüfenden Wagen an sich vorbeifahren läßt.

Das Hochdrehzahlklopfen ist die üblere Art des Klingelns, weil es praktisch nicht wahrnehmbar ist und dazu noch über längere Entfernungen auftritt. Es kommt nicht nur bei hohen Dauergeschwindigkeiten vor, sondern auch bei langsamer Fahrt im kleinen Gang bei Vollgas. Für beide Arten des Klopfens ist der 504-Motor nicht sonderlich ausgelegt, trotzdem wollen wir kurz schildern,

was es mit dem Klingeln (mit Klopfen wird dieses Geräusch weniger genau bezeichnet) auf sich hat.
Normalerweise verbrennt das Kraftstoff-Luft-Gemisch im Zylinder auf Befehl der Zündkerze. Springt an ihren Elektroden der Funke über, entflammt das Gemisch. Die von dem Zündfunken ausgelöste Flammenfront kann Teile des Kraftstoff-Luft-Gemisches in eine Ecke drängen, wo sie sich separat – nach dem eigentlichen Entzündungsvorgang durch den Funken – entzünden. Dabei bilden sich örtliche Überhitzungsherde und Druckwellen, die den Motor bis in seine Kurbelwellen- und Pleuellager erschüttern. 5 km Strecke, die unter Klingelerscheinungen zurückgelegt werden, können den Motor mehr verschleißen als etwa 150 km normale Fahrstrecke.

Nachdieseln

Nachdieseln oder Nachlaufen des Motors macht sich manchmal durch Glühzündungen nach dem Abstellen der Zündung bemerkbar. Dieses Weiterlaufen des Motors ohne Fremdzündung ist ein Zeichen örtlicher Überhitzung im Zylinderkopf, hervorgerufen meistens durch glühende Rückstände, manchmal – nach strammer Fahrt – durch überhitzte Auslaßventile. Derartige Glühzündungen tun keinem Motor gut. Zum Glück sind sie beim Peugeot 504 nur bei Verwendung minderwertiger Kraftstoffe anzutreffen. Bei innen sauberen Motoren – solche, die mit einer gut gewarteten Zündanlage, durch richtiges Ventilspiel und durch gelegentlich längere Fernfahrten sich im Betrieb selbst reinigen – wird es kaum zu Schwierigkeiten kommen. Einen nachlaufenden Motor bringt man zum Stehen, wenn man den 1. Gang einlegt, Fuß- und Handbremse betätigt und langsam einkuppelt. Auf diese Weise wird der Motor abgewürgt.

Die Höchstgeschwindigkeit

Sicherlich interessiert Sie die tatsächliche Höchstgeschwindigkeit Ihres Autos. In Autofahrergesprächen spielt die »Spitze« (gemeint ist die Spitzengeschwindigkeit) stets eine wichtige Rolle, und kaum jemand berücksichtigt, daß sie in der Praxis nur selten erreicht wird. Nur sachliche Beobachtungen können Ihnen Aufschluß über die wirklich erreichbare Höchstgeschwindigkeit vermitteln.
Der Peugeot-Fahrer darf nicht der oberflächlichen Vermutung erliegen, daß seine Tachometeranzeige ihm etwas vorgaukelt. Üblicherweise ist die sonst bei anderen Fabrikaten anzutreffende Voreilung kaum vorhanden: Ein Tachometer im 504 geht ziemlich genau, obwohl der Gesetzgeber eine gewisse Tachovoreilung sogar erlaubt. In den oberen beiden Dritteln des Anzeigebereichs darf das Tachometer bis zu 7% zu viel anzeigen.
Die Tachometervoreilung braucht keinesfalls in einer »Fehlkonstruktion« des Instruments zu suchen sein, sie hängt vielmehr auch von äußeren Faktoren ab. Vor allem die Reifengröße und mit ihr der Abrollumfang sowie der Reifendruck haben auf die Geschwindigkeitsanzeige Einfluß, in geringerem Maße auch Fertigungstoleranzen innerhalb der mechanischen Übertragung der Anzeige. Angesichts der amtlichen Tendenz, Geschwindigkeitsbegrenzungen immer mehr pauschal zu verfügen, kann es recht wertvoll sein, wenn man sich von der Differenz zwischen tatsächlich gefahrener Geschwindigkeit und Anzeige überzeugt. Sie können die Voreilung auf einer ebenen, mäßig befahrenen Autobahnstrecke nachprüfen. Voraussetzungen: Beifahrer(in) mit Stoppuhr, notfalls Armbanduhr mit Sekundenzeiger. Bei Vollgas die Zeit für einen Kilometer messen lassen. Die Tachonadel darf dabei während der Messung nicht mehr ansteigen, was einen kilometerlangen Anlauf bedingt (Fenster schließen).
Die Geschwindigkeit in Kilometer pro Stunde (3600 Sekunden) ergibt sich, wenn Sie 3600 durch die gestoppte Zeit (in Sekunden) dividieren.
Übrigens läßt sich ähnlich auch das Tacho eichen: 3600 geteilt durch die zwi-

schen zwei km-Markierungen auf der Autobahn gestoppte Zeit, während man genau nach Tacho ein bestimmtes Tempo fuhr. Beispielsweise 3600:38 sec = 95 km/h (Tacho zeigte 100 km/h).
Die Höchstgeschwindigkeit wird bei Gegen- und Seitenwind nicht erreicht, und sie wird durch Rückenwind oder abgefahrene Reifen gleichfalls verfälscht.
Nun zur Sache: Der Peugeot 504 L erreicht normalerweise eine Geschwindigkeit von 154 km in der Stunde, der 504 GL 162 km/h und der 504 TI 173km/h. Herstellungstoleranzen bei der Fertigung, Einfahrbedingungen und Alter des Wagens sind natürlich Kriterien, die sich auf die Spitzengeschwindigkeit auswirken können. Wenn man vollbeladen fährt, ist an die Höchstgeschwindigkeit sowieso nicht zu denken, sie verringert sich sogar um 10 km/h bis maximal 25 km/h, wenn sperrige Dachlast mitgeführt wird. Mit 165 km/h kann man beim Break rechnen und mit 146 beim Commerciale. Am schnellsten sind Cabriolet und Coupé: 179 km/h. Bei Wagen mit automatischem Getriebe muß man jeweils etwa 5 km/h abziehen.

Arztkosten

Unverantwortlich und schonungslos werden Sie Ihr kostbares Auto sicherlich nicht beanspruchen. Aber überwinden Sie sich auch dazu, rechtzeitig eine Werkstatt aufzusuchen, wenn Ihr Wagen ein Wehwehchen hat, das Sie nicht selber heilen können? Jedermann muß einmal das Wissen und Können anderer in Anspruch nehmen. Das trifft für den Autobesitzer dann besonders zu, wenn es sich um Arbeiten an der Bremsanlage und an der Lenkung handelt.
Zu mancher Arbeit werden geeignete Werkzeuge und Meßinstrumente gebraucht, die nur die Werkstatt besitzt. Mit ihrer Hilfe ist so manche Reparatur ein Kinderspiel, ohne sie eine Schinderei. Anderer Leute Arbeit kostet freilich Geld. Was Sie wissen sollten, bevor Sie Ihr Auto in die Werkstatt bringen, das haben wir hier für Sie zusammengestellt.

Umgang mit der Werkstatt

Etwa 1050 Peugeot-Vertragswerkstätten standen 1975 in Deutschland zur Verfügung. Vermutlich wurde Ihr Wagen durch einen der Peugeot-Händler ausgeliefert, der eine jener Werkstätten betreibt. Zweckmäßig war der Kauf dort, wo man danach noch gerne gesehen und solide bedient wird. Gute Werkstätten sind aber oft überlastet und Wartezeiten lassen sich aus mancherlei Gründen nicht vermeiden. Zur Entschärfung dieses Problems hier ein paar Ratschläge:

■ Wartungsdienste und voraussehbare Reparaturen möglichst rechtzeitig persönlich oder telefonisch anmelden und Termin vereinbaren (Fristen von einer Woche sind nicht ungewöhnlich).

■ Möglichst morgens zwischen 7 und 8 Uhr vorfahren; dann werden die Arbeiten für den Tag eingeteilt. Notfalls den Wagen am Vorabend hinbringen. Falls Sie zeitlich nicht unter Druck stehen oder Sonderwünsche haben, hat man an der Reparaturannahme aber nach 10 Uhr mehr Ruhe für eine Unterhaltung mit Ihnen.

■ Wagen möglichst nicht kurz vor Feiertagen oder großen Schulferien in die Werkstatt bringen – man ist dann oft überlastet.

■ Schriftlichen Kostenvoranschlag ausstellen lassen (er ist drei Wochen für die Werkstatt verbindlich). Wird ein schriftlich zugesagter Termin um mehr als 24 Stunden überzogen, muß die Werkstatt ein gleichwertiges Ersatzfahrzeug stellen oder 80 % der Mietwagenkosten tragen.

■ Liefern Sie Ihren Wagen gesäubert zur Reparatur. Räumen Sie alles aus, für abhanden gekommene Gegenstände wird keine Haftung übernommen.

■ Kleinere Werkstätten fern der Großstädte haben oft mehr Zeit und arbeiten preiswerter, sind aber mit Ersatzteilen nicht so eingedeckt wie größere Betriebe.

■ Ganz klaren Reparaturauftrag geben (dieses Buch soll dazu helfen). Zum Beispiel Ölwechsel: ja oder nein? Wollen Sie das teuerste Öl? Es wird oft ungefragt beim Ölwechsel aufgefüllt. Zündkerzen austauschen: ja oder nein?

■ Ausgetauschte oder ersetzte Teile wandern auf den Schrotthaufen. (Rück-

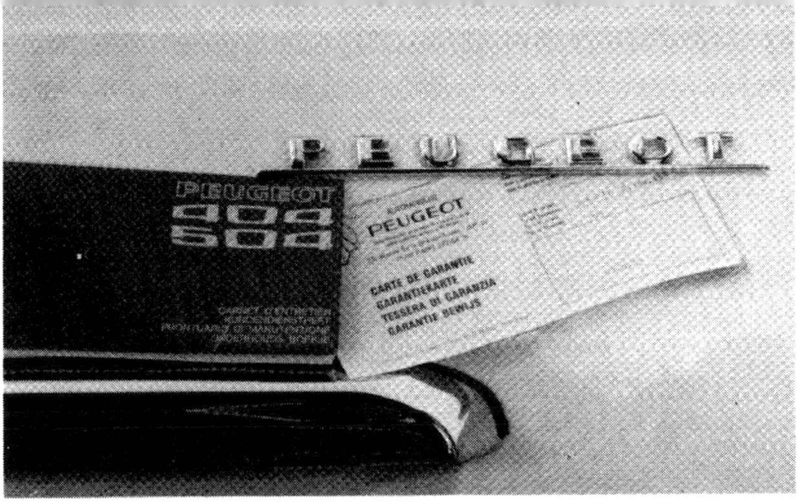

In der Betriebsanleitung – aber auch in diesem Buch auf der Seite 58 – ist aufgeführt, was zur Instandhaltung des Wagens getan werden muß. Wenn man sich regelmäßig um die empfohlenen Kontrollen und Wartungsdienste kümmert, dann braucht man sich vor den TÜV-Prüfungen nicht zu fürchten. In den betreffenden Kapiteln dieses Buches ist genau beschrieben, wie man die einzelnen Teile des Autos in einem TÜV-bereiten Zustand erhält. Ihre Peugeot-Werkstatt ist Ihnen bei diesen Bemühungen behilflich. Dagegen birgt der Besuch eines fremden Reparaturbetriebes eine Reihe von Unsicherheitsfaktoren, die sich besonders auf die Begriffe »Preiswürdigkeit« und »Qualität« beziehen können.

gabe-Austauschteile natürlich ausgenommen.) Lassen Sie auf dem Auftrag vermerken, daß man die defekten Teile in den Kofferraum legt oder zur Hand hält. Dadurch haben Sie eine gewisse Kontrolle über die Werkstattarbeit.

■ Wenn Sie anderer Meinung als die Leute von der Werkstatt sind, toben Sie nicht durch die Werkshalle – Sie erheitern nur die Lehrlinge – sondern sprechen Sie sachlich und ruhig mit dem zuständigen Mann. Lassen Sie sich seine Gründe so erklären, daß Sie sie als Laie verstehen können.

■ Ein nettes Wort hellt auch verärgerte ölige Gesichter wieder auf; eine freundliche Stimmung der Leute, die an Ihrem Wagen arbeiten, überträgt sich auf die Qualität ihrer Arbeit.

■ Bei Reparaturen haben Sie Garantieansprüche, wenn die Arbeit unsachgemäß erledigt wurde oder sich ein Materialfehler herausstellt. Branchenüblich für die Werkstätten ist eine Reparaturgarantie von 3 Monaten bzw. 3000 Kilometer, je nachdem, was früher abgelaufen ist. Bei der Nachreparatur haben Sie dann allenfalls das zu bezahlen, was sich als zusätzlich erforderliche Instandsetzung herausstellt, aber nicht mehr den ganzen Reparaturumfang! Bei grober Fahrlässigkeit der Werkstatt haben Sie sogar Anspruch auf Schadenersatz, falls Ihnen etwa kurz nach Verlassen der Werkstatt z. B. ein nachlässig montiertes Rad verlorengeht und dadurch ein Unfall passiert.

■ Bei Abnahme des reparierten Wagens sollten Sie noch auf dem Werkstatthof möglichst viele Funktionen Ihres Wagens prüfen und auch versuchen, ein kleines Stück hin und her zu fahren. Solange Sie noch im Bereich der Werkstatt sind, lassen sich Beanstandungen aller Art besser und überzeugender anbringen.

■ Bei Uneinigkeiten mit der Werkstatt wende man sich an eine der über die BRD verteilten Schiedsstellen. Ein Anschriftenverzeichnis ist vom Zentralverband des Kraftfahrzeughandwerks, Franz-Lohe-Straße 21, 5300 Bonn, von der Kfz-Innung, von der Handwerkskammer, von den Automobil-Clubs oder von der DAT erhältlich. Die Schiedsstellen können aber nur bei den Betrieben etwas ausrichten, die auch der Innung angehören; erkennbar am weißen Schild »Meisterbetrieb des Kfz-Handwerks«.

Neuwagengarantie

Der Kaufvertrag, den Sie beim Erwerb Ihres Peugeot unterschrieben, enthielt eine Menge Kleingedrucktes. Haben Sie das alles genau durchgelesen? Daneben finden Sie noch einmal in der Betriebsanleitung zu Ihrem Wagen die Garantiebestimmungen, die für die Dauer von einem Jahr ohne Kilometerbegrenzung ab Erstzulassungstag gültig sind.

Peugeot – der Hersteller – nimmt danach nur Ersatzleistungen »nach eigenem Ermessen« und nach dem jeweiligen Stand der Technik vor. Diese Gewährleistung kann sich auf Instandsetzungsarbeiten oder auf Ersatzlieferung von Teilen erstrecken, und zwar immer nur dann, wenn Fehler oder Schäden im Material oder in der Herstellung aufgetreten sind. Doch wird es Ihnen zum Verhängnis, wenn man Ihnen unsachgemäße Behandlung Ihres Wagens vorwirft; ob mit Recht, können Sie nicht in jedem Fall widerlegen. Nicht unter die Garantie fallen alle sogenannte »Verschleißteile«, wie etwa Zündkerzen, Reifen oder Batterie. Bei auftretenden Mängeln an diesen Teilen muß man sich an die entsprechenden Erzeuger wenden. Aber es gibt auch Teile in Ihrem Auto, die nicht bei Peugeot hergestellt wurden, dennoch in den Rahmen der Gewährleistung fallen. Unabhängig davon gewährt z. B. Bosch auf seine Erzeugnisse eine Garantie von 12 Monaten.

Garantie-Ausschlüsse

Um den Garantieanspruch nicht zu verwirken, muß man die erste Inspektion (bei km-Stand 1000) termingerecht bei der Werksvertretung vornehmen lassen. Dabei werden nur Material, Öl und Kraftstoff berechnet. Wie schon gesagt, erlischt jedoch jede Gewährleistung, wenn die Betriebsanleitung unbeachtet blieb, also nach unsachgemäßer Behandlung.
Wenn fremde Teile nachträglich eingebaut wurden oder wenn eine nicht durch Peugeot autorisierte Werkstatt Veränderungen vornahm, die mit dem reklamierten Defekt in Zusammenhang stehen, sieht es böse aus. Das ist genauso schlimm, als wären Sie mit Ihrem 504 eine Rallye gefahren – die Gewährleistung ist dahin.

Schadenersatz

Hatten Sie aber Pech und sind beispielsweise gegen einen Baum gefahren oder haben gar einen anderen Verkehrsteilnehmer geschädigt, weil ein Teil am 504 brach, dann wird Ihnen nur dieses Teil ersetzt. Den angerichteten Schaden regelt die Haftpflichtversicherung. Ihre sonst noch entstehenden Kosten (Abschleppen, Abbruch der Geschäftsreise usw.) können Sie jedoch vom Herstellerwerk nicht fordern.

Kulanz als Bonbon

Nun werden auch noch so klar formulierte Bestimmungen, mit denen sich das Werk von unberechtigten Forderungen schützen will, in dem Fall etwas milder ausgelegt, wenn es sich um eindeutige Ansprüche handelt. Denn kein Automobilwerk freut sich darüber, in allen Wirtshäusern von demjenigen schlecht gemacht zu werden, der ohne eigenes Verschulden draufzahlen muß. Bei einem klaren Fall wird dann auch die obere Grenze von einem Jahr nicht so genau genommen. Oft kommt es freilich auf das persönliche Verhandlungsgeschick an, und mit zäher Liebenswürdigkeit erreicht man bestimmt mehr als mit unflätigen Redensarten.
Bei ganz eindeutigen Garantieansprüchen wird also der Vertragshändler den Rechnungsbetrag stunden, bis das Werk entschieden hat. Bei einem frühen Motor- oder Getriebeschaden (etwa durch Materialfehler) oder Rostschäden durch schlechte Vorbehandlung wird Peugeot auch nach Ablauf der Garantiefrist von einem Jahr noch Kulanz zeigen. Sicherheitshalber sollte man ungewöhnliche Geräusche aus Motor und Getriebe oder Lackblasen, falls sie während der Jahresgarantie nicht behoben werden konnten, in der Garantiezeit schriftlich festhalten. Das kann durch einen Brief an die Werkstatt oder das Werk geschehen und erleichtert die Anerkennung möglicher späterer Ansprüche, wenn sich ein »harmloses« Geräusch dann doch als Getriebeschaden herausstellt. Ansonsten darf man allerdings nach Ablauf der Garantiezeit kaum mehr auf Entgegenkommen hoffen.

Was wird es wohl kosten?

Größte Scheu, so beobachten wir immer wieder, haben die Autofahrer vor der Frage nach den Reparaturkosten. Niemand will seine Unkenntnis zugeben. Leute, die mit diplomatischer Unbekümmertheit erklären, daß sie so gut wie nichts vom Auto verstehen (obwohl sie vielleicht recht gut Bescheid wissen) und daher keine Ahnung hätten, wieviel Geld sie zum Abholen des Wagens in die Tasche stecken müßten, sind oft besser dran. Machen Sie es wie letztere; Sie werden weniger Sorgen haben und manche Mark sparen, weil Sie diese oder jene eifrig angebotene Arbeit abweisen können.

Schriftlicher Kostenvoranschlag

Bei größeren Reparaturen sollten Sie – möglichst von verschiedenen Werkstätten – einen Kostenvoranschlag machen lassen. Das kann durchaus in Form des Reparaturauftrages geschehen, auf dem zu den einzelnen Posten die Preise eingesetzt sind. Solche vorher im Auftrag festgelegten Preise dürfen bei Gesamtkosten unter 500 Mark um 20 % und bei höheren Kosten um höchstens 15 % überschritten werden. Entstehen jedoch höhere Kosten, muß die Werkstatt beim Auftraggeber rückfragen, ehe die Arbeiten ausgeführt werden und auf der Rechnung erscheinen. Deshalb ist die Angabe der eigenen Telefonnummer oder Anschrift so wichtig.
Achten Sie schließlich darauf, daß es in der Reparatur-Branche allgemein übliche »Geschäftsbedingungen für die Ausführungen von Arbeiten an Kraftfahrzeugen« gibt. Sie hängen entweder irgendwo an der Wand, wo sie der Kunde lesen kann, oder sie sind auf die Rückseite des Reparaturauftrages gedruckt.

Ersatzteile

Die Anzahl der Ersatzteile füllt einen dicken Katalog. Deshalb und wegen des ständigen Preisanstiegs hätte es wenig Sinn, hier eine Preisliste zusammenzustellen. Auch ist es mit dem einfachen Preis allein zumeist nicht getan. Sehr oft müssen neben dem defekten Teil noch die anschließenden oder mit diesem in Zusammenhang stehenden Teile ausgewechselt (und bezahlt) werden. Das gilt nicht nur für Dichtungen, Schrauben und dergleichen, auch einzelne Bremsbeläge lassen sich nicht ersetzen, sondern es müssen alle Bremsbeläge zumindest einer Achse ausgetauscht werden. Ebenso kann man Zahnräder nur paarweise ersetzen.

Hüten Sie sich davor, fremde Teile in Ihr Auto einzubauen, die von Peugeot für Ihr Auto nicht vorgesehen sind. Eine Ausnahme macht die elektrische Ausrüstung, die durch Teile verschiedener namhafter Hersteller ersetzt und ergänzt werden kann.
Da für Ersatzteile keine Preisbindung besteht, lohnt sich oft ein Preisvergleich unter mehreren Händlern.
Gebrauchte, gut erhaltene Teile kann man wesentlich billiger vom seriös geführten Autofriedhof erstehen. Sie werden auch von Autowerkstätten, wenn mitgebracht, eingebaut, doch erstreckt sich auf sie natürlich keinerlei Garantie.
Für Ersatzteile und Zubehör, an der Autobahn gekauft, muß man gewöhnlich mehr bezahlen als an den Tankstellen in der Stadt oder auf dem Land. Der ADAC stellte einmal Preisaufschläge bis zu 22,2 % bei Autobahn-Tankstellen fest. Dagegen bezahlt man für Ersatzteile bei der herbeigerufenen ADAC-Straßenwacht in jedem Fall Originalpreise.

Austauschmotor

Gewöhnlich wird ein vertrauensvolles Verhältnis zum Werkstattleiter zu preiswerten Reparaturen verhelfen. Dann ist es auch kein Widerspruch, wenn er Ihnen bei hohem Kilometerstand des Wagens womöglich zum Tausch des Motors rät, sofern an dem alten größere Überholungen vorgenommen werden müßten. In kürzerer Zeit wäre daran meist doch wieder irgendetwas faul.

Peugeot liefert Tauschmotoren als komplettes Aggregat einschließlich Zylinderkopf, Ventildeckel, Ölwanne und Ansaugkrümmer, jedoch ohne Schwungscheibe und Vergaser. Wie bei anderen Fabrikaten gehören auch Anlasser und Lichtmaschine nicht in das Rezept beim Motorwechsel.
Die Verschleißteile im Austauschmotor sind grundsätzlich erneuert. Ein derartiger Motor trägt auf seinem Block ein Schild mit dem Vermerk »moteur révisé« und eine Codenummer. Für den 504-Vergasermotor muß man etwa DM 1250,– bezahlen, für den Einspritzer sind noch rund 100 Mark draufzulegen. Neben den Einbaukosten sind die Kosten für die Fracht zu kalkulieren, die sich nach der Frachtart und nach der Strecke für den Transport richten.

Werkstatt-kosten

Außer den Preisen klettern auch Löhne und Gehälter, was sich auf den Stundenlohn in Reparaturwerkstätten niederschlägt. Werkstattpreise setzen sich zu fast einem Drittel aus dem Arbeitslohn des Mechanikers und zu knapp einem Viertel aus Lohnanteilen und Gehältern für die Beschäftigten in dem Betrieb zusammen, der Rest errechnet sich aus festen Kosten (Miete, Strom, Heizung usw.), Buchhaltung, Porto, Telefon, Abschreibungen, Steuern, Versicherungen und aus genau 10 % gesetzlich vorgeschriebenen sozialen Aufwendungen.
Grundlage für die Berechnung des Arbeitspreises ist aber auch die Arbeitszeit, abgekürzt »AW«. Die AW-Liste ermöglicht einen ziemlich genauen Kostenvoranschlag. Als Unsicherheitsfaktor bleibt allerdings, daß sich im Laufe der Reparaturarbeiten die Notwendigkeit zu zusätzlichen Instandsetzungen ergibt, die nicht vorauszusehen waren.
Eine weitere Orientierung über das Kostengefüge ist seit 1973 durch die Preisauszeichnungsverordnung gegeben. Alle Handwerksbetriebe – und so auch Autoreparaturwerkstätten – müssen über die am häufigsten vorkommenden Arbeiten eine Preisliste in ihren Geschäftsräumen offenliegen haben. So kann man sich ohne viel Fragerei ein vergleichendes Bild machen und die Entscheidung, welchen Betrieb man aufsuchen will, fällt leichter.
Im Unterschied zu anderen Autofirmen entspricht bei Peugeot 1 AW einer Werkstattstunde, die Verrechnungssätze fallen aber unterschiedlich aus, wie noch erläutert wird. Damit Sie sich ein Bild machen können, wie der Einbau der im vorigen Abschnitt genannten Austauschmotoren berechnet wird, seien als Beispiele hier die entsprechenden Arbeitswerte vermerkt: Vergasermotor 11,75 AW, Einspritzer 13 AW. Reparaturen, die im Interesse von Verkehrssicherheit erforderlich sind – etwa ausgeleierte Lenkungsteile –, können Sie allerdings nicht ablehnen, wenn sie die Werkstatt gelegentlich anderer Arbeiten als dringend notwendig feststellt. Werkstätten haften andererseits für Folgeschäden, die sich aus falsch oder unsachgemäß erfolgten Reparaturen ergeben. Ein genereller Ausschluß der Haftung würde den Kunden rechtlos machen.
Auf Werkstatt-Reparaturen besteht eine Garantie von sechs Monaten und alle Kosten (auch für Abschleppen), die aus der mangelhaften Reparatur entstehen, trägt die Werkstatt.

Unterschiede bei bei Preisen und Reparaturen

Große Preisunterschiede ergeben sich aus dem lokalen Sitz der Werkstätten. Während die Werkstattpreise ohnehin von Jahr zu Jahr klettern, wird man allein innerhalb einer Großstadt Preisschwankungen um 20 % feststellen können. Wesentlich billiger ist es in kleineren Städten und auf dem Land. Fallen am Auto größere Arbeiten an, so lohnt es sich immer, in die Provinz zu gehen, wo die Werkstatt wegen geringerer Unkosten weniger Geld fordert.
Immer wird man es nicht umgehen können, eine überhöhte Rechnung präsentiert zu bekommen. In der Regel ist das Kraftfahrzeughandwerk aber um Se-

riosität bemüht. Die sinkende Inanspruchnahme der Werkstätten in den letzten Jahren, deren Gründe in der allgemeinen finanziellen Belastung des Autobesitzers zu suchen sind, führten dazu, daß auch Werkstätten um ihre Kundschaft werben.
Man kann andererseits nicht erwarten, in allen Reparaturwerkstätten eine gleich gute Arbeitsqualität vorzufinden. Was bei einem kleinen Defekt am Wagen im Betrieb X vielleicht im Handumdrehen und sachkundig von geschultem Werkstattpersonal erledigt wird, nimmt womöglich im Betrieb Y mehrere Stunden in Anspruch, muß mit unverhältnismäßig viel Geld bezahlt werden und hält dann gerade bis vor die eigene Haustür.
Natürlich bestehen derartige Unwägbarkeiten kaum bei einer Werkstatt, zu der man einen guten Kontakt hat.

Die Kunst der Spezialisten

Selbstverständlich sind Peugeot-Werkstätten für alle an Ihrem Wagen einmal anfallenden Arbeiten zuständig. Deshalb gehört auch ein Anschriftenverzeichnis der Peugeot-Vertretungen in das Handschuhfach Ihres 504.
Ebenso müssen Sie wissen, wohin Sie sich bei einem Defekt des Vergasers wenden können, wenn Sie glauben, die Sache läßt sich ohne die Mithilfe von Peugeot schneller bereinigen. Die Liste der Solexdienste, die auch für die Zenith-Vergaser und für manche Benzinpumpen zuständig sind, schickt die Pierburg GmbH & Co. KG., Postfach 838, 40440 Neuss 13, auf Anforderung. Meistens verfügen diese Solex-Dienste auch über Motorprüfstände zur optimalen Einstellung der Vergaser- und Zündanlage.
Manchmal ist eine Spezialwerkstatt in der Lage, gezielter zu helfen. Einer Karosserie- oder Reifenwerkstatt, einer Autolackiererei oder -polsterei ist es z. B. gleichgültig, welches Markenzeichen der Wagen trägt. Auf ihrem Spezialgebiet sind sie mit jedem Wagen vertraut und können zumeist besondere Wünsche leichter erfüllen. Allein schon die auf Elektro-Dienste eingerichteten Bosch-Werkstätten bedienen auch Privatkundschaft und wer sich im Branchenteil des Telefonbuchs die notwendigen Adressen heraussucht, kann nach vorheriger Rückfrage gewiß rasche Hilfe erwarten.

Auch Tankstellen können helfen

Suchen Sie sich eine gut geführte Stammtankstelle, die nicht nur auf Selbstbedienung spezialisiert ist. Denn an SB-Tankstellen darf Ihnen, entsprechend den gesetzlichen Vorschriften, nicht geholfen werden, und dementsprechend ist dort auch zumeist nur jemand zum Kassieren da. An anderen Tankstellen, die (vielleicht neben einigen Selbstbedienungs-Zapfsäulen) auch Tankstellen-Service leisten, sind Sie mit kleineren autotechnischen Nöten besser aufgehoben, denn diese Tankstellen bieten in der Regel mehr als nur Benzin und Öl. An ausgewählten Tankstellen finden Sie auch Motor-Prüfgeräte zum Einstellen von Vergaser und Zündung.

Eigene Geschicklichkeit wird belohnt

Was man sich durch eigene Erfahrungen an handwerklichen Fähigkeiten beigebracht hat, darf einem niemand streitig machen. Keiner hindert Sie daran, Reparaturen am Auto selbst auszuführen.
Diesen Standpunkt muß man auch manchmal gegenüber Versicherungen vertreten. Wurde etwa das Auto durch einen unverschuldeten Unfall beschädigt, muß der Schädiger bzw. dessen Versicherung dem Eigentümer die Kosten für die selbst durchgeführte Reparatur in voller Höhe ersetzen. Maßgeblich für die Erstattung ist der Kostensatz, der in einer gewerblichen Werkstatt angefallen wäre. Der Anspruch umfaßt auch die Mehrwertsteuer. Einen derartigen Grundsatz stellte der Bundesgerichtshof im Urteil VI ZR 46/72 auf.

Mit scharfen Waffen

Wenn Sie sich mit dem Gedanken tragen, diese oder jene Wartungsarbeit selbst auszuführen, so müssen Sie im Besitz entsprechenden Werkzeugs sein. Mit der Zange oder dem Schraubenzieher, die vielleicht irgendwo »für den Hausgebrauch« bei Ihnen aufbewahrt werden, kommt man jedoch beim Auto nicht weit, und da sich im Peugeot – außer Wagenheber und Radmutterschlüssel – auch kein Bordwerkzeug befindet, ist für die Selbshilfe einiges vonnöten, das Sie sich vielleicht erst anschaffen müssen. Ein solches Instrumentarium ist ganz gewiß dann nützlich, wenn unterwegs einmal ein kleiner Defekt zu beheben ist. Ohne den passenden Schraubenschlüssel müssen Sie vielleicht das Zehnfache an Reparaturkosten bezahlen, was dieser Schlüssel wert ist.

Empfehlenswerte Grundausrüstung

Weil gutes Werkzeug nicht billig ist, werden Sie daran interessiert sein, Ihr gutes Geld zweckmäßig anzulegen. Es wäre ungeschickt, gleich ins nächste Kaufhaus zu laufen und zu besorgen, was man sieht. Auf diesen Seiten soll Ihnen geholfen werden, sich zunächst das wichtigste Werkzeug anzuschaffen.
Kaufen Sie kein minderwertiges Werkzeug. Damit kann zur Not einmal ein Werkmeister hantieren – er weiß sich zu helfen. Aber ein Heimwerker, der damit nur nebenbei und ungelernt umgeht, ist mit schlechten Schraubenschlüsseln und Schraubenziehern sehr schnell am Ende seiner Kunst.
Am Peugeot 504 kann man wesentliche Arbeiten durchführen, wenn man den heimischen Werkzeugschrank mit einer Ausrüstung auffüllt, wie sie sich aus der folgenden Liste ergibt. Anschließend ist die Verwendungsmöglichkeit der einzelnen Werkzeuge erläutert, wonach entschieden werden kann, welche Arbeiten man selbst ausführen möchte.

1 Doppel-Gabelschlüssel 10x11
4 Gabel-Ringschlüssel SW 10, 11, 13, 17
1 Rohrsteckschlüssel 10x11
1 Inbusschlüssel Vierkant SW 8 oder SW 10
2 Schraubenzieher Größe 2 und 6, für Querschlitzschrauben
2 Schraubenzieher für Kreuzschlitzschrauben, verschiedene Größen
1 Vergaser-Schraubenzieher, kurze Form, für Querschlitzschrauben
1 Rohrzange, 240 mm lang
1 Kombizange, isolierter Griff
1 Seitenschneider
1 Schlosserhammer, 300 Gramm
1 Fühlerblattlehre, darin 0,05, 0,10, 0,25, 0,40, 0,60 mm
1 Flachmeißel und 1 Kreuzmeißel
1 Körner
1 Durchschläger, 3 mm
1 Satz Schlüsselfeilen, flach, dreikant, rund
1 Zündkerzenschlüssel SW 21

1 Radmutterschlüssel SW 19 (falls nicht vorhanden)
Wer die Schmierstellen am Fahrwerk regelmäßig selbst abschmieren möchte, braucht eine kleine Handfettpresse.

Bedeutung der Größenangaben

In Frankreich, dem Heimatland des Peugeot, werden wie in Deutschland Maschinenteile und Werkzeuge nach dem metrischen Maßsystem gemessen. Vielleicht wissen Sie, daß es Wagen gibt (vor allem englische und amerikanische), bei denen man mit unserem Werkzeug nicht viel ausrichten kann, weil in jenen Ländern ein Maßsystem in Zoll üblich ist. Die Bedeutung dieses im ersten Augenblick vielleicht unerheblich erscheinenden Unterschiedes liegt für Sie als Peugeot-Besitzer einfach darin, daß Sie keine »englischen« Schraubenschlüssel verwenden dürfen. Solche Schlüssel passen nicht genau auf die Schrauben und man beschädigt mit ihnen nur die Flanken von Schraubenköpfen und Muttern. Richtig passende Schraubenschlüssel lassen sich dann nicht mehr effektvoll ansetzen.
Bei Schraubenmuttern und Schrauben mit Sechskantkopf mißt man den Abstand der sich gegenüberliegenden Flanken in Millimeter oder Zoll und schreibt auf den passenden Schraubenschlüssel die entsprechende Schlüsselweite (Kurzbezeichnung SW). Ein Doppelgabelschlüssel – man nennt ihn auch vielfach Maulschlüssel – mit der Bezeichnung 12 x 14 hat also ein Gabel für eine 12 mm breite und am anderen Ende für eine 14 mm breite Schraube. Im metrischen System werden demnach alle Größen in Zentimeter und Millimeter angegeben, im amerikanischen Maßsystem in Zoll.

Welches Werkzeug zu welchem Zweck?

Schrauben und Muttern am Peugeot sind auf erfreulich wenige Normgrößen beschränkt. Deshalb kommt man mit einer verhältnismäßig geringen Anzahl von Schraubenschlüsseln aus. Mit den Schlüsseln SW 10, 11 und 13 kann man die häufigsten Arbeiten erledigen. Aber es ist zu überlegen, ob Maul- oder Ringschlüssel vernünftiger sind oder gar Rohrsteckschlüssel verlangt werden. Ringschlüssel sind den Maul- (Gabel-)schlüsseln vorzuziehen, weil sie auf alle sechs Kanten einer Schraube gleichmäßigen Druck ausüben und dadurch wirkungsvoller eingesetzt werden können. Ringschlüssel sollen hochgekröpft und nicht zu lang sein, um auch bei engem Raum mit ihnen hantieren zu können. Man verlängert sie (und vergrößert dadurch die Hebelwirkung), indem man ein zweites Werkzeug durch die Ringöffnung des anderen Endes hindurchsteckt. Den Maulschlüssel SW 10 benötigt man für verschiedene Anschlüsse der elektrischen Anlage, für das Luftfiltergehäuse, für die Ablaßschraube am Kraftstofffilter und zur Niveaukontrolle an der Einspritzpumpe des TI, für den unteren

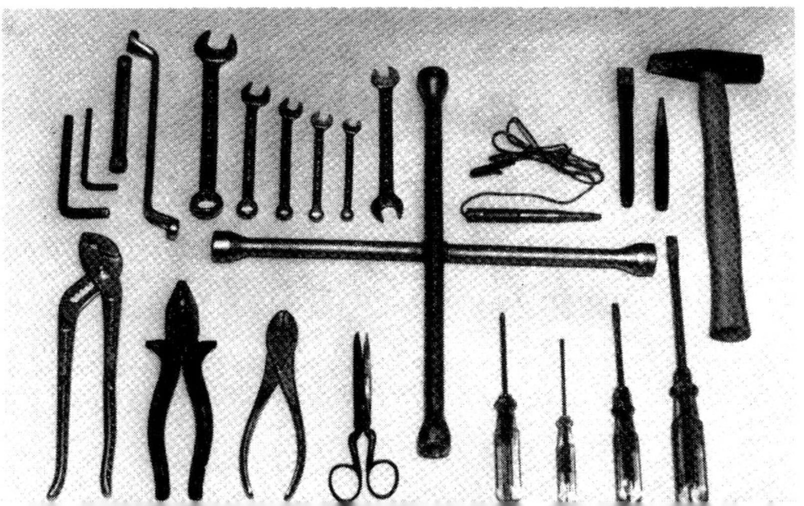

Welches Werkzeug man beim Umgang mit dem 504 gebrauchen kann, ist auf der nebenstehenden Seite aufgezählt. Dieses Bild zeigt eine etwas geänderte Zusammenstellung und enthält Inbus- und Rohrschlüssel, verschiedene Schraubenschlüssel, Prüflampe, Meißel, Hammer, diverse Zangen, Schere und Schraubenzieher. In der Mitte liegt ein praktischer Kreuzschlüssel für die Radmuttern.

Haubenverschluß und z. B. auch zum Abschrauben der Instrumententafel. Die Schrauben des Ventildeckels haben die Größe SW 11, wie man auch die Ventile mittels eines SW-11-Schlüssels einstellt. Die zentrale Befestigungsmutter auf dem Lufteinlaßgehäuse für den Vergaser verlangt nach einem Schlüssel SW 13, ebenso die Muttern der Hupen und die Muttern der an der Motorhaube angebrachten Bügel der Schließvorrichtung. Auch die Stützbügel der Vordersitze sind mit Schrauben SW 13 arretiert.
Statt der verschiedenen Schraubenzieher kann man sich auch einen Einsteckwerkzeugsatz mit entsprechenden Einsteckklingen für Querschlitz- und Kreuzschlitzschrauben zulegen. Mit letzteren sind zum Beispiel die Abdeckung der Mittelkonsole und die Ablagenkonsole zwischen den Vordersitzen befestigt. Den sogenannten Vergaser-Schraubenzieher, kurz und mit dickem Handgriff, braucht man oft für beengt sitzende oder für widerspenstige Schrauben, da er kräftig zu greifen ist. In gleicher Form gibt es ihn auch für Kreuzschlitzschrauben. Rohrzange, Kombizange (mit isoliertem Griff) und der Seitenschneider zum Abschneiden von Kabeln dienen als allgemeine Hilfswerkzeuge, ebenso Hammer, Meißel, Körner, Durchschläger und die feinen Feilen in verschiedenen Ausführungen. Die Fühlerblattlehre wird zum Messen des Ventilspiels, des Unterbrecher-Kontaktabstandes und des Elektrodenabstandes gebraucht.

Ergänzung nach Wunsch

Wer oft an seinem Auto hantiert und vielleicht noch andere handwerkliche Ambitionen hat, kann die Werkzeugausrüstung natürlich noch vervollständigen. So führt die Ergänzung des Ringschlüssel-Sortiments zu mehr Freude bei der Arbeit. Noch universeller lassen sich Steckschlüssel mit Sechskant-Einsätzen (sogenannte Nüsse) handhaben. Weniger empfehlsenswert sind die ebenfalls marktgängigen Zwölfkant-»Nüsse«, denn diese rutschen auf verrosteten Schrauben schneller durch. Zu solch einem Schlüsselkasten gehören Gelenkgriff mit verschiebbarem Querhebel, Verlängerungsstücke und eine Knarre (Hebel mit Drehsperre, den man nicht abzusetzen braucht); alle Teile lassen sich über Vierkant-Verbindungen ineinanderstecken.
Hierbei möchten wir noch die praktischen Vorsatzgeräte erwähnen, die sich mit wenigen Handgriffen an eine dazu vorgesehene Bohrmaschine koppeln lassen. Mit solchen Geräten – etwa von Bosch – kann man schleifen, polieren, Karosserieblech sägen, aber auch – mit zusätzlicher Hilfe eines kleinen Kompressors – spritzlackieren und sogar die Reifen mit Luft füllen.

Pflegen Sie Ihr Werkzeug und benutzen Sie es richtig. Ein jedes Werkzeug ist für einen bestimmten Zweck geschaffen. Ein Schraubenschlüssel ist kein Hammer und ein Schraubenzieher ist kein Meißel – mit der Zahnbürste reinigt man sich auch nicht die Fingernägel.
Wenn man mit der Zange einer Schraube oder Mutter zuleibe rückt, hat man vielleicht die Mutter gelöst, aber die Kanten der Zange haben die Ecken und Flanken der Befestigung derart beschädigt, daß später jeder Schraubenschlüssel abgleiten muß. Eine Zange ist zum Halten da, nur mit der Rohrzange darf, ihrem Namen gemäß, an Rohren und Wellen gedreht werden, aber auch nicht an Schrauben.
Schraubenzieher sollen eine gerade, aber nicht scharf geschliffene Klingenspitze haben, damit sie im Schraubenschlitz festen Halt findet, sich nicht herausdreht und den Schraubenkopf beschädigt. Mit einem Schleifstein kann man manches Werkzeug einsatzbereit halten, z. B. stumpfe Meißel schärfen, und er eignet sich auch zum Bearbeiten mancher Werkstücke.
Verschmutztes Werkzeug sollte man nach dem Gebrauch bald reinigen und leicht einölen, damit es durch Rost nicht unansehnlich wird. Man weiß ja nie, ob

man es in den nächsten Tagen schon wieder braucht. Zusätzliches Werkzeug, das man unterwegs im Wagen dabei haben will, wickelt man in alte Leinentücher und hält dieses Bündel mit dem Gummiring eines Einmachglases zusammen.

Hilfsmittel für die Wagenpflege

Verschiedene Hilfsgeräte, die in der Werkzeug-Grundausrüstung nicht fehlen dürfen, müssen Sie sich noch zusätzlich anschaffen. Immer wieder dienliche Hilfen sind folgende:

Ölspritzkännchen	Autoschwamm oder Waschhandschuh
Reifendruckprüfer	Waschbürste mit Stiel
Prüflampe	Waschpinsel ohne Metallfassung
Fensterleder, 1. Qualität	

Wie und wann diese Hilfsgeräte benutzt werden, das ist in den diesbezüglichen Kapiteln dieses Buches beschrieben.

Flüssige Hilfen

Festgerostete Schrauben und überhaupt starker Rost lassen sich beispielsweise mit »Caramba Super«, »Ferex Rapid« oder »MO Schnellrostlöser« lösen. Man muß nur ein wenig Geduld haben und die Flüssigkeit lange genug einwirken lassen (Frühstückspause derweilen machen), bevor man dann den Ringschraubenschlüssel ansetzt. Damit die auf diese Weise locker gemachten Schrauben nicht wieder anrosten, schabt man entweder vom Bleistift Graphit auf das Gewinde (Graphit ist ein Festschmierstoff) oder sprüht es mit einem graphitierten Öl (z. B. von Aral, BP, Pingo, Shell oder Teroson) ein.
Sollen fettverschmierte Motorteile, die Innenseiten der Felgen oder der ganze Motorraum gereinigt werden, dann gibt es hierzu ebenfalls in Sprühdosen besondere »Motor-Reiniger« (z. B. Aral, Caramba, Esso, Shell und Teroson). Damit wird das betreffende Teil eingesprüht und nach wenigen Minuten mit Wasser abgespritzt oder mit dem Pinsel abgewaschen. Selbst die dicksten Fettkrusten lösen die Reiniger und geben dazu den Teilen noch Glanz. Fahrbenzin ist demgegenüber zur Motorreinigung nicht zu empfehlen. Nicht nur, weil nach dem Trocknen die Teile unansehnlich sind, sondern vor allem, weil das Fahrbenzin giftige Bestandteile enthält.
Die zahlreichen Lackpflegemittel, Scheibenwaschwasserzusätze, Chromschutzmittel, Plastik-Reiniger usw. gehören eigentlich auch zu den »flüssigen Hilfen«. Sie sind jedoch in den Kapiteln »Lackpflege« und »Winterschutz« besonders erwähnt. Hier wäre noch wegen eines besonderen Effekts der Chromschutzspray von Polifac, »Intact« von Aral, »Teroson mo« und »MoS_2« von Pingo zu nennen, weil diese Mittel die Eigenheit haben, Feuchtigkeit auf Metall

Das sind Kleinteile, die man eigentlich immer im Auto mitführen müßte. Schrauben mit Muttern und Sicherungsringen, Unterlegscheiben, Karosserieschrauben und Dichtungsringe werden sehr schnell einmal benötigt. Ist man mangels dieser »Kleinigkeiten« auf die Werkstatt angewiesen, sind weit mehr Geld und Zeit erforderlich. Einige Ventilkappen und Ventileinsätze gehören ebenfalls ins Ersatzteil-Kästchen.

zu unterwandern. Sie bewirken bei Zündstörungen durch Feuchtigkeit (nach Motorwäsche oder nach taufrischer Nacht im Freien) wieder willige Funktion der damit eingesprühten Zündanlage.

Rostumwandler und Roststabilisatoren

Nicht alles, was den Namen »Rostumwandler« oder »Rostentferner« trägt, macht seinem Namen Ehre – bisweilen zeigt sich schon nach wenigen Wochen erneuter Rostbefall. Das trifft vor allem für die allenthalben unter verschiedenen Marken verkauften »Rostumwandler« auf Phosphorsäurebasis zu, die an ihrer glasig-hellblauen oder hellgrünen Farbe erkennbar sind und hinausgeworfenes Geld darstellen. Auch die cola-braunen Rostumwandler auf Tanninsäurebasis, von denen wir ursprünglich beeindruckt waren, taugen nicht allzuviel. Wir kennen zur Zeit nur drei »Roststabilisatoren«, die uns auch nach jahrelangen Erprobungen nicht enttäuscht haben:

- Corroless, eine kakaobraune Flüssigkeit, die es in manchen Farbenhandlungen und Eisenwarenhandlungen zu kaufen gibt. Andernfalls Bezugsquellennachweis durch »Corroless World Association«, Glockengießerwall 26, 2000 Hamburg 1.
- Noverox, eine weiße Emulsion, die den Rost in ein tiefschwarzes roststabiles Eisenoxydpigment umwandelt. Nachteil des sehr guten Noverox: Man sollte, wenn nicht wirklich große Flächen entrostet werden müssen, nur die kleine 100-ml-Dose kaufen, denn Noverox ist »nicht lagerstabil«; eine angebrochene Dose ist nach einem halben Jahr bestimmt unbrauchbar. Bezugsquellennachweis durch K. Deutsch, Finkenweg 4, 6953 Gundelsheim.
- Kunstharz-Bleimennige »nach Bundesbahnvorschrift«, die es in nahezu allen Farbenhandlungen zu kaufen gibt. Hier gibt es allenfalls Lackierschwierigkeiten, wenn Nitrozelluloselacke aus Sprühdosen (Auto-K, Belton, Dupli Color) verwandet werden sollen. Dann kann die Mennige-Unterschicht in Runzeln »hochgezogen« werden.

Hilfsmittel für unterwegs

Einige unbekümmerte Leute haben in ihrem Auto weder einen Reservekanister noch ein brauchbares Ersatzrad. Andere dagegen schleppen in ihrem Wagen dauernd ein ganzes Arsenal von Werkzeugen mit sich herum. Der Mittelweg ist hier meist goldene Richtigkeit. Was man mitnehmen sollte, sei hier genannt; vielleicht dient es nur dazu, anderen hilflosen Autofahrern unterwegs zu helfen:

- Reservekanister
- Abschleppseil
- Ersatzglühlampen
- 2 m Elektrokabel (Zündkabel)
- 1-2 m benzinfesten Schlauch
- Alleskleber (Uhu-Plus)

Für den Werterhalt der Autos steht eine Unzahl von Pasten und Tinkturen zur Verfügung. Es ist nicht ganz leicht, das für einen jeweiligen Zweck wirkungsvollste und schonendste Mittel herauszufinden. In diesem Buch erhalten Sie dazu viele wertvolle Ratschläge, und wie die flüssigen Hilfen im einzelnen angewendet werden sollen, ist in den Kapiteln »Die Wagenwäsche«, »Die Lackpflege« und »Der Winterschutz« beschrieben.

- Sicherungen
- Zündkerzen
- Rolle Draht
- Klebeband, Tesa-Film
- Brettchen zum Unterlegen für Wagenheber
- Ersatzkeilriemen
- Starthilfekabel

Ersatzteile bei Auslandsreisen

Irgendwann wird Sie der Weg ins Ausland führen, und wenn das Ziel nicht gerade Frankreich heißt, dann beruhigt es, wenn man fern der Heimat einige Dinge bei sich hat, die man vielleicht gebrauchen kann. Sinnvolle Werkzeugwahl und die schon genannten Hilfen vorausgesetzt, wird man noch folgende Ersatzteile in Lappen wickeln und im Kofferraum unterbringen:

- 1 Zündspule
- 1 Satz Unterbrecherkontakte
- 1 Verteilerläufer
- 1 Kondensator
- 1 Schwimmer
- 1 Membran für Benzinpumpe
- 1 Reserveschlauch für Reifen
- 2 Reifenmontierhebel
- Reifenflickzeug
- Ventileinsätze für Reifen
- kräftige Fußluftpumpe
- einige Muttern, Schrauben und Sicherungsringe gängiger Größe
- Zylinderkopfdichtung

Außerdem kann man in Verlegenheit kommen und zusätzlich gebrauchen:

- Motoröl, Menge je nach geplanter Fahrstrecke
- Flasche mit destilliertem Wasser (Ostblockstaaten!) für Batterie
- Handwaschpaste
- Handlampe

Die empfohlenen Ersatzteile besitzen genaue Typenbezeichnungen, die Sie zumeist auf den Originalteilen an Ihrem Peugeot vermerkt finden. Allerdings ist bei Neukäufen zu überprüfen, ob dieses oder jenes Ersatzteil eine Veränderung erfahren hat, was durch technische Weiterentwicklung möglich sein kann.

Selbsthilfe-Schule

Falls Sie mit dem Auto allgemein noch nicht sehr vertraut sind, dann werden Sie sich vielleicht im einen oder anderen Fall eine tatkräftige Unterstützung wünschen, bei der Sie sich zu Arbeiten an Ihrem Wagen Rat holen können. Für eine solche berufene Anleitung gibt es in einigen Städten spezielle Betriebe:

Anschrift	Name	Telefon	Arbeitsplätze
1000 Berlin 42 (Mariendorf) Mariendorfer Damm 146	Auto-Hobby-Werkstatt Janasik & Schiffmann	7061386	15
2000 Hamburg 50 (Altona) Ruhrstraße 48–56	Auto-Selbsthilfe Fibier & Co.	8501151	30
2000 Hamburg 50 (Altona) Bornkampsweg 6	Mach-es-selbst-Station Shell-Station F. Hofer	894342	5
3000 Hannover Fössestraße 105 a	SB-Autohobyy-Center Siegfried Jetzkewitz	4588786	30
4370 Marl-Sinsen Halterner Straße 42 a	Autoverwertung Fr. Schmidt	81460	4
5000 Köln Genter Straße 13–15	Autohobby-Mietwerkstatt	524874	70
5600 Wuppertal 2 (Barmen) Färberstraße 7	Autohobby-Mietwerkstatt	666758	10
6000 Frankfurt-Nied Nieder Kirchweg 113	Autohobby-Mietwerkstatt	399292	65
6500 Mainz-Mombach Industriestraße 5	Autohobby-Mietwerkstatt	682066	35
6800 Mannheim-Waldhof Waldstraße 172	Shell-Station Albrecht	753128	6
8000 München 45 Knorrstraße 135	Shell-Hobby-Station Adolf-Höhl	3514390	8

Wir sind für Hinweise auf Adressenänderungen und neue Mietwerkstätten im Interesse anderer Leser dankbar.

Seilschaft

Damit müssen Sie rechnen: Irgendwann ist die Reise wegen irgendeines Defektes am Wagen beendet, vielleicht gerade dann, wenn man es am wenigsten vermutet und wenn das Ziel noch ein ganzes Stück entfernt ist. Jetzt ist es nur ein geringer Trost sich vorzustellen, daß es jedem Auto einfallen kann, auf einmal nicht mehr weiterzurollen. Haben Sie ein Abschleppseil dabei?
Abschleppdienste arbeiten nämlich nach Gebührensätzen, die der schlechten Laune bei einer Panne auf den absoluten Nullpunkt verhelfen. Ein Abschleppseil schützt vor erheblichen Geldausgaben und vor der Sorge des Fortkommens in dem Fall, wenn Ihr sonst so treues Gefährt plötzlich streikt.

Das eigene Seil

Das Leergewicht der 504-Limousine beträgt 1230 kg, das des Break und des Familiale noch 100 Kilo mehr. Zum Abschleppen dieser Autos braucht man also etwas Handfestes und keinen Bindfaden. Handelsübliche Abschleppseile sind unter der Voraussetzung geeignet, daß sie wirklich stabil genug sind.
Im Zubehörhandel stehen Seile aus Perlon, Hanf und Stahl zur Auswahl; jede Sorte hat ihre Vor- und Nachteile. Perlonseile dehnen sich beim Schleppen und verhüten dadurch das beim Losfahren so lästige Anrucken. Aber Perlon ist hitze- und scheuerempfindlich: Karosseriekanten, Stoßstangen und heißer Auspuff machen ein solches Seil rasch wertlos, sofern es keine verschiebbaren Ledermanschetten hat. Haltbarer, preiswerter, aber auch dicker, sind Hanfseile. Ein Seil aus Stahl ist spröde zu handhaben, und weil es überhaupt nicht nachgiebig ist, muß es unbedingt einen Rückdämpfer besitzen. Das ist eine Schraubenfeder oder ein Gummistück, das aus der Seilmitte eine dehnbare Schlaufe bildet. Stahlseile lassen sich am stärksten strapazieren.
Der für Neulinge meist verwirrenden Eigenschaft der Seile, bei verlangsamender Fahrt des Zugwagens den Abstand zwischen dem Gespann geringer werden zu lassen, kann nur durch eine Schleppstange begegnet werden. Aber wohl niemand hat unterwegs eine solche starre Verbindung für zwei Autos dabei.

Abschleppen nach Gesetz

Das Abschleppen ist eine Notmaßnahme. Der aus eigener Kraft nicht fahrfähige Wagen darf nur bis zur nächsten zumutbaren Werkstatt oder bis an den nahen Heimatort gebracht werden. Die Autobahn muß bei der nächsten Abfahrt verlassen werden. Eine Genehmigung zum Abschleppen eines fahruntüchtigen Wagens ist nicht erforderlich, auch nicht das Schleppen eines Schrottwagens zum Autofriedhof.
Der Lenker des im Schlepp befindlichen fahruntüchtigen Autos, das in diesem Fall auch nicht vorschriftsmäßig ausgerüstet sein muß (Mängel an Beleuchtung, Bremsen), benötigt keinen Führerschein. Dagegen muß der Lenker eines geschleppten betriebsfähigen Wagens im Besitz des für dieses Fahrzeug zutreffenden Führerscheins sein. Das gleiche gilt beim Anschleppen, etwa bei leerer Batterie.

Im Schlepptau

An den Längsträgern des Vorderbodens, links und rechts unterhalb des Frontrahmens, befinden sich die vorderen Abschleppösen. Je nach Seiltyp muß man durch eines der Löcher entweder das Seilende einhängen oder hindurchziehen oder eine Schlaufe des Seils durch das Loch zwängen und das andere Seilende durch diese Schlaufe ziehen.
Es ist Vorschrift, das Seil zwischen beiden Wagen mit einer roten Fahne zu markieren. Die Warnblinkanlage muß während der Schleppfahrt eingeschaltet sein, eventuell zusätzlich Warndreieck ins Rückfenster stellen.
Sich abschleppen lassen ist kein Kinderspiel. Vorsichtige Fahrweise des Ziehenden ist die Grundbedingung der Rücksichtnahme auf sein Anhängsel. Im geschleppten Wagen müssen Sie die Verkehrssituationen vor Ihrem Zugwagen beobachten und beinahe vorausahnen: Sie müssen eher bremsen als Ihr Helfer vorn, damit das Seil immer straff bleibt, ihn also praktisch mitbremsen. Jedes Anfahren mit lockerem, über die Straße schleifenden Seil beansprucht die Haltepunkte des Seils an beiden Wagen, denn der Vordermann kann es meist nicht sehen, wenn die Verbindung zu seinem Anhänger nicht stramm spannt. Zieht er dann wieder los, gibt es einen gewaltigen Ruck durch beide Autos.
Um an dem Schleppwagen vorbei gute Sicht zu haben, wird das Seil bei diesem links angeknüpft. So kann die Zugmaschine scharf rechts fahren und der Geschleppte lenkt leicht versetzt zur Fahrbahnmitte hin.
Die hinter diesem Geleitzug fahrenden Verkehrsteilnehmer müssen sehen können, wann Sie bremsen. Also: Zündung einschalten, sonst leuchten die Bremslichter nicht auf. Haben Sie jedoch einen längeren Weg in dieser für Sie benzinsparenden Weise des Autofahrens vor sich, dann ist es ratsam, das dünne Kabel Nr. 2 an der Zündspule zu lösen, damit sie sich nicht aufheizt und Schaden nimmt. Eingeschaltete Zündung verhindert zudem das Einrasten des Lenkschlosses, wodurch schon häufig Unfälle passierten. Zumindest also den Schlüssel auf Stellung G, besser noch auf M.

Abschleppen des 504 mit Automatik

Der Peugeot mit automatischem Getriebe darf nur bei der Wählhebelstellung »N« abgeschleppt werden. Dabei soll die Geschwindigkeit von 50 km/h nicht überschritten werden und die Schleppstrecke darf nicht mehr als 40 km betragen. Das hängt mit der Ölversorgung der Getriebeautomatik zusammen, deren Ölpumpe nur angetrieben wird, wenn der Motor läuft.
Ist das Ziel weiter als 40 km entfernt, muß 1 Liter des Öls für automatische Getriebe zusätzlich eingefüllt werden, das dann später wieder abzulassen ist. Oder das Auto ist bei angehobener Hinterachse und mit in Geradeausstellung fixierten Vorderrädern rückwärts abzuschleppen. Das ist nur einem Abschleppdienst möglich und wenn ein Getriebeschaden vorliegt ohnehin nicht zu umgehen. Es sei denn, man trennt die Verbindung zwischen Getriebe und Hinterachse.

Einen anderen abschleppen

Hinten verfügt der Peugeot ebenfalls über zwei Ösen, direkt neben den Halterungen der Stoßstange. Das Seil wird in der gleichen Art wie vorne angebracht, nur ist hinten die Sache etwas bequemer zugänglich. Hoffen wir mit Ihnen, daß jener, der da weggezogen werden will, die primitivsten Regeln der Abschleppkunst beherrscht. Verabreden Sie mit ihm Handzeichen und Lichtsignale und denken Sie daran: Er muß bremsen. Bei einer Notbremsung müssen Sie versuchen, aus der alten Fahrspur herauszukommen. Dann reicht vielleicht noch der Bremsweg des Hintermannes, daß er nicht auf Sie auffährt, sondern noch etwas an Ihrem Wagen vorbeilenken kann.
Wenn möglich, läßt man die Beifahrer des abzuschleppenden Fahrzeugs in den Zugwagen umsteigen, weil dann das Anhängegewicht niedriger ist.

Das Vollbad

Es soll Autofahrer geben, die haben nur eine große Liebe – ihren Wagen. Sie putzen und schrubben an dem Gefährt herum, bis nicht nur der Schmutz verschwunden ist, sondern auch der Lack, wegen übertriebener und unwissender Reinigungswut, auf seine Art streikt. Andere Autofahrer dagegen vernachlässigen schmählich ihren Liebling, auf daß sie eines schönen Tages entsetzt feststellen müssen, daß die Haut, sprich Karosserie, unschöne Schandflecke vorzuweisen hat. Was tun? Einfach drauflos putzen? Hauptsache der Dreck ist weg? Oder darauf warten, bis der nächste Regenguß vielleicht doch noch mal ein paar Klumpen vom Auto schwemmt? Vielleicht hilft Ihnen dieses Kapitel ein bißchen weiter.

Waschen zur rechten Zeit

Allzuviel ist ungesund. Ein sauberer Wagen, mit strahlendem Lack, sieht zwar sehr schön aus. Das kann sich aber schnell ändern, wenn man die Wascherei übertreibt.
Das Auto im strahlenden Sonnenschein zu säubern, wäre der erste Fehler, den Sie begehen könnten. So schnell, wie das Wasser durch die Sonnenstrahlen verdunstet, können Sie es gar nicht trockenwischen. Zurück bleiben Kalk- und Wasserflecke, die gleichzeitig zu Verfärbungen des Lackes führen, denn Wassertropfen wirken in der Sonne wie ein Brennglas. Solche Flecke im Lack könnten nur durch fleißiges Polieren entfernt werden.
Genauso sträflich wäre es, einen Wagen bei lausiger Kälte zu waschen. Das Wasser verkriecht sich in sämtlichen Türritzen und Karosseriespalten. Hat die Außentemperatur den Gefrierpunkt unterschritten, löst das Wasser, nun zu Eis geworden, verheerende Wirkungen aus. Da Eis mehr Platz braucht als Wasser, und Sie nie alle Winkelchen und Eckchen der Karosserie mit einem trockenen Tuch erreichen können, sprengt ebengenanntes kaltes Element alles, was sich ihm in den Weg stellt – und nach kurzer Zeit wären Sie mit dem Äußeren Ihres Prachtstückes nicht mehr zufrieden.
Das soll aber nicht heißen, daß Sie den ganzen Winter mit einem dreckigen Auto durch die Lande ziehen müssen. Gerade dann, wenn die Zeit der Auftausalze eingetreten ist, müssen Sie Ihrem vierrädrigen Freund einen »sauberen« Tag gönnen. Diese Salze, die dem Verkehrsfluß dienen sollen, haben die Eigenschaften, an den Fahrzeugen anzutrocknen und Feuchtigkeit anzuziehen, dabei greifen sie das Metall an und fördern die Rostbildung. Sorgen Sie nach der Reinigung im Winter für ein warmes Plätzchen, damit der Wagen gut trocknet: Er wird es Ihnen danken.

Viel Wasser

Zum Waschen brauchen Sie viel – sehr viel Wasser. Haben Sie nicht genügend Wasser zur Verfügung, ist es vernünftiger, Sie lassen es sein.
Das Wasser muß den Schmutz aufweichen. Je mehr Wasser nachfließt, desto besser können Straßenstaub und Matsch sich lösen. Benutzen Sie viel Wasser,

das die gröbsten Verunreinigungen abspült, sonst entstehen – durch die Schmutzpartikel – Schleifspuren, die wir ja vermeiden wollen. Anschließend ist nur noch leichtes Wischen nötig, um den schon »vorgeweichten« Dreck restlos zu entfernen.
Neuer Lack ist noch sehr weich und gering widerstandsfähig. Er sollte am besten nur mit klarem Wasser, ohne irgendwelche Reinigungsmittel, behandelt werden. Automatische Waschanlagen sind möglichst vom jungen Lack fernzuhalten, auch wenn sie noch so bequem sind. Auch die sommerlichen Insektenfriedhöfe können Sie mit klarem Wasser entfernen. Drücken Sie nasses Zeitungspapier auf die besonders hartnäckigen Fliegenleichen und lassen Sie die ganze Sache eine Weile weichen. Später kann man die verunzierten Flächen mühelos reinigen.

Mit Schlauch oder Eimer

Am vorteilhaftesten und bequemsten ist es, die Wagenwäsche mittels Schlauch auszuführen. Damit kann man die nötige Menge Wasser herbeischaffen. Vorsicht aber, daß der Wasserstrahl nicht zu hart herausgeschossen kommt. Er preßt Staub und Schmutz über den Lack, und Schleifspuren wären der böse Erfolg.
Ist kein Wasserhahn in der Nähe, wo ein Schlauch angeschlossen werden kann, muß das Naß in Eimern herbeigeschafft werden. Zwei Eimer sind besser als einer, weil das Wasser schneller verschmutzt, als dem Wagen und Ihnen lieb ist. Lassen Sie den Schwamm sich stets vollsaugen, aber wischen Sie damit nicht zu kräftig auf dem Lack herum. Fest sitzender Dreck an Stoßstangen und Felgen kann mit einer Bürste entfernt werden.

Automatische Waschanlagen

Obwohl bei einer Wäsche in einer automatischen Waschanlage 200 bis 250 Liter von dem feuchten Element auf das Auto herniederrieseln und die rotierenden Waschbürsten ziemlich weich sind, kann so ein Automat nicht mit Gefühl ein stark verschmutztes Kraftfahrzeug behandeln. Die Zeit ist zu kurz, um den Schmutz weichen zu lassen, und das beigemischte »konservierende« Wachs verhilft eher zum schnelleren Trocknen nach der Wäsche. Wenigstens ein frisch lackierter Wagen sollte vor solchen Anlagen verschont bleiben.
In den Schnellwaschanlagen erweist sich das abgeflachte Heck des Peugeot

Sidolin aus der blauen Sprühflasche, auf die Windschutzscheibe gespritzt und dann blank poliert, ist das einfachste und wirksamste Mittel, selbst gegen die sogenannte »Silikonpest«. Es ist billiger, aber mindestens so wirkungsvoll wie viele andere für diesen Zweck angebotene moderne Spezialmittel. Windschutzscheibenreinigung allein mit Wasser genügt auf die Dauer wegen der öligen Motorabgase der anderen Verkehrsteilnehmer nicht. Die Reinigung gelingt aber auch, wie es hier geschieht, ganz perfekt mit üblichen Haushaltsspülmitteln.

Coupé als besonders günstig für die große Wäsche. Dagegen schaffen die Reinigungsbürsten schlechter die unteren Partien des Wagens an den Stoßstangen. Der Außenspiegel und möglicherweise angebrachte Zusatzscheinwerfer haben sich nach einer solchen Prozedur oft verschoben.
Waschanlagen antizyklisch (werktags, tagsüber) zu besuchen, ist ratsam, da die Einweichzeit besser eingehalten werden kann, was besonders bei einem sehr verschmutzten Auto wichtig ist.

Motorwäsche mit Vorsicht

Da der Motor nicht total von der Außenwelt abgeschlossen ist (zwecks Kühlung und besserer Zugänglichkeit bei Reparaturen), bleibt auch er nicht vor Staub und Straßenmatsch frei. Mit Öl und Fett vermischt bilden sich bald unschöne Krusten. Die schmierige Schicht läßt sich mit klarem Wasser nicht entfernen. Bedenken Sie: Sonntags kann einmal der Motor streiken, und Sie müssen im weißen Hemd einen helfenden Handgriff vornehmen. Dieser bliebe aber nicht ohne Spuren, wenn der Motor von Schmiere umhüllt ist.
Motorreiniger erhalten Sie an Tankstellen und Zubehörgeschäften. Diese »Kaltreiniger« gibt es in größeren Gebinden zum Auftragen mit dem Waschpinsel oder in Sprühdosen, welche Sie nach einiger Zeit mit einem schwachen Wasserstrahl abspülen können. Vorher sollten aber wichtige elektrische Teile, wie Verteiler und Kerzenstecker, mit Lappen oder Plastikfolie abgedeckt werden, sonst treten Schwierigkeiten beim nachfolgenden Starten auf.
Wasser ist für die Funktion elektrischer Anlagen unverträglich. Liebend gern dringt Wasserdampf in den Verteilerdeckel, wo sich infolgedessen der Zündfunke sehr unkorrekt verhält. Gründliches Abtrocknen des Deckels würde helfen, es gibt aber Kontakt-Sprühmittel, die die notwendigen Funkenbahnen, trotz Dampf und Nässe, fördern. Sogar Chromschutzspray hilft bei solchen Miseren.
Große Reinigungsaktivität verschafft Trichloräthylen ($CH\,Cl\,CCl_2$). Man erhält es in Drogerien und Farbenhandlungen. Aber die besondere Giftigkeit dieses Mittels ist zu beachten, das auch von Kinderhänden ferngehalten werden muß. Durch längere Einwirkung können Gummi- und Kunststoffteile angegriffen werden, also am besten damit nur Metall säubern. Legen Sie vor dem Gebrauch eine Kunststoffolie unter den Wagen, damit keine unschönen Flecke, durch abgetropften öligen Dreck, den Standort des Autos verunzieren. Diese lassen sich allerdings mit dem obengenannten Mittel genauso gut entfernen, wie lästige Ölflecke auf dem Garagenboden.
Den nicht zu stark verschmutzten Motor kann man schließlich auch einfach mit einem mit Petroleum getränkten Lappen säubern.

Reifen säubern

Die Gummimischung der Reifenflanken erhält während der Herstellung eine wachsähnliche Substanz, die über die gesamte Reifenlebensdauer hinweg eine Schutzschicht gegen das Verwittern bilden soll. Scharfe Reinigungskuren sind also in jedem Fall schädlich und würden diesen Schutz vernichten. Zur Reinigung der Reifenflanken nimmt man viel Wasser und eine Bürste.
Gleiches gilt natürlich auch für die Säuberung der ganzen Reifen, wenn man beim Wechsel der Jahreszeiten von Sommer- auf Winterreifen oder umgekehrt umrüstet und einen Satz benutzter Reifen lagern möchte.

Jung bleiben

Zunächst einige Worte zu der Behandlung des Autoblechs im Werk. Die zusammengebaute und entfettete Rohkarosserie wird in ein Phosphatbad getaucht, dessen Substanz dem Rostschutz und als Haftgrund für die folgenden Farbschichten dient. Die danach vorgenommene Grundierung erfolgt im Elektrophorese-Verfahren, bei dem – ähnlich einem galvanischen Bad – die Grundierteilchen unter dem Einfluß eines Magnetfeldes sich gleichmäßig auf den Blechen verteilen, weil durch Stromspannung zwischen Tauchbecken und Karosserie eine Materialwanderung verursacht wird. Als Ergebnis bildet sich eine Schutzschicht, deren Stärke in versteckten Fugen genau so dicht ist wie auf ebenen Flächen oder Kanten. Eine zweite Grundierung wird anschließend mit der Spritzpistole aufgetragen, in der Wärmekammer getrocknet und dann geschliffen.
Nachdem Dichtungsmassen und Schutzbänder auf die Karosserienähte und ferner Antidröhnmaterial innerhalb verschiedener Blechpartien zur Schalldämmung aufgebracht und getrocknet worden sind, erhält die Karosserie eine zweifache Kunstharzlackierung, die man im Infrarot-Ofen trocknet.

Lackierung mit Sorgfalt behüten

Niemand putzt sich mit Scheuerpulver die Zähne. Ebenso muß man die Behandlung des Lackes, der so sorgfältig aufgebaut wurde, mit Bedacht ausüben.
Die Ansprüche an den Lack sind gewaltig. Temperaturwechsel, Schmutz und Hagelkörner, »gesalzener« Schneematsch und Sonnenglut sollen keinerlei Spuren hinterlassen. Solche Strapazen macht kein Lack ewig mit.
Mit der Zeit verliert der Lack seine Elastizität, seine Poren erweitern sich. Feuchtigkeit dringt in die Farbschicht und zermürbt sie von innen, kurz, er »altert«. Der in den heute üblichen Kunstharzlacken enthaltene Weichmacher, der für die Elastizität zuständig ist, verflüchtigt sich allmählich und die einzelnen Farbkörnchen liegen nicht mehr eingebettet im Lack, sondern stehen – mikroskopisch sichtbar – spröde ab. Der Lack ist stumpf geworden.
Erst dann, wenn die Lackoberfläche nach der Wäsche mit klarem Wasser stumpf bleibt, sollte die eigentliche Lackpflege einsetzen. Aber eine Armbanduhr repariert man auch nicht mit Hammer und Zange, daher sollten die Pflegemittel, die man jetzt braucht, mit Bedacht ausgesucht und angewendet werden. Die dauernde Benutzung eines Poliermittels bedeutet, daß eines Tages die Lackschicht wegpoliert ist.
Je sparsamer man mit Pflegemitteln umgeht, um so länger hat man an dem Lack seines Autos Freude. Nur das Mittel, das gerade noch die erstrebte Wirkung zeigt, bedeutet Schonung und Erhalt des Lackes.

Lackpflege stufenweise

Mit welchem Lackpflegemittel man das Auto behandeln soll, hat sich nach dem Zustand und dem Alter des Lackes zu richten. Die Güte eines solchen Mittels ist allein nicht von Ausschlag.

■ **Auto-Shampoo.** Nicht zu jeder Wagenwäsche benutzen, da fettlösend und Auslaugen des Lackes möglich.

■ **Waschkonservierer und Waschpolitur.** Zuerst mit klarem Wasser waschen, danach Konservierer anwenden und mit Watte nachpolieren. Häufige Anwendung führt zu einer schmierigen Wachsschicht, die mit mildem Lackreiniger entfernt werden kann.

■ **Spezialwaschmittel.** Dient zur Beseitigung von Flugrost und Zementstaub. Soll nur verwendet werden, wenn sehr viel fließendes Wasser zur Verfügung steht. Anschließend den Lack konservieren.

■ **Lackkonservierungsmittel.** Schutz für gesunden Lack über geraume Zeit. Probe machen: Wenn beim Blankreiben an der Watte Farbe zurückbleibt, handelt es sich um Poliermittel mit lacklösenden Bestandteilen.

■ **Lackpolitur und Schleifpolierpaste.** Politur nur bei stark verwittertem Lack und sehr sparsam gebrauchen. Praktisch zum Wegpolieren von Schrammen nach Streifberührung mit fremdem Fahrzeug.

■ **Poliermaschine.** Erlaubt keine »gefühlsmäßige« Behandlung des Lackes und kann Kratzer hinterlassen. Manuelle Bearbeitung ist vorzuziehen.

Haushaltsspülmittel sind Gift für den Lack

Vollkommen falsch ist es, die Außenhaut des Wagens mit den bekannten (und sonst auch bewährten) Spülmitteln reinigen zu wollen. Das gilt auch dann, wenn sie »nebenbei« zur Autopflege empfohlen werden. Es ist selbstverständlich, daß solche Mittel tadellos reinigen, aber den Lack des Autos laugen sie aus und zermürben ihn bis auf den Grund. Bei Gegenständen mit strukturell undurchlässigen Oberflächen wie etwa Gläser und Kacheln können die alles reinigenden Flüssigkeiten keinen Schaden anrichten – der stets poröse Autolack reagiert auf sie jedoch mit Zerfall.

Lackschäden ausbessern

Schrammen im Lack oder Beulen im Blech sind leider keine Seltenheit. Nach dem ersten Ärger, der solchem Mißgeschick folgt, sollte man systematisch vorgehen und die Lackschicht wieder in der alten Form aufbauen. Es wäre ohne anhaltenden Erfolg, einfach mit der Sprühdose auf die Schadenstelle zu zielen. Zuerst wird die Beule im Blech entfernt. Ist sie nur klein, reicht dazu ein normaler Hammer, womit man aber nicht wild drauflosschlagen darf. Man muß mit vorsichtigen Schlägen erkunden, wie das Blech reagiert. Umfangreichere Beschädigungen sind mit Handfaust, Gummihammer und Schlichthammer auszubeulen. Danach wird die Oberfläche gefeilt, und mit grobem Schleifpapier entfernt man alle alten Lack- und Grundierungsreste und den Rost.

Nun beginnt man mit dem Aufbau der Lackierung – und falls gar keine Beule vorhanden war, verfährt man ebenso wie folgt. Nach Entfetten des blanken Blechs wird die Grundierung (mit Pinsel oder per Sprühdose) aufgetragen. Trocknen lassen und vorhandene Unebenheiten mit Spachtel überziehen. Nitrospachtel in Dosen ist haltbarer als in Tuben, worin er schnell eintrocknet, es sei denn, man hebt die Tube in einem Gefäß mit Wasser auf. Außerdem muß sich die Grundierung mit dem Nitrospachtel vertragen können; andernfalls nimmt man Kunstharzspachtel oder den für größere Oberflächenvertiefungen gut geeigneten Plastik-Füller. Die Spachtelmasse zieht man schnell und gleichmäßig mit seinem Spachtelmesser (aus Kunststoff) über die Reparaturstelle und läßt sie härten.

Mit Schleifpapier, das über ein planes, handgroßes Brettstück gespannt ist, werden die Unebenheiten nach dem Trocknen glatt geschliffen. Meistens wird man kleinere Stellen nachspachteln müssen, also nochmals spachteln, trocknen lassen, schleifen. Wenn die Oberfläche dieser Ausbesserung zu der alten,

angrenzenden Lackierung eine gleichmäßige Einheit bildet, darf immer noch nicht lackiert werden. Jetzt ist mit sehr feinkörnigem, wasserfestem Schleifpapier die ganze Geschichte spiegelblank zu schleifen, damit alle Spuren der vorangegangenen Trockenschleifung verschwinden. Erst danach ist der Lack aufzutragen. Wer es erstklassig ausführen will, schleift nach Trockenzeit mit Wasser und 400er oder 600er Papier nochmals an und sprüht den Lack, der die Oberhaut bilden soll, dünn auf.
Sogar neue, unlackierte Karosserieteile sind gründlich mit Nitroverdünnung oder Washprimer zu entfetten. Bevor man lackiert, soll man auch kleinste Transportschäden mit Grundierung, Füller oder Spachtel beseitigen.

Lackfarbe ermitteln

Bevor man lackieren kann, muß man den richtigen Lacktyp besorgen. Das ist nicht so einfach, denn unter den in Kaufhäusern aufgereihten Farbsprühdosen wird man nur durch Farbvergleich die passende kaum herausfinden.
Beim Neukauf des 504 hatten Sie die Möglichkeit, den Namen und die Nummer der Lackfarbe zu erfahren; auch nachträglich kann man sich noch danach erkundigen. Der Peugeot-geschulte Fachmann in der Werkstatt kann aber auch beim Altwagen feststellen, um welchen Lack es sich handelt, sofern er noch die Originalfarbe trägt. Im Lackverzeichnis der Lackhersteller muß man dann nach dem richtigen Farbton suchen. Hat man einmal den richtigen Lack gefunden, hat man für einen späteren Fall die alte Dose zum Vorzeigen im Geschäft.
In der Peugeot-Werkstatt, in der auch Lackierungen ausgeführt werden, stehen verschiedene Lacksorten zur Verfügung: Von den Typen Rinshed-Mason und Valentine jeweils Kunstharzlacke und Metallic-Acryllacke, vom Typ Duco Kunstharzlack und Metallic-Lack. Dort weiß man auch, wie mit den verschiedenen Qualitäten umzugehen ist.
Läßt sich die rechte Farbe überhaupt nicht ermitteln, muß man die Hilfe eines Fachmannes im Farbgeschäft in Anspruch nehmen. Am sichersten ist ein Sprühversuch oder Probeanstrich auf der Innenseite des Kofferraums, um den Farbton zu vergleichen, doch ist dabei zu berücksichtigen, daß frischer Lack stets nachdunkelt.

Fingerzeig: *Das Thema Lackbehandlung wird ausführlich in Band 45 »Die Autokarosserie« dieser Handbuchreihe behandelt.*

Kühle Kalkulation

Die kalte Jahreszeit ist für den Autofahrer gleichbedeutend mit müden Batterien, zugefrorenen Türschlössern und blinden Scheiben, mit rostförderndem Eiswasser, mit schlüpfrigen – wenn nicht gar spiegelglatten Straßen. Durch etwas Umsicht und Vorsorge entziehen Sie sich jedoch den Schrecken, die mancher Wintertag mit sich bringt. Ihr Peugeot ist – gleich nahezu allen anderen Autos heutzutage auch – von Haus aus dafür geeignet, bei frostklirrenden Nächten ebenso seinen Dienst zu verrichten wie unter lauer Frühlingssonne. Die Lötlampe zum Auftauen des Motorblocks, die der Großvater einst brauchte, können Sie unter dem Staub lassen.
Dennoch sollte man sich einigen Ratschlägen nicht verschließen, die als Schutz vor Witterungsunbilden jedem Autofahrer und Autobesitzer empfohlen sind. Wenn man sie befolgt, erreicht man den ersehnten Frühling mit einem schadlos gebliebenen Wagen.

Frostbeständige Kühlflüssigkeit

Es hilft nur wenig zu wissen, daß eine Werkstatt für den Schaden haftet, der wegen Vergeßlichkeit des Lehrlings durch nicht eingefülltes Frostschutzmittel entstand. Ärger gibt es trotzdem.
Kümmern Sie sich rechtzeitig um den frostsicheren Zustand des Kühlwassers. Klares Wasser sprengt bei Temperaturen unter dem Nullpunkt Kühler und Motorblock, denn Eis benötigt mehr Raum als das Wasser, aus dem es sich bildet. Um zu verhindern, daß solche Kräfte frei werden, muß man dem Kühlwasser ein Gefrierschutzmittel beimischen.
Das Kühlwassersystem im Peugeot 504 hat ein Fassungsvermögen von knapp 8 Liter. Damit diese Menge Temperaturen bis –20° C ohne einzufrieren übersteht, müssen 3 Liter davon durch Frostschutzmittel ersetzt werden. Eine Mischung im Verhältnis 1:1 gestattet es sogar, den Wagen bis zu in unseren Breiten seltenen –35° C draußen stehen zu lassen. Zur Aufbereitung des Frostschutzes genügt es nun aber nicht, etwa die entsprechende Menge Wasser aus dem Kühler abzulassen, oben das Gefrierschutzmittel einzufüllen und hoffen, daß alles Nötige getan ist. Der kostbare Frostschutzsaft muß sich nämlich im Kühlsystem gleichmäßig verteilt haben, sonst friert das unvermischte restliche Wasser doch. Man muß den Motor also eine Weile laufen lassen – am besten ist es, das Mittel vor einer Fahrt einzufüllen. Danach hat die Wasserpumpe für eine gute Vermischung gesorgt.
Ist man sich über die frostsichere Eigenschaft des Kühlmittels nicht im klaren, kann man den Kühlerinhalt an einer Tankstelle ausspindeln lassen. Ähnlich wie ein Säureheber zum Batterieprüfen (siehe Seite 170) gestaltet, zeigt bei jenem die Spindel an, bei welcher Temperatur das Kühlmittel gefrieren wird. Entsprechend muß Frostschutzmittel nachgefüllt werden.
An einigen Tankstellen kann man Frostschutzmittel literweise aus dem Faß bekommen. Das ist etwa halb so teuer wie andere, in Dosen erhältliche Marken-

frostschutzmittel. Zur Not mischt man sich selbst aus einem Teil Glyzerin, einem Teil Spiritus und zwei Teilen Wasser eine bis –20° C frostsichere Kühlflüssigkeit, die allerdings den Nachteil hat, daß Spiritus schneller verdunstet.
Es ist nicht nötig, das Kühlmittel alle zwei Jahre zu wechseln, wie es von anderen Autofirmen und von Frostschutzmittel-Herstellern empfohlen wird. Es wird behauptet, daß die Frostschutzmittel mit der Zeit »altern« und ihre Schutzeigenschaft gegen Korrosion verlieren. Wir konnten das bislang jedoch nicht beobachten. Tatsächlich verhindert die Schutzfüllung aber die Bildung von Rückständen und Oxydation, deshalb ist an ihrer Stelle möglichst kein reines Wasser zu verwenden.
Ab September 1975 haben alle Modelle ab Werk eine Frostschutzfüllung.

Kühlermaske mit Bedacht gebrauchen

Eine Kühlermaske macht sich recht schick – nur muß ihr Gebrauch in engen Grenzen gehalten werden, denn der Motor braucht schließlich Luft zum Atmen. Die Abdeckung des Lufteintritts hat eigentlich nur dann einen Sinn, wenn das Kühlsystem keine Frostschutzfüllung enthält oder wenn wirklich strenger Frost herrscht.
Wer über eine geheizte Garage verfügt und im Winter nur kurze Ausfahrten macht, der kann sich das teure Frostschutzmittel sparen. Dann ist aber der Kühler bei großer Kälte durch den Fahrtwind trotz warmen Motors frostgefährdet und nur die vor den Grill angebrachte Maske verhindert das Einfrieren des Wassers bei strammer Fahrt.
Die Klappen der Maske braucht man so gut wie nie zu schließen; keinesfalls sollen sie bei Gebirgsfahrten, wenn der 504 als Zugwagen dient oder bei sonstiger harter Beanspruchung des Motors völlig geschlossen sein. Wichtig: Kühlwasseranzeige ständig im Auge behalten! Nur durch eigene Beobachtungen wird man mit Gewißheit feststellen können, bei welchen Außentemperaturen der Motor mit Maske seine auch sonst gewohnte Betriebstemperatur behält.

Frostschutz für den Scheibenwascher

Pflegearbeit Nr. 12

Im Peugeot ist der Behälter für das Scheibenwaschwasser im Motorraum rechts untergebracht, aber sein Inhalt kann auch während der Fahrt einfrieren. Wenn der Wagen über Nacht in der Kälte stand, dann ist das klare Wasser garantiert zu Eis geworden.
Frostschutzmittel verhindern solche unliebsamen Überraschungen. Bei Peugeot bietet man »Stopgel« oder »Berlingot« an, und daneben gibt es an Tankstellen eine Fülle von Spezialmitteln, die man dem Scheibenwaschwasser auch an warmen Tagen beimischen kann. Einige von denen lösen sogar den Öldunst vorausgefahrener Qualmer auf der Windschutzscheibe auf. Im Winterhalbjahr ist es angebracht, die Füllung der Anlage alle 1000 km zu überprüfen.
Billiger, jedoch von seinem typischen Geruch begleitet, ist Brennspiritus. Er wird im Verhältnis 1:1 dem Wasser im Scheibenwaschbehälter durch Schütteln desselben beigemischt und hält noch bei klirrendem Frost die Windschutzscheibe sauber. Die Scheibendichtung wird von Spiritus nicht angegriffen.

Reifen im Winter

Im Winter verlangen die geänderten Straßenverhältnisse eine aufmerksame und zurückhaltende Fahrweise. Die Verzögerung, die beim Bremsen auf schneebedeckter Fahrbahn erreicht werden kann, ist um rund das Doppelte geringer als auf nasser Fahrbahn, und auf einer mit Eis bedeckten Straße bietet sich so gut wie keine Haftung. Im Gefälle leidet die Verzögerung unter einer zusätzlichen Verzugsdauer, hervorgerufen von dem kräftiger als in der Ebene schiebenden Wagengewicht. Daher muß der Sicherheitsabstand den Gegebenheiten ausreichend angepaßt sein.

Trotz Heckantrieb ist der Peugeot 504 recht wintertauglich. Die Seitenführungskräfte, die zum Schleudern führen können, werden bei dieser Antriebsart allerdings nicht wie beim Frontantrieb abgebaut. Man verbessert jedoch die Richtungsstabilität (nicht nur bei Glätte) durch folgende Faktoren:

- Gleichartige Bereifung auf allen Rädern
- Richtiger Luftdruck
- Gutgängige Bremsen, richtige Qualität der Bremsbeläge
- Nicht scharf kuppeln oder voll beschleunigen
- Beim Bremsen auskuppeln.

Die Bedeutung und Nützlichkeit der beim 504 ab Werk montierten Reifen ist im Kapitel »Räder und Reifen« besprochen. Hier soll neben der Erwähnung der Eigenschaften im Winter dieser Reifen auch das derzeitige Angebot der von der Industrie entwickelten speziellen Winterreifen beleuchtet werden.

Gürtelreifen besitzen beschränkte Wintereigenschaften

Zum Glück sind die völlig winteruntauglichen Diagonalreifen bei Peugeot überhaupt nicht zulässig. Dagegen kommen Gürtelreifen den Anforderungen schon um einiges entgegen. Diese Radialreifen warten auf Schnee mit einer relativ günstigen Griffigkeit auf, die sie durch ihren stabilen Laufgürtel, der die Auflagefläche nicht auf der Fahrbahn walken läßt, erhalten. Freilich ist eine Mindestprofiltiefe von 4 mm für die Wintertauglichkeit erforderlich. Schwierigkeiten an Steigungen lassen sich mildern, wenn man Unterlegmatten oder Sand zu Hilfe nimmt.

Wer nicht gerade im Hochgebirge wohnt, sondern den Peugeot zumeist im Stadtverkehr benutzt, müßte im Winter ohne spezielle Bereifung auskommen. Über recht gute Eigenschaften verfügen die teilweise ab Werk montierten Stahlgürtelreifen Michelin zX, mit denen man mit besonnener Fahrweise sogar auf glattgefahrenem Schnee sein Ziel ansteuern kann. Meist sind die Straßen danach wieder schnell geräumt.

Hoher lockerer Schnee – so selten solcher überhaupt zu bezwingen sein muß – stellt natürlich erhöhte Anforderungen. Dann kommt es oft auf Umsicht und Fahrkunst an, mit den Gegebenheiten fertig zu werden. Für extreme Fälle, zu denen auch das Bewältigen häufig auftretender »Eisbahnen« zählen mag, hält die Reifenindustrie Alternativen bereit. Man muß sich jedoch darüber im klaren sein: Auch Winterreifen können nicht alles.

M + S-Haft-Reifen

Die früher einmal angepriesenen M+S-Reifen wurden von der Entwicklung überholt. Mit jenen »Matsch-und-Schnee«-Reifen kann sich das Auto zwar in noch nicht hartgefahrenem Schnee vorarbeiten, aber auf nasser und vereister Straße ist man mit ihnen noch schlechter dran als mit Sommer-Reifen.

Als gewisse Verbesserung kann man die Haft-Reifen ansehen, die zugleich als Ersatz der in Verruf geratenen Spikereifen – über die noch anschließend geschrieben ist – gelten sollen. Ersatz sind sie aber nicht und verantwortungsvolle Reifenhersteller weisen auch darauf hin, daß die neuen M+S-Haft-Reifen auf Eisglätte nicht die Wirkung zeigen können wie die seit April 1975 in Deutschland verbotenen Nagelreifen. Trotzdem ist es gelungen, durch hydrophile (wasserfreundliche) Laufflächenmischungen den Fahrbahnkontakt bei Glätte zu verbessern. In dem Temperaturbereich um 0° C allerdings befindet sich auf Eis ein dünner Wasserfilm, der ohne mechanische Hilfen (Sand, Spikes) die an sich schon unfreundliche Eigenart von Eis noch weitaus gefährlicher macht. Hier können die neuen Gummimischungen nur wenig ausrichten, sie zeigen aber auf Eis bei Temperaturen unterhalb –5° C Spurtreue und Haftvermögen.

Wirkliches Können beweisen einige dieser Reifen in lockerem und auf festgefahrenem Schnee. Das verdanken sie ihrer Profilgestaltung, bei der eine grobe Verzahnung der Profilstollen mit relativ breiten Zwischenräumen ihre Eignung für hohen Schnee heraufsetzt und bei Regen die Wasserverdrängung fördern, während zahlreiche lamellenartige Einschnitte zur Griffigkeit auf glattgefahrenem Schnee dienen. Schließlich verhalten sich Haft-Reifen auf trockener Bahn kaum schlechter als übliche Reifen, was man von den Reifen mit Spikes nicht behaupten kann.

Von den M+S-Haft-Reifen der »neuen Generation«, wie diese seit 1973 auf den Markt gelangten Winterreifen bezeichnet werden, trifft man inzwischen bei jedem Fabrikat auf einen Vertreter. Nach dem Alphabet geordnet findet man unter den Haft-Reifen: Continental TS 729 Contact, Dunlop SP 66 Icegrip, Fulda Kristall Winter, Gislaved Frost, Goodyear G 800 S, Kleber V 10 Kapnor, Michelin XM und X M+S 8, Phoenix 2010 SMS, Semperit Hi-Grip M 581, Uniroyal Rallye MS Plus und den Kletter-Pirelli von Veith.

Besondere Felgen im Winter

Es ist sehr praktisch, beim Kauf besonderer Winterreifen auch gleich die dazu notwendigen zusätzlichen Felgen zu besorgen. Somit erspart man sich das Ummontieren der Reifen, und ohne Schwierigkeiten lassen sich während des Winters auch die ganzen Räder austauschen, wenn eine wochenlang anhaltende Witterungsperiode Schnee und Eis fernhält.

Dieses Auswechseln hat nicht nur bei den teuren Reifen mit Spikes – sofern ihre Benutzung nach 1975 noch erlaubt ist – seine Berechtigung, denn auf Straßen ohne typisch winterliche Bedeckung verschleißen sie nur sinnlos. Auch die Haft-Reifen nutzen sich auf trockener oder nur nasser Fahrbahn schneller ab als Sommerreifen, weil ihre Gummimischung weniger abriebfest ist.

Die Anschaffung von drei zusätzlichen Felgen genügt bereits, denn als 4. Winter-Reifenfelge kann ohne weiteres die Felge des Ersatzrades benutzt werden. Da Reifenpannen heutzutage sehr selten sind, kann man als Ersatzreifen einen Winterreifen mit sich führen, den man den kurzen Weg bis zur nächsten Tankstelle dann auch im Hochsommer auf der Vorder- oder Hinterachse laufen läßt. Bei den möglicherweise zugelassenen oder im Ausland benutzten Spikereifen ist ein höherer Luftdruck als bei üblichen Reifen einzuhalten.

Reifendruck im Winter

Durch eine Luftdruckerhöhung von etwa 0,2 bar wird eine zusätzliche Stabilisierung erreicht. Diese Tatsache sollte man sich im Winter zunutze machen, weil man dadurch zugleich die Aufstandsfläche etwas verkleinert. Somit wird die Last, die pro Quadratzentimeter auf den Boden (auf Schnee und Eis) drückt, erhöht. Die Profilstollen und -kanten können dann besser greifen. Deshalb hatten auch unsere Väter weniger Kummer beim Fahren im Winter. Die alten Autos besaßen große und schmale Reifen, die mit Schnee und Matsch elegant fertig wurden.

Die für die Autobahnfahrt im Sommer empfohlene Luftdruckerhöhung um 0,2 bar ist in dem eben erteilten Ratschlag schon inbegriffen. Ein Mehr von 0,4 bar wäre im Winter zuviel des Guten.

Gleitschutzketten

Wenn auch die griffigsten Winterreifen schon versagen, helfen gegen Schnee und Eis, bei Hochgebirgsfahrten und starken Schneefällen noch Ketten. Offiziell heißen sie Gleitschutzketten und haben bei entsprechender Ausführung vom Kraftfahrt-Bundesamt eine Bauartgenehmigung. Solche Gleitschutzketten sind eine gute Anschaffung, aber sie sind nicht billig – für eine gute Spurkreuzkette müssen Sie mindestens 150 DM rechnen (pro Stück!). Irgendwelche Sonderangebote können zwar auf den ersten Blick genauso aussehen, aber

nach den ersten Fahrkilometern auf trockener Straße, wobei Ketten am stärksten beansprucht werden, merken Sie den Unterschied bald. Eine Qualitätskette übersteht einige Kilometer auf schnee- und eisfreier Straße, die Billigkette löst sich dagegen schnell in ihre Bestandteile auf.
Auf trockener Fahrbahn dürfen Sie auf keinen Fall schneller als 50 km/h fahren – schon deshalb wird man auf freier Strecke die Ketten schnellstmöglich abnehmen –, auf Schnee gelten etwa 80 km/h als die höchste Geschwindigkeit. Wer das Kettenauflegen vor dem ersten Schnee geübt hat, fürchtet sich kaum vor dem Auflegen und Abnehmen der Ketten und braucht auch nur wenige Minuten. Es war früher ein guter Tip, sich für Fahrten in schneereiche Gebiete ein komplettes sechstes Rad anzuschaffen und dieses wie das ohnehin vorhandene Reserverad daheim in Ruhe mit Ketten zu versehen und mitzunehmen. Das empfehlen wir heute nur noch für Ketten, die bei der Montage erhebliche Schwierigkeiten bereiten.
Die Kette darf nicht zu stramm angezogen werden, sonst wird sie zu sehr belastet und kann reißen oder das Reifenprofil (vor allem bei Winterreifen) beschädigen. Zwischen Kette und Reifenlauffläche sollte etwa die flache Hand geschoben werden können, dann kann die Kette »wandern«, was sie auch soll. Lose Kettenenden dürfen natürlich auch nicht herumschleudern, deshalb eventuell die Spannvorrichtung zusätzlich sichern.

Fingerzeig: *Wer von seinem bisherigen Auto noch gute Spurkreuzketten (siehe Bild unten) hat, die nicht für die Reifen des 504 passen, kann sich die Ketten umarbeiten lassen. Das machen (allerdings nur in den Sommermonaten) beispielsweise die Firmen Erlau und RUD für von ihnen gelieferte Ketten.*

Praktische Hilfen unterwegs

Im Winter braucht man unterwegs manchmal einige der hier genannten Utensilien, die kaum Geld kosten, aber gute Dienste leisten können.

■ Eis-Schaber, um vereiste Scheiben zu reinigen. Er muß aus Kunststoff sein, damit die Scheiben nicht zerkratzt werden. Man kann so ein Ding auch als »Teig-Schaber« – für die Kuchenteigschüssel – im Haushaltswarengeschäft kaufen.

■ Sandsäckchen, um an vereister Steigung eine Fahrbahn zum Anfahren streuen zu können. Am besten sind dichte Leinen- oder Kunststoffsäckchen mit möglichst scharfem Sand oder feinem Kies.

■ Schneeschaufel, um sich bei starkem Schneefall einen Weg bahnen zu können. Damit es ein auch wirklich brauchbares Gerät ist, möglichst eine breite Kohlenschaufel mit kurzem, abnehmbarem Stiel nehmen, damit man sich auch

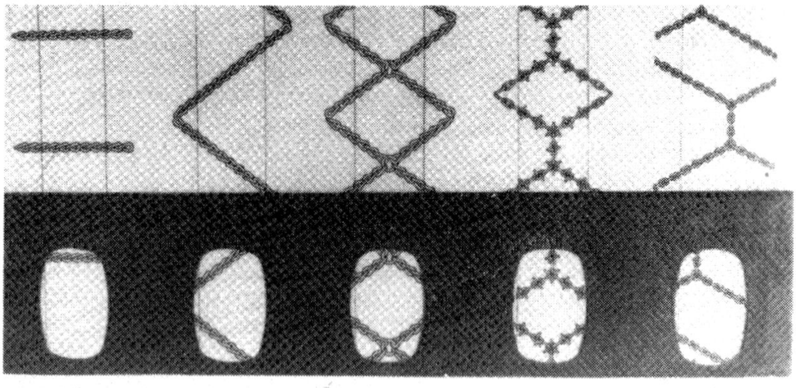
1 2 3 4 5

Die ovalen Ausschnitte geben die Aufstandsfläche eines Reifens an und vermitteln eine Vorstellung davon, bei welchen Gleitschutzketten der größte Kontakt mit der Fahrbahn besteht. Von diesen Ketten sind die Leiter- und Zickzack-Ketten (1 und 2) nicht zu empfehlen, dagegen sind die Kreuz-Kette (3) und die Spurkreuz-Ketten (4 und 5) wirkungsvoll genug, um im Schnee besonders gut zu greifen. Diese bieten auch bei Glatteis echte Sicherheit, während die beiden erstgenannten Ketten wegen ihrer ungleichmäßigen und unvollkommenen Auflage den Wagen bei einer Notbremsung unkontrolliert rutschen lassen.

durch eine hohe Schneewehe graben kann. Zur Not kann man Schnee auch mit einer Radkappe wegschaufeln.

■ Anti-Beschlagtuch, mit dem die von innen beschlagene Windschutzscheibe und Heckscheibe abgerieben werden kann. Die Imprägnierung, die das Beschlagen etwa für eine Woche verhindert, reicht in dem Tuch für eine Saison. Dann wird das Tuch ausgewaschen und als normales Staubtuch verwendet.

■ Zwei alte Teppichstreifen, jeweils einen halben Meter breit und mindestens 1,5 m lang aus einem alten Teppich oder Kokosläufer. Diese Stücke kann man zum Anfahren unter die Hinterräder legen, wenn es auf Glatteis nicht mehr weitergeht. Wichtig ist, daß an beiden Stücken jeweils eine starke Schnur befestigt ist. Damit wird der Teppichstreifen an die hintere Stoßstange angehängt, bevor man ihn vor den antreibenden Hinterrädern ausbreitet.

■ Sprühdose mit Klarsichtmittel gegen vereiste Windschutz- und Seitenscheiben. Man braucht es nur auf die obere Hälfte der Scheibe zu sprühen, weil es abläuft und dann auch den unteren Teil der Scheibe vom Eis befreit. Noch billiger kann man es mit Brennspiritus haben, den man in einer kleinen Plastikflasche mitführt.

Start bei strenger Kälte

Wie alle Peugeot-Modell besitzen auch die 504-Motoren, besonders der Einspritzer, gute Starteigenschaften. Man muß aber im Winter besonders beachten, daß bei Wagen mit Kaltstartknopf dieser ganz herausgezogen werden muß (siehe Seite 104).

Weitere Ratschläge sind:

■ Falls Schaltgetriebe, Kupplungspedal treten (steifes Getriebeöl bremst).

■ Sprühflaschen (z. B. Startpilot) aus dem Zubehörhandel mit besonders leicht vergasbarem Anlaßstoff besorgen. Dieser wird – möglichst von zweiter Person – beim Anlassen in den Vergaserstutzen gespritzt (Schlauch vom Luftfilter zum Vergaser abnehmen). Auch Feuerzeugbenzin vergast sehr gut.

■ Um sorgfältige Vergasereinstellung bemüht sein.

■ Zündkerzen-Elektrodenabstand muß stimmen. Es kann helfen, die Kerzen herauszuschrauben und an Flamme oder Ofen zu erwärmen.

■ Zündleitungen, Zündspule und Verteiler peinlich sauber halten. Weißliche Schicht von Streusalz ist elektrisch leitend. Abwaschen und gut trocknen.

■ Batterie in beheiztem Raum aufbewahren und erst zum Start einsetzen.

Dünneres Motoröl bei Frost

Peugeot empfiehlt, das Mehrbereichsöl 10 W-50 während jeder Jahreszeit zu verwenden. Wer aus Kostengründen dennoch Einbereichsöl vorzieht, kann – je nach Temperatur – das Öl SAE 20 oder SAE 10 einfüllen. Dünneres Öl erleichtert das Anlassen und hat bei Kälte eine sofort einsetzende, bessere Schmierwirkung. Was aber für nahezu alle Peugeot-Modelle gilt, sollte man auch beim 504 bedenken. Das Einbereichsöl SAE 10 eignet sich weniger für hohe Dauergeschwindigkeiten. Im Motor kann die Möglichkeit auftreten, daß bei hoher Betriebstemperatur der Film auf den Gleitstellen dieses »dünnen« Öls reißt und die Schmierfähigkeit aussetzt.

Da Motoröl im Winter, vor allem bei vielen Stadtfahrten, stark beansprucht wird, sollte man rechtzeitig an Ölwechsel denken. Siehe Seite 65.

Korrosionsschutz ab Werk

Bei Peugeot ist man darauf bedacht, den neuen Wagen einen möglichst anhaltenden Korrosionsschutz mit auf den Weg zu geben. So werden die Karosserieteile im Tauchverfahren entfettet und mit einer Beschichtung überzogen, die dem Rost erst nach mechanischer Beschädigung den Zutritt erlaubt. Auch schlecht zugängliche Stellen sind durch diese Vorsorge beschützt.

Die Radkästen sowie besonders anfällige Stellen am Wagenboden erhalten einen Dauerschutz. Dieser Unterbodenschutz wird bei Temperaturen um 140° C aufgetragen. Die übrigen Teile der Fahrzeugunterseite, einschließlich der zum Fahrwerk zählenden, erhalten einen Saisonschutz auf Wachsbasis. Ferner ist eine Hohlraumversiegelung vorgenommen, die als wachshaltiges Präparat die dem Auge verschlossenen Partien des Wagens vor den Angriffen eindringender Feuchtigkeit bewahrt.
Schon seit langem verwendet Peugeot für Blechteile, die bei anderen Fabrikaten noch weitreichend mit einer Chromauflage versehen sind, rostfreien Stahl. Auch die dem Steinschlag besonders ausgesetzten Stoßstangen und Radkappen können somit eine kaum umsorgte und doch fast unbegrenzte Existenz besitzen.

6 Jahre Garantie gegen Durchrostung

Alle nach dem 1. September 1980 zugelassenen Neuwagen sind durch eine 6-Jahres-Garantie gegen Durchrostung der Karosserie und der tragenden Elemente geschützt. Diese Entscheidung wurde durch folgende Fakten möglich: Kataphorese-Behandlung der Karosserieteile, Verringerung der Anzahl der Hohlräume, Verwendung von elektroverzinkten Blechen, Anbringung von Dichtungsmassen an schwer zugänglichen Blechverbindungen, heißes Auftragen von Rollsplittschutz in den Radkästen, Injektion von Bitumen-Wachs in die Hohlräume. Dazu wird der Metallic-Lack mit einem Schutzüberzug versehen. Bei der Kataphorese wird jede Karosserie vor dem Eintauchen in ein Harzbad mit dem negativen Pol und die Wanne mit dem positiven Pol verbunden. Der elektrische Stromfluß sorgt dann für eine intensive Beschichtung des Blechs mit dem Schutzmittel.
Voraussetzung für die Garantie sind zwei Kontrolluntersuchungen am Ende des 2. und 4. Betriebsjahres in einer Peugeot-Werkstatt, die im Garantieheft bestätigt werden. Dabei als schadhaft erkannte Teile werden instandgesetzt oder ausgetauscht. Eine Untersuchung (ohne Instandsetzungsarbeiten) dauert zwei Stunden.

Angriffe auf die Wagenunterseite

Während der Fahrt befindet sich der Bauch des Wagens dauernd im Sandstrahlgebläse von schleuderndem Dreck und Splitt, und das von Auftausalzen durchsetzte Schmelzwasser vollbringt zugleich ein grausames Werk. Dazu tritt die Heimtücke, daß diese Salze in den unzugänglichsten Winkeln und Hohlräumen des Autos antrocknen und auch den folgenden Sommer hindurch immer wieder Spritzwasser aufsaugen und dadurch bösartige Rostnester bilden. Mancher Autobesitzer hat sich schon mit maßlosem Erschrecken die Unterseite seines noch gar nicht übermäßig alten Wagens angesehen. Und auch der TÜV handelt dann gnadenlos, wenn der Rost das Blech papierdünn werden ließ und Fahrzeugteile mit ehemals tragender Funktion nur noch von der danebenliegenden Metallumgebung festgehalten werden.

Unterbodenschutz nachträglich anbringen

Trotz der ab Werk getroffenen Vorkehrungen ist es natürlich bei den vor 1980 gebauten Wagen besonders nötig, den serienmäßigen Unterbodenschutz, der zugleich als Antidröhnmittel dient, vor dem Winter auf Beschädigungen zu untersuchen und gegebenenfalls nachzubehandeln. Zum Ausbessern gibt es im Handel Sprühflaschen (Bostik M+S, Tectyl von Valvoline, Terotex von Teroson), die freilich relativ teuer sind, weswegen es sich nicht lohnt, damit die ganze Unterseite des Peugeot einzusprühen.
Wenn Ihr Wagen einen Vorbesitzer hatte, der sich nicht um die Rostvorsorge gekümmert hat, sollten Sie als erstes überlegen, wie lange Sie den Wagen be-

halten wollen. Sonst geben Sie Ihr Geld womöglich für den Nachbesitzer aus. (Der Einwand, ein Wagen mit Unterbodenschutz verkauft sich besser, gilt nicht, denn ein Käufer könnte auch vermuten, daß nur Rostschäden verdeckt werden sollen.) Ob sich Unterbodenschutz bei einem gebrauchten Auto überhaupt lohnt anzubringen, kann im Zweifelsfall nur eine qualifizierte Werkstatt feststellen.
Nachträgliches, regelmäßiges Ausbessern des Unterbodenschutzes verspricht einen Werterhalt über lange Zeit und man ist vor Beanstandungen beim TÜV, was Durchrostungen angeht, ziemlich sicher.
Zur Auswahl stehen drei Arten von Unterbodenschutz:

- Saisonschutz
- Langzeitschutz
- Dauerschutz

Die beiden erstgenannten kommen in Frage, wenn Sie Ihren Wagen nach ein bis zwei Jahren wieder verkaufen wollen. Der Saisonschutz hält, wie sein Name sagt, höchstens eine Saison, womit die Wintersaison gemeint ist. Aber dieser Schutz bewahrt nicht jede Stelle des Unterbodens gleichmäßig. Unter Umständen genügt schon eine Fahrt auf frisch mit Splitt gestreuter Straße, um den Schutz zu durchlöchern. Dann muß der Saisonschutz an den hart strapazierten Stellen nachgebessert werden.
Die Summe solcher regelmäßigen Aufwendungen ist kaum billiger als Langzeitschutz. Dieser überdauert im Durchschnitt zwei Winter, wenn auch er gelegentlich ausgebessert werden muß. Allerdings muß vorher der Unterboden sauber entrostet und entfettet sein, sonst haftet der Bitumenschutz nicht. Bei einer stark verschmutzten Wagenunterseite kommen also noch die Kosten für die Reinigung hinzu, ohne die man etwa 50 Mark zu zahlen hätte.
Dauerschutz kommt in Betracht, wenn man den Wagen mehrere Jahre fahren will. Der Unterbodenschutz wird mehrere Millimeter dick aufgesprüht und wirkt zugleich als Antidröhnmasse, er hängt dem Fahrgestell aber ein zusätzliches Gewicht von rund 15 kg an. Diese Behandlung kostet für den Peugeot etwa 200 Mark, enthebt Sie jedoch – von Kontrollen nach der Winterperiode und eventuellen Nachbesserungen abgesehen – aller weiterer Sorgen. Ein fachlich richtig angebrachter Langzeitschutz ist billiger als ständiges Nachsprühen und überdauert dann bestimmt fünf Jahre des Autodaseins.
Beim Auftragen jeglichen Unterbodenschutzes müssen Bremsanlage (Leitungen, Radbremsen), Lenkungsteile, Motor, Getriebe und Hinterachse abgedeckt werden. Auf jeden Fall sollte man nach dem Einsprühen sofort die Wirkung der Bremsen überprüfen und feststellen, ob Sprühdunst auf die Bremsscheiben oder in die Bremstrommeln geraten ist. Keinesfalls sofort, wie üblich, losfahren, sondern mit betätigten Bremsen und wenig Gas so lange »schleichen«, bis sich die normale Bremswirkung einstellt.
Zur Bearbeitung mit dem Konservierungsmittel darf das Auto nicht eiskalt durchgefroren sein. Man bringt es am besten am Abend vor dem Auftragen in die geheizte Werkhalle.

Hohlraumversiegelung – kostet und spart Geld

Die werkseitig versiegelten Hohlräume der vor September 1980 gelieferten Modelle sollten alle zwei Jahre erneut konserviert werden, sonst kann der beste Unterbodenschutz den von innen auftretenden Rostfraß nicht verhindern. Kondenswasser und in die Hohlräume der Karosserie eingedrungenes Spritzwasser sammelt sich mit Vorliebe in bereits vorhandenen Schmutzdeponien. Man spricht dann von »Rostnestern«, deren unliebsame Auswirkungen sich eines Tages in Form von Durchrostungen zeigen. Bei einem älteren, wenig gepflegten Wagen hat eine Hohlraumversiegelung selbstverständlich keinen Zweck mehr: Das Rostverhütungsmittel würde sich nur auf den bereits vorhandenen Rostansätzen ausbreiten und könnte nicht verhindern, daß die Korrosion weiterdringt. Vom Selbermachen müssen wir abraten, denn außer entsprechenden Kenntnissen braucht man einen starken Kompressor und einen genauen Hohlraumkonservierungsplan. Suchen Sie deshalb einen Spezialbetrieb, der für seine Hohlraumkonservierung einen guten Ruf hat. Meist sind dies Lackier- oder Karosseriewerkstätten. Die Hohlraumversiegelung kostet für Ihren Peugeot zwischen 200 und 250 Mark. Allzu billige Angebote sind nicht empfehlenswert. Sprühpistole und Bohrmaschine genügen nicht, um diese Arbeit fachgerecht auszuführen. Bekannte Firmen wie Dinol, Pingo, Teroson und Valvoline führen Hohlraumversiegelungen in ihrem Programm.

Lackpflege im Winter

Das Äußere des Wagens muß man in der kalten Jahreszeit besonders schützen. Hierbei gilt es vorzubeugen, denn bei Temperaturen unter Null kommt man mit keinerlei Methode mehr richtig zum Zuge. Einem noch gut erhaltenen Lack ist es am zuträglichsten, ihn vor dem Winter zu konservieren (siehe vorangegangenes Kapitel).
Wagenwäsche im Freien wie an warmen Tagen ist bei Frost nicht möglich, außerdem würden dabei Türen, Schlösser und Hauben zufrieren. Man muß also frostfreies Wetter abwarten und dann den mit den Auftausalzen vermischten Schmutz gründlich und mit viel Wasser abwaschen. Reinigende Mittel sollte man dabei vermeiden, weil sie die Konservierung durchdringen und illusorisch machen. Auch die Anwendung von Poliermitteln hat bis zum Frühjahr zu warten. Besser ist es, ein bei Schneematsch häufig benutztes Auto regelmäßig in einer Waschhalle säubern zu lassen, wo sich auch die Gelegenheit bietet, für anschließendes Austrocknen des Wagens zu sorgen.

Pflege der Blankteile

Stoßstangen und Radzierkappen am Peugeot rosten zwar nicht, der Edelstahl kann jedoch im Winter Verfärbungen erleiden, die nur durch Polieren zu entfer-

Neben anderen hat auch die Firma Teroson Arbeitspläne zur Hohlraum-Konservierung ausgearbeitet. Die Zeichnung zeigt, an welchen Stellen diese vorsorgende Behandlung vorgenommen werden soll:
1 – Türholm, vorne, Mitte,
2 – Kotflügeldoppelblech,
3 – Türen,
4 – Radschacht,
5 – Kasten für Rückleuchte, Rückleuchte abnehmen,
6 – Querträger,
7 – Längsträger,
8 – Verstärkungsträger,
9 – Türschweller,
10 – Träger im Kofferraum, Matte abheben;
○ – Löcher sind vorhanden,
● – Löcher müssen gebohrt werden,
◎ – Löcher müssen aufgebohrt werden.

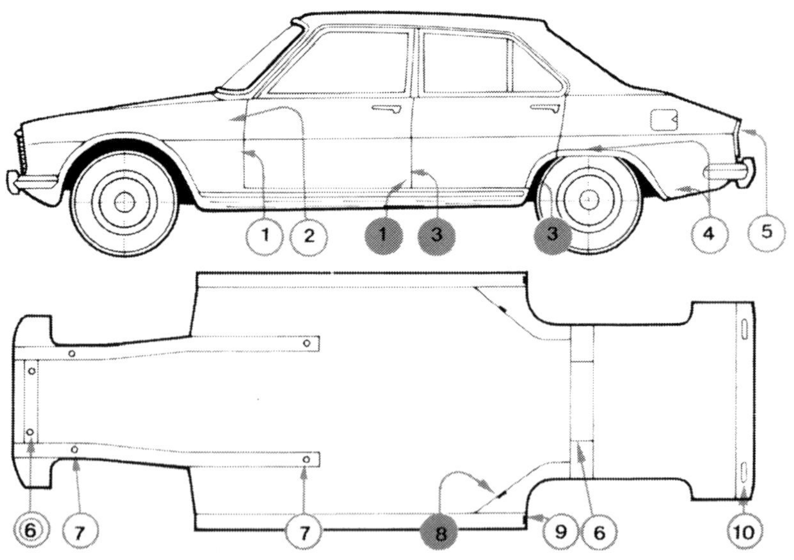

nen sind. Gegen das angriffswütige Streusalz schützt im Winter am einfachsten reine, säurefreie Vaseline. Allerdings bleibt der Schmutz gern daran kleben und hart anprallendes Spritzwasser verdrängt mit der Zeit die fette Schicht. Besser ist dann ein wachsartiges Unterbodenschutzmittel, etwa Tectyl. Möchte man es lieber glänzen lassen, nimmt man Sprühdosen mit glasklarem Chromschutzspray von Polifac oder von BP, Aral, Shell und Teroson.

Fingerzeige: *Die Gummileisten um die Türen reibt man intensiv mit Glyzerin oder man sprüht sie mit einem isolierenden Mittel wie »Türgummischutz« von Pingo ein. Dann können sie nicht einfrieren. Festgefrorene und aufgerissene Dichtleisten müssen in der Regel ersetzt werden.*
Das eingefrorene Türschloß öffnet man mit dem erhitzten Schlüssel, dessen Spitze über die Flamme des Feuerzeugs gehalten wurde. Das Festfrieren der Türschlösser verhindert Frostschutzmittel, das man an einem dünnen Draht hineinlaufen läßt, wenn man keine alte Injektionsspritze vom Hausarzt hat. Gleiche Dienste leistet Knochenöl, das die Sperren des Schlosses nicht verklebt. Bei der winterlichen Wagenwäsche überdeckt man das Schloß mit einem Streifen Tesa-Film.

Maßnahmen bei Stillegung

Verschiedene Gründe können dazu führen, daß man sein Auto für einige Monate abmeldet und in die Garage stellt. War es früher der Winter, der manchen Wagenbesitzer zur Stillegung seines Blechlieblings veranlaßte, sind heute eher Militärdienst oder Führerscheinentzug die Ursache, daß das Auto »eingemottet« werden soll. Um den Fahrzeugstand für die Dauer einer solchen Zwangspause zu erhalten, denke man an das Sprichwort »Wer rastet – rostet« und befolge nachstehende Regeln:

- Öl wechseln, Tank und Kühler ganz füllen.
- Motor warmlaufen lassen. Etwas Korrosionsschutzöl oder Petroleum in Vergaserstutzen sprühen oder in Kerzenlöcher gießen und Motor ohne Zündung (Verteilerkappe abnehmen) mit Anlasser durchdrehen.
- Motor (mit in Öl getränktem Lappen) luftdicht verschließen: Ansaugöffnung (Vergaserstutzen), Auspuff.
- Handbremse nicht anziehen. Kappe des Bremsflüssigkeitsbehälters mit Klebeband abdichten, da Bremsflüssigkeit wasseranziehend ist.
- Batterie ausbauen. Möglichst alle 4 Wochen aufladen lassen oder dorthin verleihen, wo sie benutzt wird.
- Schlösser mit Gefrierschutzmittel einspritzen.
- Scheibenwischerblätter aushängen.
- Blanke Teile mit Vaseline oder anderem säurefreien Fett einreiben.
- Reifendruck regelmäßig kontrollieren (lassen).
- Alle 2 Monate Wagen bei eingelegtem großem Gang wenigstens 50 cm vom alten Platz wegschieben, um einseitige Reifenbelastung und Dauerbelastung einzelner Ventilfedern zu vermeiden.
- Bei Stillstand über 6 Monate Wagen hochbocken. Frei hängende Antriebsräder bei eingelegtem Gang gelegentlich gleichzeitig etwas drehen, damit einzelne Ventilfedern regelmäßig entlastet werden.
- Abstellplatz soll trocken sein und muß gelegentlich gelüftet werden. Heizung ist nicht erforderlich. Wagenfenster handbreit geöffnet lassen.

Schalen und Zellen

Zweifellos ist es nicht das Verdienst eines einzigen Automobilwerkes, daß die Sicherheitsvorkehrungen in heutigen Autos ein verhältnismäßig hohes Maß erreicht haben. Auch beim Peugeot 504 sind Erkenntnisse aus der Unfallforschung weitreichend ausgewertet. Nicht zuletzt in dem Gewicht der fahrbereiten Limousine von über 1200 kg beweist sich die Absicht, den Insassen im Falle einer Kollision mit einem Hindernis einen verläßlichen Schutz durch Stabilität zuzusichern. Sehen wir uns den Aufbau der Karosserie etwas näher an.

Karosserie-Aufbau

Die Karosserie, zu der auch der Fahrzeugunterbau gehört, besteht aus geripptem, gefalztem und durch Winkel und Sicken versteiftem Stahlblech von 0,9 mm Stärke. So profilierte Einzelteile besitzen eine erhebliche Biegefestigkeit, die nach dem Zusammenfügen zu Bauteileinheiten noch verstärkt ist.
Die Bodengruppe ist aus zwei hintereinanderliegenden Teilen zusammengesetzt, die an ihrer Unterseite mit kastenförmigen Längsträgern versehen sind. Während das vordere Teil im wesentlichen aus einer Doppelwanne zur Aufnahme der Vordersitze und aus zwei nach vorne ragenden Trägern mit einer Quertraverse besteht, gliedert sich der hintere Unterbau in Boden und Rückwand für die hintere Sitzbank, in Bodenblech für den Kofferraum und in die beiden Radkästeninnenbleche. Auf diesen Unterbau werden die beiden einteiligen Seitenteile mit den Türrahmen und die Trennwand zwischen Motor- und Fahrgastraum angebracht, ferner Innenbleche und Verstärkungen seitlich und oberhalb der Windschutzscheibenöffnung.
Danach erhält der Rohbau die vorderen Kotflügelinnenwände mit dem sogenannten Maskenblech der Frontpartie. Für die Seitenteile sind Eckversteifungen bestimmt. Das Oberteil der Karosserie, bestehend aus Dach mit Windschutzscheibenrahmen und Kofferraumwandungen komplett in einem Stück, bildet den Abschluß dieser dann insgesamt nicht ohne weiteres demontierbaren Karosseriekonstruktion.
Durch verstärkte Stahlblechelemente und Längsträger konnte man auch für die sportlichen Ausführungen des 504 die bei solchen Fahrzeugen notwendig höhere Verwindungssteifigkeit erreichen. Peugeot ist eine der ganz wenigen Firmen, die sich noch den Aufwand leistet, offene Wagen zu bauen. Ein Cabriolet stellt bezüglich der Festigkeit an den Hersteller ganz besondere Ansprüche.

Demontierbare Karosserieteile

Die bis hier beschriebene, verschweißte Zelle läßt sich nur mit Hilfe hydraulischer Pressen richten, falls sie bei einem Unfall in Mitleidenschaft gezogen wurde. Ohne übermäßigen Aufwand kann man aber – neben den beweglichen Karosserieteilen – das aus den vorderen Kotflügeln und dem Frontrahmen zusammengestellte Bugteil reparieren oder ersetzen. Die gesamte Frontpartie mit den äußeren Kotflügelwänden ist auf das schon erwähnte Maskenblech und auf die inneren Kotflügelwände geschraubt.

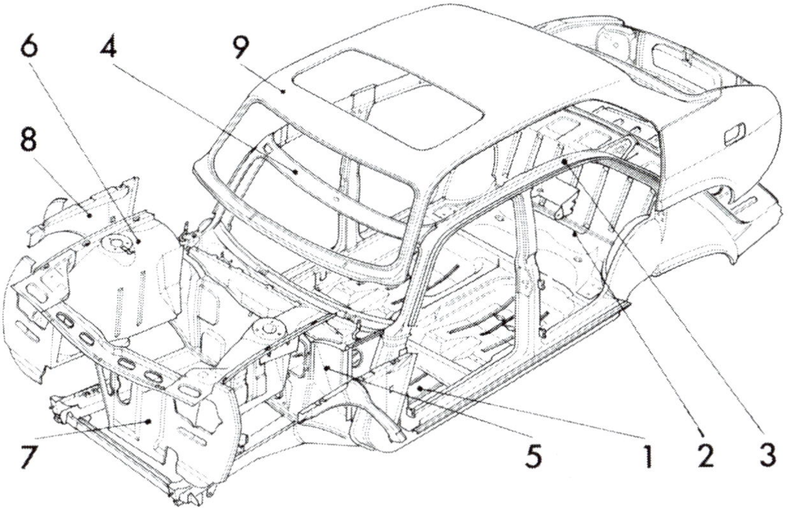

Anhand dieser Zeichnung kann man sich davon unterrichten, wie die Karosserie des 504 im Rohbau zusammengesetzt wird. In der Reihenfolge des Zusammenbaus sind beziffert: 1 – Vorderboden, 2 – Hinteres Karosserieteil, 3 – Einteiliges Seitenteil, 4 – Windlaufoberteil mit Innenblechen der Dachpfosten, 5 – Spritzwand, 6 – Kotflügelwand, 7 – Maskenblech, 8 – Eckversteifung der Seitenteile, 9 – Dach mit hinteren Kotflügeln und Kofferraumblech.

Relativ einfach und daher auch bei gewisser Umsicht in »Heimarbeit« demontierbar sind die Türen sowie die Motor- und Kofferraumhaube. Ferner lassen sich das Kühlergitter und die Klappe für den Benzineinfüllstutzen mit wenigen Handgriffen von der Karosserie trennen. Schließlich ist noch der Austausch des Außenblechs für den Lufteintritt von der Windschutzscheibe möglich.

Karosserieschäden

Auf die besondere Behandlung der Karosserie gegen Korrosion wird ab Seite 43 eigens hingewiesen. Trotz schützender Maßnahmen können Verrostungen auftreten: Außen durch den Aufprall hochgewirbelter Steine oder etwa durch Anstoßen der Tür gegen ein Hindernis. Rechtzeitiges Erkennen macht es möglich, solche kleinen Beschädigungen restlos zu beseitigen. Rost an unsichtbaren Stellen im Inneren der Karosserie ist bösartiger und oft erst dann festzustellen, wenn er sich nach außen durchgefressen hat. Solche Schäden kann nur eine Fachwerkstatt reparieren und gegen spätere Einflüsse isolieren.

Da die Fahrgastzelle auch unter der Einwirkung von intensiven Stößen so gut wie nicht deformierbar ist, muß die bei derartigen Unfällen auftretende Energie an anderer Stelle absorbiert werden. Das ist in der Tat der Fall: Front- und Heckpartie sind leichter verformbar und dienen bei Karambolagen als Puffer. Bei Seitenkollisionen bieten die Türen und Holme durch entsprechende Profilierung ebenfalls Schutz und sie leiten bei einem Frontalzusammenstoß zusätzlich Aufprallenergie ab.

Dieser Aufwand kann sich bei Reparaturen durch zeitliche und finanzielle Belastungen bemerkbar machen. Das trifft beispielsweise bei einem Schaden zu, der die Türumrahmung einbezieht. Nicht jede Peugeot-Werkstatt wird immer in der Lage sein, Lack- und Blechschäden in eigener Regie zu beheben. Dann lohnt sich gleich der Besuch einer Spezialwerkstatt, die in solchem Fall von der Vertragswerkstatt ohnehin konsultiert wird.

Erhebliche Kostensteigerungen bei der Regulierung von Schadenfällen veranlaßten die Versicherungsunternehmen in Zusammenarbeit mit den Autoherstellern, nach Rationalisierungswegen zu suchen. Preis- und Zeiteinsparungen ergeben sich danach durch sogenannte Abschnittreparaturen, bei denen nicht bedenkenlos ganze Karosseriefertigteile ersetzt werden, sondern nur Abschnitte derselben. Z. B. muß auch nicht eine ganze Tür ersetzt werden, wenn

Im Motorraum vorn sind links und rechts die Haubenverschlüsse angebracht. Die beweglichen Teile müssen leichtgängig – also mit Fett versorgt – sein. Der Haubenzug sollte so wenig Spiel wie möglich haben: Die Arretierschraube (Pfeil) muß dicht genug am Anschlag sitzen. Sollte die Haube trotzdem nicht richtig schließen, siehe Bild rechts.

nur das Außenblech verbeult ist. Betriebssicherheit und Werterhalt werden bei solchen Arbeiten berücksichtigt.

Reparaturen am Unterbau

Bei erheblichen Unfallschäden an der Karosserie muß man damit rechnen, daß auch der Unterbau in Mitleidenschaft gezogen und dessen stabilisierender Effekt vermindert wurde. Ein Selbsthilfeverfahren ist dann überhaupt nicht anwendbar. Größere Peugeot-Betriebe sind aber in der Lage, genaue Vermessungen vorzunehmen und die notwendigen Arbeiten nach festgelegten Richtlinien auszuführen.

Nach schwerer Beschädigung werden alle leicht entfernbaren Innenteile der Karosserie ausgebaut, was eine bessere Übersicht während der Ausrichtung und Reparatur ermöglicht. Für Vermessungen und Kontrollen gibt es verschiedene Lehren, und das Ausrichten einzelner Bauteile erfolgt mit einer hydraulischen Winde. Große Beachtung muß der Ausrichtung der Vorderräder mit den Hinterrädern geschenkt werden, also dann, wenn die Achse der Vorderräder nicht mit der Hinterachse parallel verläuft, oder wenn die vordere Spur in bezug auf die hintere nicht zentriert ist.

Die Verformung der Karosserie wird derart behoben, daß die Befestigungsstellen der mechanischen Baugruppen nach einem speziellen Schema kontrolliert und eventuell ausgerichtet werden.

Derartige Arbeiten müssen gewissenhaft erledigt werden. Beim später wieder aufgenommenen Betrieb muß der Wagen vollkommen verkehrssicher sein – ob das zutrifft, erkennt der TÜV bei der nächsten Untersuchung bestimmt. Deshalb ist es von Wichtigkeit, größere Unfallreparaturen von anerkannten und geübten Werkstätten ausführen zu lassen.

Die Motorhaube

Die Haube über dem Motorraum ist hinten mit zwei Scharnieren angelenkt. Diese Art der Anbringung birgt die Gefahr, daß die Haube sich während der Fahrt öffnet, falls sie nicht richtig geschlossen wurde. Umsonst wird nicht geraten, den Schloßmechanismus der Haube regelmäßig zu warten (siehe Seite 72), wobei man sich zugleich von der zuverlässigen Funktion des Verschlusses überzeugen kann (und soll).

Sollte die Haube schief sitzen, müssen die Schrauben an jedem Scharnier etwas gelockert werden, damit sich der Haubendeckel entsprechend verschieben läßt. Danach sind die Schrauben wieder gut anzuziehen. Die Haube muß so ausgerichtet sein, daß die Abstände zu den angrenzenden Flächen annähernd gleich groß sind.

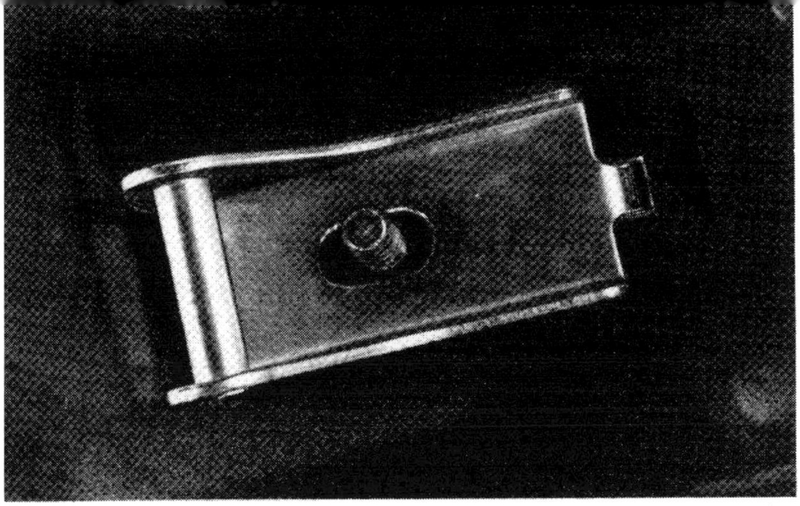

An der Unterseite der Motorraumhaube sitzen die Gegenstücke zu den Haubenverschlüssen. Nach Lockern der Befestigungsmutter SW 13 läßt sich das Verriegelungsteil entsprechend verschieben, um das richtige Einrasten des Verschlusses im Bild links zu gewährleisten. Die gebogene Zunge (Pfeil) muß in der Blechaussparung verbleiben.

Auch jedes Schloß kann etwas versetzt werden, ebenso wie die beiden an der Innenseite der Haube angebrachten Halterungen dazu. Die Länge des Drahtzuges läßt sich regulieren, indem man die Befestigungsschraube kurz vor dem Ende des Zuges entsprechend verstellt. Der Haubenzug sollte aber nicht zu knapp eingestellt sein, damit er nicht fortwährend unter Spannung steht.

Die Kofferraumhaube

Der Kofferraumdeckel läßt sich, wie die Motorhaube, in seitlicher Richtung und in der Höhe verstellen und ebenso völlig abschrauben. Die Auflagekante für die Haube ist rundum mit einer Gummidichtung versehen, die das Eindringen von Staub und Wasser verhindern soll, außerdem kann sie dem Klappern einer nur lose sitzenden Haube begegnen. Ist diese Dichtung beschädigt, muß sie ersetzt werden. Dazu ist die alte Dichtung herauszureißen und ihre Auflagefläche gut mit Lösungsmittel zu säubern. Neue Dichtung und ihren Sitz auf dem Blech satt mit Gummikleber einstreichen, nach entsprechender Trockenzeit flüchtig mit benzingetränktem Lappen überwischen und Gummidichtung rasch andrücken. Die Enden des Dichtungsbandes sind ebenfalls, möglichst überlappend, zusammenzukleben.

Die Türen

Sollte eine Tür durch äußere Einwirkung beschädigt worden sein, muß festgestellt werden, ob das Richten in eingebautem Zustand möglich ist oder die Tür ausgebaut werden muß, um sie reparieren zu können. Der Ausbau ist weniger problematisch als der Einbau später, denn falls die Tür nicht allseitig flächenglatt mit den sie umgebenden Karosseriepartien abschließt, müssen die Schar-

Auch das Schloß der Kofferraumhaube ist für eine gelegentliche Schmierung dankbar. Schließt die Haube nicht richtig, kann man ihr Schloß seitlich und in der Höhe verschieben, wenn man die Muttern SW 10 lockert.

Die rechte Vordertür mit abgenommener Innenverkleidung. Hierzu wurde die Armlehne abgeschraubt, der Griff von der Fensterkurbelwelle abgenommen (siehe Bild gegenüber). Der Fensterhebemechanismus ist bei 1 im Innenblech der Tür befestigt. 2 – Türinnengriff mit Zugstange zum Schloß. 3 – senkrechte Stange der Innenverriegelung. Im Montageloch bei 4 sieht man die Hebeschiene und die Fensterscheibe.

nierschrauben noch einmal etwas gelockert und in ihren Bohrungen verschoben werden. Dieses Justieren wird allerdings nicht ausreichen, wenn z. B. die Tür beim Öffnen auf den Bürgersteig gerammt wurde und durch den Anprall verkantet im Türausschnitt sitzt. Dann sind spezielle Richtwerkzeuge notwendig, nach der Reparatur muß man noch die Türschloßeinstellung überprüfen. Weiterreichende Reparaturen, die sich mit der Wiederherstellung der richtigen Form der Tür befassen, sind einer Karosseriewerkstatt zu überlassen. Mit etwas Geschick kann man aber die in der Tür beweglichen Teile wie Fensterheber, Kuppelstange zwischen innerem Türöffner und Schloß überprüfen und richten, möglicherweise auch eine Scheibe auswechseln.

Ab September 1975 besitzen die Vordertüren des 504 TI elektrische Scheibenheber. Der Motor dazu ist unten am Türblech angebracht und durch eine Kupplung mit dem Getriebe (Schnecke und Zahnrad) verbunden, das die Zahnstange für den Hubmechanismus antreibt. Ein im Motor integrierter Wärmeschalter unterbricht die Stromversorgung automatisch am Hubende und verhindert das Durchschmoren der Wicklung, falls der Schalter zu lange betätigt wird. Auf die gleiche Weise wird der Strom unterbrochen, wenn jemand beim Schließen des Fensters die Finger zwischen Glas und Rahmen hält. Dennoch besteht für den Fahrer die Auflage, beim Verlassen des Wagens den Zündschlüssel unbedingt abzuziehen. Die Stromversorgung geschieht bei eingeschalteter Zündung über die Sicherung Nr. 3, wenn der entsprechende Kippschalter auf der Mittelkonsole eingeschaltet ist.

Türverkleidung ausbauen

Bevor man die Innenverkleidung abnimmt, muß die Fensterkurbel ausgebaut werden. Es lohnt sich nicht, deswegen besonders eine spezielle Türfederzange anzuschaffen. Wenn man einen schmalen Schraubenzieher zwischen Kurbelfuß und Rosette schiebt, kann man damit auch den Drahtsicherungsring abdrücken. In der Werkstatt nimmt man lediglich eine gebogene Stahlsaite, deren Ende einer Häkelnadel gleicht.

Danach löst man die Schraube für das Gehäuse des inneren Türgriffs und zieht die Gehäuseschale ab. Die Armlehne wird ausgebaut, der Türverriegelungsknopf abgeschraubt. Der obere Türfries wird unten abgedrückt und dann noch oben herausgenommen. Jetzt ist es möglich, die Verkleidung abzunehmen, die mit Klammern an drei Seiten (links, rechts und unten) auf dem Innenblech festgehalten ist. Meistens genügt es nicht, dieselbe mit der zwischen Verkleidung und Blech geschobenen Hand zu versuchen, abzudrücken. Besser nimmt man einen breiten Schraubenzieher zu Hilfe, den man in der Nähe der Klammern als

Soll die Fensterkurbel von ihrem verzahnten Sitz abgenommen werden, kann der findige Bastler auch ohne spezielle Federzange auskommen. Das Federende, das nur um 1 mm aus dem Führungsspalt herausragt, kann mit einem schmalen Schraubenzieher seitlich abgehebelt und nach oben gedrückt werden. Beim Aufsetzen ist die Feder mit ihren Einschnürungen auf die oberen Spaltenden zu klemmen und wird erst heruntergedrückt, wenn die Kurbel richtig auf der Welle sitzt.

Hebel benutzt. Man muß aber aufpassen, daß diese Klammern nicht aus der Verkleidung reißen und im Blech hängen bleiben. Um den Lack der Tür nicht zu zerkratzen, hält man als Schutz ein Stückchen Pappe auf das Türblech.

Türfenster austauschen

Das Fallfenster in den Türen der Limousine und der Kombiwagen wird durch einen mechanisch betätigten Hebelmechanismus bewegt, bei dem die Kurbelbewegung auf ein Zahnsegment übertragen wird. Coupé und Cabrio besitzen elektrische Fensterheber mit einem Seilzug, der über vier Rollen läuft. Arbeiten an diesen Türen überläßt man besser geschultem Werkstattpersonal, weil allein das Aufwickeln und Einstellen des Seils Geduld und Erfahrung erfordert.
Der Fensterheber der vorderen Limousinentüren wird bei geschlossenem Fenster augebaut. Nach Losdrehen der Befestigungsmuttern ist der Heber nach innen zu drücken; die waagerechte Schiene für das Glas drückt man nach hinten und gleichzeitig hält ein Helfer die Scheibe fest. Danach kann der Fensterheber aus dem Montageloch herausgenommen werden.
Das immer noch geschlossene Fenster wird jetzt nach vorne geneigt, wodurch es die Führung in den seitlichen Laufschienen verliert. So kann man es unter Beibehaltung der Neigung nach oben herausziehen. Falls die alte Scheibe zerbrochen war, müssen die Glasreste von der Hebeschiene entfernt werden. An der Unterkante ist ein neuer Profilgummi an der neuen Scheibe anzubringen. Zusammengesetzt muß der Abstand vom hinteren Ende der Hebeschiene zum hinteren Rand der Scheibe 242 mm betragen.
Vor dem Einbau ist der Zustand der äußeren Scheibenabdichtleiste zu überprü-

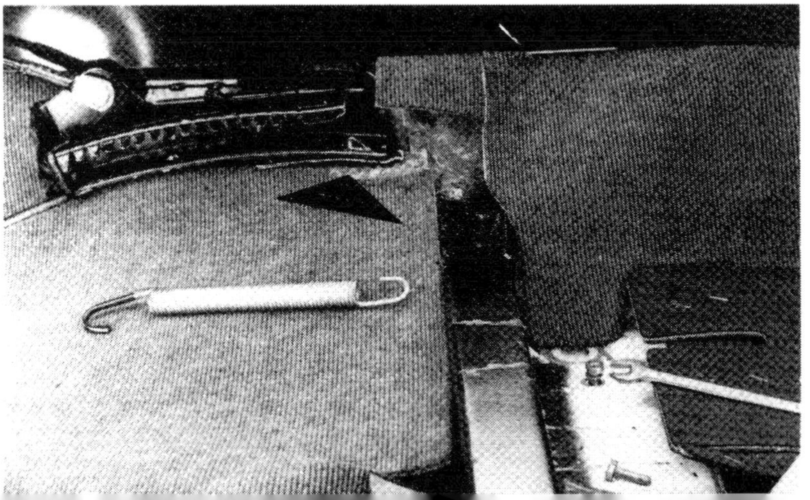

Der Ausbau der Vordersitze ist ab Seite 55 beschrieben. Am Wagenboden sind dazu die beiden Schrauben herauszudrehen, dann kann man die beiden stramm sitzenden Schraubenfedern unter dem Sitz aushängen. Damit der Sitz nach vorne herausgezogen werden kann, muß man die mit Pfeil bezeichnete federnde Nase auf beiden Schienen nach unten drücken. Den herausgenommenen Sitz sieht man auf der nächsten Seite.

Das linke Bild zeigt die Befestigungslaschen der Rücklehne in der Limousine. Die oberen Laschen sind nur wenig, die unteren weiter aufzubiegen, wenn die Lehne herausgenommen werden soll. Im Bild rechts ist die Befestigung der Rücklehne der dritten Sitzreihe im Familiale gelöst. Der Sicherungsring läßt sich mittels spitzem Werkzeug abziehen.

fen. Bei Rissen oder Brüchen austauschen, dazu Schraubenzieher zwischen die Plastikheftklammern und Rand der Leiste schieben und die Klammern leicht auseinanderdrücken. Die neue Leiste wird nur mit der Hand aufgedrückt, nachdem man ebenso neue Klammern an der Tür angebracht hat.

Die neue Scheibe wird in umgekehrter Weise eingesetzt, wie man sie entnommen hat, sie ist dann bis zum Anschlag nach oben zu ziehen und festzuhalten. Die gegeneinander beweglichen Stellen des Fensterhebers sind zu schmieren, dann wird er so eingebaut, daß das Zahnsegement etwa mit dem 4. bis 6. Zahn das Kurbelrad berührt.

Für den Ausbau der hinteren Türscheibe muß man zuerst die drei Befestigungsschrauben der hinteren Laufschiene lösen. Dann wird die obere, elastische Führungsschiene, in der Mitte des Fensters beginnend, mit der Hand nach unten gezogen. Scheibe mit dem Heber bis zum oberen Anschlag kurbeln. Im Montageloch werden dann beide Laufschienen mit ihrer Halterung ausgebaut. Bei oben sitzender Scheibe die Befestigungsmuttern des Scheibenhebers abschrauben und den Heber nach außen drücken, dann nach hinten versetzen und die Achse der Fensterkurbel aus dem ovalen Ausschnitt im Blech herausführen. Fensterkurbel provisorisch aufsetzen und den Heber in Schließrichtung bis zum Anschlag drehen. Kurbel wieder abnehmen. Den Heber von neuem nach innen drücken und nach vorne gleiten lassen, um die Rollen aus den Laufschienen zu befreien. Danach kann der Heber aus der oberen hinteren Öffnung im Türblech herausgenommen werden.

Nun muß die Scheibe nach unten verschoben werden. Dann läßt sich der Halter

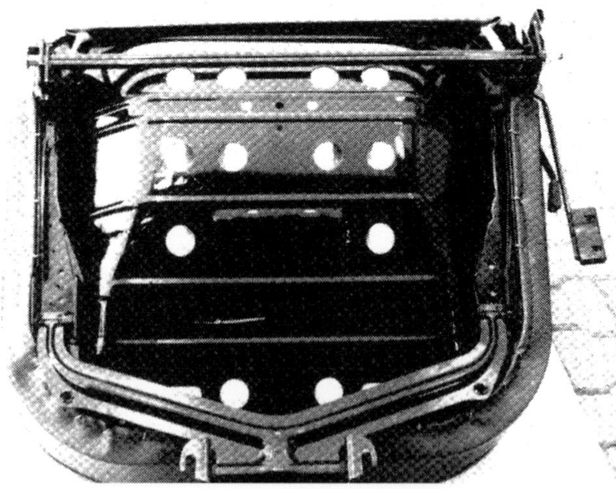

Das ist die Unterseite des vorderen rechten Sitzes aus der Limousine. Hier läßt sich kontrollieren, ob die Befestigung des Bezuges in Ordnung ist. Die Sitzschale aus Stahlblech ist inwendig mit Schaumstoff ausgelegt.

der oberen Laufschiene, der senkrecht an der Trennlinie zur kleineren Seitenscheibe steht, nach vorne drücken und nach oben herausnehmen. Schließlich ist die Scheibe in ihrer normalen Stellung durch den oberen Schlitz der Tür zu entnehmen. Bei der neuen Scheibe muß der Abstand zwischen der Hebeschiene und der hinteren Kante der Scheibe 18 mm ausmachen.
Das hintere Seitenfenster kann mit seiner Dichtung durch kräftigen Druck nach vorn herausgenommen werden. Dazu umspannt man die vordere, senkrechte Kante mit beiden Händen und schiebt das Fenster nach vorne. Der Einbau und Zusammenbau der entnommenen Teile erfolgt in umgekehrter Reihenfolge. Der Fensterheber muß so eingestellt sein, daß zwischen den beiden parallel verlaufenden Armen ein Abstand von 6 mm besteht.

Windschutz- und Heckscheibe

Von dem Einsetzen einer neuen Windschutz- oder Heckscheibe möchten wir abraten. Bei ungeschickter Behandlung brechen diese Scheiben leicht. Die Scheiben sind teurer als die Einbauarbeit in der Werkstatt und wenn sie dem Mann in der Werkstatt brechen, kommt er dafür auf.
Statt einer Windschutzscheibe aus gehärtetem und vorgespanntem Einschicht-Sicherheitsglas kann man sich auch eine Verbundglasscheibe einbauen lassen, wie sie Cabriolet und Coupé serienmäßig haben. Ab Werk bekommt man diese Windschutzscheiben beim Kauf auch gegen Aufpreis.
Nach dem Einbau einer Windschutz- oder Heckscheibe muß Dichtungsmasse mit einer besonderen Druckpresse zwischen Gummifassung und Karosserierand gedrückt werden. Da diese Masse nicht eintrocknet, kann man sich damit arg das Wageninnere verschmieren. Diese Dichtungsmasse ist übrigens werksseitig vergessen oder nicht in genügender Menge eingepreßt, wenn bei Regen Wasser in den Wagen eindringt.

Fingerzeig: *Aufblasbare Notscheiben bekommt man im Peugeot-Ersatzteillager und im Zubehörhandel.*

Sitze ausbauen

Wenn man in der Limousine einmal einen größeren Gegenstand transportieren möchte, der sonst nicht in den Wagen paßt, kann das Problem vielleicht durch Herausnehmen des rechten Vordersitzes gelöst werden. Wie der Sitz befestigt ist, zeigt die Abbildung auf Seite 53.
Der vordere Stützbügel des Sitzes ist an jeder Seite mit zwei Schrauben SW 13 am Wagenboden festgeschraubt. Nach Lösen des Bügels müssen die beiden Federn am Bügel ausgehängt werden. Um den Sitz nach vorne herausziehen zu können, drückt man auf beiden Laufschienen deren nach oben federndes, vor-

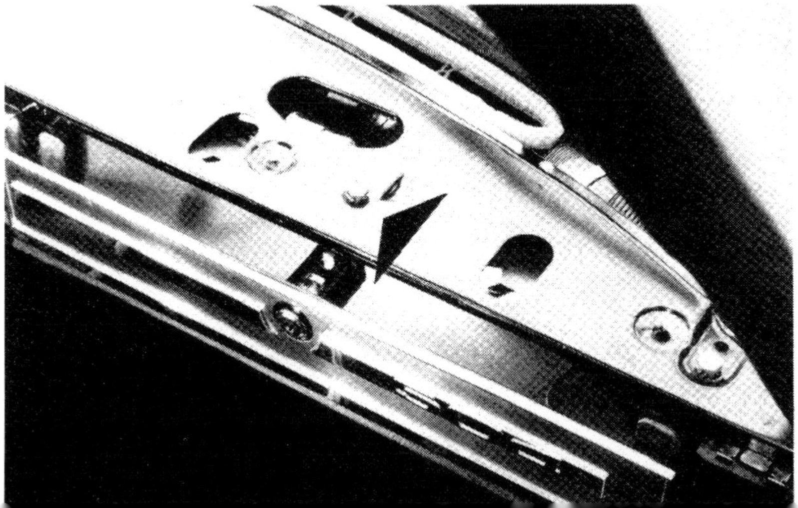

Wie die obere Abdeckung des Armaturenbretts abgenommen wird, ist auf Seite 214 nachzulesen. Der Ausbau kann nötig werden, wenn das Schloß des Handschuhfaches defekt ist oder wenn man an die Handschuhfachbeleuchtung herankommen will. Der Pfeil weist auf die Befestigungsschraube der Schloßfalle.

Die Befestigungsschraube für das Kühlergitter ist vom Motorraum aus erreichbar. Nach Lösen dieser Kreuzschlitzschraube zieht man das Gitter an seinem oberen Rand nach außen. Unten ist das Gitter mit seinen Zapfen in Aussparungen des Karosseriebleches eingesteckt und kann dort leicht herausgezogen werden.

deres Ende herunter. Hierbei ist ein Helfer angebracht, denn gleichzeitig auf die Schienen drücken und den Sitz schieben ist nicht ganz einfach (zur Not geht es aber).

Bei den Rücksitzen ist jedes Rückenteil oben und unten durch zwei umgebogene Blechlaschen festgehalten. Zuerst muß man die Sitzbank ausbauen, die sich vorne anheben und dann hinten aus den Blechlaschen lösen läßt. Danach biegt man die unteren Halterungen des Rückenteils auf und kann dann das Polster nach oben drücken.

Auch die Rückenlehne der hinteren Sitzbank des Familiale kann man mit wenigen Handgriffen ausbauen. Das Bild Seite 54 oben rechts gibt die Erklärung dazu.

Die Innenraum-Pflege

Da die Stoffbezüge synthetischen Ursprungs sind, dürfen sie keinesfalls mit chemisch angreifenden Reinigungsmitteln bearbeitet werden. Flecken kann man vorsichtig mit Reinigungsbenzin entfernen; ist man sich über die Wirkung eines Mittels nicht sicher, muß man an einer versteckten Stelle des Stoffes ausprobieren, ob das Mittel eventuell Schaden stiftet. Gewöhnliches Benzin und Trichloräthylen ist in jedem Fall zur Reinigung schädlich. Auftragen einer dünnen Seifenlösung mit viel Wasser macht stark verschmutzte Bezüge wieder sauber, aber man muß die Sitze dazu möglichst ausbauen und dann in der Sommersonne trocknen lassen. Oder man muß den Stoffbezug abtrennen, waschen und danach wieder anbringen. Das ist eine umständliche Prozedur.

Kunstleder darf weder mit Öl noch mit Firnis behandelt werden, auch vermeide man jede Art von Reinigungstinktur. Dadurch verliert es an Geschmeidigkeit und Aussehen. Zum Säubern eignet sich eine schwache Seifenlauge, die man mit einem Tuch aufträgt und mit klarem Wasser abgewaschen werden muß. Den alten Halbglanz erhält man durch Abreiben mit einem sauberen, trockenen Tuch.

Sollten Sie echtes Leder in Ihrem Wagen verarbeitet haben, so genügt gelegentliches Abwaschen mit lauwarmem Seifenwasser, das man mit einem weichen Tuch aufträgt. Anschließend ist das Leder mit klarem Wasser abzuspülen. Nach dem Trocknen reibt man mit einem sauberen, weichen Tuch den Glanz herbei, ohne jegliche Mittel. Auch die im Handel befindlichen Lederpasten soll man nicht nehmen, weil sie Flecken hinterlassen können.

Auch die Bodenteppiche reinigt man mit Wasser und Seife, wenn sich die Verschmutzung durch Bürsten nicht mehr entfernen läßt.

Pläne schmieden

Alle Automobilwerke haben bestimmte Richtlinien ausgearbeitet, die sich auf die regelmäßige Wartung ihrer Wagen beziehen. So auch Peugeot. Schon beim Kauf des Autos erhält der Kunde mit der Betriebsanleitung Kenntnis von den verschiedenen Inspektionen, die am 504 in regelmäßigen Abständen vorgenommen werden sollen. Wenn Sie ein solches Heft – in dem neben der Beschreibung der Bedienung auch die Arbeiten der Wartung aufgezählt sind – durchblättern und lesen, werden Sie feststellen, daß es eigentlich ohne einen richtigen Pflegeplan gar nicht geht.

Wir haben Ihnen die Mühe abgenommen und einen regelrechten »Fahrplan« zusammengestellt, der alle auf den Peugeot 504 bezogenen Wartungsarbeiten in einer übersichtlichen Form enthält. Dabei wurde auch berücksichtigt, daß einige der einmal für kürzere Zeitabstände programmierte Inspektionen jetzt in größeren Intervallen ausgeführt werden können – eine Änderung, die gleichermaßen für betagtere Wagen gilt.

Allgemein sind solche Überprüfungen, die sich aus Funktionskontrollen sowie Pflege- und Einstellarbeiten zusammensetzen, Beiträge zur Fahrsicherheit und zum Werterhalt eines jeden Autos. Folgt man den einzelnen Arbeitsanweisungen mit Sorgfalt, braucht man sich um den verkehrssicheren Zustand seines fahrbaren Untersatzes kaum große Sorgen zu machen. Dennoch wird niemand gezwungen, festgelegte Termine einzuhalten, ausgenommen natürlich die erste, kostenlose Inspektion.

Alle nachfolgenden Inspektionen sind mit mehr oder weniger hohen Kosten verbunden und es ist eine Sache der Rechenkunst, zu wählen zwischen Werkstattaufenthalt und Selbermachen. Dabei werden außer der finanziellen Kalkulation noch Überlegungen über den jeweils erforderlichen Zeitaufwand und nicht zuletzt über die eigenen Fähigkeiten anzustellen sein. Somit spielen ganz individuelle Faktoren eine Rolle, die von Fall zu Fall verschieden und in Erwägung zu ziehen sind. An dieser Stelle können demnach nur Ratschläge zur Diskussion gestellt werden.

Bei näherem Hinsehen werden Sie bemerken, daß die folgende Wartungsliste sehr viele Arbeiten oder auch nur Handgriffe enthält, die Sie ohne jegliche Vorkenntnisse selbst ausführen können. Um Sie in Ihrer Absicht zu unterstützen, sich um Ihr Auto weitgehend selbst zu kümmern, haben wir die Tabelle derart gegliedert, daß Sie mit einem Blick erkennen können, was für eine Wartung bei welchem Kilometerstand sinnvoll ist. Mithin gelangten wir zu einem System, wie es ähnlich auch Peugeot verfolgt, haben es aber übersichtlicher gestaltet (so hoffen wir wenigstens).

Daneben gibt es einige Kontrollen, die man in (teilweise wesentlich) kürzeren Abständen als zu festgelegten Terminen, und zwar völlig mühelos, erledigen kann. Einige Punkte lassen sich sogar während der Fahrt, beim Betrieb des Autos, sozusagen »abhaken«.

Der bewegliche Wagenheberkopf wird in die Lasche am Wagenboden eingehängt, wobei der Wagenheberfuß die Erde nicht berühren soll. Dann drückt man den Wagenheber in Richtung Fahrzeug und dreht die Spindel mit der Hand, bis der Wagenheberfuß senkrecht unter dem Heberkopf die Erde berührt. Das kreuzförmige Ende der Handkurbel wird schräg in die länglichen Bohrungen der Spindelkupplung eingeführt, dabei hält man die Kurbel parallel zum Wagen.

Was kann man selber machen?

Mancher Peugeot-Fahrer nimmt das vom Werk aufgestellte Wartungs-Reglement nicht mehr allzu ernst. Solche gewitzten Leute kennen ihren Wagen allerdings von innen und außen und ihr Gleichmut ist nur scheinbar. Als Neuling sollte man sich diese Nonchalance nicht erlauben. Es kann nämlich teuer werden, wenn Sie erst mit einem offensichtlichen Schaden an Ihrem Auto in die Werkhalle rollen.

Was man am Peugeot 504 neben den Pflegearbeiten noch tun soll, das wird in den einzelnen Kapiteln dieses Buches ausführlich behandelt. Besondere Ansprüche stellt dabei der Winter, der ein hinterlistiger Feind unserer Autos ist. Bewahren Sie das Wohlergehen Ihres Wagens!

Jede Peugeot-Werkstatt ist mit den genannten Arbeiten vertraut. Einzelne Arbeiten, die man nicht selber machen will, werden jedoch an einer guten Tankstelle oft schneller (auch samstags!) ausgeführt, als dies in Werkstätten manchmal möglich ist. Es gibt allerdings auch einige Pflege- und Inspektionsdienste, die nur mit »W« gekennzeichnet sind. Sie bleiben »übrig«, wenn man selbst pflegt oder die Tankstelle einige Wartungen übernehmen läßt. Man braucht sich keineswegs zu scheuen, seiner Werkstatt nur diese Arbeiten gesondert in Auftrag zu geben. Man kommt dann immer noch billiger davon als bei einem kompletten Inspektionsdienst.

Ihre Werkstatt wird es schnell herausbringen, wenn Sie mit einem stets gut gepflegten Wagen aufkreuzen und nur vereinzelte Aufträge erteilen, die Sie unverkennbar nicht selbst ausführen können. Man wird Ihre Haltung respektieren und darüber hinaus Sie nach dem Zustand Ihres Peugeot einschätzen.

Was muß wann und wo gemacht werden?

		Kontrolldienste alle 1000 km	Seite
1.	S	Motorölstand kontrollieren	64
2.	S	Stand im Bremsflüssigkeitsbehälter kontrollieren	145
3.	S	Ölstand im automatischen Getriebe kontrollieren	68
		Pflege- und Kontrolldienste alle 7500 km	
4.	S/T	Motoröl wechseln	65
5.	S	Ölstand im Schaltgetriebe kontrollieren	68
6.	S/W	Ölstand im Hinterachsgetriebe kontrollieren	70
7.	S	Ölstand in der Einspritzpumpe kontrollieren	121
8.	S	Kühlwasserstand kontrollieren	89
9.	S	Säurestand in der Batterie kontrollieren	169
10.	S	Ölbadluftfilter reinigen	123
11.	S	Kraftstoffilter entleeren	126

12.	S	Füllung der Scheibenwaschanlage kontrollieren	39
13.	S	Zustand der Reifen und Reifendruck prüfen	163, 164
14.	S/T	Hydraulikanlage für Bremsen und Kupplung auf Dichtheit prüfen	145
15.	S/T	Zustand der Gelenkwellen-Schutzmanschetten prüfen	136
16.	S/W	Belagstärke der Scheibenbremsbeläge prüfen	149
17.	S/W	Funktion der Handbremse prüfen	153
18.	S/T	Achsschenkelbolzen, Kugelgelenke, Zahnstange, Schubrohrkugel, Lager der Kraftübertragungswelle schmieren	70
19.	S	Gestänge und Kabelzüge ölen	72
20.	S	Karosseriescharniere und -schlösser schmieren	72

Pflege- und Kontrolldienste alle 15000 km

21.	S/T	Ölfilter wechseln	67
22.	S/T	Schaltgetriebeöl wechseln	69
23.	S	Zündkerzen reinigen, Elektrodenabstand prüfen	194
24.	S/W	Zündeinstellung überprüfen	189
25.	W	Einstellung der Einspritzpumpe prüfen	123
26.	W	Förderdruck der elektrischen Kraftstoffpumpe prüfen	125
27.	S	Keilriemenspannung prüfen	94, 179
28.	S/W	Ventilator-Einstellung nachmessen	93
29.	S/W	Leerlauf-Einstellung prüfen, Vergasermotor	108
		Einspritzmotor	124
30.	S/W	Trommelbremsen nachstellen	153
31.	S	Probefahrt	10
32.	S/T	Hinterachsöl wechseln (außer 504 L und Commerciale)	70
33.	W	Fördermenge der Einspritzpumpe prüfen	122
34.	S/W	Vorfilter der Benzinförderpumpe austauschen	126
35.	S	Benzinfilter erneuern	99
36.	S/W	Ventilspiel prüfen und einstellen	81
37.	S	Zündkerzen wechseln	194
38.	S	Zündverteiler schmieren	71
39.	S	Trockenluftfilter wechseln	111
40.	S	Vergasersieb reinigen	114
41.	S/W	Kraftstoffhauptfilter erneuern	127

Pflegedienst alle 30000 km

42.	S/T	Hinterachsöl wechseln (504 L und Commerciale)	70

Pflegedienste alle 40000 km

43.	T/W	Automatikgetriebeöl wechseln	69
44.	S/W	Flüssigkeit in der Hydraulikanlage wechseln	146

Pflegedienst alle 50000 km oder alle 18 Monate

45.	W	Ölfüllung der Einspritzpumpe wechseln	122

Pflegedienst einmal jährlich

46.	S	Kühlsystem spülen	90

In der Tabelle der Pflegearbeiten haben wir durch einen oder mehrere Kennbuchstaben angezeigt, wann man sich selbst helfen kann und wann nicht.

S = Selbstmachen. Das sind Arbeiten, die man ohne Fachkenntnisse und besonderes Werkzeug selbst ausführen kann, nachdem man den entsprechenden Abschnitt auf der betreffenden Seite dieses Buches gelesen hat.

S/T = Selbstmachen oder Tankstelle. Auch hier sind keine besonderen Fachkenntnisse notwendig, aber vielleicht fehlt Ihnen das entsprechende Gerät zur Ausübung dieser Arbeit und die Tankstelle besitzt es.

S/W = Selbstmachen oder Werkstatt. In diesen Fällen sind neben einfachen Fachkenntnissen etwas Geschick, Einfühlungsvermögen und zusätzliches, aber kein aufwendiges Werkzeug Voraussetzung.

T = Tankstelle. Der sparsame Mann überläßt diese Arbeit am besten der Tankstelle, obgleich er sie auch selbst ausführen könnte. Er spart dabei Zeit und Mühe, denn der Warenpreis, der bei dieser Arbeit entsteht, ist gleich, einerlei ob man die Ware – in der Regel das Öl – selbst verarbeitet oder von der Tankstelle verarbeiten läßt. Selbsthelfer mit Ehrgeiz werden sich jedoch auch diese Arbeit nicht nehmen lassen. Billiger wird es für den Selbsthelfer aber nur, wenn er die notwendige Ware besonders günstig einkaufen kann.

W = Werkstatt. Diese Arbeit erfordert spezielle Fachkenntnisse, teure Meß- und Arbeitsgeräte, die nur die Fachwerkstatt besitzt.

Im Auge behalten

Bei fast allen neuen Modellen – gleichgültig wie sie heißen – treten anfangs die berühmten »Kinderkrankheiten« auf. Auch der Peugeot wurde zuerst von solchen Mängeln nicht völlig verschont. Inzwischen wurde der 504 zu einem ausgereiften Modell entwickelt und von typischen Fehlern kann man bei ihm eigentlich nicht sprechen.

Doch Beobachtungen, Befragungen, eigene Erfahrungen sowie die Ergebnisse verschiedener Dauertests führten zu der nachstehenden Aufstellung von Punkten, die man innerhalb seines »Wartungsfahrplans« vorbeugend im Auge behalten sollte. Wie jedes Werk, so ist auch Peugeot bemüht, Schwachpunkte im Laufe der weiteren Produktion auszumerzen. Folgende Aufstellung dürfte daher eher kleiner als größer werden, und selbstverständlich trifft sie nicht auf jeden Peugeot zu.

- Schadhafte Keilriemen. Siehe Seite 178.
- Beschädigte Manschetten des Lenkgetriebes. Siehe Bild Seite 143.
- Ausgeschlagene Lenkgelenke. Lieber kürzere Zwischenräume zum Abschmieren wählen. Siehe Seite 70 und 143.
- Hintere Bremsleitung bei älteren Wagen angefressen. Kontrolle nach Wintersaison vordringlich. Siehe Seite 145.
- Unzulässige Abgaswerte bei der CO-Messung. Siehe Seite 111.
- Kontakte der Schlußleuchten wegen eingedrungener Feuchtigkeit korrodiert. Siehe Seite 206–207.

Der Pflegeplatz

Mittlerweile haben Sie sich vielleicht entschlossen, die Pflege Ihres Peugeot so weit wie möglich selbst in die Hand zu nehmen. Nun bleibt noch die Frage, wo diese Veranstaltungen stattfinden sollen. Eine Garage bietet sich wegen der darin meist ungenügenden Raumverhältnisse nicht oder nur bei ungünstiger Witterung als Arbeitsplatz an. Wegen des besseren Lichts ist ein Platz im Freien vorzuziehen, doch nicht jeder Fleck unter dem blauen Himmel erweist sich als brauchbar. Auf dem Rasen hat man wenig Freude: Die versehentlich herabgefallene Schraube bleibt verschwunden. Ähnlich ungeeignet ist die Nähe eines Wasserablaufs, denn geradezu magisch zieht dieser metallene Kleinteile an. Gekiester Boden auf festem Untergrund ist schon eher in die Wahl zu ziehen,

Um eins der Hinterräder vom Boden anzuheben, darf der Wagen nur seitlich durch Einsetzen des Wagenhebers in eine der beiden Aufnahmelaschen hochgekurbelt werden. Zum Wechsel der Vorderräder dient die entsprechende Stütze in der Mitte unter der Wagenfront.
Legen Sie sich nie unter einen hochgebockten Wagen, ohne ihn mit Stützen abzusichern.
Außerdem gehören hinter die auf dem Boden stehenden Räder Bremsklötze oder große Steine. Sehr praktisch ist ein zweiter, womoglich hydraulischer Wagenheber. Beim allseitigen Anheben muß zuerst die angehobene Seite unterbaut werden, ehe man auf der anderen Seite hochbockt.
Seit Februar 1976 sind bei den Modellen GL und TI die ehemals x-förmigen Wagenheber durch rautenförmige ersetzt. Dadurch bedingt mußten auch die Wagenheberführungen am vorderen Querträger und an den Hinterachsträgerhalterungen geändert werden.

wenn vorher der Kies mit einem Drahtbesen geglättet wurde. Am besten ist natürlich ein ebener Zement- oder Asphaltboden. Vor der Beschäftigung mit dem Auto wird er sorgfältig gekehrt, damit man sich nicht im Schmutz herumwälzt und ohne Gefahr für die Hosen auch einmal darauf niederlassen kann.
Absolut festen Boden unter den Füßen zu haben ist besonders dann wichtig, wenn Sie an die Unterseite Ihres Peugeot heranwollen. Dann müssen Sie das Auto hochwinden und möglicherweise unterbauen. Hüten Sie sich davor, unter ein Auto zu kriechen, das nur vom Wagenheber hochgehalten wird! Der Wagenheber kann abgleiten oder umknicken. Das ist lebensgefährlich für den, der unter dem Auto liegt.
Sogar dann, wenn der Peugeot auf festem Boden seitlich mit dem Bordwagenheber hochgewunden wird, kann das Auto ab einer gewissen Höhe zur anderen Seite wegrutschen. Wir machten selbst diese Beobachtung und blieben nur durch rasches, beherztes Zurückkurbeln vor übleren Erfahrungen verschont. Also: Hochwinden bei an einer Seite angesetztem Wagenheber nur bis zu einer Höhe, wie sie beim Radwechsel erforderlich ist. Will man den Wagen zu Arbeiten am Unterbau noch höher drücken, muß man entweder die Räder der anderen Seite mit Keilen gegen das seitliche Versetzen sichern oder die Vorderräder sichern und das Auto abwechselnd und in kurzen, gleichmäßigen Etappen mit zwei Wagenhebern an beiden Seiten anheben. Zum Hochkurbeln des Vorderwagens (Wagenheberführung unterhalb in der Mitte des vorderen Querträgers) genügt es, den ersten Gang einzulegen und die Hinterräder sicherheitshalber zu blockieren.

Nachhilfestunde

Der Wartungsplan des hier vorangegangenen Kapitels zieht sich wie ein roter Faden durch das ganze Buch. Wie Sie erkennen konnten, sind dabei die völlig unproblematischen Kontrolldienste und Pflegearbeiten mit »S« bezeichnet, was »Selbstmachen« bedeutet und weder Fachkenntnisse noch spezielles Werkzeug erfordert. Mit diesen Arbeiten entlasten Sie Ihre Werkstatt für echte Reparaturarbeiten und sparen sich selbst auch manche Mark.

Es gibt aber noch einige kleine Handgriffe, die niemand nach einer festgelegten km-Strecke vornimmt. Diese Kontrollen, die Ihnen bald in Fleisch und Blut eingegangen sind – als Autofahrer nimmt man sie sozusagen automatisch vor – und nicht die geringste Mühe verursachen, sind auf diesen beiden Seiten aufgezählt. Der Griff nach dem Ölpeilstab ist ebenso wenig als Arbeit zu bezeichnen wie das Abziehen der Batteriestopfen. Auch die Lichtanlage überwacht man unabhängig von irgendeiner Vorschrift, und den Reifendruck mißt man nicht nur dann nach, wenn es die Betriebsanleitung »befiehlt«. Sogar durch langjährige Praxis routinierte Wagenbesitzer vergessen oft, daß man solche Kontrollen noch aufmerksamer durchführen soll, wenn man wenig fährt. Seltener Fahrbetrieb erfordert erhöhte Aufmerksamkeit.

Nachfolgend ist dieser kleine Wartungsdienst in Stichworten zusammengefaßt. Einzelheiten zu verschiedenen Maßnahmen und das »Warum« finden Sie auf jenen Seiten, die in der Wartungstabelle Seite 58 angegeben sind.

1. Flüssigkeitsstand der Hydraulikanlage kontrollieren

Der Bremsflüssigkeitsbehälter sitzt im Motorraum links. Die Prüfung soll alle 1000 km vorgenommen werden. Durchscheinendes Material des Behälters ermöglicht den Inhalt zu erkennen. Flüssigkeitsspiegel muß über dem Strich »Danger« (Gefahr) an der Behälterkammer liegen. Nur spezielle Bremsflüssigkeit nachfüllen, niemals Öl.

2. Zustand der Bremsleitungen prüfen

Zuerst ist der Bremsflüssigkeitsstand zu kontrollieren. Fehlt Flüssigkeit, den Zustand der Bremsleitungen besonders sorgfältig prüfen, irgendwo muß sie ausgetreten sein. Auto hochbocken oder über Pflegegrube fahren. Bremsleitungen und -schläuche müssen trocken und dürfen nicht aufgequollen sein. Schwarzer Schmutz deutet auf Undichtheit, auch feuchtdunkle Stellen am Scheibenbremssattel oder an einer Bremstrommel, Radbremszylinder undicht? Anschlußstellen nicht mit Schraubenschlüssel nachziehen (Verdrehen der Leitung), bald Werkstatt aufsuchen. Scheuerstellen (durch Schneeketten)? Kein Benzin, Petroleum, Dieselkraftstoff oder Fett an die Bremsschläuche bringen. Beim Einsprühen abdecken.

3. Keilriemenspannung kontrollieren

Der Keilriemen muß nachgestellt werden, wenn er bei kaltem Motor »schlägt«. Lockerer Keilriemen rutscht, wird heiß und verschleißt bald. Zudem ungenügender Betrieb von Lichtmaschine und Wasserpumpe. Zu strammer Keilriemen belastet Lichtmaschinenlager, erhöhte Abnutzung. Spannen des Keilriemens siehe Abschnitt »Keilriemenprobleme« Seite 179.

4. Motorölstand prüfen

Der Ölpeilstab befindet sich am Motor links vom Ventilkammerdeckel. Ölstand nur ermitteln, wenn Motor mindestens einige Minuten still stand, sonst zu geringe Anzeige, weil noch Öl im Schmierungskreislauf.
Peilstab ganz herausziehen, mit sauberem Lappen (auch Papiertaschentuch, nicht Putzwolle oder faseriges Material) abwischen. Stab wieder bis zum Anschlag in Motor stecken und wieder herausziehen. Öl muß Peilstabspitze mindestens bis zur unteren Einkerbung benetzen.

5. Säurestand der Batterie prüfen

12-Volt-Batterie sitzt im Motorraum links. Verschlußstopfen herausziehen. Inwendig müssen alle Zellen von Batteriesäure bedeckt sein. Andernfalls ergibt sich Leistungsschwund und vorzeitiger Verschleiß. Da Wasseranteil der Säure verdunstet, nur destilliertes Wasser (kein Leitungswasser, keine Batteriesäure) nachfüllen. Soll-Stand der Säure von ca. 10 mm über Zellenplatten mit schmalen Pappstreifen leicht meßbar. Nicht mit Metall (Werkzeug) nachmessen, Kurzschlußgefahr.

6. Scheibenwascherbehälter auffüllen

Der Vorratsbehälter der Scheibenwaschanlage befindet sich hinten rechts im Motorraum. Inhalt im Winter frostgefährdet. Aber bei Matsch ist Scheibenwascher wichtig (bis –15° wirken Auftausalze). Geeignete Frostschutzmischungen siehe »Winterschutz«-Kapitel Seite 39. Mischung vor Einfüllen gut durchschütteln, sonst friert Wasseranteil trotzdem. Im Sommer empfiehlt sich Beimischung von Reinigungsmittel gegen Schlierenbildung auf Windschutzscheibe durch silikonhaltige Lackpflegemittel oder Dieselqualm.

7. Reifendruck nachmessen

Etwa einmal pro Woche nachprüfen. Nur an kalten Reifen Luftdruck messen, da während zügiger Fahrt Druck sich durch Erwärmung erhöht. Diesen gesteigerten Luftdruck nicht ablassen, ist für Fahrbetrieb bereits einkalkuliert. Angaben über den richtigen Luftdruck, bei kalten Reifen gemessen, finden Sie für Ihren Wagen in der Tabelle auf Seite 225. Für flotte Autobahnfahrt die Werte um 0,2 bar erhöhen.

8. Lichtanlage prüfen

Ob alle Lampen funktionieren, soll man eigentlich vor jedem Fahrantritt prüfen. Scheinwerfer-Fernlicht, -Abblendlicht, -Standlicht, Rücklichter, Bremslichter, Nummernschildbeleuchtung, vier Blinker, Lichthupe. Am besten, Helfer geht um Wagen, während Lampen nacheinander geschaltet werden. Andernfalls Widerschein der Lampen auf heller (Garagen-) Wand kontrollieren. Bei Störung: Stichwortverzeichnis dieses Buches gibt Seite an, wo Fehlerbeseitigung beschrieben ist.

Kontrollen an Tankstellen

Unterwegs wird man an den Tankstellen nicht mehr so wie früher umsorgt. Meistens muß man sich um kleinere Kontrollen, die das Tankstellenrepertoire betreffen, selbst kümmern. Das gilt besonders an Selbstbedienungstankstellen. Hier sitzt der Tankwart nur noch an der Kasse und Motorölstand, Kühlmittelstand, Batteriesäurestand und Scheibenwaschwasservorrat sollte man der eigenen Sicherheit wegen dann selbst kontrollieren. Auch Windschutzscheibe und die Gläser der Leuchten am Wagen reinigt man hier, wenn nötig, mit Hilfe der in der Regel irgendwo herumstehenden Reinigungsgeräte aus eigener Initiative. Diese kleinen Handgriffe dauern einige Minuten und in der Zeit sind nach vorangeganener flotter Fahrt die Reifen so weit abgekühlt, daß man zum Schluß noch den Luftdruck prüfen kann.

Reibungslose Begegnungen

Metallteile, die aufeinander gleiten, gegeneinander abrollen oder sich unter irgendeiner Bewegung berühren, müssen durch eine Schutzschicht getrennt werden. Andernfalls treten Kraftverlust, Wärmeentwicklung und zu hoher Verschleiß auf.
Diesem Vorgang, bei dem Metallteile voreinander geschützt werden, bezeichnet man als Schmierung. Gewöhnlich bedient man sich dazu einer öligen Substanz, aber es gibt auch Festschmierstoffe (z. B. Graphit). Unter den Fetten und Ölen kennt man viele Arten mit verschiedensten Eignungen und Qualitäten, auf pflanzlicher, tierischer und mineralischer Basis. Nur letztere eignen sich für Maschinen, und die Chemie sorgt dafür, daß sie vielfältigen Ansprüchen genügen. So muß etwa Motoröl neben den schon genannten Fähigkeiten auch das Vermögen haben, Verbrennungsrückstände zu lösen, Abriebteilchen zu transportieren und gegen Gase abzudichten.
Öl kann durch »Verseifung« in eine festere Form gebracht werden – es wird zu Fett. Die Geschwindigkeiten, die Temperaturen und die Drücke, die bei einzelnen Metallteilen auftreten können, sind Maßstab für die Entscheidung, ob Öl oder Fett angebrachter ist. Daneben sind noch mögliche Einwirkungen durch Wasser oder Schmutz zu berücksichtigen.
Mit derart unterschiedlichen Aufgaben kann keine x-beliebige Schmiere fertig werden. Wir wollen Sie hier über die für Ihren Peugeot zuträglichen Öl- bzw. Fettqualitäten und über deren Anwendungen informieren.

Ölstand im Motor prüfen

Pflegearbeit Nr. 1

Jeder Automotor verbraucht während seiner Arbeit Öl – gegenteilige Behauptungen sind unzutreffend. Somit ist die Aufforderung, alle 1000 km den Ölstand im Motor zu überprüfen, gerechtfertigt und verständlich. Ein Autofahrer, der über die Menge der Ölfüllung im Zweifel ist, wird auch zwischendurch zum Ölstab greifen.
Die letzte Messung kann nämlich durch irgendeinen Umstand verfälscht worden sein, als vielleicht der Wagen schräg gestanden hatte und weil sich deshalb kein genauer Ölstand am Peilstab abzeichnen konnte. Oder irgendwo ist inzwischen eine undichte Stelle am Motor entstanden (z. B. durch nachlässig eingedrehte Ölablaßschraube), die den lebenswichtigen Saft langsam entweichen läßt. Dann kämen Sie nicht mehr weit.
Die genaueste Kontrolle ist morgens möglich oder wenn der Wagen ein paar Stunden gestanden hat. So blieb dem Öl genügend Zeit, aus allen Kanälen im Motor in die Ölwanne abzulaufen. Dann behält man sogar saubere Hände, weil sich am Peilstab der Ölstand sofort ablesen läßt, ohne daß man ihn mit einem Lappen abwischen muß.
Der Griff des etwas biegsamen Ölmeßstabes (seit November 1974 aus Bandstahl) ragt beim Vergasermotor zwischen Vergaser und Luftfiltergehäuse, beim Einspritzmotor zwischen Luftverteiler und Zylinderkopfhaube heraus und wird

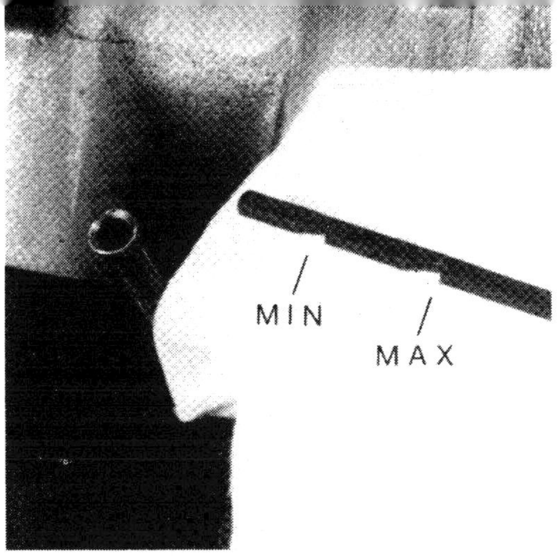

Motoröl soll nachgefüllt werden, wenn der Ölstand bis zur Minimum-Marke abgesunken ist. Die Füllmenge zwischen Minimum- und Maximum-Markierung auf dem Peilstab beträgt rund 1,5 Liter (richtige Ölsorte siehe S. 66). Zuviel eingefülltes Öl wird außerdem über die Motorentlüftung angesaugt und verklebt die Bohrungen im Vergaser. Ebenso erhöht ständiges Nachfüllen bis zur Maximum-Marke den Ölverbrauch, hat also keinen Sinn und schadet nur dem Geldbeutel. Nach der Ölstandsprüfung muß der Peilstab (der eigentlich »Peillatte« heißen müßte) bis zum Anschlag in das Peilstabloch am Motor gedrückt werden, sonst tritt bei laufendem Motor Öl aus. Ergebnis: Ölverlust und ölverschmierter Motorraum. Das Bild zeigt den seit 1975 gebräuchlichen Meßstab aus Bandstahl. Bis dahin wurden solche aus Rundstahl mit einer Abplattung im Meßbereich benutzt. Die neuen Stäbe sind gegen alte austauschbar, doch sollte man dann doch auch das verlängerte Führungsröhrchen einbauen lassen.

durch eine Rohrführung festgehalten. Am unteren Ende besitzt der Ölstab zwei Einkerbungen: Die untere bedeutet »Nachfüllen« und die obere zeigt »Voll« an. Wenn das Öl den Bereich dazwischen benetzt, stimmt der Ölstand. Erst dann, wenn der Ölpegel bis zur unteren Kerbe abgesunken ist, muß Öl nachgefüllt werden. Vorher bestanden die Ölstäbe aus Stahldraht und sie hatten für den Meßbereich eine Abplattung mit oberer und unterer Begrenzung.
Unterwegs oder allgemein dann, wenn der Motor warm ist, läßt sich der Ölstand am Peilstab nicht sofort ablesen. Man muß ihn herausziehen, mit einem Tuch abwischen, erneut bis zum Anschlag in die Führung stecken und vorsichtig wieder herausziehen, damit sich das Öl am Stab nicht verwischt. Für diesen Zweck hält man sich einen sauberen Lappen bereit, den man links hinter die Batterie klemmen kann, damit er bei Bedarf zur Hand ist. Aber man kann nur einigermaßen zuverlässig kontrollieren, wenn der Motor einige Minuten nicht gelaufen ist und wenn der Wagen auf waagerechtem Boden steht.

Motoröl wechseln

Pflegearbeit Nr.4

Für die Erneuerung des Motoröls sind Intervalle von 7500 km Fahrstrecke vorgesehen. Diese Zeitspanne ist – verglichen mit anderen Fabrikaten – verhältnismäßig kurz, zeugt aber von dem Willen nach Sorgfalt, den man bei Peugeot zum Ausdruck bringt. Es heißt sogar, daß der Ölwechsel bei dauerndem Stadtverkehr oder in einer Zeit starker Kälte nach 2500 km vorgenommen werden soll. Beim Neuwagen wird anläßlich der ersten Inspektion in der Werkstatt das Öl grundsätzlich gewechselt.
Offensichtlich vertraut man den schützenden Eigenschaften des Öls nur bedingt. Tatsächlich altert Öl nach einer gewissen Zeit, nimmt Kraftstoffkondensate und Verunreinigungen auf und büßt damit seine Schmierwirkung teilweise ein. Gerechterweise muß aber gesagt werden, daß heutige Motoröle über Qualitäten verfügen, die auch einmal eine längere Ausnutzung zulassen. Das setzt freilich voraus, daß der Wagen flott über weite Strecken gefahren und nicht mit unterkühltem Motor gequält wird.
Ölwechsel ist in der Peugeot-Werkstatt, an der Tankstelle oder zu Hause möglich. Für die Tankstelle spricht, daß der Wagen dort bald an der Reihe ist (Motoröl soll warm gewechselt werden, damit alles abläuft) und daß man keine Probleme mit dem anfallenden Altöl hat. Wer das Öl selber wechseln will, braucht dazu einen 8-mm-Vierkantschlüssel für die Ölablaßschraube, eine Wanne zum Auffangen des alten Öls und natürlich neues Motoröl, 4 Liter. Welche Sorte verlangt wird, ist dem anschließenden Abschnitt zu entnehmen.
Die Arbeit verläuft folgendermaßen: Ohne vorhandene Grube muß der Wagen

allseitig gleich hoch aufgebockt werden, damit der Motor sich in waagerechter Stellung befindet und das Öl vollkommen auslaufen kann. Dann Wanne oder sonstiges Gefäß zum Auffangen des Altöls unterschieben, Ablaßschraube an der Ölwanne unten vorn öffnen (Vorsicht bei heißem Öl) und Öl auslaufen lassen. Danach Ablaßschraube wieder festdrehen, aber nicht »anknallen«.
Das frische Öl wird in den links am Motor befindlichen Öleinfüllstutzen geschüttet. Dazu den Deckel nach Lösen der federnden Klemmen nach oben aus dem Stutzen ziehen; er bleibt an dem Entlüftungsschlauch hängen. Am Boden des Stutzens ist eine Packung Stahlwolle eingefügt, die beim Eingießen nicht herausgenommen werden soll. Einmal im Jahr kann man die Stahlwolle in Benzin auswaschen und abgetropft und getrocknet wieder einsetzen. Nach dem Einfüllen des Öls ist der Stutzen wieder zu verschließen und sicherheitshalber der Ölstand zu kontrollieren.

Fingerzeige: *Viele Tankstellen werben für den Ölwechsel zur Selbstbedienung mit Ölabsauggeräten und bieten dazu preisgünstiges »Öl zum Mitnehmen« an. Auf diese Weise kann beim 504 der Ölwechsel durchaus vorgenommen werden, sofern die Sonde flexibel ist und 6 mm Durchmesser hat. Wenn jedoch alle 15000 km zusätzlich auch das Ölfilter gewechselt werden muß, wozu der Wagen am besten hochgebockt wird, kann natürlich auch gleich die Ablaßschraube zum Ölwechsel geöffnet werden. Auf keinen Fall darf man den Ölfilterwechsel »vergessen«.*
Bis ins Jahr 1970 waren alle Ölablaß- und Ölstandkontrollschrauben an Motor, Getriebe und Hinterachse für 10-mm-Vierkantschlüssel eingerichtet. Das Gewinde dieser und der jüngeren Schrauben für Vierkant SW 8 ist das gleiche.

Ölsorte nach Vorschrift

Wohl besagt die Peugeot-Vorschrift, ganzjährig die HD-Mehrbereichsölsorte SAE 10 W-50 zu verwenden. Unbedingt muß man die empfohlene Marke Esso Uniflo nicht kaufen, aber Markenöl des Viskositätsbereichs 20 W-50 sollte es schon sein. Bei solchem Öl handelt es sich zwar um das teuerste, zugleich aber um das von Peugeot als sicherstes erachtete. Bei anderen Marken als Esso sieht man bei Peugeot den Bereich zwischen nur 20 und 50 als zuverlässiger an, zumal Mehrbereichsöl immer auf der Basis des dünnsten Ölanteils aufgebaut ist und die Dickmacher (durch die hohen Zahlen ausgedrückt) schneller »verschleißen«. Einbereichsöl wird gar nicht empfohlen.
Mit den Zahlen bezeichnet man die Viskosität des Öls, seine Zähflüssigkeit. Einbereichsöle werden nur mit einer Zahl bedacht, wobei z. B. SAE 30 nur während der Sommermonate und SAE 10 bei sehr kalten Tagen etwas taugt. Aus der

Hat man keine Grube zur Verfügung, sollte der Wagen zum Ablassen des Motoröls möglichst allseitig gleichmäßig hochgebockt sein. Wagen zur Sicherung abstützen! Die Ölablaßschraube befindet sich an der Unterseite der Ölwanne, sie kann nur mit einem Vierkant-Inbusschlüssel SW 8 herausgedreht werden. Beim Hineindrehen der Schraube darf keine Gewalt angewendet werden, damit man das Gewinde nicht beschädigt.
Altes Öl verbraucht sich schneller. Erhöhter Ölverbrauch kann daran liegen, daß man schon häufig neues Öl zum alten hinzugeschüttet hat. Ein Ölwechsel kann den Verbrauch wieder sinken lassen, wenn der Motor sonst noch in Ordnung ist.

von der amerikanischen **S**ociety of **A**utomotive **E**ngineers genormten und auf Temperaturbereiche bezogene Einteilung ergibt sich die Bezifferung für Mehrbereichsöle. So enthält das für den 504 allgemein empfohlene Öl SAE 20 W-50 ausreichende Schmierwirkung in allen Jahreszeiten, das »W« bedeutet zusätzlich »Winter«.
Darüber hinaus gibt es eine ab 1970 gültige, vom Amerikanischen Petroleum-Institut nach Leistungskriterien ermittelte API-Norm (die bis dahin gebräuchliche beachtete nur die Einsatzbedingungen), gekennzeichnet mit Buchstabenpaaren. Die Service-Reihe SA, SB... bis derzeit SE wird vornehmlich an Tankstellen, die Commercial-Reihe CA bis CD im Handel vertrieben, es sind jedoch zwei Buchstaben (z. B. SE/CC) möglich. Nur ein mit SE oder CC bezeichnetes Öl ist von höchster Qualität, entspricht zugleich den hohen Anforderungen etwa der Spezifikation Ford SSM-2C9001-AA oder General Motors GM-6136M und hat somit auch Berechtigung, im Peugeot-Motor zu dienen.

Fingerzeig: *Hochwertiges Motoröl wird schon nach kurzer Laufzeit dunkel. Das beweist, daß es richtig »arbeitet« und allen anfallenden Schmutz in der Schwebe hält. Es ist jedoch kein Zeichen zum Ölwechsel.*

Wechselfilter austauschen

Pflegearbeit Nr. 21

In den Ölkreislauf ist ein Filter geschaltet, der regelmäßig – bei 7500 km, 15000 km und dann alle weiteren 15000 km – ausgetauscht werden muß. Zweckmäßig verbindet man den Austausch mit jedem zweiten Ölwechsel. Dieser auch als Ölfilterpatrone benannte Filtereinsatz ist unten am Motor vorne links angebracht.
Ein altes Ölfilter läßt sich selten mit Händekraft losdrehen. In der Werkstatt benutzt man dann einen speziellen Bandschlüssel, es geht aber auch mit einem alten Keilriemen oder Ledergurt. Man schlingt den Riemen einmal um das Filtergehäuse, dreht die Enden mit einer Rohrzange fest und gleichzeitig damit das Gehäuse los.
Bei dem neuen Wechselfilter muß der Dichtring vor dem Ansetzen leicht mit Abschmierfett eingestrichen werden. Hat man nur Öl genommen, sieht man bei der anschließenden Sichtprüfung am laufenden Motor, ob nämlich die Patrone wirklich dicht sitzt, abtropfendes Öl fälschlich als austretendes Öl an und zieht dann den Filtereinsatz noch fester an. Er darf aber beim Andrehen nur mit der Hand festgedreht werden. Jedes Festziehen mit irgendeinem Werkzeug ist verboten und kann dazu führen, daß sich die Patrone später nicht mehr lösen läßt.
Peugeot empfiehlt die Ölfiltereinsätze Purflux LS 152 A oder Lockheed DBA-FC 109. Ohne schlechtes Gewissen kann man auch die folgenden Einsät-

Einen neuen Wechselfilter erhält man in der Peugeot-Werkstatt, in Autozubehörgeschäften oder manchmal auch an größeren Tankstellen. Auf dieser und der nächsten Seite sind nahezu alle in Deutschland zu bekommenden Ölfilter für den 504 aufgeführt, die alle so aussehen müssen wie der hier gezeigte aus französischer Produktion.
Bei Abnehmen des Ölfilters reibt man den Flansch sauber und entfernt den eventuell noch festklebenden alten Gummidichtring. Nach dem Filterwechsel läßt man den Motor zur Dichtigkeitsprobe kurz laufen, anschließend läßt sich der Filter mit der Hand meistens noch etwas festdrehen.

Der Einfüllstutzen für Motoröl befindet sich links am Motor. Man zieht den hülsenförmigen Deckel D aus dem Einfüllstutzen E heraus. Das Öl darf nicht zu rasch eingegossen werden, weil das am Boden des Einfüllstutzens eingefügte Drahtgespinst S den Durchfluß verzögert. Dieses Sieb darf beim Einfüllen nicht herausgenommen werden; im Bild wird es nur der Anschauung wegen gezeigt.

ze, passend für die 504-Motoren, nehmen: Bosch 0 451 103 016, Fram PH 2846, Gud Z 74, Knecht AW 26, Mann W 914/6x und Purolator FC 109.
Die Preise dafür liegen etwa bei 6 Mark. Wechselfilter mit gleichem Markennamen, aber anderen Kennziffern, sind nicht verwendbar.

Fingerzeig: *Handprobe am Ölfilter bei heißgefahrenem Motor zeigt, ob das Öl auch richtig durch diese Patrone zirkuliert. Sie muß gleich warm wie der Motorblock sein. Ein verschmutztes oder verstopftes Filter wird sich kühler anfassen, weil der Ölstrom über das Kurzschlußventil fließt. Dann wird der Motor mit ungefiltertem Öl versorgt, und ein Filterwechsel ist dringendst geboten.*

Ölstand im Schaltgetriebe prüfen

Pflegearbeit Nr. 5

In Fahrtrichtung links sitzt in halber Höhe des Getriebegehäuses eine Schraube mit 8-mm-Innenvierkant, die nach Herausschrauben eine Kontrollöffnung für den Getriebeölstand bietet. Natürlich darf der Wagen bei dieser Kontrolle nicht schief stehen. Reicht bei waagerecht aufgebocktem Auto der Ölstand bis zur Unterkante der Einfüllöffnung – man kann das mit einem Finger fühlen –, ist alles in Ordnung. Die Kontrollschraube darf danach aber nicht zu fest »angeknallt« werden, sonst leidet das Gewinde.
Bei vermutetem Ölmangel ist von eigenhändigem Nachfüllen abzuraten, denn in der Regel fehlt nur eine geringe Menge oder gar nichts. Fehlt mehr, dann dürfte irgendwo das Gehäuse undicht sein, was schon äußerlich an Ölschmutzkrusten erkennbar ist. Zum Abdichten aber ist die Werkstatt zuständig, und Nachfüllen besorgt auch besser eine Tankstelle. Diese Sicherheitskontrolle sollte alle 7500 km stattfinden.

Ölstand im automatischen Getriebe prüfen

Pflegearbeit Nr. 3

Der Besitzer eines 504 mit dieser Bedienungserleichterung muß den Ölstand in der »Automatique« alle 1000 km prüfen. Die Kontrolle ist mit der beim Motoröl zu vergleichen, doch sollte man sich hierbei noch größerer Sauberkeit befleißigen. Das Abwischen des Peilstabes, der sich zwischen Motor und Spritzwand befindet, muß mit einem absolut sauberen und faserfreien Tuch erfolgen. Bei der oberen Marke »M« oder (beim neueren Getriebe) »MAXI« ist die Automatik gefüllt, bei der unteren Marke »m« oder »MINI« ist der Inhalt so weit abgesunken, daß eine Nachfüllung nötig ist.
Bei der Prüfung muß das Getriebe (und somit der Motor) die Betriebstemperatur erreicht haben. Der Wagen soll auf ebenem Boden stehen, der Motor muß im Leerlauf drehen, während sich der Wählhebel in Stellung »N« befindet. Nachfüllung siehe weiter übernächste Seite oben.

Öl des Schaltgetriebes wechseln

Pflegearbeit Nr. 22

Für den Ölwechsel im handgeschalteten Wechselgetriebe sind Zeiträume von 15 000 km vorgesehen. Das Getriebe muß warm sein, damit alles Öl gut ablaufen kann. Wenn man die Arbeit nicht der Werkstatt oder Tankstelle überlassen will, muß man den Wagen bei Ermangelung einer Grube allseitig hochbocken.
Die Ablaßschraube sitzt an der Unterseite des Getriebegehäuses. Nach Unterstellen eines geeigneten Behälters die Schraube herausdrehen und das Öl ablaufen lassen. Zum Einfüllen dient die Öffnung der Kontrollschraube.
Wie im Motor verhilft der Schmierung im Schaltgetriebe das Öl SAE 10 W-50, eine Erklärung für die gegenüber bei anderen Autos verhältnismäßig kurzen Wechselintervalle. Das Peugeot-Getriebe ist jedoch für diese Art Öl und nicht für besonderes Getriebeöl konstruiert. Peugeot empfiehlt wiederum Esso Uniflo, es können jedoch Öle mit den auf Seite 66 näher erläuterten Merkmalen verwendet werden.
Für die Neufüllung werden 1,15 l benötigt. Ohne Plastikflasche mit schlauchförmigem Mundstück, mit der man das Öl in die Einfüllöffnung pumpen kann, wird sich diese Wartungsarbeit schwerlich ausführen lassen. In der Flasche muß sich eine größere Menge Öl als erforderlich befinden, weil sonst der Rest kaum in das Getriebe zu befördern ist.

Öl des automatischen Getriebes wechseln

Pflegearbeit Nr. 43

Bis Anfang 1975 war dieser Ölwechsel beim Kilometerstand 5000 zu erledigen und alle 15 000 km oder einmal im Jahr. Da jedoch das General-Motors-Getriebe beim V6-Motor im Typ 604 mit gleichem Öl nur einen Ölwechselabstand von 40 000 km verlangt, vereinheitlichte man für das ZF-Getriebe im 504 die Intervalle ab April 1975 ebenfalls auf 40 000 km bzw. 2 Jahre. Läuft das Auto als Taxi oder oft mit Anhänger, sollte man diese Zeit aber halbieren.
Wie der Motor ist die Getriebeautomatik an ihrer Unterseite durch eine Ölwanne abgeschlossen, in der ebenfalls eine Ablaßschraube (Sechskant SW 19 für Ringschlüssel) sitzt. Dieser Ölwechsel wird demnach ähnlich dem Motorölwechsel vorgenommen. Je nachdem, ob das automatische Getriebe mit einem Ölkühler verbunden ist oder nicht, beträgt beim Getriebe ZF 3 HP 12 die gesamte Ölfüllung entweder 5,5 l oder 4,75–5,25 l. Hier laufen beim Ablassen des (warmen) Öls jedoch nur etwa 2 l aus, die übrige Menge verbleibt in den Kanälen des Getriebes. 2 l werden dann auch nur nachgefüllt, nachdem die Ablaßschraube wieder eingedreht wurde.
Anders beim Getriebe ZF 3 HP 22, das seit 1976 in den Typen GL, TI und L eingebaut wird. Hier beträgt die Gesamtfüllmenge 4,25–4,45 l; beim Ölwechsel laufen 1,3–1,55 l ab und müssen entsprechend nachgefüllt werden.
Der Ölwechsel erfolgt bei betriebswarmem Getriebe und abgestelltem Motor.

Zur Kontrolle des Ölstandes im handgeschalteten Getriebe (linkes Bild) oder in der Hinterachse (rechtes Bild) wird die Kontrollschraube E mit dem Inbusschlüssel SW 8 herausgedreht. Das Öl soll bis zur Unterkante dieser Einfüllöffnung stehen. Bei Ölverlust ist die undichte Stelle ausfindig zu machen. Zum Ablassen des Öls dient jeweils die Schraube A.

Das Auto muß absolut waagerecht stehen, Wählhebel in Stellung »P« bringen und Handbremse anziehen. Öl ablassen. Nachdem dreht man den Ablaßstopfen zusammen mit einem neuen Dichtring ein und zieht ihn mit 1 kpm an. Das frische Öl wird in das Rohr, in dem sonst der Peilstab steckt, mittels Trichter eingefüllt. Anschließend ist der Motor im Leerlauf laufen zu lassen, währenddessen bringt man den Wählhebel mehrmals in alle Stellungen.
Falls zwischen den Wechselintervallen in das automatische Getriebe Öl nachgefüllt werden muß, so genügen dazu 0,2 l, denn so viel macht die Differenz zwischen der oberen und der unteren Markierung am Meßstab aus. Der Ölstand soll bei betriebswarmem Getriebe niemals unter der Minimum-Marke oder über der Maximum-Marke liegen. Eine Messung bei kaltem Getriebe muß ungenau bleiben, weil das Öl sich durch Wärme ausdehnt und nur in diesem Zustand die für den Betrieb erforderliche Füllung garantiert.
In das automatische Getriebe darf nur handelsübliches Spezialöl mit der Bezeichnung »Dexron B . . . . .« (mit nachfolgender Nummer) gefüllt werden. Bei Peugeot nimmt man Esso A AQ ATF (Automatic Transmission Fluid) 297 4 A vom Typ Dexron B 10696.

Hinterachsölstand prüfen

Pflegearbeit Nr. 6

An der Rückseite des Hinterachsgetriebes findet man in der Mitte, etwas nach rechts versetzt, die Kontrollschraube. Das Differentialgehäuse des 504 L und des Commerciale ist ein wenig anders geformt als das der anderen Wagen mit unabhängiger Radaufhängung, was für die Prüfung ohne Belang ist. Die Kontrolle wird in gleicher Weise wie beim Schaltgetriebe vorgenommen und soll alle 7500 km erfolgen.

Öl des Hinterachsgetriebes wechseln

Pflegearbeiten Nr. 32 und 42

Dem Ablassen des Öls dient die Innenvierkantschraube links unten an der Rückseite des Getriebegehäuses. Der Wagen ist vorn und hinten hochzubokken, dann wird die Ablaßschraube herausgedreht. Um zu erreichen, daß das alte Öl wirklich restlos abläuft, kann man das Hinterteil des Wagens beim Ablaufen des Öls herunterlassen; danach muß der Wagen wieder angehoben werden.
Der Ölwechsel ist beim 504 L und beim Commerciale alle 30 000, bei den übrigen Modellen jeweils nach 15 000 km fällig. Ab Werk sind beide Ausführungen mit dem Getriebeöl GX 80 von Esso befüllt, das allgemein den international gültigen Spezifikationen für Hypoidgetriebeöl entspricht und auch mit solchen Ölen anderer Fabrikate mischbar ist. Für das Differential der starren Hinterachse braucht man davon 1,6 l, während man bei den Wagen mit unabhängig aufgehängten Rädern mit 1,2 l auskommt. Für die Typen GL und TI war ursprünglich die Viskosität 90 vorgesehen (die auch weiterhin verwendet werden kann); wegen der im Getriebe dieser Wagen auftretenden hohen Drücke ist es jedoch schon zu Undichtigkeiten gekommen, deshalb und aus Gründen vereinfachter Lagerhaltung ging man bei Peugeot allgemein auf das 80er Öl über.

Mechanische Teile schmieren

Pflegearbeit Nr. 18

Verschiedene Teile des Fahrwerks müssen am Peugeot 504 regelmäßig mit Fett versorgt werden. Es sind 6 Nippel (504 L und Commerciale: 7 Nippel), über die der Schmierstoff alle 7500 km zugeführt wird. An Tankstellen wird diese Arbeit rascher erledigt als man es daheim machen kann, doch sollte sie, wenn von unbekanntem Personal vorgenommen, überwacht werden.
Es kann nämlich vorkommen, daß ein verschmutzter Nippel kein Fett aufnehmen kann und der Lehrling, der mit der Aufgabe betraut ist, unbekümmert zum nächsten Nippel übergeht. Ein verstopfter Nippel muß herausgeschraubt, gereinigt oder eventuell ersetzt werden. Er kostet nur den Bruchteil eines neuen Gelenkes, das wegen Fettmangel nötig wird.

Zum Selbermachen braucht man eine Handhebelpresse oder eine einfache Stoßpresse. Als Schmiermittel nimmt man Mehrzweckfett auf Lithium-Basis (von bräunlich-trüber Farbe). Es ist wirksamer als einfaches glasiges Abschmierfett.
Wagen vorne anheben, um die Gelenke zu entlasten. Vor dem Abschmieren jeden Nippel mittels Lappen sorgfältig säubern, damit kein anhaftender Schmutz mit eingepreßt wird. Es wird so viel neues Fett eingedrückt, bis die Manschetten der Gelenke prall gefüllt sind bzw. bis es an den Trennfugen der gegeneinander beweglichen Teile austritt. Man soll es dort nicht abwischen, weil es Schmutz und Wasser abhält.
Abgeschmiert werden an der Vorderachse die Achsschenkelbolzen links und rechts und (ganz in der Nähe) die Kugelgelenke zwischen den Spurstangen und Lenkhebeln, die ebenfalls an beiden Innenseiten der Räder von unten zugänglich sind. Im gleichen Arbeitsgang kann man das Lenkgetriebe mit Fett versorgen, der betreffende Nippel ist im Bild auf Seite 143 zu sehen.
Bei dieser Gelegenheit läßt sich feststellen, ob der Nippel am Lager der Kardanwelle gerade zugänglich ist. Andernfalls muß man das hochgebockte Auto ablassen und so verschieben, daß der Nippel mit der Kraftübertragungswelle in eine günstige Position gedreht wird. Ebenso verhält es sich mit dem Nippel an der Schubrohrkugel beim 504 L und Commerciale, der an der Verbindung zwischen Getriebeflansch und Kardanwelle sitzt.

Das Abschmieren der Lenkhebelkugelgelenke (Bild links), der Achsschenkelbolzen und der Zahnstange der Lenkung (Bild Seite 143) hat bei angehobenen (entlasteten) Vorderrädern zu geschehen. Das Fett kann man mit einer einfachen Stoßpresse in die gesäuberten Abschmiernippel pressen. Im rechten Bild ist der Nippel für das Lager an der Kardanwelle zu sehen.

Zündverteiler schmieren

Pflegearbeit Nr. 38

Ungefähr alle 15000 km soll die Welle des Zündverteilers einige Tropfen Öl zur Schmierung erhalten. Es genügt dazu das jeweils im Motor befindliche Öl. Nehmen Sie die Verteilerkappe und den Verteilerläufer ab, ziehen Sie den Ölpeilstab heraus und lassen Sie das Öl auf den Docht am oberen Ende der Verteilerwelle tropfen (siehe Bild Seite 191). Drei oder vier Tropfen genügen, denn ein Zuviel kann im Verteiler zu Zündstörungen führen.
Auch die Nockenbahn der Verteilerwelle, welche mit ihren vier Nocken bei jeder Wellenumdrehung viermal den Unterbrecherkontakt abheben muß, ist für eine frische Schmierung dankbar. Hier darf jedoch kein Öl, sondern es muß ein echtes Mehrzweckfett, wie es zum Abschmieren benutzt werden soll, oder – besser – das Bosch-Spezial-Fett Ft 1 v4 genommen werden. Damit bestreichen Sie hauchdünn die Nockenbahn der Verteilerwelle außen, nachdem mit einem sauberen Läppchen das alte Fett abgewischt wurde. Zu viel Fett kann an die Unterbrecherkontakte gelangen und dort verkrusten und verbrennen. Das bewirkt schwer auffindbare Zündstörungen.

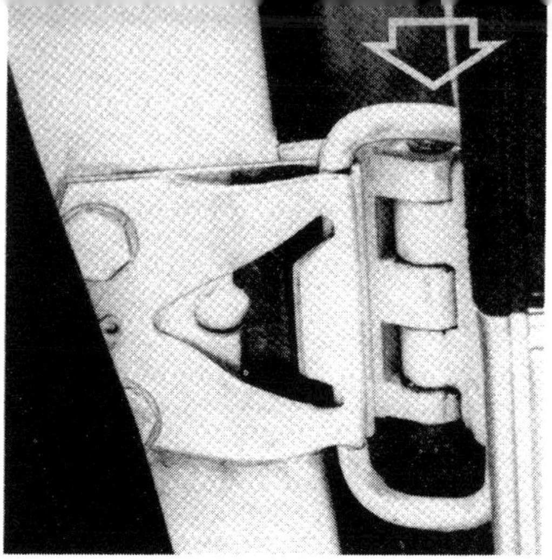

Die Bolzen der Türscharniere schmiert man mit Öl, das man oben in die dafür vorgesehene Bohrung laufen läßt. Auch die Gleitbahn des Fangbügels (Bildmitte) ist zu schmieren, sonst können knarrende Geräusche auftreten. Dazu nimmt man jedoch besser zähes Fett.

Karosserieteile und Bedienungs-organe schmieren

Pflegearbeiten Nr. Nr. 19 und Nr. 20

Alle beweglichen Teile am Peugeot müssen gelegentlich geschmiert werden: Sicherungsklinke und Verschluß der Motorhaube, Scharniere und Stütze der Motorhaube, Kofferraum- oder Hecktürscharniere und Verschluß, Türscharniere und -halter, Verschluß und Scharniere des Reserveradkorbes, Gleitschienen des Schiebedaches, Türschlösser, aber auch das Schaltgestänge und die Handbremse, ferner die Kabelzüge von Choke, Heizung und Motorhaube. Nicht in der Betriebsanleitung erwähnt sind Pedallagerungen, Gleitschienen der Vordersitze und Verstellmechanismus der Frontscheinwerfer.
Sie brauchen die 7500-km-Vorschrift von Peugeot nicht unbedingt einzuhalten. Vielmehr schmiert man praktischerweise dann, wenn ohnehin mit Öl oder Fett hantiert wird. Normales Öl, wie von Peugeot vorgeschlagen, ist gewöhnlich schnell wieder weggelaufen. Besser eignet sich für Verschlüsse, Türfallen und Gleitschienen spezielles Langzeitfett von Molykote oder Antiquietschpaste von Liqui Moly. Teroson mo oder Molykote Super Gliss schmiert Scharniere und Schlösser, letztere aber auch Glyzerin aus der Drogerie.

Pflegearbeiten an der Ein-spritzanlage

Da auch in der Einspritzpumpe metallene Bauteile eine stete Arbeit verrichten, muß deren Wirksamkeit durch Schmierung aufrechterhalten bleiben. Was dabei zu beachten ist und wie man vorzugehen hat, ist in den betreffenden Abschnitten des Kapitels »Die Einspritzanlage« beschrieben.
Auch die Wartung des mit der Anlage in Verbindung stehenden Ölbadluftfilters, der bei den übrigen Wagen sonst nur bei Betrieb in einigen anderen Ländern vorgesehen ist, kommt in dem genannten Kapitel zur Sprache.

Zum Motor mit Einspritzanlage gehört ein Ölbadluftfilter. Seine Wartung ist auf Seite 123 beschrieben. Im Oberteil, das hier vom Gehäuse gelöst wurde, befindet sich ein Drahtgeflecht mit Filterwirkung. Es ist alle 5000 km zu reinigen, außerdem muß das Öl im Behälter gewechselt werden. Ein solches Ölbadfilter wird auf Wunsch auch zum Motor XN 1 geliefert (z.B. bei häufigen Fahrten auf Baustellen empfehlenswert).

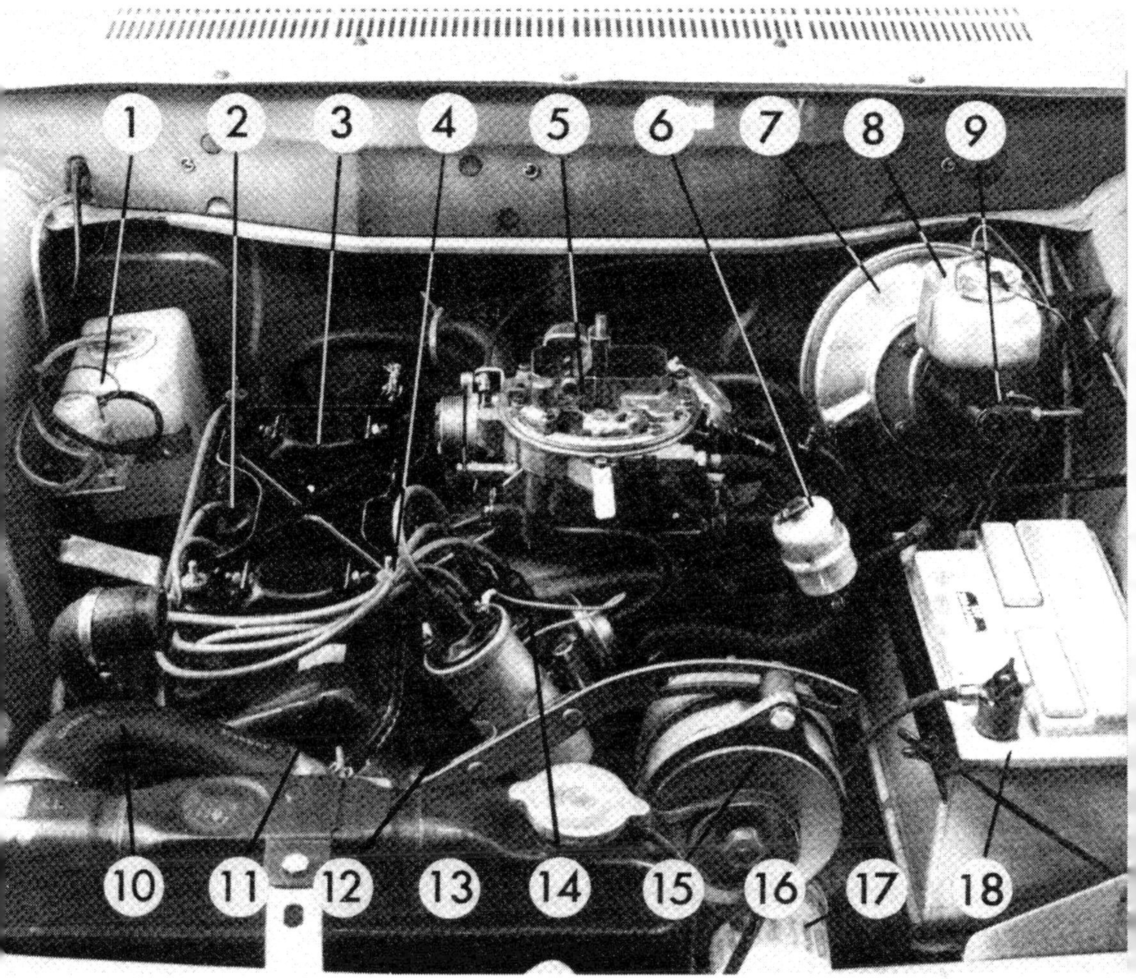

Welche Teile kennen Sie?

Wenn Sie die Motorhaube Ihres Peugeot 504 öffnen und sich vor die Front des Wagens gestellt haben, so gewinnen Sie etwa den Anblick wie dieses Bild zeigt. Falls Sie mit Ihrem Auto noch nicht sehr vertraut sind: Erschrecken Sie nicht vor dem scheinbaren Durcheinander, das sich Ihnen bietet. Jedes einzelne Teil sitzt an einer vorbestimmten und für die Wartung günstigen Stelle. Sollten Sie vorher ein anderes Auto besessen haben, so haben Sie gewiß ähnliche Bauteile noch in Erinnerung.
Gezeigt ist hier der Vergasermotor des 504 GL. Die äußeren Unterschiede zu den anderen 504-Motoren sind in den nachfolgenden Kapiteln beschrieben.
Die Zahlen bedeuten: 1 – Behälter für Scheibenwaschwasser, davor die Scheibenwascherpumpe, 2 – einer der vier Zündkerzenstecker, 3 – Befestigungsplatte für Luftfilter, 4 – Zündkabel, 5 – Vergaser (Zenith 35/40 INAT) mit – 6 – Kraftstofffilter, 7 – Servobremsgerät, 8 – Bremsflüssigkeitsbehälter, 9 – Hauptbremszylinder, 10 – Wasserschlauch von der Wasserpumpe zum Kühler, 11 – Zylinderkopfhaube, 12 – Zündspule, 13 – Kühler, 14 – Zündverteiler mit im Bild rechts befindlicher Unterdruckdose, 15 – Drehstromlichtmaschine, 16 – Keilriemen, 17 – Wechselölfilter, 18 – Batterie. Luftfilter und Lufteinlaß auf dem Vergaser wurden abgebaut.

Spiel der Kräfte

Als Peugeot-Besitzer möchten Sie sicher einiges über das wichtigste Teil in Ihrem Auto, den Motor, wissen. Auch wenn Sie nicht vorhaben, selbst daran Hand anzulegen, wollen wir Sie in diesem Kapitel mit seiner Charakteristik vertraut machen. Eine Beschreibung über den Aufbau des Triebwerks und die Arbeitsweise der einzelnen Teile bietet sicherlich demjenigen, der keinerlei Qualifikation eines Fachmannes besitzt, genügend Grundlage zum Verständnis für Verhaltensweisen dem Motor gegenüber und insbesondere für dessen Wartung.

Jahre der Bewährung

Der Peugeot 504 erschien bereits 1968 – Grund genug, sich mit ihm näher zu befassen. Denn seitdem hat sich die Modellpalette dieses Typs erheblich erweitert und bislang wurden unterschiedliche Motoren mit einer Leistungsausbeute zwischen 73 und 104 PS und in einer Reihe von Variationen angeboten. Man unterscheidet Vergasermotoren und Einspritzmotoren, zugleich gibt es den 504 mit Dieselmotor (der nicht Gegenstand dieses Buches ist). Alle bisher gebauten 504-Benzinmotoren und deren Daten sind auf Seite 221 aufgeführt.

Anfängliche Beanstandungen, die sich wie bei nahezu jedem neu erschienenen Auto auf fast unvermeidbare »Kinderkrankheiten« bezogen, hört man heute nur noch selten. Desgleichen hob sich der Standard der Werkstätten; beispielsweise ist es allgemein gelungen, Reparatur- und Einstellarbeiten an der Einspritzanlage zu beherrschen.

Kurz gesagt, nicht zu geringem Teil wegen seines Motors ist der Peugeot 504 zu einem Begriff geworden.

Steckbrief des Motors

Alle 504-Vierzylindermotoren sind eng miteinander verwandt. Zunächst eine Erläuterung zu den Hubraumdaten, die bei jedem Auto von Interesse sind und von denen sich wesentliche Einflüsse auf Leistungsfähigkeit und Lebensdauer – natürlich in Verbindung weiterer Merkmale – ablesen lassen. Die Hubraumangabe errechnet sich aus der Bohrung (dem Durchmesser) eines Zylinders und aus dem Hub (dem Weg der Auf- und Abbewegung) eines Kolbens in diesem Zylinder. Der ermittelte Wert wird mit der Anzahl der Zylinder multipliziert und ergibt den Gesamthubraum eines Motors.

Die Motoren haben einen Hub von 81 mm. Daraus ergibt sich, daß die Kurbelwelle mit ihren Kröpfungen für die hier behandelten Motoren gleiche Maße aufweisen muß. Lediglich aus den unterschiedlichen Bohrungen resultieren verschiedene Hubräume.

Weil der Kolbenhub kleiner als die Zylinderbohrung ist, besitzen diese Vierzylinder-Reihenmotoren einen sogenannten Kurzhubcharakter. Diese Eigenheit ermöglicht höhere Drehzahlen als bei Langhubern und wirkt sich in einem geringen Grad der Abnutzung aus.

Bis 1970 standen nur der Vergasermotor XM mit 82 PS und der Einspritzmotor KF 6 mit 97 PS bzw. 100 PS zur Verfügung, beide mit einem Hubraum von 1,8 Li-

ter. Durch Vergrößerung der Bohrung um 4 mm ergab sich ein Hubraum von 2 Liter und somit entstanden der auf 93 PS verstärkte Vergasermotor XN 1 sowie der Einspritzmotor XN 2 mit einer Leistung von 104 PS. Ab August 1976 erhöhte sich die Leistung der beiden letztgenannten Motoren auf 96 PS bzw. 106 PS. Durch Anwendung der gleichen Steuerzeiten wie beim XN 1-Motor kam es beim ebenfalls modifizierten 1,8-Liter-Motor mit der Bezeichnung XM 7 zu einer Leistungsausbeute von 73 PS bzw. 79 PS. Diese gegenüber den vorangegangenen 1,8-Liter-Motoren geringere Leistung resultiert aus der niedrigeren Verdichtung, die einen Betrieb mit Normalkraftstoff erlaubt.
Der Typ Commerciale ist mit einem ständig mitlaufenden Ventilator ausgerüstet, der rund 6 PS »schluckt«, während der Motor des 504 L einen auskuppelbaren Lüfter besitzt und bei nicht mitlaufendem Ventilator 79 PS abgibt. Daneben gibt es nur für Deutschland den 504 L mit Automatik, dessen XM 7-Motor wegen einer geänderten Auspuffanlage bei ausgekuppeltem Ventilator 81 PS leistet.
Der Block des Vierzylinders besteht aus Grauguß. Seine Kennzeichnung erfolgt einmal durch die Seriennummer, die auf dem linken Befestigungssteg der vorderen Motorhalterung zu finden ist. Auf die Wölbung des Nockenwellentunnels ist die Motornummer geprägt, enthaltend einen Buchstaben und Fabrikationszahl sowie einen Identifizierungsbuchstaben. Diese Bezeichnungen zu wissen ist bei der Ersatzteilbeschaffung und bei Motorüberholungen wichtig.
Eine Besonderheit der Peugeot-Motoren sind ihre auswechselbaren, hochverschleißfesten Zylinderlaufbüchsen. Sie gestatten eine Teilüberholung des Motors, was preiswert sein kann, wenn andere Motorteile noch in Ordnung sind. Dabei werden vier neue Laufbüchsen und immer auch neue Kolben eingebaut. Anfangs handelte es sich um »nasse« Zylinderlaufbüchsen, so geheißen, weil sie direkt vom Kühlwasser umspült sind. Außen sind sie mit einem Dichtring versehen. Ab Juli 1970, Seriennummer 1 178 001, besitzen die Motoren »komprimierte« Zylinderlaufbüchsen, die unter Vorspannung eingebaut sind. Bei der Montage werden die Laufbüchsen arretiert und dann erst vom festgeschraubten Zylinderkopf in ihrer Lage gehalten. Daher muß beim Überholen das eventuell vorhandene unterschiedliche Überstandmaß – das über die plane Fläche des Zylinderblocks hinausragende Oberteil der Büchsen – genau beachtet werden.
Für die Kolben verwendet man eine Aluminium-Legierung. In sie ist ein Begrenzungsring aus Stahl eingegossen, der die Dehnungen des Kolbenmantels unter Erwärmung begrenzt. Die Kolben sind mit drei Kolbenringen versehen. Diese sind in Nuten im oberen Drittel des Kolbens elastisch eingebettet und drücken federnd gegen die Zylinderwand. Von den beiden Verdichtungsringen ist der obere im Graphitguß hergestellt und verchromt; sie verhindern, daß das Gasgemisch aus dem Verbrennungsraum am Kolben vorbei nach unten dringt. Der dritte, unterste Ring läßt das Schmieröl nicht aus dem Kurbelgehäuse nach oben steigen. Dieser Ölabstreifring »Perfect Circle« besteht aus zwei Stahlringen, an den Reibflächen verchromt, und einem mittleren Dehnring aus Stahl. Markierungen auf den Dichtringen zeigen im eingebauten Zustand nach oben. Ebenso sind die Kolben in einer bestimmten Stellung eingebaut: Der auf dem Kolbenboden markierte Pfeil (mit Buchstaben AV) zeigt zur Vorderseite des Motors, dabei befindet sich die Ölbohrung am Pleuelfuß in Fahrtrichtung rechts. Die Pleuel bestehen aus Schmiedestahl und der Kolbenbolzen (drehbare Verbindung zwischen Kolben und Pleuel) wird in den dafür vorgesehenen Bohrungen im Kolben von Sicherungsringen seitlich arretiert.
Bei noch brauchbaren Kolben, die mit neuen Kolbenringen versehen werden,

muß die angesetzte Ölkohle in den Ringnuten entfernt werden. Dazu zerbricht man einen alten Kolbenring, schleift das Bruchende keilförmig an und kratzt mit diesem in jedem Fall passenden Hilfsmittel die Rückstände weg. Die Werkstatt muß bei der Montage der Kolbenringe auf festgelegte Maße von Kolbenringstoß und Höhenspiel achten.

Der Kurbeltrieb

Aus der fünffachen Lagerung der Kurbelwelle ergibt es sich, daß beiderseits eines jeden Pleuellagers eine stabile Führung der Kurbelwelle vorhanden ist. Eine solche solide Bauweise trägt zur Robustheit des Motors bei. Bemerkenswert ist, daß die Maße der Lager sich von vorn nach hinten abstufen. Zugunsten erhöhter Belastungsfähigkeit sind die Lagerschalen der Kurbelwellen-Hauptlager sowie der Pleuellager mit einer Zinn-Aluminium-Legierung beschichtet. Solche Lagerschalen setzen sich aus zwei Hälften zusammen. Während die Kurbelwelle aus Schmiedestahl besteht, sind ihre geschliffenen Kurbelzapfen oberflächengehärtet – Garantie für einwandfreien Oberflächenzustand während einer langen Laufzeit.

Angebaute Gegengewichte an der Kurbelwelle dienen der statischen und dynamischen Auswuchtung. Sie sind an den beiden äußeren und mittleren Kurbelwangen festgeschraubt und durch entsprechende Bohrungen gewichtsmäßig genau austariert. Zwei halbkreisförmige Anlaufscheiben aus Bi-Metall, am hinteren Lager angebracht, begrenzen das Längsspiel der Kurbelwelle. Auf der Seite der Kraftabgabe ist das Schwungrad, ebenfalls ausgewuchtet, durch sieben Schrauben mit dem Flansch am hinteren Ende der Kurbelwelle befestigt.

Lagerschäden

Obwohl die Kurzhubbauweise den schützenden Ölfilm zwischen Kolben und Zylinderwand weniger beansprucht und den Verschleiß reduziert, können Lagerschäden durch Ölmangel und Überbeanspruchung auftreten. Dies sind Beschädigungen der Gleitflächen zwischen Pleuel und Kurbelwelle, in fortgeschrittenem Stadium sogar zwischen Kurbelwelle und Motorgehäuse, also der Hauptlager. Primäre Ursachen mit schleichender Wirkung zu solcher Misere sind schaltfaules Fahren, lang anhaltende Vollgasfahrten oder ständiges scharfes Ausfahren der Gänge. Nicht beachteter Ölmangel dagegen führt zu plötzlich auftretenden Lagerschäden.

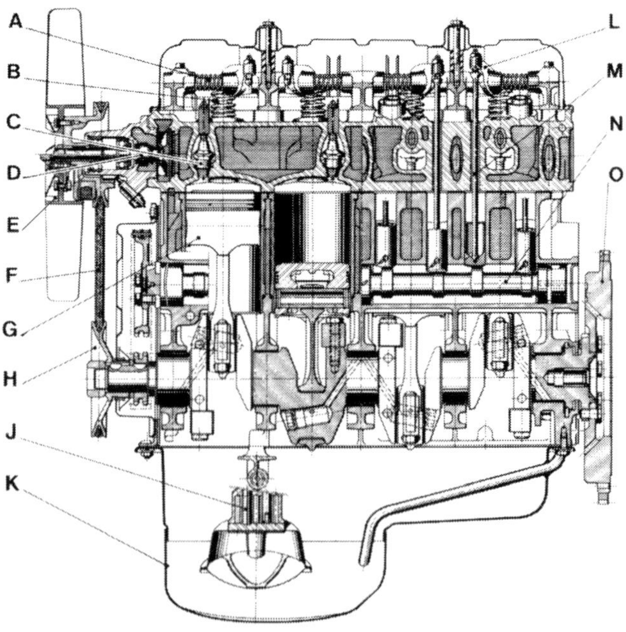

Auf diesem und dem nebenstehenden Schnittbild offenbart sich das Innenleben des 2-Liter-Vergasermotors des Peugeot 504. Im Bild links ist die Seitenansicht und im Bild rechts der Schnitt – von vorne gesehen – des gleichen Motors dargestellt.
Es bedeuten: A – Kipphebelwelle, B – Ventilfeder, C – Zündkerze, D – Wasserpumpe, E – Auskuppelbarer Ventilator, F – Keilriemen, G – Kolben, H – Kurbelwellenriemenscheibe, J – Ölpumpe, K – Ölwanne, L – Kipphebel, M – Stoßstange, N – Nockenwelle, O – Schwungrad, P – Luftfilter, Q – Vergaser, R – Zündverteiler, S – Kraftstoffpumpe, T – Öleinfüllstutzen, U – Auspuffkrümmer, V – Pleuel, W – Zylinder, X – Kurbelwelle, Ein – Einlaßventil, Aus – Auslaßventil.

Wenn man in der Lage ist, solche sich anbahnenden Defekte früh zu erkennen, spart man viel Geld. Lagerschäden kündigen sich mit wärmer werdendem Motor (Öl wird flüssiger) durch Klopfen an, das allmählich zum lauten Hämmern wird. Ob überhaupt ein Lager (meistens Pleuellager) schadhaft ist und um welches es sich handelt, ist folgendermaßen feststellbar: Bei Leerlauf nacheinander die Kabel von den Zündkerzen abziehen und wieder aufstecken. Läßt das Klopfen bei einem der abgezogenen Kabel nach, liegt der Lagerschaden an diesem Zylinder vor. Ein anderer Test besteht darin, mit langem Schraubenzieher oder Metallstab auf den Zylinderkopf nahe der Zündkerzen zu drücken und ein Ohr auf das Ende des Werkzeugs zu legen. So läßt sich das Resonanzgeräusch des schadhaften Lagers lokalisieren.
Wenn man sehr verhalten fährt, kann man mit einem »ausgelaufenen« Lager noch die rettende Werkstatt, ja sogar den Heimatort über Hunderte von Kilometern anlaufen. Dazu Zündkerze des betreffenden Zylinders ausschrauben, damit Arbeit und weitere Beanspruchung durch Kompression bei diesem Zylinder fortfallen. Falls sich Wasser im Motoröl befindet (milchiges Aussehen): Öl wechseln. Die Leistung der drei noch arbeitenden Zylinder während der Fahrt keinesfalls ausschöpfen. Im 4. Gang kann das Tempo etwa 60 km/h betragen. Aus dem offenen Kerzenloch entweicht dabei ein pfeifendes Knallen, das von den Kompressionsbemühungen des mitlaufenden Kolbens herrührt, diese Geräusche sind unerheblich. Bei derartigem Notbetrieb sind der Stand und die Temperatur von Kühlwasser und Motoröl natürlich laufend zu überwachen.

Die Ventilsteuerung

Für das Öffnen der Ventile sorgt die seitlich links neben den Zylindern in Längsrichtung liegende Nockenwelle. Sie ist dreimal gelagert, trägt im ersten Viertel ein schräg verzahntes Zahnrad zum Antrieb von Zündverteiler und Ölpumpe und verfügt über einen Antriebexzenter für die Benzinpumpe. Die Nockenwelle ist gegossen, ihre Nocken besitzen gehärtete Oberflächen.
Eine doppelgliedrige Steuerkette bewegt die Nockenwelle mit der halben Drehzahl, die sie von der Kurbelwelle empfängt. Das Antriebszahnrad der Nockenwelle weist demnach die doppelte Zahl von Zähnen wie das Kurbelwellenrad auf. Nockenwelle und Kurbelwelle müssen sich in markierten Stellungen gegenüber befinden, um die richtigen Steuerzeiten der Ventile zu gewährleisten.

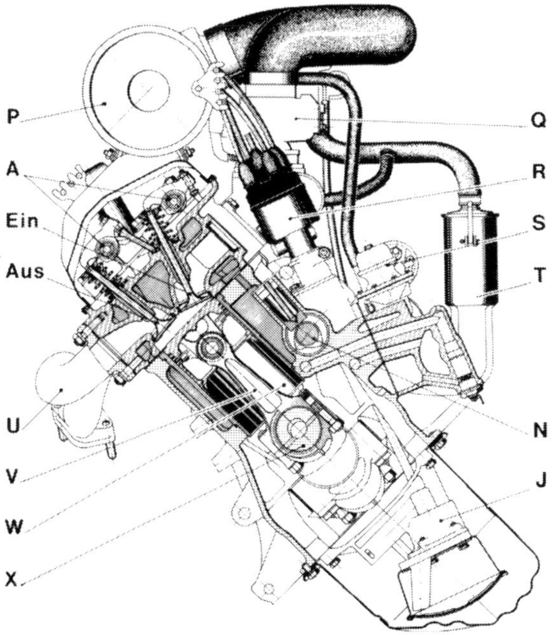

Die Nockenwellen-Steuerung setzt sich aus folgenden Teilen zusammen: 1 – Antriebsrad auf der Kurbelwelle, 19 Zähne, 2 – Doppelgliedrige Steuerkette mit 58 Kettengliedern, 3 – Hydraulischer Kettenspanner, 4 – Nockenwellenrad, 38 Zähne, 5 – Nockenwelle, bestehend aus: a – Zahnrad zum Antrieb der Ölpumpe und des Zündverteilers und b – Exzenter zum Antrieb der mechanischen Kraftstofförderpumpe, 6 – Stößelkappe, 7 – Stößelstange, 8 – Kipphebelwelle.

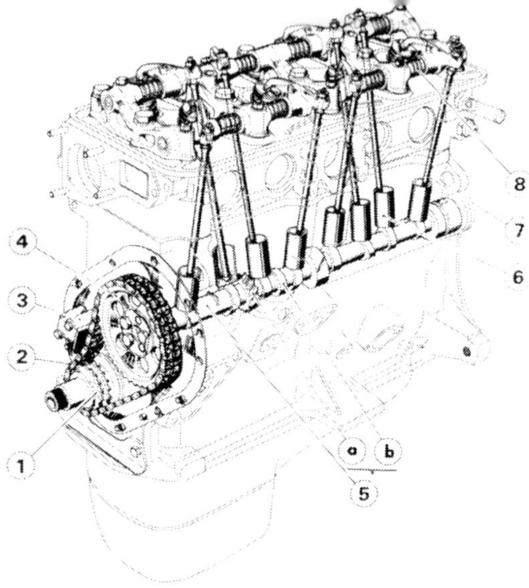

Für den straffen und spielfreien Lauf der Rollenkette sorgt ein Kettenspanner des Systems Renold oder Sedis, dessen Vorhandensein vom Motortyp abhängig ist. Diese hydraulisch wirkenden Kettenspanner lassen durch ihren Kolben, einer Feder und Gummigleitschuh unter Motoröldruck eine ständige Berührung mit der Kette entstehen. Ein weiterer Gummigleiter am Steuergehäuse begrenzt dort die »Schläge« der Kette.

Mit ihren Nocken hebt die Nockenwelle die Stößel und somit die Kipphebel an. Dabei drückt das andere Ende des Kipphebels auf sein Ventil, wodurch eine Öffnung des Verbrennungsraumes hervorgerufen wird. Zu jedem Zylinder gehören zwei Ventile: Das Einlaß-Ventil ist für die Zufuhr des vom Vergaser bereiteten zündfähigen Gasgemisches zuständig, das vom niedergehenden Kolben angesaugt wird, und das Auslaß-Ventil sorgt für eine Ausgangsöffnung für das verbrannte Gas, das der nach oben drückende Kolben ausstößt.

Charakteristisch für den 504-Motor ist die Anordnung der Ventile in versetzter Reihe. Gemäß der Position von Vergaser bzw. Einspritzventilen und der damit verbundenen Lage der Ansaugkanäle hängen die Einlaßventile auf der nach links gewendeten Seite des Zylinderkopfes, die Auslaßventile dagegen auf der rechten Seite in der Nähe der Auspuffkanäle. Somit ist ein störungsfreier, strömungsgünstiger Gasdurchzug möglich. Eine ähnliche Ventilanordnung findet man gewöhnlich nur bei Motoren mit zwei obenliegenden Nockenwellen, die einen wesentlich höheren konstruktiven Aufwand verlangen. Allerdings war es nötig, die Einlaß- und Auslaßkipphebel auf zwei Kipphebelwellen anzubringen. Jede Welle wird von fünf gegossenen Kipphebelböcken gehalten.

Die Ventile für einen Zylinder hängen einander gegenüber nach unten in die halbkugelförmigen Verbrennungsräume. Sie laufen in auswechselbaren Ventilführungen, die, wenn verschlissen, keinen konzentrischen Ventilsitz mehr erzwingen und an Ventiltellern und ihren Sitzen zu Schäden führen. Eine Dichtung in den Führungen schützt besonders vor Ölverlust. Zur besseren Wärmeableitung besteht der Zylinderkopf aus einer Aluminiumlegierung.

Das Schließen der Ventile wird von den Ventilfedern bewirkt, die den Ventilteller fest in den Sitz drücken und das Entweichen der Verbrennungsgase verhindern. Jeweils zwei Federn, eine äußere und eine innere, gehören zu einem Ventil. Je nach Motortyp kommen Ventilfedern mit unterschiedlichen Eigenschaften der Belastbarkeit zur Verwendung; verschiedene Lackfarben machen bei neuen Federn die Unterschiede kenntlich.

Abweichungen beim beim Motor mit Einspritzanlage

Die Besonderheit der Einspritzanlage, die statt eines konventionellen Vergasers beim 504-Motor gleichfalls vertreten ist, machen einige Abweichungen im Aufbau unumgänglich. So enthält jeder Zylinder im Zylinderkopf einen separaten und vergrößerten Ansaugkanal. An der Ansaugseite vorhandene Gewindebohrungen machen die Anbringung der Ansaugrohre, welche die Einspritzventile tragen, möglich.
Die Nockenwelle ist mit Nocken ausgestattet, die ein höheres Anheben der Ventile bewirken. Daraus resultieren andere Steuerzeiten. Von der Nockenwelle führt ein weiterer Antrieb zur Einspritzpumpe, hergestellt durch einen Zahnriemen. (Ein zur Montage bestimmter Zahnriemen darf keinesfalls so weit zusammengedrückt werden, daß er an einer Stelle einen kleineren Kreisbogen als 20 mm beschreibt.) Die Einspritzpumpe ist am Steuergehäuse angebracht.
In den einzelnen Kapiteln, speziell über die Einspritzanlage ab Seite 119, sind weitere Unterschiede beschrieben, die sich aus der Existenz des Einspritzsystems ergeben.

Etwas über Drehzahlen

Zu den Motoren gehört eine bestimmte Nenndrehzahl, die je nach Motorentyp zwischen 5000 U/min beim 73-PS-Commerciale und 5200 U/min beim 104-PS-Einspritzer liegt. Jeder Motor erreicht seine höchste Leistung im Bereich der Nenndrehzahl. Es bringt kaum etwas ein, über diese Drehzahl hinauszudrehen, weil die Leistungskurve nach einem flachen Verlauf wieder abfällt.
Auf ebener Strecke und im obersten Gang kann der Motor nicht überdreht werden. Dies ist aber in kleineren Gängen und im Gefälle ohne weiteres möglich. Als Warngerät gibt es dafür nur den Drehzahlmesser, den die Einspritz-Modelle serienmäßig besitzen und der bei anderen Wagen nachträglich eingebaut werden kann. Überdrehzahlen machen sich mit dem unüberhörbaren Brummen des Motors bemerkbar. Solche Geräusche stammen von den in Schwingungen geratenen Teilen der Ventilsteuerung, vor allem den Ventilfedern. Diese sind es auch, denen in der Fahrpraxis eine Drehzahlgrenze gesetzt ist.
Nachstehend sind die Drehzahlverhältnisse der gängigen, gegenwärtigen 504-Motoren aufgezeigt:

Typ	PS	Nenndrehzahl	maximal zulässige Dauerdrehzahl	Kurzzeitig zulässige Höchstdrehzahl
L	79	5100	5100	5900
GL	93 (96)	5200	5200	6000
TI	104 (106)	5200	5200	6000

Die gebotene Grenze bei 6000 U/min ist selbstverständlich keine Barriere, hinter der das endgültige Aus lauert, sondern lediglich eine Sicherheitsvorkehrung. Der Ventiltrieb verkraftet noch mehr, aber das dann eintretende Ventilschnattern sollte doch als Alarmsignal aufgefaßt werden. Bei einem nicht exakt vorhersehbaren Drehzahlwert können Kipphebel oder Ventilfedern brechen.

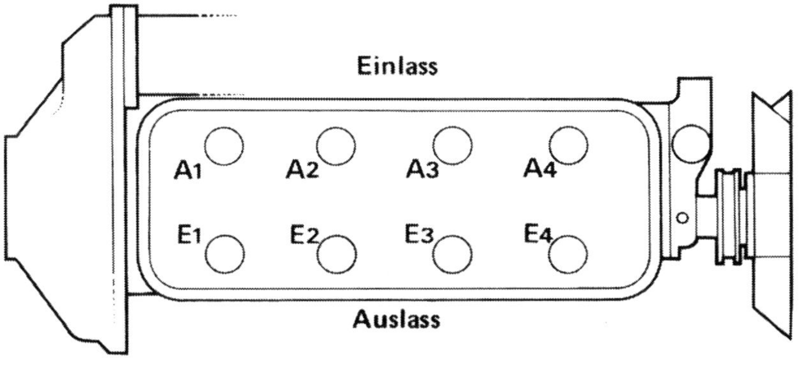

Man muß wissen, wo die Einlaßventile (A für admission = französisch „Einlaß") und wo die Auslaßventile (E für échappement = französisch „Auslaß") sitzen, weil bei beiden Ventilarten ein unterschiedliches Ventilspiel eingestellt sein muß. Siehe dazu S. 81. Bei allen in diesem Buch besprochenen 504-Motoren ist die Reihenfolge der Ventile die gleiche.

Sollte man dabei noch Glück haben, weil nur ein Kipphebelbruch vorliegt, wird das betreffende Ventil nicht mehr bewegt und der dazugehörige Zylinder hat keine Leistung mehr, was natürlich einen merkbaren Leistungsschwund gibt. Eine Werkstatt muß dann umgehend aufgesucht werden. Im Notfall sind die zerbrochenen Metallteile im Ventilkammerraum sorgfältig herauszusuchen und man kann dann noch bei mäßiger Fahrt eine weiter entfernte Werkstatt erreichen.

Aber auch eine gebrochene Ventilfeder muß nicht gleich das Ende der Reise bedeuten, auch wenn die nächste Peugeot-Werkstatt fern ist. Voraussetzung ist natürlich, daß das betreffende Ventil noch nicht im Zylinder zerstört wurde. Man kann dann die Kraft der gebrochenen Ventilfeder wieder nutzbar machen, indem man zwischen die beiden (gebrochenen) Federteile eine Stahlscheibe legt, so daß die Windungen neuen Halt haben und sich nicht ineinanderschieben.

Die Einlaufzeit

Umständliche Einfahrregeln früherer Jahre werden von Peugeot nicht mehr erteilt. Doch in den Betriebsanleitungen sind (hoffentlich beachtete) Hinweise gegeben, aus denen hervorgeht, daß der Besitzer eines jungen Peugeot nicht von Anfang an das Gaspedal strapazieren soll.

Moderne Herstellungsverfahren bieten die Gewähr, daß die Teile im Motor, die sich gegeneinander bewegen, ausreichend zueinander passen. Von der Konstruktion her wurden Einlauftoleranzen berücksichtigt und dauerhafte Materialien sind für hohe Beanspruchung ausgelegt. Eine solche Belastbarkeit wird noch von der Chemie unterstützt, die in Form von Zusätzen in den heutigen Ölen mehr Sicherheitsreserven bietet als noch vor einigen Jahren üblich war. Diesen Pluspunkten steht gegenüber, daß ein neuer Motor tatsächlich erst laufen lernen muß. Der Vorführwagen, mit dem der Vertreter die lobenswerten Eigenschaften demonstrierte, war ganz gewiß nicht frisch aus der Fabrik gekommen und hatte sich an sein Dasein längst gewöhnt. Das beweist, daß die Einlaufbedingungen aller schönen Worte zum Trotz von erheblicher Bedeutung sind.

In den Betriebsanleitungen sind Tabellen wiedergegeben, unterteilt für Wagen mit Vergaser- und Einspritzmotor. Daraus kann man die jeweils günstigsten Geschwindigkeitsbereiche entnehmen. Es fällt aber auf, daß die Vergasermotoren ab 1000 km praktisch für volle Fahrt freigegeben werden, während den Fahrern von Wagen mit Einspritzanlage eine dreistufige Beschränkung auferlegt wird. Danach sollen innerhalb der ersten 1000 km nicht überschritten werden: Im 1. Gang 25 km/h, im 2. Gang 50 km/h, im 3. Gang 80 km/h und im 4. Gang 100 km/h. Ehe das Auto 2000 km »alt« ist, soll man entsprechend mit 35 / 60 / 90/ 130 km/h vorlieb nehmen. Allgemein heißt es, in dieser Zeit 4500 U/min auf dem Tourenzähler nicht zu überschreiten. Erst nach mehr als 2000 zurückgelegten Kilometern kann man vom Wagen verlangen, allmählich der Höchstgeschwindigkeit näher zu kommen.

Ähnlich schadet es den Vergasermotoren bestimmt nicht, wenn man die Einlaufstrecke etwa um das Doppelte verlängert und den Motor allmählich an das gewöhnt, was man von ihm verlangen will.

Fahren Sie die Maschine gemächlich warm (wenn Sie wissen wollen, wann »warm« ist: Thermometernadel hat das erste Drittel der Anzeige erreicht, oder kurz die Heizung anstellen – Sie werden es merken). Danach kann flotter beschleunigt werden, denn das Auto soll nicht mit viel Gas bei wenig Drehzahl gequält werden. Das heißt ganz einfach: Nicht schaltfaul fahren. Lassen Sie den Motor richtig drehen, damit er es später gut kann. Sie müssen keinesfalls »schleichen«.

Sie werden feststellen, daß die ersten 1000 bis 2000 km sehr bald zurückgelegt sind. Am besten eignen sich dazu längere Fahrten auf Landstraßen. Benutzt man jedoch die Autobahn, dann ist die Fahrweise so einzurichten, wie sie über Land mit Kreuzungen und Ortsdurchfahrten ausfallen würde. Also mit wechselnden Geschwindigkeiten fahren und Höchstdrehzahlen vermeiden, dazwischen auskuppeln und dem Motor für 500 Meter Leerlauf gönnen, was vielleicht bergab gelegentlich möglich ist.

Nachstehende kleine Regeln können dazu dienen, die Lebensdauer des Motors zu verlängern:

- Erst voll Gas geben, wenn die richtige Betriebstemperatur erreicht ist.
- Nach Kurzstreckenbetrieb (Stadtverkehr) auf langer Strecke nicht gleich Vollgas geben.
- Nach Fahrt auf Autobahn oder über Gebirgspaß Motor nicht sofort abstellen, sondern eine Weile leerlaufen lassen.
- Ventilspiel regelmäßig prüfen und einstellen (siehe unten).
- Ölfilter und Luftfilter regelmäßig wechseln (siehe Seite 67, 111 und 123).
- Frostschutz als Kühlmittel laufend verwenden, reines Wasser im Kühlkreislauf wegen Korrosion und Rückstandsbildung vermeiden.

Ventilspiel prüfen und einstellen

Pflegearbeit Nr. 36

Die Kontrolle soll alle 15000 km vorgenommen werden, daneben natürlich, wenn entsprechende Reparaturen anfielen. Die erste Überprüfung findet bei der 1000-km-Garantieinspektion statt, für die unbedingt die Werkstatt zuständig ist.

Eingestellt wird nur bei kaltem Motor. Das Spiel der Einlaßventile muß 0,10 mm, das der Auslaßventile 0,25 mm betragen. Um die Ventile zu bewegen, braucht man etwas Raum auf dem Standplatz, denn der Wagen muß dazu im 4. Gang hin- und herbewegt werden. Den Motor mit der Hand durchzudrehen ist zu umständlich.

Zunächst ist jedoch (beim Vergasermotor) das Luftfiltergehäuse abzubauen: Vier Muttern SW 10 losdrehen. Luftschläuche und Zündkabel, soweit nötig, abnehmen. Zylinderkopfhaube (SW 11) losschrauben und vorsichtig abheben; klebt sie fest, seitlich mit dem Hammerstiel gegenklopfen.

Eingestellt wird nach folgendem Schema (A = Einlaßventil, E = Auslaßventil; siehe Bildtext Seite 79, die Zahl gibt die Zylindernummer an):

Ventil ganz öffnen	um folgende Ventile einzustellen
E1	A3 und E4
E3	A4 und E2
E4	A2 und E1
E2	A1 und E3

Anders als bei deutschen Motoren liegt der erste Zylinder an der Kupplungsseite, in Fahrtrichtung gesehen hinten. Die Einlaßventile befinden sich in der linken Reihe, die Auslaßventile in der rechten. Ein Ventil ist ganz geöffnet, wenn das auf dem Ventilschaft aufliegende Kipphebelende in seinem tiefsten Punkt verharrt. Während man das Auto langsam schiebt, muß man die Kipphebelbewegung beobachten und beim Stillstand, bevor der Kipphebel sich wieder zu bewegen beginnt, innehalten. Jetzt ragt das Auslaßventil am weitesten in den Brennraum und die beiden im Schema benannten Ventile können eingestellt werden.

Zum Messen des Ventilspiels schiebt man das entsprechende Blatt der Fühl-

Im Schemabild auf Seite 79 ist die Reihenfolge der Ventile dargestellt. Hier ist die dazu passende und entsprechende Aufnahme. Es ist ganz einfach: Wenn Sie rechts neben Ihrem Wagen stehen, so werden die Einlaßventile von den Kipphebeln auf der von Ihnen abgewandten Kipphebelwelle (im Bild oben) betätigt, die Auslaßventile befinden sich in der Ihnen zugewandten Hälfte des Motors. Auf dieser Seite ist auch der Auspuffkrümmer angebracht.

lehre zwischen Kipphebel und Ventilschaftende hindurch. Das Fühlblatt soll mit leichter Reibung, ohne zu klemmen, den Spalt durchgleiten können. Geht das nicht oder zu leicht, weil das Spiel zu groß ist, muß nachgestellt werden. Dazu lockert man mit einem Schlüssel SW 11 die Kontermutter auf dem Gewindebolzen am entgegengesetzten Kipphebelende und dreht mit dem Schraubenzieher den Gewindebolzen heraus oder hinein. Geübte Leute schieben währenddessen die Fühllehre hin und her und können rasch feststellen, wann das erforderliche Spiel erreicht ist. Danach den Bolzen mit dem Schraubenzieher festhalten und zugleich die Kontermutter festdrehen. Abschließend und sicherheitshalber an demselben Ventil das Spiel nochmals messen.
Wurden alle acht Ventile überprüft bzw. eingestellt, kann man die vorher abgebauten Teile wieder anbringen. Die Deckeldichtung sollte aber möglichst erneuert werden. Für die Befestigung der Deckelschrauben braucht man keine große Gewalt anzuwenden, sonst verzieht sich der Deckel und die Dichtung wird zerquetscht.

Warum Ventilspiel?

Der Begriff »Ventilspiel« taucht bei allen technischen Daten und Anweisungen auf. Wie wichtig ist er eigentlich? Es ist von lebenswichtiger Bedeutung für die Lebensdauer der Ventile und damit für die gleichbleibende Motorleistung. Zwischen den Teilen der Ventilbetätigung – also Nocken, Stößel, Kipphebel und Ventilschaftende – muß etwas Luft oder »Spiel« vorhanden sein, damit die unterschiedlichen Wärmedehnungen ausgeglichen werden können.
Man sollte sich bei der Kontrolle des Ventilspiels nicht auf sein Ohr verlassen,

Beim entlasteten Ventil prüft man das Ventilspiel, indem man das entsprechende Fühlerblatt zwischen Ventilschaftende und Kipphebel schiebt. Zum Verändern des vorhandenen Ventilspiels muß die Kontermutter SW 11 gelöst werden, damit sich der Einstellbolzen mit einem Schraubenzieher drehen läßt. Der Einstellvorgang ist auf dieser Seite beschrieben.

um etwa das Klappern bei zu großem Ventilspiel zu erkennen. Was man nicht hört und was wesentlich kritischer ist: Zu kleines Ventilspiel. Es bedeuten:
Zu kleines Ventilspiel: Gefahr, daß Ventile und Ventilsitze verbrennen (Ventile liegen nicht satt auf Ventil-Sitzring auf, wodurch Kühlung ungenügend), Verziehen der Ventile, schlechte Leistung durch verringerte Kompression, veränderte Steuerzeiten.
Zu großes Ventilspiel: Schlechtere Zylinder-Füllung, also geringere Leistung, Veränderung der Steuerzeiten, ungleichmäßiger Lauf, höherer Verschleiß, größeres Geräusch.

Ventilfedern austauschen

Der Zylinderkopf braucht nicht demontiert zu werden, sollten eine oder mehrere Ventilfedern ausgetauscht werden müssen. Der Vorgang dabei ist folgender; zunächst eine Einlaßfeder betreffend:
Kurbelwelle durch Vorwärtsschieben des Wagens in normale Drehrichtung versetzen, bis das Auslaßventil des betreffenden Zylinders gerade zu öffnen beginnt. Die Werkstatt besitzt zum Lösen des Kipphebels ein besonderes Werkzeug; als Heimwerker muß man den Einstellbolzen herausdrehen und den Kipphebel mit einem als Hebel angesetzten Werkzeug gegen die Kraft der Feder auf der Kipphebelwelle zur Seite drücken. Dann den Kolben genau in den oberen Totpunkt bringen (siehe »Zündzeitpunkt einstellen«). Mit einem Ventilheber oder einem anderen Werkzeug, als Hebel angesetzt, den Federteller am Einlaßventil herunterdrücken, Ventilkeile, Federteller und Federn abnehmen. Neue Federn einsetzen und in umgekehrter Reihenfolge zusammenbauen.
Auslaßfeder: Die Zündkerze des betreffenden Zylinders herausschrauben. Einlaßventil in normaler Drehrichtung in die Stellung bringen, bei der es gerade schließt, Kipphebel lösen. Einen unten abgewinkelten Eisenstab oder Schraubenzieher in das Kerzenloch so einführen, damit das Ventil auf seinem Sitz hält. Kolben in O. T. bringen, jedoch auf Berührung mit dem eingeführten Werkzeug achten. Ventilfeder wie eben beschrieben ausbauen und den Zusammenbau in umgekehrter Folge erledigen.
Nach erfolgter Arbeit ist das Ventilspiel einzustellen.

Zylinderkopf aus- und einbauen

Nur für die absolute Notlage sind die nachstehenden Zeilen bestimmt, denn Arbeiten, die mit der Montage des Zylinderkopfes zusammenhängen, gehören in die Werkstatt. Dort besitzt man das nötige Spezialwerkzeug, die Erfahrung und Umsicht, um das Vorhaben fachgerecht auszuführen.
Das Wichtigste in Kürze. Bei völlig abgekühltem Motor das Kühlwasser ablassen. Luftfilter und Vergaser oder Luftverteiler und Einspritzleitungen abbauen (Pumpen- und Einspritzventilanschlüsse mit Schutzkappen verschließen). Weiter Zündkabel und Zündverteiler, Schlauchanschlüsse, Temperaturgeber, Leitungen, kurz: alle Teile am Zylinderkopf lösen, die mit ihm verbunden oder bei der Montage im Wege sind. Auflagescheiben mit Dichtring abnehmen. Auspuffleitung am Krümmer abschrauben. Schrauben der äußeren Kipphebelbefestigung (Nr. 8 und 9 s. unten) herausdrehen, statt dessen lange Stiftschrauben

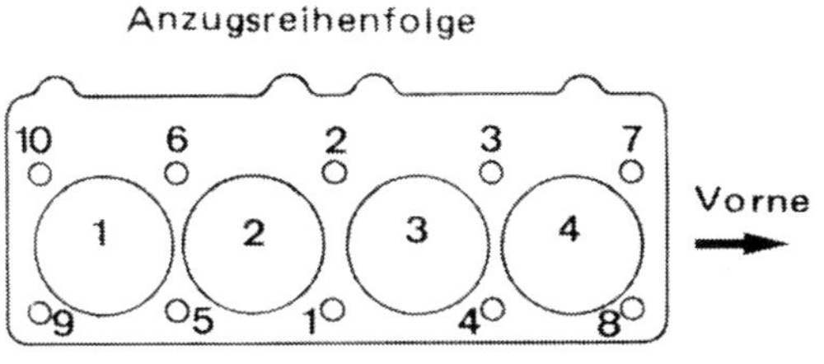

In dem auf dieser Seite beginnenden Abschnitt ist beschrieben, wie der Zylinderkopf aus- oder eingebaut wird. Die Zeichnung gibt die Reihenfolge an, in der die Zylinderkopfschrauben festgezogen werden müssen.

eindrehen. Kipphebelwellen ausbauen, Stößelstangen in vorhandener Reihenfolge ablegen. Hilfsschraube Nr. 8 wieder lösen. Zylinderkopf um die Achse der Schraube Nr. 9 vorsichtig nach rechts schwenken. Dabei dürfen die Laufbüchsen nicht abheben, sie sind gleichzeitig mit dem Abnehmen von Zylinderkopf und -dichtung festzuhalten. Kurze Schrauben mit breiten Zwischenscheiben in Gewinde der Zylinderkopfschrauben Nr. 4 und 5 eindrehen, um Laufbüchsen zu fixieren.

Dichtflächen, Gewindebohrungen, Stößel und Stößelkappen reinigen. Kolbenboden nicht entrußen. Ebenheit des Zylinderkopfes darf nur eine Toleranz von 0,05 mm aufweisen, Planschleifen bis Kopfhöhe von 92mm möglich. Dichtflächen des Motors mit Benzin abwischen. Zylinderkopfdichtung »Reinz« nur mit sauberen Händen anfassen. Hilfsschrauben Nr. 4 und 5 entfernen. Dichtung trocken auflegen. Zylinderkopf aufsetzen, Stößelstangen einführen. Kipphebelwellen aufbauen. Alle Schrauben und Muttern nur locker eindrehen. Bei Motoren mit herkömmlichen Laufbüchsen die 10 Schrauben zunächst mit 6 kpm, dann mit 8,25 kpm anziehen, Muttern der Kipphebelwelle mit 1,5 kpm. Stets die Reihenfolge der Schrauben beachten.

Bei Motoren mit komprimierten Laufbüchsen (ab Baujahr 1970) die 10 Schrauben vorläufig mit 5 kpm, Kipphebelwellenmuttern auch mit 1,5 kpm anziehen. Ab Schraube Nr. 1 wieder diese lösen und mit 2 kpm anziehen, danach den Schlüssel um 90 Grad weiterdrehen. Vorgang bei allen Schrauben wiederholen. Ventile einstellen und alle weiter abgebauten Teile wieder montieren.

Die Steuerung

Unter dem Begriff »Steuerung« versteht man die Regelung für den Einlaß des Gemischs in die Verbrennungsräume und für den Auslaß der verbrannten Gase. Diese von den Ventilen übernommene Arbeit, von der Nockenwelle bewirkt, muß in genau bestimmten Abläufen geschehen und zugleich mit der Zündung Hand in Hand gehen, was durch den direkten Antrieb des Zündverteilers von der Nockenwelle gegeben ist. Wenn die dabei mitwirkenden Teile ausgebaut, ersetzt oder während einer Reparatur in ihrer Stellung verändert wurden, müssen sie wieder in die richtige Position zueinander gebracht werden. Das kann jede Peugeot-Werkstatt, wenn es nötig werden sollte. Schon geringe Abweichungen in der Steuerung verursachen Leistungsabfall und möglicherweise Zerstörungen im Motor.

Als Eigenpfleger kommen Sie nicht in die Verlegenheit, sich derart mit der Mechanik des Motors auseinandersetzen zu müssen. Doch in einigen, vor allem östlichen Ländern ist der Peugeot-Service dünn verteilt oder überhaupt nicht gegenwärtig. Der Mechaniker eines völlig markenfremden Betriebes weiß im Ernstfall mit den nachfolgenden Angaben genug anzufangen, damit Sie mit Ihrem Wagen wieder gut heimkehren.

Braucht tatsächlich nur die Steuerung kontrolliert oder korrigiert zu werden (die Montage der einzelnen Bauteile bedarf spezieller Kenntnisse), so sind die Ventile des 4. Zylinders – vorn – in ein Spiel von 0,7 mm zu bringen. Dadurch wird verhindert, daß beim Drehen der Kurbelwelle von Hand die sich dabei bewegenden Kolben mit den ebenfalls arbeitenden Ventilen in Berührung kommen. Wichtig ist die Kenntnis von den Steuerzeiten der Ventile, die bei einem bestimmten Winkelgrad der Kurbelwelle öffnen und schließen sollen.

Die nachfolgende Tabelle gibt über die Steuerung bei den verschiedenen Motortypen Aufschluß (Buchstaben-Definition in »Technischen Daten«).

Anschließend müssen die Ventile wieder eingestellt werden, wie es bereits beschrieben wurde. Ferner ist die Einstellung des Zündverteilers zu prüfen und gegebenenfalls zu berichtigen.

	XM	XM 7, XN 1 bis 10. 72	KF 6, KF 5	XN 2 bis 10. 72	XM 7, XN 1 ab 10. 72	XN 2 ab 10. 72
Einlaß öffnet vor o. T.	0° 30'	1°	1°	2° 30'	2°	0° ± 30'
schließt nach u. T.	35°	36°	36°	42°	39°	44° 30'
Auslaß öffnet vor u. T.	35° 30'	33°	35° 30'	36°	30°	33° 30'
schließt nach o. T.	10°	5° 30"	9°	7°	8° 30'	9° 30'

Zylinderkopfschrauben nachziehen

Eine wichtige Vorkehrung ist es, die Zylinderkopfschrauben bei neuen Motoren nach 1000 km (Karenzzeit höchstens 1200 km) nachzuziehen. Das muß auch geschehen, wenn der Zylinderkopf zu einer Reparatur demontiert oder der Motor ersetzt wurde. Dabei ist zwischen den Motoren XM, KF 6 und KF 5 bis Baujahr 1970 und den ab 1970 hergestellten Motoren XN 1 (93 PS), XN 2 (104 PS) und XM 7 (73 PS) zu unterscheiden. Die erforderlichen Handgriffe wurden im Abschnitt »Zylinderkopf aus- und einbauen« bereits erwähnt.
Vor der Arbeit muß dem Motor sechs Stunden Zeit zum Abkühlen gelassen werden. Bei den erstgenannten Motoren werden alle Schrauben um 1/4 Drehung gelöst und in der Reihenfolge, wie die Abbildung Seite 83 zeigt, mit 8,25 kpm angezogen. Für die neueren Motoren gilt die Regel, der gleichen Reihe nach alle Schrauben zu lösen, mit 2 kpm anzuziehen und den Schlüssel dann genau um 90 Grad weiterzudrehen.
Man benötigt zu dieser Arbeit einen Drehmomentschlüssel, die Werkstatt besitzt dazu sogar ein Anzugsgerät mit Einstellbügel und 90-Grad-Raste. Weil es sich um eine normalerweise in die Garantie fallende Inspektionsarbeit handelt, muß sie der Peugeot-Vertrags-Werkstatt überlassen werden, wenn man seine Ansprüche nicht verlieren will.
Im Zusammenhang mit dem Nachziehen der Zylinderkopfschrauben steht auch eine Kontrolle der Befestigungsschrauben von Auspuffkrümmer, Ansaugstutzen und Vergaser. Schließlich muß noch das Ventilspiel überprüft und eingestellt werden.

Kompressionsdruck prüfen

Vorbeugend oder im Bedarfsfalle soll mit dieser Kontrolle geprüft werden, ob Kolben und Ventile gut abdichten. Bei Verdacht auf verringerte Motorleistung ist daher zu prüfen, ob die Kompression in den Zylindern noch hoch genug ist. Voraussetzung: Ventilspiel ist richtig eingestellt.
Zur Prüfung wird ein Kompressions-Druckschreiber benutzt, in den Meßkärtchen eingelegt werden. Der Druckschreiber wird auf das Kerzenloch gesetzt. Der Motor soll betriebswarm sein. Ein Helfer drückt das Gaspedal ganz durch, damit die Zylinder ihre größte Füllung erhalten und dreht den Motor mit dem Anlasser mehrmals durch. Für jeden Zylinder zeichnet der Druckschreiber eine Kurve auf das gewachste Papier, deren Endpunkt den höchsten Druck anzeigt. Wichtig für den gesunden Motor ist nicht die absolute Höhe des Druckes, sondern dessen Gleichmäßigkeit bei allen Zylindern. Druckunterschiede bis zu 0,5 kg/cm² sind unerheblich, sie sollen aber nicht mehr als 1 kg/cm² betragen. Der gemessene Druck bei warmem Motor liegt höher als bei kaltem Motor, da bei diesem die Abdichtung durch die Kolbenringe und das Öl noch nicht so hoch ist. Motoren in tadellosem Zustand werden eine Kompression von 11 kg/cm² (1,8-l-Motor mit Verdichtung 7,5: 10 kg/cm²) besitzen. Über 8 kg/cm² stellt noch eine gute Kompression dar, unter 5 kg/cm² deutet auf schlechten Motorzustand hin.
Vergleichbar sind nur Messungen, die mit demselben Meßgerät ausgeführt sind, da diese voneinander immer etwas abweichen. Lassen Sie sich das Meßkärtchen geben und schreiben Sie sich zu Vergleichszwecken Datum und

Die gezeigte Aufhängung des Auspuffs am Boden der Karosserie darf nicht beschädigt sein. Besonders beim Rückwärtsfahren im Gelände ist die Anbringung gefährdet. Natürlich kann man bei gerissener Aufhängung den Auspuff zur Not mit Draht befestigen, aber dieser Behelf sollte wirklich nur bis zur nächsten Werkstatt dienen. Auch ältere Peugeot 504 können nachträglich mit dem auf der nächsten Seite erwähnten Langzeit-Auspuff ausgerüstet werden.

km-Stand auf. Bosch hat einen Kompressionsverlust-Tester entwickelt, mit dem man sowohl den Kompressionsdruck als auch den Kompressionsdruck-Verlust messen kann.
Zu niedriger Druck kann von Schäden an den Ventilen herrühren, z. B. durch verbranntes Auslaßventil (durch zu knappes Ventilspiel) oder klebendes (hängendes) Ventil durch zu viel Rückstandsbildung am Ventilschaft und in dessen Führung, ferner von Kolben- und Kolbenringverschleiß oder festsitzenden Kolbenringen, unrunden Zylindern, Folgeerscheinungen von Kolbenklemmern. Auch kann die Zylinderkopfdichtung verbrannt oder undicht sein.
In den weitaus meisten Fällen liegt jedoch mangelnder Kompressionsdruck und damit verringerte Motorleistung an undichten Ventilen. Zusätzliche Kontrolle: Einträufeln von Öl ins Kerzenloch. Ist der Druck nach nochmaligem Motordurchdrehen immer noch mangelhaft, sind die Ventile undicht, insbesondere die Auslaßventile. Undichte Auslaßventile kann man auch am Blasgeräusch im Auspuffkrümmer erkennen, ebenso wie undichte Einlaßventile durch ein solches typisches Geräusch im Vergaser bzw. Saugrohr vermutet werden müssen. Eine undichte Zylinderkopfdichtung macht sich durch Luftblasen im Kühlwasser und manchmal auch durch Ölspuren bemerkbar.

Das Schmiersystem

Im Motor muß das Öl zu einer ganzen Reihe von Schmierstellen geführt werden. Damit es dorthin gelangt, wird es durch zwei ineinanderkämmende Zahnräder der Ölpumpe unter Druck gesetzt. Diese Pumpe ist an der unteren Dichtfläche des Motorblocks befestigt, wird von der Nockenwelle angetrieben und ist nach Ausbau der Ölwanne zugänglich. Sie saugt das Öl am tiefsten Punkt der Ölwanne, je nach Geschwindigkeit (Umdrehungszahl) der Kurbelwelle, an. Damit wird deutlich, daß das Schmierpolster in den Lagern umso kräftiger ist, je schneller sich die Kurbelwelle dreht, und daß demnach schaltfaule Fahrer die Kurbelwellenlager schädigen.
Im Leerlauf und bei 90° C Betriebstemperatur soll der Öldruck an der Stelle des Öldruckschalters 2,7 ± 0,8 bar betragen. Für 2000 U/min lautet der Wert 3,3 ± 0,7 bar und für 4000 U/min entsprechend 3,8 ± 0,8 bar. Zur exakten Messung wird ein transportables Manometer statt des Öldruckschalters eingeschraubt. Um die Betriebstemperatur zu erreichen, muß der Motor mit etwa 3500 U/min drehen; wenn der auskuppelbare Ventilator 5 Minuten mitgelaufen ist, kann die Kontrolle erfolgen.
Die Ölpumpe schmiert sich selbst und ist wartungsfrei. Sollte einmal ein Defekt an ihr eintreten, so wird sie üblicherweise ausgetauscht. Zentrierstifte am Rand

des Kurbelgehäuses markieren ihre Stellung; sie soll nur mit einem neuen Dichtring versehen eingebaut werden.
Der von der Ölpumpe geförderte Ölstrom wird zuerst durch das Ölfilter geschickt. Hier hat auch der Öldruckschalter seinen Platz, der für das Aufleuchten der Kontrollampe in der Instrumententafel verantwortlich ist (wenn der Öldruck unter 0,8 bar absinkt). Dann strömt das Öl durch den Hauptkanal des Motorblocks zu den fünf Kurbelwellenlagern und zu den drei Lagern der Nockenwelle. Vom vorderen Kurbelwellenlager aus werden zugleich das Pleuel des 4. Zylinders und der Kettenspanner der Steuerkette geschmiert, das mittlere Lager schmiert die Pleuel 3 und 2 und das hintere Lager das Pleuel 1. Vom hinteren Lager der Nockenwelle gelangt das Öl zu den beiden Kipphebelwellen, wo der Ventilmechanismus versorgt wird.

Die Auspuffanlage

Für den Abzug der im Motor verbrannten Gase sorgt die Auspuffanlage, deren einzelne Teile noch zur Schalldämpfung herangezogen werden. Im einzelnen besteht diese Anlage beim 504 aus dem am Motor angeschraubten Auspuffkrümmer, dem sich das vordere Auspuffrohr anschließt; unter dem Wagenboden folgt der erste, vordere Schalldämpfer und ein Zwischenrohr mit Schalldämpfer; die in Höhe der Hinterachse beginnende hintere Auspuffanlage mit »Entspanntopf« und hinterem Schalldämpfer ist zum Wechseln vorgesehen.
Diese auch bei anderen Autos besonders durch Korrosion stark beanspruchte Endleitung besteht seit September 1974 aus einer Stahl-Aluminium-Legierung. Sie ist Bestandteil des Serienbaus und kann auch an älteren Wagen nachträglich montiert werden. Ihr Preis liegt bei 110 Mark. Langzeittests erbrachten den Nachweis, daß diese Anlage mehr als 100 000 km aushalten kann.
Bei jüngeren Modellen L und GL ragt um das Anfangsstück des Auspuffrohrs eine Umhüllung, die für die Vorwärmung der Ansaugluft für den Vergaser dient. Das nach unten offene, zweiteilige und an den Nahtstellen mit SW-7-Schrauben verbundene Blechrohr ist oben am Flansch des Auspuffs festgeschraubt. In Frankreich mit genereller Geschwindigkeitsbegrenzung und auch allgemein im Kurzstreckenverkehr ist dieses Blech sinnvoll. Wer den Wagen jedoch häufig stramm einsetzt, kann die Ummantelung entfernen. Bei scharfer Fahrweise besteht die Möglichkeit, daß das Auspuffrohr oder die Dichtung am Flansch wegen Hitzestau vorzeitig durchbrennt.
Break, Commerciale und Familiale besitzen eine in der Gestalt abweichende, andere Auspuffanlage als die Modelle GL und TI. Außerdem hat der Commerciale keinen vorderen Schalldämpfer. Allen Ausführungen ist jedoch eigen, daß bei ihrer Montage bestimmte Abstände zu den mechanischen Organen des Wagens eingehalten werden müssen.

Auspuffgase

Aus der Beschaffenheit der Auspuffgase lassen sich allerlei Schlüsse ziehen:
■ Schwärzliche Gase: Unvollständige Verbrennung durch Luftmangel oder Kraftstoffüberschuß. Oder der Leerlauf ist zu fett eingestellt.
■ Bläuliche Gase: Verbranntes Öl durch undichte Kolben bzw. Kolbenringe oder verschlissene Ventilführungen. Oder zuviel Öl im Kurbelgehäuse.
■ Weiße Gase: Das ist Wasserdampf als chemisches Verbrennungsprodukt, der bei Kälte kondensiert (unbedenklich).
■ Gase, die man nicht sieht: Gift (Kohlenmonoxyd) bei geschlossener Garage.
Bei Stadtverkehr wird der Auspuffstutzen innen schwarz gefärbt sein, ein Zeichen, daß man – was sich freilich kaum vermeiden läßt – nicht die nötige Betriebstemperatur erreicht und durch viel Leerlauf Kraftstoffüberschuß vorliegt. Nach Überlandfahrten soll der Stutzen innen hellgrau sein.

Wasser, Wind und Wärme

Verbrennungsmotoren erzeugen bei ihrer Arbeit Wärme, die wieder abgeführt werden muß. Andernfalls würde der Motor in kürzester Zeit zerstört werden. Wie Sie wissen, gibt es zum Ableiten der entstehenden Wärme zweierlei Möglichkeiten: Kühlung durch Wasser und Kühlung durch Luft.
Ihr Peugeot gehört zu der erstgenannten Gruppe. Konstruktiv ist die Kühlung mittels Wasser leichter zu beherrschen. Allerdings gehört zur Wasserkühlung auch die Mithilfe von Luft, die während der Fahrt – wenn dem Motor Leistung abverlangt wird – der Kühlung des Wassers und des Motoröls dient. Zudem ist ein wassergekühlter Motor leiser als ein luftgekühlter und schließlich kann die vom Wasser aufgenommene Wärme recht einfach als Heizungswärme verwendet werden.

Die Kühlanlage

Moderne Automobilmotoren besitzen ein Kühlsystem, in dem bei Betriebstemperatur ein Überdruck von etwa 0,8 bar (atü) erreicht wird. Bei den Peugeot-Motoren ist dadurch der Siedepunkt des Kühlmittels auf ungefähr 107° C angehoben. (Der Ausdruck »Kühlmittel« wird verwendet, weil sich im Kühlkreislauf kein reines Wasser, sondern eine Mischung aus Korrosions- und Frostschutzmittel und Wasser befinden soll.) Der Kraftstoff verbrennt bei höheren Temperaturen wirtschaftlicher, niedrige Temperaturen (Kühlwasser unter 80° C) fördern den Verschleiß und sind für den Motor schädlich.
Drei wichtige Teile des Kühlsystems dienen dazu, das »Betriebsklima« für den Motor angenehm zu erhalten. Der Kühlerverschlußdeckel reguliert den Druck, der Thermostat sorgt nach dem Start baldigst für angemessene hohe Betriebstemperatur, der auskuppelbare Ventilator (nur beim Commerciale dauernd mitlaufend) fächelt dem Motor während hoher Temperatur Kühlung zu.
Das Kühlmittel durchfließt ständig einen Kreislauf, erzwungen von der Wasserpumpe. Hat es sich im Wassermantel des Motors, der um die Zylinder gelegt ist, erwärmt, fließt es zum Kühler. Zusätzlich zum Fahrtwind kann noch der Ventilator Luft durch den Kühler anziehen, so daß gekühltes (schweres) Wasser von unten wieder zum Motor geschickt wird. Vom Zylinderblock gelangt das Kühlmittel in Kanäle des Zylinderkopfes, wo Zündkerzen und Ventilsitze gekühlt werden. Dann fließt das Kühlmittel erneut in das Kurbelgehäuse, wo es die Zylinder in ihrem gesamten Umfang umspült. Wie noch beschrieben wird, kann der Thermostat dafür sorgen, daß das Kühlmittel auf einem kürzeren Weg, ohne durch den Kühler zu gelangen, gleich wieder zum Motor zurückfließt.
Daneben verbinden zusätzliche Schlauchleitungen das Kühlsystem mit der Heizanlage. Diese Einrichtung wird ebenso bei geschlossenem Thermostat gespeist, also während der Anwärmperiode, wenn der Kreislauf noch kurzgeschlossen ist.
Schließlich sind an die Heizleitungen noch Schläuche zur Vorwärmung des Vergasers oder an den Warmlaufgeber der Einspritzpumpe angeschlossen.

Kühlwasserstand prüfen

Pflegearbeit Nr. 8

Den Kühlwasserstand prüft man nach jeweils 7500 km oder einmal monatlich. Unterwegs, bei heißem Motor, kann der Kühlverschlußdeckel nur unter Vorsicht, mit einem Lappen, geöffnet werden. Also besser vor Antritt der Fahrt kontrollieren. Der Kühlmittelstand soll im Kühler etwa 5 cm unter der Oberkante des Einfüllstutzens liegen. Dabei ist der Wasserkasten (bei geöffnetem Kühlerstutzen sichtbar) noch mit Flüssigkeit bedeckt. Es ist falsch, mehr Wasser oder Kühlmittel einzufüllen, weil sich der Inhalt bei Erwärmung ausdehnt. Dabei ergießt sich der Überschuß durch das Überlaufrohr ins Freie.
Mußte man mehr als etwa einen Liter in die Kühlanlage einfüllen, stellt man den Heizungshebel auf »warm« und läßt den Motor laufen, damit vorhandene Luftblasen aus dem Kühlsystem herausgedrückt werden. Im Kühler ist der Kühlmittelstand dabei zu beobachten und eventuell nochmals zu ergänzen.
Wichtig: Kaltes Wasser nur bei abgekühltem Motor nachgießen, sonst können Wärmespannungen Zylinderblock oder Zylinderkopf verziehen. Ein heißer Motor kann durch kaltes Wasser sogar buchstäblich zerspringen. Warmes Wasser darf man natürlich jederzeit nachfüllen. Das Kühlsystem faßt 7,8 Liter.

Wasserschläuche und Schlauchverbindungen

Die Ursache von ständigen Wasserverlusten ist zu erforschen. Vorbeugend kontrolliert man von Zeit zu Zeit die Anschlüsse der Kühlwasser- und Heizungsschläuche. Auch durch Alterung porös gewordene Schläuche können wasserdurchlässig werden und sogar (durch den bestehenden Druck im geschlossenen Kühlsystem) platzen. Damit man nicht von solchen Pannen überrascht wird, prüft man durch Kneten der Schläuche, ob sie verhärtet sind.
Zum Austausch erhält man im Peugeot-Lager die passenden, gebogenen Formschläuche. Vor dem Auswechseln muß natürlich das Wasser abgelassen werden. Eventuell vorhandene Frostschutzfüllung fängt man auf und füllt sie nach der Reparatur wieder ein, womit man sich unnötige Geldausgaben erspart. Die Schlauchschellen lassen sich, wenn man sie vorher vorsichtig gelöst hatte, meistens wiederverwenden.
Tritt der Zeiger im Fernthermometer plötzlich ins rote Feld, ist vermutlich ein spröde gewordener Wasserschlauch geplatzt (oder der Keilriemen ist gerissen, siehe Seite 178). Dann muß die Fahrt sofort unterbrochen und der Schaden behoben werden, damit kein Motordefekt eintritt. Sollte der zerrissene Schlauch unterwegs nicht gleich ersetzt werden können, rettet festes Klebeband die Situation, das man mehrfach stramm um das gereinigte und außen getrocknete Schlauchstück wickelt. Fehlendes Wasser nachgießen.

Das Kühlmittel

Als eins der wenigen Autowerke empfiehlt Peugeot eine den Jahreszeiten angepaßte Kühlfüllung: Für das Sommerhalbjahr klares Wasser und für die kalte Jahreszeit eine Frostschutzmischung. Bei diesem Wechsel wird jedesmal die Kühlanlage von Rückständen befreit.
Peugeot führt unter der Bestell-Nr. 0049.18 das auch sonst im Handel befindliche und bewährte Kühlermehrzweckmittel »5 in 1«. 100 ccm dieses Zusatzes mit Dicht-, Korrosionsschutz- und Schmierwirkung ohne Gefahr von Verstopfungen können dem heißen Kühlwasser bei laufendem Motor zugeführt werden. Danach sollte man sofort eine Fahrt von wenigstens 15 Minuten Dauer unternehmen. Das Mittel verträgt sich einwandfrei mit Frostschutzzusätzen.

Frostschutzfüllung

Im Spätherbst muß das Kühlsystem, sofern es reines Wasser enthält, mit einer Mischung befüllt werden, die frostsicher ist. Als Frostschutzmittel wird allgemein Äthylenglykol verwendet (Flüssigkeit auf Alkoholbasis), deshalb kann auch als Notbehelf Brennspiritus nachgefüllt werden, der jedoch verdunstet.

Außer diesem Alkohol enthält das Frostschutzmittel noch einige wichtige Zusätze: Ein Korrosionsschutzmittel – dessen Vorhandensein ebenso wichtig ist wie der Frostschutz selbst – schützt den Kühler vor chemischen Anfressungen und Rost. Ein kalkbindendes Mittel verhindert die Bildung von Kesselstein, der die Kühlwirkung herabsetzt. Außerdem kann das Frostschutzmittel als Schmiermittel für die Wasserpumpe wirken.
Die Menge des dem Wasser zugesetzten Frostschutzmittels bestimmt die Frostsicherheit der gesamten Füllung. Sie müssen sich also selbst entscheiden – mehr zu diesem Thema ist auf Seite 38 gesagt.

Kühlflüssigkeit wechseln

Pflegearbeit Nr. 46

Bei Arbeiten an der Kühl- und Heizungsanlage muß das Kühlmittel abgelassen werden. Um es später wieder verwenden zu können, fängt man es in einem Behälter auf, den man unter den Ablaßhahn am Kühler aufstellt. Zum vollständigen Ablassen des Kühlwassers aus dem Motor ist die Ablaßschraube, die rechts vorn am Motor sitzt, herauszudrehen. Sie ist auf dem Bild unten zu sehen und läßt sich mit einem Schlüssel SW 13 lösen.
Wer meint, seinem Kühler damit etwas Gutes zu tun, kann ihn nach zwei oder drei Jahren Betriebszeit mit klarem Wasser durchspülen. Dazu hält man einen Wasserschlauch oben in den Kühlstutzen und läßt das Wasser einfach unten abfließen. Bei Peugeot sieht man diesen Wechsel gern einmal jährlich. Wenn man aber ständig ein die Korrosion verhinderndes Frostschutzmittel beigemischt hat, ist diese Mühe nicht nötig.

Der Kühler

Eine große Anzahl von senkrecht angebrachten dünnwandigen Rohren verbindet den oberen und unteren Wasserkasten des Kühlers. Zur Vergrößerung der Kühlfläche dienen waagerecht angeordnete Bleche zwischen den Röhrchen. Wagen mit automatischem Getriebe besitzen im unteren Wasserkasten des Kühlers einen Wärmetauscher. Nur die ersten 1,8-l-Versionen wurden ohne einen solchen Ölkühler, der in den Wasserkühler integriert ist, ausgeliefert. In ihm wird das Getriebeöl, das sich bei Fahrtbeginn langsamer erwärmt als das Kühlmittel, schneller warm. Später wird das heiße Getriebeöl gekühlt.
Bei Verdacht auf Kühlerundichtheit kann die Werkstatt mit einem Kühlerprüfgerät den Zustand des Kühlers ermitteln. Dazu muß der Motor im Leerlauf laufen und der Heizungshebel auf »warm« stehen. Das Gerät wird statt des Verschlußdeckels auf den Einfüllstutzen gesetzt und bringt in das Kühlsystem einen Druck bis zu 1,5 bar (Drücke darüber gefährden die Lötstellen). Undichte Stellen zeigen sich an ausfließendem Kühlmittel. Abfallender Druck ohne Austritt von Kühlmittel deutet auf beschädigte Zylinderkopfdichtung oder Gehäuseriß.

Zum Ablassen des Wassers aus dem Kühler dient der Knebelhahn am unteren Kühlerkasten (Bild links). Wenn das gesamte Kühlmittel abgelassen werden soll, muß auch noch die Schraube rechts unten am Motor herausgedreht werden (Bild rechts).

Abdichtende Reparaturen sind in Eigenarbeit nicht möglich, im Handel erhältliche Kühlerabdichtungsmittel sorgen nur für vorübergehende Abdichtung. Unterwegs tut es zur Not auch Kaugummi, sofern der Motor nicht zu heiß gefahren wird und das Loch nicht zu groß ist. Der schadhafte Kühler muß ausgebaut und in einer Fachwerkstatt repariert werden.

Der Kühlerverschluß

Der Verschlußdeckel des Kühlers schließt den Kühler nach außen vollkommen ab. Die tellerförmige Druckplatte am Fuß des Deckels preßt sich durch Federdruck auf den Innenrand des Stutzens. Diese Druckplatte sorgt als Sicherheitsventil für Druckausgleich, wenn die Temperatur 105°C überschreitet und wenn der Innendruck des Kühlsystems die Federkraft überwindet. Dann entweicht die Flüssigkeit oder deren Dampf durch das Überlaufrohr ins Freie.
Das Überdruckventil widersteht einem Druck von 0,28 bar, ab April 1979 von 0,8 bar. Als Kennzeichen dafür ist auf dem Verschlußdeckel die Zahl 280 bzw. 800 eingeprägt. Damit sich die Kühlsystemschläuche nach Abstellen und Abkühlen des Motors nicht zusammenziehen, verfügt die Verschlußkappe noch über ein Unterdruckventil, das bei Unterdruck von 0,06 bis 0,10 bar öffnet und Luft von außen in das Kühlsystem einströmen läßt. Wegen dieser genau abgestimmten Ventilkräfte darf man die Kühlerverschlußkappe gegen keine andere, zufällig passende, austauschen, auch nicht gegen die der Modelle 104 und 604.

Der Thermostat

Dieses wichtige Gerät regelt die Fördermenge des Kühlwasserumlaufs in Abhängigkeit von der Temperatur und sitzt im oberen Stutzen der Wasserpumpe vorn am Motor. Der Thermostat bewirkt mit seiner Arbeit, daß bei kaltem Motor nur ein Teil des Kühlmittels auf kurzem Weg zirkuliert, wodurch es sich sehr schnell erwärmt. Das Kühlmittel fließt dabei aus dem Zylinderkopf über einen Nebenschlußkanal direkt in den Leitkanal. Wird das Wasser wärmer, öffnet der Thermostat den Zugang zum Kühler, und zwar nicht sofort voll, sondern er läßt eine von der Temperatur abhängige Wassermenge hindurch.
Bei den bis Mitte 1979 ausgelieferten Wagen ist ein Thermostat eingebaut, das bei 75°C zu öffnen beginnt. Für die deutschen Temperaturverhältnisse ist eine solche Einstellung vor allem im Winter nicht ausreichend. Deshalb gibt es bei Peugeot auch Thermostaten, die einen Öffnungsbeginn bei 88°C besitzen; in fabrikneuen Wagen liegt dieser im Handschuhfach. Eingebaut, bleibt mit diesem der Motor weitgehend innerhalb der günstigen Betriebstemperatur, was seiner Lebensdauer (sonst chemische Kaltkorrosion) und der Schmierfähigkeit des Öls (Ölschlammbildung) zuträglicher ist, und auch die Heizung gibt dann schneller Wärme ab.

Der Kühlerverschlußdeckel ist vielseitiger, als man denkt. Seine große Feder drückt die Verschlußplatte auf den Stutzen, so daß sich im Kühlsystem Überdruck bilden kann. Über das Ausgleichsrohr kann bei etwa 0,28 bar Überdruck Dampf oder überschüssiges Wasser austreten. Umgekehrt kann bei Abkühlung Luft über Ausgleichsrohr und Ausgleichsventil nachströmen, wenn der Außendruck um etwa 0,05 bar höher liegt.
Test für die Funktion des Kühlerverschlußdeckels: Öffnen, oberen Kühlwasserschlauch zusammendrücken und Verschlußdeckel wieder festdrehen. Kühlwasserschlauch loslassen. Wenn der Schlauch seine alte Form wieder annimmt, und das Einströmen von Luft zu hören ist, dann arbeitet das Unterdruckventil einwandfrei.
Gelegentlich reinigt man das Innere der Verschlußkappe von Rückständen, die sich dort ablagern. Dadurch ist man der Freigängigkeit der Ventile gewiß.

Links: Thermostatgehäuse, vom Kühlwasserschlauch umschlossen. Rechts: Ausgebauter Thermostat. Beide Bilder zeigen die Bauart bis 1979.

Ab April 1979 besitzen die Motoren einen Thermostat mit Leckstift am Wasserpumpengehäuse anstelle des Thermostaten mit Leckbohrung im Kühler-Rücklaufschlauch. Der Leckstift an dem formveränderten Thermostat ermöglicht das Entweichen von Luft, außerdem sorgt er für schnellere Erwärmung des Motors. Mit der Änderung verbunden sind eine neue Wasserpumpe mit demontierbarem Austrittsstutzen und geändertem Bypass-System, eine neue Dichtung und ein anderer Wasserschlauch. Diese Teile sind nicht getrennt untereinander austauschbar.

Fingerzeige: *Vor Sommerreisen in den Süden kann man den Thermostat ausbauen, um ohne ihn einen rascheren Kühlmittelumlauf zu erzielen. Nach der Rückkehr sollte er allerdings wieder eingebaut werden.*
Sollte der Motor in einem strengen Winter nicht auf die günstigste Betriebstemperatur kommen, dann behilft man sich mit teilweiser Abdeckung des Kühlers (Pappe oder Kunststoff-Folie vor den Kühler binden), die mehrmals durchlocht ist, denn der Motor benötigt auch Frischluft. Über die Kühlermaske als Zubehörteil und ihren Gebrauch ist auf Seite 39 mehr gesagt.

Thermostat auswechseln

Ein defekter Thermostat geht bedauerlicherweise in Schließstellung und die Wassertemperatur steigt während der Fahrt schnell an. Auch kann irgend ein Fremdkörper zwischen Ventil und seinem Sitz hängen bleiben und der Thermostat öffnet nicht mehr ganz. Das Wasser beginnt zu kochen. Abhilfe unterwegs: Themostat ausbauen. Man kann auch ohne ihn fahren.
Dazu wird bei Wagen bis 1979 der obere Kühlwasserschlauch vom Thermostatstutzen nach Lösen der beiden Schlauchbinder abgezogen, bei jüngeren Wagen müssen oben an der Wasserpumpe zwei Schrauben herausgedreht werden. Läßt sich unterwegs das dabei herausfließende Naß nicht auffangen und bietet sich nicht sofort die Möglichkeit, Wasser nachzufüllen, kann man mit wieder aufgebautem Wasserschlauch langsam die nächste Wasserstelle ansteuern. Das im Kühlsystem verbliebene Kühlmittel reicht für eine kurze, sehr verhaltene Fahrt zur provisorischen Kühlung aus. Man muß dabei aber die Kühlwasseranzeige kritisch im Auge behalten. Beim Einsetzen des Thermostats ist dieser bis zum Anschlag in den Schlauch zu drücken.

Auskuppelbarer Ventilator

Mit der gleichen Keilriemenscheibe, die auch die Wasserpumpe antreibt, ist der Ventilator verbunden. Wegen der bei laufendem Motor vorhandenen Lagerreibung läuft der sechsflügelige Ventilator immer mit, jedoch ohne eigenen An-

trieb. Praktisch könnte man ihn mit geschützter Hand anhalten. Ab einer gewissen Temperatur wird jedoch der Ventilatormotor eingeschaltet, damit sich der Kühlluftstrom und damit die Kühlwirkung verstärkt. 504 L und Commerciale gibt es auch mit direkt angetriebenem Ventilator, der also immer mitläuft.
Ein- und ausgeschaltet wird von dem unten am Kühler eingeschraubten Wärmefühler. Dieser Schalter gibt seine Meldung elektrisch an die Ventilatorkupplung weiter. Bei Erreichen einer Temperatur zwischen 81° und 83,5° C kuppelt der Ventilator ein, und wenn 69,5° bis 67° C unterschritten werden, schaltet der dann unterbrochene Stromkreis den Elektromagneten der Kupplung aus.

Ventilator-Einschaltung prüfen

Kuppelt der Ventilator bei den eben genannten Temperaturen nicht (oder überhaupt nicht) ein und aus, prüft man zunächst die Anschlüsse des Wärmefühlers am Kühler. Zündung einschalten und beide Kabel abziehen und die Enden gegeneinanderhalten. In diesem Moment muß am Ventilator das Auskupplungsgeräusch vernehmbar sein. Wenn ja, ist der Schalter am Wärmefühler defekt. Andernfalls sind zu kontrollieren: Zuständige Sicherung, Verlauf und Anschlüsse der Kabel 57 und 58, Schleifkohle im Ventilator, Elektromagnet.
Die beiden ersten Kontrollen sind leicht selbst auszuführen. Wenn dann noch nötig, überläßt man das Prüfen des Elektromagneten einer Werkstatt. Dort sollte man allerdings wissen, daß – zwischen Schleifring und Riemenscheibe gemessen – normalerweise ein Strom von 0,7 bis 0,9 A bei 12 V Spannung fließen muß. Zeigt das Amperemeter nichts an, ist die Wicklung unterbrochen, zeigt es mehr, hat die Wicklung Masseschluß.
Den im Kühler eingebauten Wärmekontaktschalter kann man mit einem bis 100° C reichenden Thermometer prüfen. Doch da man dann zwangsläufig das Thermometer in den Kühlerstutzen stecken muß, um bei laufendem Motor die Wassertemperatur zu messen, werden die gewonnenen Werte nicht korrekt sein. Denn das oben warme Wasser trifft erst nach einer gewissen Abkühlung unten beim Wärmeschalter ein.

Ventilator-Einstellung nachmessen

Pflegearbeit Nr. 28

Der Abstand zwischen dem Riemenscheibenteil, der Kollektor und Elektromagnet trägt, und der Ventilatorträgerplatte soll alle 15000 km gemessen werden (Fühlerblattlehre). Dieses Spiel muß 0,35 mm betragen.
Gemessen wird bei stehendem Motor, indem man z. B. 0,30er und 0,05er Fühlerblatt zusammen zwischen den drehbaren Ventilatorteil und den feststehenden Riemenscheibenteil schiebt und den Ventilator mit der Hand langsam dreht. Man muß mindestens hinter den drei Ventilator-Befestigungsschrauben messen, um festzustellen, ob der Abstand am ganzen Umfang gleich ist. Zu ge-

Der 2-Liter-Motor verfügt über einen auskuppelbaren Ventilator, dessen Einschaltung durch den Thermoschalter unten am Kühler geregelt wird. Die Zahlen geben die Kabel-Nummern an: 57 – stromführend, 58 – zum Elektromotor des Ventilators, 58 A – zum Wärmeschalter des Ölkreislaufs.
Falls der Ventilator nicht einkuppelt, überprüft man die Funktion durch Verbinden der im Bild gezeigten beiden Kabelklemmen sowie der zwei Klemmen am Kontaktschalter an der Ölfilterhalterung, dann Zündung einschalten.

ringer oder zu weiter Abstand werden wie folgt korrigiert: An der Frontseite des Ventilators sitzen neben den Befestigungsschrauben drei kleine Vierkant-Einstellschrauben SW 5. Deren Kontermuttern lösen und Stellschrauben entsprechend verdrehen, nach der Einstellung die Kontermuttern wieder anziehen.

Fingerzeig: *Bei Verkehrsstau auf Gebirgsstraßen im Sommer läßt sich die Kühlwassertemperatur senken, wenn man im Stand den Motor weiterdrehen läßt. So läuft der Ventilator ohne Anstrengung des Motors weiter. Während der Fahrt wird der Kühlmittelkreislauf durch die Wasserpumpe beschleunigt, wenn man in einen kleineren Gang schaltet. Das kann unter ungünstigen Fahrbedingungen, bei der das Kühlmittel zu heiß wird, von Vorteil sein.*
Wenn der auskuppelbare Ventilator nicht einkuppelt, kann man ihn zum ständigen Mitlaufen zwingen. Dazu werden vorn am Ventilator die drei Kontermuttern gelockert und die drei Schrauben bis zum Anschlag eingedreht.

Die Wasserpumpe

Das Kühlmittel wird von der Wasserpumpe in einen ständigen Kreislauf gezwungen. Diese Pumpe sitzt vorn oben am Motor und wird über den Keilriemen durch die Kurbelwelle angetrieben. Dabei bewegt sich zugleich der Ventilator. Stellen sich bei der Wasserpumpe Störungen ein, wird sie undicht. Erkennt man an mahlenden oder heulenden Geräuschen, daß die Lager schadhaft sind, muß sie komplett ausgewechselt werden. Kontrolle: Keilriemen abnehmen und Motor kurz laufen lassen. Ist das Geräusch verschwunden, kommen als Störenfriede nur die Wasserpumpe oder die Lichtmaschine in Frage.
Zum Austausch der Pumpe Kühlflüssigkeit ablassen und die Wasserschläuche am Kühler abbauen. Der Kühler muß herausgenommen werden. Danach den Ventilatorriemen abnehmen. Heizungsschlauch von der Wasserpumpe lösen und gegebenenfalls den Kohlehalter des auskuppelbaren Ventilators. Die Pumpe kann zuverlässig nur durch eine Werkstatt repariert werden.
Der Einbau der neuen Wasserpumpe erfolgt in umgekehrter Weise. Vorher Dichtungsreste von den Anlageflächen der Wasserpumpe entfernen. Neue Dichtung trocken montieren. Schrauben gleichmäßig und überkreuz anziehen. Keilriemen vorschriftsmäßig spannen.

Ventilatorriemenspannung prüfen

Pflegearbeit Nr. 27

Auf der Seite 179 ist alles Wissenswerte über den Keilriemen und seine richtige Spannung erklärt. Es sei hier jedoch eindringlich darauf hingewiesen, daß man bei Weiterfahrt mit gerissenem Keilriemen, also ohne Wasserpumpenantrieb, zumindest eine durchgebrannte Zylinderkopfdichtung riskiert, bei laufendem Motor erkennbar an Luftblasen im Kühlwasser und Brandgeruch aus dem Einfüllstutzen. Bedenkliches Stadium: Kühlwasserstand fällt, da Wasser in den Motor dringt. Besser ist also doch, einen Ersatzriemen mitzuführen.

Überhitzter Motor

Auf der Skala des Fernthermometers kann man ablesen, wann es dem Motor zu heiß wird. Diese Meldung kommt von dem Thermofühler, der hinten links am Zylinderkopf sitzt (siehe Seite 216).
Neben den eben geschilderten Anzeichen bei durchgebrannter Zylinderkopfdichtung ist die weiße, allmählich stärker werdende Dampfwolke, die der Wagen nachzieht, ein untrügliches Merkmal dafür. Dann ist ein Werkstattbesuch überfällig. Die defekte Kopfdichtung kann auch von nicht sachgemäß angezogenen Zylinderkopfschrauben verursacht sein. Wenn sich der Zylinderkopf dabei verzogen hat, muß der Kopf plangeschliffen werden.
Auch bei niedrigen Außentemperaturen ist die Anzeige von Bedeutung: Es kann sein, daß der Thermostat seine Aufgabe nicht mehr erfüllt und geschlossen ist.

wodurch das Kühlmittel nicht mehr durch den Kühler fließt und gekühlt wird, so daß der Motor überhitzt ist. Aber auch bei einwandfreiem Motor mahnt die Temperaturanzeige vor übermäßiger Belastung, weil der Motor erst voll ausgedreht, also belastet werden soll, wenn er seine Betriebstemperatur erreicht hat. Natürlich ist die Anzeige von Übertemperaturen wichtiger. Man sollte es besser gar nicht zu einer möglichen Überhitzung kommen lassen und bei hohen Außentemperaturen Vollgas-Dauerfahrten nur notfalls und dann unter Beobachtung der Kühlwasseranzeige vornehmen.
Noch ein Wort zur Überhitzung: Bei Bedarf steht ein weiterer »Kühler« durch die Heizung zur Verfügung. Mit ihr kann eine momentane Übertemperatur (Paßfahrt im Sommer in Kolonne) durch »persönliche Opfer« gemildert werden. Dazu Heizungsregulierung ganz öffnen, Heizungsklappen öffnen und Gebläse einschalten. Umgekehrt tut es dem Motor im Winter gut, wenn man nach dem Start die Heizung erst bei Betriebstemperatur einschaltet.

Die Heizung

Im wesentlichen besteht die Heizungsanlage aus folgenden Teilen:

- Wärmetauscher unter dem Armaturenbrett, über zwei Wasserschläuche mit dem Kühlsystem verbunden.
- Heizventilator, der durch die Lamellen des kühlerähnlichen Wärmetauschers Frischluft schickt, wobei diese erwärmt wird.
- Mittlere und seitliche Luftaustrittsöffnungen am Armaturenbrett sowie Fußraumheizung.
- Bedienungshebel am Armaturenbrett.

Einige Worte zur Arbeitsweise. Der Heizungshahn wird stufenlos mehr geöffnet, je weiter man den Heizungshebel vom blauen zum roten Punkt hin schiebt. Dabei fließt warmes Kühlwasser durch den Wärmetauscher, die hindurchstreichende Luft nimmt diese Wärme auf und strömt in den Innenraum. Durch die Stellung des unteren Betätigungshebels rechts wird die Verteilung der Warmluft bestimmt. Verstärkte Heizwirkung erhält man durch Einschalten des Gebläseschalters. Das Gebläse vermehrt den Luftdurchsatz durch den Wärmetauscher; falls der Motor seine Betriebstemperatur noch nicht erreicht hat, wird allerdings mehr Luft in das Wageninnere geblasen als sich erwärmen kann. Andererseits muß man im Stand oder bei langsamer Fahrt zur Heizung ebenfalls das Gebläse einschalten, da dann die Frischluftzufuhr, die sonst durch den Wärmetauscher zieht, kaum vorhanden ist.
Der Hebel für den Gebläseschalter, links unten, reguliert in der Richtung von F bis 0 ansteigend die Luftmenge, die durch die gerade eingehaltene Fahrgeschwindigkeit ins Wageninnere gedrückt wird. Erst bei Überschreiten der Markierung 0 nach links ist das Gebläse eingeschaltet und es arbeitet stärker, je weiter man den Hebel nach außen schiebt.
Auch im Sommer ist es ratsam, gelegentlich die Heizungshebel zu bedienen, damit man sich davon überzeugt, daß man im Winter nicht frieren wird. Wenn nämlich das Heizungsventil über längere Zeit hinweg überhaupt nicht bewegt wird, kann es vorkommen, daß es sich durch Rückstände in der Kühlflüssigkeit zusetzt oder aber wegen Korrosion der mechanischen Bedienungsübertragung nicht mehr bewegen läßt. Vordringlich ist es also, durch gelegentliches Schmieren des Heizungszuges für Mobilität zu sorgen.
Bei dem großräumigen Familiale ist ab Baujahr 1975 eine Zwangsentlüftung vorhanden. Luftauslaßschlitze in den Dachpfosten hinter den Hintertüren sorgen für den Abzug der besonders bei Vollbesetzung schneller verbrauchten Innenluft.

Schnelle Beförderung

Wie bei jedem Auto beginnt die Kraftstoffanlage im Peugeot beim Tank. Sie setzt sich über die Kraftstoffleitung, in deren Verlauf eine Pumpe angeordnet ist, zum Vergaser bzw. zur Einspritzpumpe fort. Schäden an dieser Versorgungsleitung kommen normalerweise nicht vor, aber es kann dennoch nützlich sein, über die Stationen, die der wahrhaft kostbare Saft durchfließt, Bescheid zu wissen.
Dieses Kapitel behandelt die Kraftstoffanlage allgemein und speziell die des Benzinmotors. Besonderheiten, die mit der Benzineinspritzung zusammenhängen, sind dem Kapitel »Die Einspritzanlage« zu entnehmen.

Der Tank

Bei allen Ausführungen des 504 ist der Tank liegend im Wagenheck untergebracht, und zwar neben dem linken Hinterrad. Sein Einfüllstutzen mündet oberhalb im Kotflügel, er wird von dem Tankdeckel abgeschlossen und von einer Klappe verdeckt. Der Tankverschluß besitzt eine kleine Bohrung zur Tankentlüftung, die nicht verstopft sein darf. Ein verlorener Tankdeckel soll nur durch einen Original-Deckel ersetzt werden, sonst kann es Schwierigkeiten bei der Benzinversorgung geben.
Das Fassungsvermögen des Tanks beträgt bei der Limousine 56 l, beim Familiale und Break und ab September 1975 auch beim Cabriolet und Coupé 60 l. Mit einer Tankfüllung kommt man also auch unter ungünstigsten Bedingungen wenigstens 400 km weit (Benzinverbrauch siehe Seite 12). Damit man nicht von plötzlichem Benzinmangel überrascht wird, ist der Tank mit dem Kraftstoffanzeiger verbunden, dessen Zeiger den vorhandenen Vorrat angibt und beim Stand auf dem linken Feld der Skala die baldige Leere ankündigt.
Nicht nur, weil es strafbar ist, wegen Benzinmangels auf der Autobahn liegen zu bleiben, sollte man sich einen Reservekanister zulegen. Auch die Kraftstoffanzeige könnte einmal ausfallen oder eine zielstrebig angesteuerte Tankstelle ist womöglich gerade geschlossen. Der (hoffentlich stets gefüllte) Kanister braucht nur über ein Fassungsvermögen von 5 l zu verfügen; damit kommt man weit genug. Ein solcher Kanister muß übrigens ein Zulassungszeichen haben.
Wenn man den Wagen für längere Zeit abstellt, sollte der Tank möglichst gefüllt sein. Das verhindert die Bildung von Kondenswasser. Wasser läßt den Tank rosten und diese Verunreinigungen können die Arbeit der Benzinpumpe und des Vergasers stören. Außerdem ist Wasser dem Zinnspritzguß des Vergasers unzuträglich, weil sich dann Absonderungen bilden, die ebenfalls die Düsen und Bohrungen verstopfen können.
Besonders große Verunreinigungen, die in den Tank gelangt sind, können zum Ausbau desselben zwingen. Man denke jedoch stets an die mögliche Explosionsgefahr: Bei allen Arbeiten am Tank zuerst die Batteriekabel lösen. Danach die Ablaßschraube an der Unterseite des Tanks herausdrehen und den Inhalt in einen vorher bereitgestellten, sauberen Behälter ablaufen lassen.

Unter einem Deckel im Gepäckraum erreicht man den auf dem Tank angebrachten Geberanschluß; er läßt sich abziehen. Im linken Radkasten hinten muß dann der Einfüllschlauch abgebürstet und gereinigt werden, wonach sich der Schlauchbinder lockern läßt. Der Schlauch wird vom Stutzen abgezogen oder abgedrückt, doch darf dabei das Schlauchende nicht beschädigt werden.
Schließlich ist noch vorn am Tank der Schlauchbinder der Kraftstoffleitung zu lockern (Wagen mit Benzineinspritzung besitzen auch eine Rücklaufleitung) und die Leitung abzuziehen. Bevor man die Befestigungsschrauben des Tanks herausdreht, muß man sich vergewissern, daß der Tank beim Abnehmen nicht herunterfallen kann, um äußere Beschädigung oder gar Funkenschlag zu vermeiden.
In der Nähe des ausgebauten Tanks darf nicht geraucht werden. Der Einbau geschieht später in umgekehrter Reihenfolge wie oben beschrieben.

Tank reinigen

Zum Zweck der Innenreinigung geht man mit dem Tank zu einer Tankstelle und läßt mit kräftigem Strahl etwas Benzin in den Tank spritzen, sodann wird der Tank gut geschüttelt. Man braucht das Benzin nicht fortzugießen, sondern es kann, durch ein Leinentuch gesiebt, in einem Behälter aufgefangen werden, um es später für den Betrieb zu benutzen. Dieser Vorgang wird mehrmals wiederholt. Wenn vorhanden, bläst man zum Schluß Preßluft in den Tank, doch muß die Ablaßschraube dabei herausgedreht sein.

Ausbau des Kraftstoffstandgebers

An den Geber für die Kraftstoffanzeige gelangt man – bei eingebautem Tank – im Kofferraum links. Unter der Verkleidung sitzt im Bodenblech eine Hartgummiabdeckung, die mittels breitem Schraubenzieher herauszudrücken ist. In der entstandenen Öffnung ist der Geber zugänglich.
Batteriekabel lösen! Erst dann das Kabel vom Geber abziehen. Um nicht Gefahr zu laufen, daß die Befestigungsschrauben, die meist verrostet sind, beim Losdrehen abreißen, sind sie mit Rostlöser einzusprühen. Nach dem Abschrauben kann man den Geber aus dem Tank nehmen, wobei der Arm des Schwimmers nicht verbogen werden darf.
Nur, wenn sich der bewegliche Teil des Gebers verklemmt haben sollte, kann man versuchen, den Schaden zu beheben. Andere Prüfungen daran sollte man der Werkstatt überlassen.

Die Kraftstoffpumpe

Den Weg vom Tank nach vorn und hinauf zum Vergaser kann der Kraftstoff nicht ohne Hilfe der Kraftstoffpumpe zurücklegen. Diese beim Vergasermotor mechanische Pumpe sitzt links am Motor und wird über einen Betätigungsstößel von der Nockenwelle angetrieben. Die Bewegung wird stoßweise in einem Rhythmus, der sich nach der Geschwindigkeit der Motordrehzahl richtet, auf die Gummimembran der Pumpe übertragen. Dadurch wird in der Kammer oberhalb der Membran mit Hilfe zweier einfacher Ventile Kraftstoff aus der Tankleitung angesaugt und zum Vergaser weitergedrückt.
Um festzustellen, ob die Pumpe überhaupt Benzin fördert, löst man die von der Pumpe zum Vergaser führende Leitung. Dann läßt man von einem Helfer durch Drehen des Zündschlüssels den Anlasser kurz arbeiten und beobachtet, ob aus dem Druckstutzen der Benzinpumpe Kraftstoff hervorsprudelt. Bei nur wenigen Motorumdrehungen soll das Benzin auffällig stoßweise herausgedrückt werden – danach sofort wieder die Zündung ausschalten lassen.
Quillt das Benzin dabei nur zögernd hervor, ist zu vermuten, daß die Pumpenmembran gerissen oder porös ist. Dann muß die Membran ausgewechselt werden. Dazu ist die Pumpe auszubauen. Es kann auch sein, daß die Ventile im

Die Bilder zeigen zwei mögliche Ausführungen der Benzinpumpe. 1 – Kraftstoffzuführung, 2 – Leitung zum Vergaser. Bild links: Diese Pumpe kann vollständig auseinandergenommen und überprüft werden, auch ihre Membran läßt sich auswechseln. Bild rechts: Das ist eine sogenannte Blechpumpe, bei der man lediglich das Sieb reinigen kann. Dazu die Schlitzschraube oben lösen und den Deckel mit Schlauch 1 abheben.

Oberteil defekt sind. In diesem Fall muß das ganze Oberteil ersetzt werden, da man die Ventile nicht reparieren kann. Sollten die Ventile durch Schmutz ihre Schließfähigkeit verloren haben, kann eine Reinigung ihrer Sitze aus dieser »Verklemmung« helfen.

Der Motorlauf bei hohen Drehzahlen wird stotternd oder auch beim Starten treten Schwierigkeiten auf, wenn die Pumpe Luft ansaugt. Das ist möglich, sofern der Pumpendeckel nicht fest sitzt oder die Dichtung unter dem Deckel defekt ist. Dann sollte man zuerst die Schraube oben auf dem Deckel festziehen. Falls sich eine Pumpe mit äußeren Befestigungsschrauben für die beiden Pumpenteile, zwischen denen der Membranrand eingeklemmt ist, am Motor befindet, sind auch diese Schrauben nachzuziehen, denn dort kann ebenfalls Nebenluft eintreten.

Zum Reinigen des Benzinsiebes, das unter dem Pumpendeckel sitzt, muß dieser Deckel abgeschraubt werden. Je nach Typ der Pumpe wird der Deckel von einer Schlitzschraube oder einer Sechskantschraube SW 8 festgehalten. Das Filtersieb besteht entweder aus Plastik oder aus einem Drahtgeflecht. Die Lage des Siebes muß man sich merken, dann hebt man es aus seinem Sitz. Man bläst das Sieb sauber, am besten mit der Fahrradpumpe, oder man wäscht es in Benzin aus. (Das freigelegte Pumpenoberteil soll nicht mit Preßluft ausgeblasen werden.) Anschließend wird das Sieb wieder in die alte Lage gebracht. Der Zustand des Dichtringes ist zu kontrollieren, ein verhärteter oder beschädigter Ring muß ersetzt werden. Zum Schluß den Deckel gut – aber nicht zu fest – anschrauben.

Zerlegen der Kraftstoffpumpe

Zum Einbau kommen Kraftstoffpumpen verschiedener Fabrikate, von denen die deutsche Blechpumpe von Pierburg nicht vollständig zerlegbar ist.

Sofern die Pumpe offensichtlich aus zwei zusammengeschraubten Hälften besteht, wird man sie wie hier beschrieben zerlegen können. Der Abbau ist jedoch bei jeder Pumpe gleich. Zuerst müssen die beiden von Schlauchbindern gesicherten Benzinleitungen abgezogen werden. Nachdem man die beiden Befestigungsschrauben am Motor losgedreht hat, ist die Pumpe ohne Beschädigung der Dichtung seitlich wegzuziehen. Wenn dieses Teil auch nur wenig lädiert ist, muß es beim Zusammenbau ersetzt werden. Dabei ist auf die vorhandene Stärke zu achten; Dichtungen mit anderer Stärke verändern den Hub der Pumpe.

Deckel, wie schon beschrieben, nach Lösen der Befestigungsschraube abheben und Dichtring mit Sieb entnehmen. Damit man Gehäuseoberteil und -unter-

Das ist die elektrische Förderpumpe, die beim Motor mit Einspritzanlage vorhanden ist und auf Seite 125 näher beschrieben wird. Sie ist hinten unter dem Wagenboden befestigt. R – Rücklaufleitung, H – Leitung zum Hauptfilter, K – Kraftstoffansaugleitung, in die ein Vorfilter geschaltet ist.

teil später richtig aufeinandersetzt, markiert man beide Teile an den Außenkanten mit einem gemeinsamen Kratzer. Dann die Schlitzschrauben herausdrehen und das Oberteil abnehmen. In dem Oberteil sitzen die Ventile, die den Benzinfluß freigeben und versperren.
Der Membranzapfen ist im Pumpenunterteil in dem Bügel des Pumpenantriebshebels eingehängt. Zur Entnahme der Membrane wird diese in der Mitte gegen den Federdruck nach unten gedrückt, dann schiebt man die Achse des Antriebshebels seitlich aus dem Gehäuse und zieht den Hebel heraus.
Bei Erneuerung der Membran muß das Pumpenfabrikat beachtet werden. Man erhält sie zusammen mit den notwendigen Dichtungen im Peugeot-Lager.

Kraftstoffilter wechseln

Pflegearbeit Nr. 35

Die Motoren mit INAT-Vergaser (siehe Seite 103) besitzen in der Kraftstoffleitung zwischen Benzinpumpe und Vergaser eine Filterpatrone, die nach jeweils 15 000 km ausgetauscht werden soll. Dieser Filter ist auf dem Wege des Benzins die letzte Versicherung dafür, daß der Kraftstoff völlig gereinigt im Vergaser anlangt, weil dieser Vergaser kein schmutzrückhaltendes Sieb hat.
Beim Wechsel der Filterpatrone lockert man zunächst die Schraube des oberen Schlauchbinders und zieht den Schlauch vom Stutzen des Filters. Dann schließt man an dem freien Schlauchende den neuen Filter an. Anschließend wird dieser Vorgang am unteren Anschluß des Filters wiederholt. Bei der Arbeit hält man die Filterpatrone möglichst waagerecht, um unnötiges Auslaufen von Benzin zu verhindern. Der alte Filter ist zu vernichten, eine Reinigung ist unmöglich.

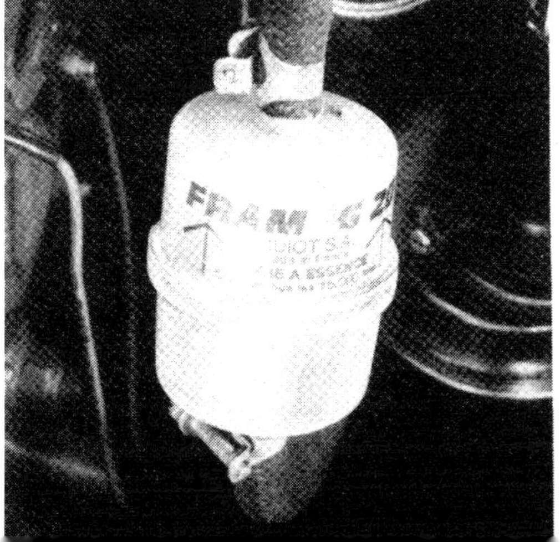

Der Kraftstoffilter, der zum Zenith-INAT-Vergaser gehört, kann nicht gereinigt werden. Er ist alle 15 000 km auszuwechseln. Dazu löst man die Schlauchbinder und zieht die Schläuche von den Stutzen des Filters ab.

Das Mixgerät

Die einzelnen Varianten des Peugeot 504 sind mit verschiedenen Vergasern ausgerüstet. Um nicht in Verwirrung zu geraten, schlagen wir Ihnen vor, die auf den Vergaser in Ihrem Auto besonders bezogenen Ausführungen der folgenden Seiten mit Farbstift zu markieren. So haben Sie im Bedarfsfall einen genauen Überblick. Wenn Sie sich darüber hinaus etwas Ruhe gönnen und Aufbau und Arbeitsweise eines Vergasers studieren – wie es Ihnen hier geboten wird – so kann Ihnen dieses Wissen eines Tages nützlich sein.

Welcher Vergaser ist eingebaut?

Eine Aufgliederung der typenbezogenen Vergaser finden Sie auf Seite 223. Hier sei nur eine allgemeine Übersicht geboten:

1,8-Liter-Motor	– Vergaser Solex 34 PBICA
	– Vergaser Solex 34 BICSA
2-Liter-Motor	– Vergaser Solex 34 PBICA
	– Vergaser Solex 32–35 SEIEA
	– Vergaser Zenith 35–40 INAT
	– Vergaser Solex 32–35 TMIMA

Die Bezeichnung ist seitlich am Vergaser eingeprägt. Die Zahl vor den Buchstaben gibt den Mischkammerdurchmesser in mm an, bei den Buchstaben handelt es sich um Kurzbezeichnungen für Konstruktionsmerkmale, wobei zwei gleiche Buchstaben auf den Charakter eines Doppelvergasers hinweisen. Eine sich daran anschließende Zahl gibt Hinweise auf die technische Entwicklungsstufe. Ersatzteile für diese Vergaser erhält man in Peugeot-Werkstätten und bei den Vertragswerkstätten von Solex, deren Adressen von der Pierburg GmbH & Co. KG. in 4040 Neuss, Leuschstraße 1, bezogen werden können. Das gilt auch für den Zenith-Vergaser, der bei einer Reihe von BMW-, Mercedes- und Opel-Modellen in nur leicht abgewandelter Form zu finden ist. Doch sollte man bei eventueller Anforderung ausführlicher Vergaser-Beschreibungen, wie sie in Neuss für alle deutschen Wagen zu bekommen sind, die Erwartungen zurückstecken, weil die Solex-Vergaser für Peugeot in Frankreich hergestellt werden. Die Anschrift könnte einmal von Interesse sein: Société des Carburateurs Solex, 19, rue Lavoisier, F 92 Nanterre.

Was sich im Vergaser tut

Die Aufgabe des Vergasers ist es, Kraftstoff und Luft in ein entflammbares »Gemisch« zu verwandeln, also eine Flüssigkeit mit einem Gas zu mischen. Dieses Verhältnis darf nicht zu fett (zu viel Benzin) und nicht zu mager sein. Die Menge und die Zusammensetzung des Gemischs und damit Geschwindigkeit und Leistung müssen deswegen regulierbar sein. Verschiedene gesonderte Einrichtungen im Vergaser verhindern eine Veränderung der Benzin-Luft-Menge durch äußere Einflüsse. Leerlauf und Vollast, plötzlicher Gaswechsel, Steigungen und Gefälle, niedriger Luftdruck (Gebirge) und große Hitze oder Kälte dürfen sich auf die Arbeitsweise des Vergasers nicht negativ auswirken.

Wichtige Vergaserbegriffe

Schwimmergehäuse: Behälter, in dem die Höhe des Benzinstandes reguliert wird, um jederzeit den erforderlichen Vorrat bereit zu halten. Der darin befindliche Schwimmer betätigt bei wechselndem Niveau ein Nadelventil und regelt dadurch den Zufluß des von der Kraftstoffpumpe geförderten Benzins.
Schwimmernadelventil: Größe und Gewicht sind auf die Förderleistung der Kraftstoffpumpe abgestimmt. Ein größeres Nadelventil als vorgesehen läßt zuviel Kraftstoff hindurch, weil sich der Pumpendruck eher durchsetzen kann. Ein kleineres Nadelventil ist als Behelf möglich, doch später bleibt die Nadel hängen, da sie sich wegen zu starken Schwimmerauftriebs rasch einschlägt. Die Stärke des Dichtrings vom Schwimmernadelventil bestimmt das Schwimmerniveau – eine stärkere Dichtung senkt es unvorteilhaft.
Innen- und Außenbelüftung der Schwimmerkammer: Die Außenbelüftung ist für den Leerlauf, die Innenbelüftung für den Betrieb bei gestiegener Drehzahl bestimmt.

Hauptdüse: Regelt mit genau bemessener Bohrung den Kraftstoffdurchfluß vor der Gemischbildung aus dem Schwimmergehäuse. Eingeschlagene Nummern geben die Düsengröße an, ihre Durchflußrichtung vom Kopf zum Gewindeteil kennzeichnet sie als sogenannte X-Düse (Null-Düse mit entgegengesetzter Durchflußrichtung). Der Bohrungsdurchmesser sagt nichts über die Durchflußmenge aus, bei Solex werden Hauptdüsen nach Luftdurchsatz bemessen.
Luftkorrekturdüse: Sieht ähnlich aus wie Hauptdüse. Dem von der Hauptdüse kommenden Kraftstoff wird durch sie eine bestimmte Menge Luft zugeführt. Die Luftkorrektur soll im oberen Drehzahlbereich (bei hohem Durchsatz) die zwangsläufig eintretende Verfettung des Gemischs wieder abmagern. Sie wirkt zusammen mit dem Mischrohr.
Mischrohr: Nimmt Benzin und Luft entgegen und führt diese vorgemischt in den Austrittsarm im Saugkanal. Bei steigender Drehzahl soll es das Mischungsverhältnis Kraftstoff/Luft nahezu konstant halten. Die Bohrungen im Mischrohr sowie deren Anzahl, Größe und Reihenfolge sind für den Motortyp wichtig.
Leerlaufdüse: Sie liefert dem Leerlaufsystem eine stets gleichbleibende Kraftstoffmenge zur Aufbereitung des Leerlaufgemisches.
Lufttrichter: Sitzt im Saugkanal des Vergasers und beeinflußt durch seine maßlich festgelegte Einschnürung im Zusammenhang mit der Motordrehzahl die Luftgeschwindigkeit und gleichzeitige Luftmenge, die zur Bildung des Gemischs notwendig wird.
Beschleunigungspumpe: Erhöht zur Erzielung besserer Beschleunigung den Anteil des Kraftstoffs am Gemisch. Das geschieht in einer kleinen Druckpumpe am Vergaser beim Durchtreten des Gaspedals. Ohne die Pumpe würde beim plötzlichen Gasgeben das trägere Benzin nicht schnell genug abgesaugt werden können und der Luftanteil würde sich ungünstig erhöhen.
Drosselklappe: Spricht direkt auf die Betätigung des Gaspedals an und reguliert den Vergaserdurchlaß, also die Gemischmenge. Von der Stellung der Drosselklappe ist die Leistung des Motors direkt abhängig.

Vergaser Solex 34 PBICA

Dieser Fallstromvergaser besitzt eine von Hand zu betätigende Starteinrichtung (Choke), außerdem eine Vergaservorwärmung über Schlauchanschlüsse von der Kühlanlage zur Erleichterung des Kaltstarts und um Vereisen des Vergasers zu vermeiden. Der Vergaser besteht aus zwei Hauptteilen:
- Vergasergehäuse mit Schwimmerkammer, komplett mit Lufttrichter, Drosselklappe, Starter, Beschleunigungspumpe und Düsen.
- Vergaserdeckel mit Kraftstoffeintritt und Benzinsieb, Schwimmernadelventil und Mischrohr.

Auf diesen beiden Seiten geben Schnittbilder Aufschluß über die Funktionsweise des Vergasers Solex 34 PBICA-9. Links Schwimmerkammer, rechts Drosselklappenteil.
Es sind bezeichnet:
a – Luftkorrekturdüse, E – Econostat, F – Schwimmer, Gg – Hauptdüse, Gp – Pumpendüse, Gs – Starterkraftstoffdüse, g – Leerlaufdüse, H – Kugelventil, i – Einspritzrohr, K – Lufttrichter, M – Pumpenmembrane, P – Schwimmernadelventil, R – Anschlußstück für das Wassersystem, s – Mischrohr, t – Brennstoff-Filter, u' – Leerlaufluftbohrung, V – Drosselklappe, W – Leerlaufgemisch-Regulierschraube, Y – Hauptdüsenträger.

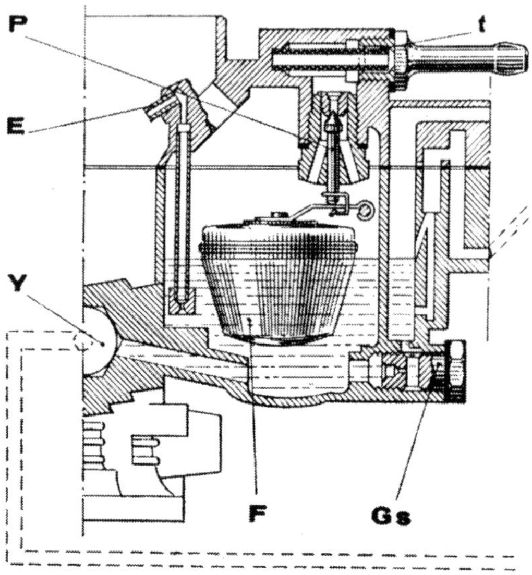

Der Kraftstoff, der von der Benzinpumpe zum Vergaserdeckel gefördert wird, gelangt – in seiner Menge durch das Schwimmernadelventil begrenzt – in die Schwimmerkammer. Der Schwimmer ist über einen drehbar gelagerten Bügel beweglich aufgehängt. Steigt der Kraftstoff in der Schwimmerkammer, hebt sich mit ihm der Schwimmer. Dessen Bügel drückt gegen die nach unten gerichtete Ventilnadel, wodurch der Zuflußkanal ganz oder teilweise verschlossen wird.
Im unteren Teil des Vergasergehäuses findet man die Drosselklappenwelle, die gelenkig mit dem Gaspedal verbunden ist. An der einen Seite der Drosselklappenwelle sitzt eine große Rückdrehfeder auf dem Gasbetätigungssektor, der über eine Zugstange mit Schraubenfeder den Hebel der Beschleunigungspumpe bewegt. Diese Membranpumpe beherbergt für den Zu- und Abfluß des zusätzlich benötigten Benzins zwei Kugelventile.
Gegenüber der Beschleunigungspumpe ist das Startergehäuse angebracht. Darin wird durch Verdrehen des Starterhebels ein Schieberventil geöffnet, das zusätzlichen Kraftstoff für den Kaltstart freigibt. In der durch den Lufttrichter verjüngten Höhe des Saugrohrs sitzt die Luftkorrekturdüse in Verbindung mit dem Mischrohr. Wegen der Einschnürung des Luftansaugkanals strömt die von den ansaugenden Kolben hindurchgezogene Luft schnell genug, um den aus dem Einspritzrohr austretenden Kraftstoff mitzureißen.

Vergaser Solex 34 BICSA

In seinen Grundelementen ähnelt dieser Fallstromvergaser dem voran besprochenen Typ PBICA. Auch er besitzt eine manuell bedienbare Kaltstartvorrichtung und die Hauptteile sind ebenfalls

- Vergasergehäuse und
- Vergaserdeckel

mit den bereits erwähnten Bauteilen.
An der – in Fahrtrichtung – rechten Seite der Schwimmerkammer ist die Beschleunigungspumpe angebracht. Hinten am Vergaser sitzt der bei Peugeot typische Gasbetätigungssektor mit großer Rückdrehfeder. Der Vergaser ist zum Zweck der Beheizung über Schläuche an den Kreislauf des Kühlmittelsystems für den Motor angeschlossen. Für die auf Seite 109 beschriebene Leerlaufein-

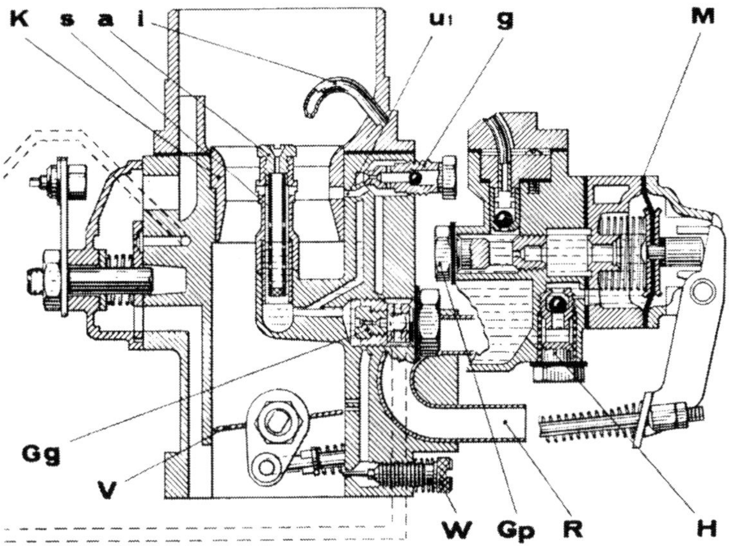

stellung sorgen die in der Tabelle der Seite 223 nicht enthaltene Düse (Größe 35) und die kalibrierte Öffnung (Größe 210) des Systems mit konstantem CO-Gehalt.

Vergaser Solex 32/35 SEIEA und Solex 32/35 TMIMA

Größere Motorleistung erfordert einen aufwendigeren Vergaser, wie er sich in diesem Fallstrom-Stufenvergaser anbietet. Dabei sind gewissermaßen zwei Vergaser zu einer Einheit gebracht worden, wobei jedoch die eine Hälfte nur in Abhängigkeit der anderen Hälfte (Stufe) arbeitet. Die Zahlen in der Vergaserbezeichnung bedeuten, daß die Saugkanäle einen entsprechend unterschiedlichen Durchmesser aufweisen.
Diese Vergaser bestehen aus drei Hauptteilen:

- Drosselklappenteil
- Vergasergehäuse mit Schwimmerkammer und Düsen
- Vergaserdeckel mit Starterklappen.

Auch im Wagen mit dem Vergaser SEIEA ist zum Kaltstart ein Choke vorgesehen, der über einen Hebelmechanismus die Stellung der Starterklappen bestimmt. Die Drosselklappe der 1. Stufe wird durch den Drosselklappenhebel geöffnet, der über das Vergasergestänge mit dem Gaspedal in Verbindung steht und somit vom Fahrer unmittelbar betätigt wird. Dagegen hat der Fahrer auf die Drosselklappenstellung der 2. Stufe keinen direkten Einfluß. Sie öffnet sich selbsttätig durch Unterdrucksteuerung, wenn der Motor bei voll geöffneter 1. Drosselklappe etwa die halbe Höchstdrehzahl erreicht hat.
Solange der Unterdruck im Saugkanal der 1. Stufe einen bestimmten Wert nicht übersteigt, ist die Herstellung des Kraftstoff-Luft-Gemisches auf die 1. Stufe beschränkt. Wenn die Drosselklappe der 1. Stufe voll geöffnet wird und der Unterdruck eine bestimmte Größe erreicht, wird er auf die Drosselklappe der 2. Stufe wirksam. Die 2. Stufe öffnet im Stand auch bei hoher Drehzahl nicht, sondern erst unter Belastung, wenn der Wagen fährt (zur Probe: Hand auf Ansaugstutzen legen).
Im übrigen ist der Aufbau der beiden Stufen mit dem vorher beschriebenen Vergaser vergleichbar. Jedes der beiden Systeme des Vergasers enthält je einen kompletten Düsensatz (siehe »Technische Daten«).

Vergaser Zenith 35/40 INAT

Dieser rein äußerlich vom eben beschriebenen, sich auffallend unterscheidende Vergaser ist ebenfalls ein Fallstrom-Stufenvergaser. Er besteht aus vier Hauptteilen:

- Drosselklappenteil
- Schwimmergehäuse
- Düsenblock (»Platineblock«)
- Vergaserdeckel.

Wie der Vergaser Solex 32/35 SEIEA hat er zwei Saugkanäle, die man als 1. und 2. Stufe bezeichnet, weil sie hintereinander geöffnet werden. Jede Stufe besitzt eine Drosselklappe; die 1. Stufe wird über das Vergasergestänge (Gaspedal) geöffnet, die 2. Stufe durch Unterdruck, der in beiden Lufttrichtern entnommen wird. Unterdruck, der an der Drosselklappe entnommen wird, dient – wie bei den beiden anderen Vergasern – zur Zündverstellung.
Der Zenith-Vergaser besitzt im Gegensatz zu den Solex-Vergasern mit auswechselbarem Lufttrichter im Gehäuse eingegossene Lufttrichter. Die beiden Hauptdüsen sitzen unterhalb der Luftkorrekturdüsen zwischen den zwei Saugkanälen. Der Kraftstoff gelangt durch die Leerlauftauchdüse zu einem Scheitelpunkt über dem Kraftstoffniveau, wo er sich an der Leerlaufluftbohrung mit Luft zu einem Gemisch vermengt. Der Gemischausfluß kann wie üblich durch die Leerlaufgemisch-Regulierschraube dosiert werden.
Eine elektrisch beheizte Startautomatik, die durch Niedertreten des Gaspedals eingeschaltet wird, ist seitlich am Vergaser befestigt. Dabei steht die Starterklappenwelle unter der Spannung einer spiralförmigen Bimetallfeder. Zu dieser Einrichtung gehört die Unterdruckmembrane (gesondert und schräg sitzende runde Dose).

Die Schnittzeichnungen auf diesen Seiten zeigen den Solex-Vergaser 32/35 SEIEA. Linke Seite oben: Drosselklappenteil und Vergaserdeckel mit Starterklappen, unten: andere Schnittebene mit Beschleunigungspumpe (rechts), rechte Seite: Schnitt mit Schwimmerkammer.
Es bedeuten:
a – Luftkorrekturdüsen,
C – Pumpennocken,
Ce – Econostatdüse, d – Vorzerstäuber, E – Econostat, F – Schwimmer,
g – Leerlaufdüse und Bypassdüse,

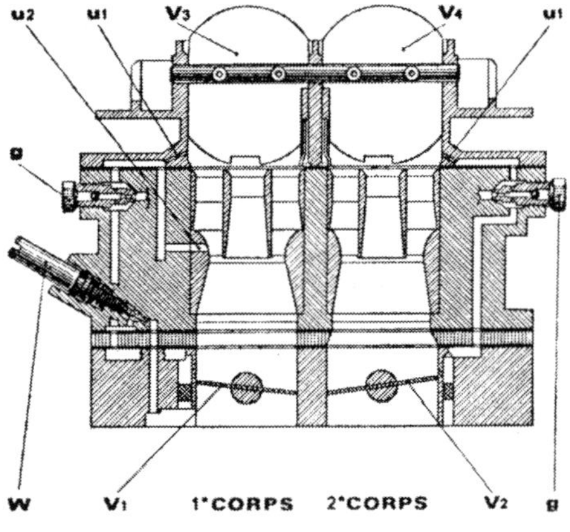

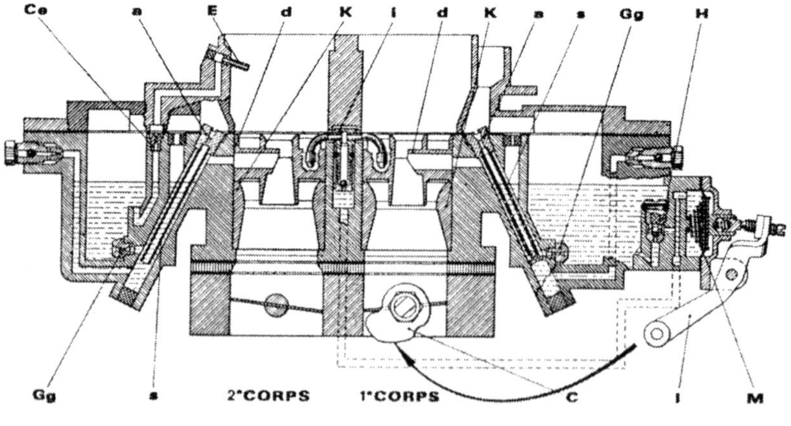

Solex PBICA und Solex BICSA. Der Starter gewährleistet bei Kälte leichtes Anspringen des Motors, indem bei geöffnetem Schieber eine genügende Anreicherung des Gemischs mit Kraftstoff erfolgt. Somit ist auch der Leerlauf günstig beeinflußt. Der Starterzug muß betätigt sein, solange der Motor seine normale Betriebstemperatur noch nicht erreicht hat. Je nach Stellung des Starterzuges ändert sich die Zusammensetzung des Gemischs. Durch langsames Einschieben des Starterknopfes wird eine Gemischabmagerung erzielt. Eine halb geöffnete Stellung kann man verwenden, wenn der Motor bereits etwas aufgewärmt bzw. noch nicht völlig ausgekühlt ist. Bei voll eingeschobenem Starterzug ist die Kontrolleuchte in der Instrumententafel erloschen.

Solex SEIEA. Die Starterklappe steht normalerweise offen und wird nur zum Anlassen des kalten Motors mittels Starterzug geschlossen. Bei dieser Betätigung wird zwangsläufig über verschiedene Hebel die Drosselklappe etwas geöffnet. Durch die im Motor ansaugenden Kolben entsteht ein Unterdruck, der aus dem Austrittsarm Kraftstoff saugt. Dabei vollführt die Starterklappe ein schnelles Spiel zwischen Öffnen und Schließen (sie ist freibeweglich gelagert) und ermöglicht die erforderliche Luftzufuhr. Diese »halbautomatische« Starterklappe wird, wenn der Motor angesprungen ist, so weit geöffnet (Starterknopf einschieben), daß der Motor noch sicher durchläuft. Ist der Motor erwärmt, wird der Knopf ganz zurückgeschoben. Vergißt man das, ergibt sich übermäßiger Benzinverbrauch. Bei warmem Zustand des Motors darf die Starterklappe nicht betätigt werden. Eine Leuchte im Armaturenbrett zeigt an, wenn der Choke nicht ganz eingerückt ist.

Solex TMIMA. Der automatische Betrieb der Starterklappe erfolgt durch ein Wachsdehnstoff-Element, das Kaltstartgehäuse ist über Schläuche mit dem Kühlmittelkreislauf verbunden. Bei kaltem Motor wird durch einmaliges Niedertreten des Gaspedals die Automatik eingeschaltet und die Starterklappe geschlossen. Das sich im Fahrbetrieb erwärmende Kühlmittel bringt die Starterklappe wieder in Öffnungsstellung. Die allgemeine Funktion ähnelt der beim Vergaser Zenith INAT.

Zenith INAT. Die Bimetallfeder der Startautomatik spricht auf Temperaturunterschiede an. Mit Erwärmung der Feder läßt ihre Schließkraft nach, die Starterklappe öffnet sich, und bei normaler Betriebstemperatur wird der Lufteinlaß ganz freigegeben.

Die Startautomatik ist elektrisch beheizt. Das Öffnen der Starterklappe wird dadurch gefördert, daß sie ungleich große Flügel hat – ihr schwerer Flügel öffnet abwärts. Wenn die Starterklappe (auch Luftklappe genannt) geschlossen ist, wird die Drosselklappe der 1. Stufe zwangsläufig etwas offen gehalten und der beim Anlassen des Motors entstehende Unterdruck kann sich bis unter die

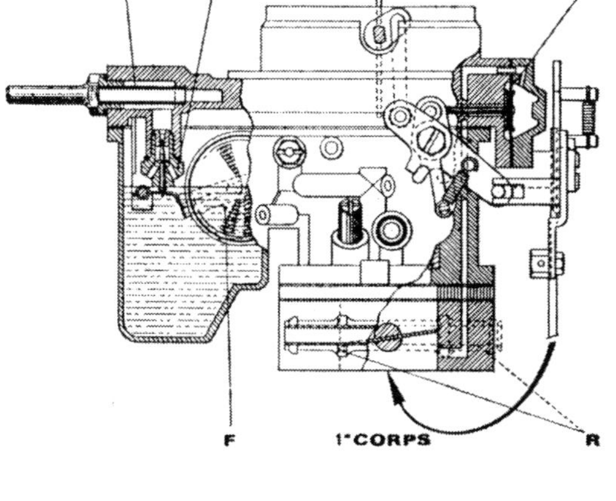

Gg – Hauptdüsen, H – Kugelventil, i – Einspritzrohre, K – Lufttrichter, l – Pumpenhebel, M/M^1 – Membranen, P – Schwimmernadelventil, R – Anschlußstück für das Wassersystem, s – Mischrohre, t – Brennstoffilter, u^1/u^2 – Leerlaufluftbohrungen, V^1/V^2 – Drosselklappen, V^3/V^4 – Starterklappen, W – Leerlaufgemisch-Regulierschraube, Corps – Stufe.

Ansicht des Vergasers Zenith 35/40 INAT, Lufteinlaßgehäuse abgenommen. Die Zahlen zeigen an: 1 – Vergaserdeckel, 2 – Platineblock, 3 – Schwimmergehäuse, 4 – Drosselklappenteil, 5 – Blechstreifen mit der eingestanzten Bestellnummer des Vergasers. Rechts im Bild die Unterdruckdose. Siehe auch das Bild auf Seite 113.

Luftklappe auswirken, wodurch Kraftstoff in ausreichender Menge angesaugt wird.
Dieser Unterdruck und die Bimetallfeder, die das Öffnen und Schließen der Luftklappe veranlassen, bringen die Luftklappe zum Flattern. Mit zunehmender Erwärmung gibt die Luftklappe einen größer werdenden Querschnitt frei, der Luftanteil des Startgemischs wird größer und das Gemisch magert sich ab. Dabei gleitet der Anschlaghebel in der Dose der Startautomatik auf der Stufenscheibe von Stufe zu Stufe, und die Drosselklappe wird weiter geschlossen, bis sie die Leerlaufstellung erreicht hat.
Da die Unterdruckmembran mit der Luftklappenwelle in Verbindung steht und der unterhalb der Drosselklappe entnommene Unterdruck zu dieser Membran geführt wird, zieht bei hohem Unterdruck (und geschlossener Drosselklappe) die Membran an und öffnet etwas die Luftklappe. Diese Luftzugabe wirkt einer Überfettung des Startgemischs entgegen.

Leerlauf

Wenn das Gaspedal nicht berührt wird, ist die Drosselklappe ganz geschlossen und der Motor dreht im Leerlauf. Dabei wird aus dem Mischrohr (Mischrohren) kein Kraftstoff abgesaugt, weil wegen der geschlossenen Drosselklappe im Saugrohr kein Unterdruck herrscht. Das Leerlaufsystem des Vergasers verhindert jedoch, daß der Motor mangels Kraftstoff abstirbt. Diese Leerlaufversorgung geschieht unterhalb der Drosselklappe, wo sich die Auslauföffnung für das Leerlaufgemisch befindet. Die Leerlaufgemisch-Regulierschraube sitzt bei jedem Vergaser seitlich am Saugkanal etwas unter der Höhe der Drosselklappenwelle. Das Leerlaufgemisch entsteht aus Kraftstoff, der aus der Hauptdüse stammt, und aus der über besondere Bohrungen aufgenommenen Luft. Es wird durch die Leerlaufdüse in vorbestimmter Menge dem Motor zugeführt.
Oberhalb der geschlossenen Drosselklappe liegende Übergangsbohrungen (Bypass-Bohrungen) beziehen eine Kraftstoff-Luft-Emulsion aus dem Leerlaufsystem. Wird die Drosselklappe geöffnet, so dienen sie der Verbesserung des Übergangs vom Leerlauf auf das Hauptdüsensystem.

Normalbetrieb

Beim Tritt auf das Gaspedal wird die Drosselklappe entsprechend der Pedalstellung geöffnet. Mit zunehmender Öffnung der Drosselklappe steigt der durch die Kolben wirksame Unterdruck im Saugrohr. Der im Normalbetrieb erforderliche Kraftstoff wird von der Hauptdüse geliefert (siehe Schnittzeichnungen). Die Hauptluft wird über den Lufttrichter zugeführt. Mit steigendem Unterdruck sinkt der Kraftstoffstand im Mischrohr, das seinerseits von der Luftkorrektur-

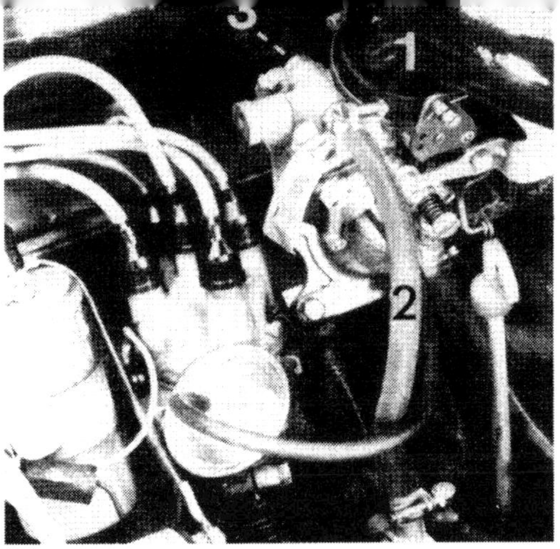

Der ab 1975 zum Motor XM 7 gehörende Vergaser Solex 34 BICSA-3 zeichnet sich durch einfache Bauart aus. Zur Leerlauf-Einstellung dient lediglich die im Bild Seite 110 unten rechts näher gezeigte Stellschraube. 1 – Lufteinlaßschlauch, 2 – Kraftstoffzuleitung, 3 – Verschlußstopfen am Vergaserdeckel.

düse Ausgleichsluft erhält, die sich durch die kleinen Bohrungen des Mischrohrs mit dem nachfließenden Kraftstoff vermischt. Die Zusammensetzung des hier entstehenden Gemischs entspricht nahezu über den ganzen Drehzahlbereich den Bedürfnissen des Motors.

Beschleunigung

Die Beschleunigungspumpe soll bei plötzlich geöffneter Drosselklappe genügend Kraftstoff liefern und den in solchem Fall zögernden Nachschub von dem Hauptdüsensystem überbrücken. Im Arbeitsraum der Beschleunigungspumpe befindet sich aus der Schwimmerkammer angesaugter Kraftstoff. Wird die Drosselklappe geöffnet, überträgt sich diese Bewegung auf den Pumpenhebel, der die Membrane der Pumpe nach innen drückt. Dadurch wird Kraftstoff durch das Einspritzrohr in die Mischkammer gespritzt; Menge gemäß Pumpenhub. Ein Rückschlagventil verhindert, daß beim Einspritzen zugleich Benzin in die Schwimmerkammer zurückfließt. Ein weiteres Ventil am Pumpenauslaß verhindert beim Saughub das Einströmen von Luft aus der Mischkammer.

Vollast

Bei Vollgas benötigt der Motor eine zusätzliche Kraftstoffversorgung, die selbsttätig einsetzt, wenn der Unterdruck des Motors den normalen Wert überschreitet. Dann wird unmittelbar von der Schwimmerkammer der Kraftstoff zum Einspritzrohr geführt, das in den Ansaugkanal oberhalb des Lufttrichters gerichtet ist.
Damit bietet sich auch die Möglichkeit, bei hohen Drehzahlen ein normales Mischungsverhältnis beizubehalten, so daß der Motor noch Höchstleistung bei niedrigen Drehzahlen, etwa im Stadtverkehr, abgeben kann. Die ausreichend fette Mischung unter solchen Bedingungen hilft den dann an sich hohen Kraftstoffverbrauch zu verringern.

CO-Gehalt

Im Abgas soll der CO-Gehalt die Werte gemäß der nachstehenden Tabelle nicht überschreiten, sofern der Motor im Leerlauf bei 900 U/min dreht und die auf Seite 111 genannten Bedingungen erfüllt sind.

Motor-Typ	CO-Gehalt in %
XM 7 bis Baujahr Herbst 1975	2 – 3
XM 7 ab Baujahr Herbst 1975	1,5 – 2,5
XM	2 – 3
XN 1 mit Vergaser Solex	2 – 3
XN 1 mit Vergaser Zenith	1,5 – 2,5

Stellungssuche

Das vorangegangene Kapitel sollte Ihnen so viel Selbstvertrauen schenken, daß Sie den Mut aufbringen, sich etwas näher mit dem Vergaser zu befassen. Zum Verstehen der Zusammenhänge können die schematischen Darstellungen und Abbildungen dieser beiden Kapitel so viel Hilfe leisten, daß man einige wichtige Handgriffe, die zur Kontrolle oder Wartung nötig sind, ohne weitere Kenntnisse vornehmen kann.

Prüfen Sie sich einmal selbst: Suchen Sie das zu Ihrem Vergaser passende Bild mit der Leerlaufgemisch-Regulierschraube heraus und begeben Sie sich mit dem Buch zu Ihrem Auto. Starten Sie den Motor und lassen Sie ihn einige Minuten warmlaufen. Dann setzten Sie einen Schraubenzieher auf die genannte Schraube und drehen diese etwas nach links (merken Sie sich, wie weit). Man hört, der Motor läuft schneller, je weiter man dreht. Dieser Handgriff könnte nötig werden, wenn der Motor im Leerlauf öfter stehen bleibt. Drehen Sie danach die Schraube in die alte Position zurück.

Da wir gerade beim Probieren sind: In Fahrtrichtung rechts am Vergaser sitzt der Drosselklappenhebel, der von dem Gaszug bewegt wird, wenn man mit dem Fuß Gas gibt. Um ihn sicher zu finden, lassen Sie jemand im Wagen auf das Gaspedal treten, damit Sie sehen können, was sich am Vergaser bewegt. Drückt man nun mit der Hand den Hebel in die gleiche Richtung, wie eben festgestellt, läuft der Motor schneller. Das ist Gasgeben mit der Hand. Die Drosselklappe wird von einer Rückholfeder wieder in ihre Ausgangsstellung zurückgeholt. Auf diese Weise läßt sich bei Störungen der Motorlauf prüfen. Man soll den Motor im Stand aber nicht zu hoch drehen lassen, also nur wenig Gas geben.

Leerlauf-Einstellung prüfen

Pflegearbeit Nr. 29

Warum muß der Leerlauf geprüft und möglicherweise eingestellt werden? Er bleibt auch bei richtiger Einstellung selten konstant, ändert sich mit den äußeren Temperaturschwankungen und verstellt sich durch Motorvibrationen oder leichtes Einschlagen der Anschlagschraube am Drosselklappenhebel.

Peugeot sieht diese Wartung alle 15000 km vor und es empfiehlt sich, zumindest zu Beginn der warmen und kalten Jahreszeit, den Leerlauf zu überprüfen. Im Sommer kann man den Leerlauf geringfügig reduzieren, das spart Benzin. Durch eine etwas fettere Einstellung kann man eventuell die Startfreudigkeit erhöhen.

Die Leerlaufeinstellung ist wegen ihres Einflusses auf den Gesamtverbrauch wichtig. Bei zu hohem Leerlauf kann sich ein Mehrverbrauch bis zu 1 l/100 km ergeben. Ferner senkt zu hoher Leerlauf die Motorbremswirkung und – nicht zu vergessen – vermehrt den Ausstoß giftiger Abgase.

Vor der Einstellung des Vergasers muß einwandfrei feststehen, daß die Zündanlage sich in tadellosem Zustand befindet. Das Erregerkabel Nr. 8 an der Lichtmaschine (siehe Schaltplan) ist abzuklemmen. Bei der Einstellbarkeit muß der Luftfilter angeschlossen bleiben, weil sonst die Werte verfälscht werden. Der

Motor soll seine Betriebstemperatur erreicht haben. Bei Wagen mit automatischem Getriebe ist die Wahlhebelstellung »N« einzulegen.
Bei der Einstellung wird die Drehzahl des Motors und die Menge des Kraftstoff-Anteils reguliert. Ein gut geübter Praktiker kann die Leerlaufeinstellung mit einem Schraubenzieher und mit Hilfe seines Gehörs vornehmen. Seine Tätigkeit bleibt aber stets ein Behelf, da die korrekte Feinabstimmung im Zusammenwirken mit der Zündung nur mittels elektronischem Testgerät oder Drehzahlmesser mit Abgas-Meßgerät möglich ist.
Zunächst folgt die Einstellung mit Drehzahlmesser, anschließend wird die herkömmliche Methode beschrieben.

Leerlauf mit Drehzahlmesser einstellen

Im Leerlauf beträgt die Leistungsabgabe einer Drehstrom-Lichtmaschine etwa 10 Ampere. Bei der Inbetriebnahme von Zubehörteilen mit hohem elektrischen Verbrauch (heizbare Heckscheibe, Hauptscheinwerfer usw.) kann die Leerlaufdrehzahl bis zu 150 U/min abfallen, weil etwa 0,2 PS der Lichtmaschinenleistung dabei absorbiert werden. Die somit hervorgerufene Änderung der Leistung kann einen ungleichmäßigen Leerlauf und sogar das Abwürgen des Motorlaufs bewirken. Um dem abzuhelfen, wurde ab Juni 1974 die Leerlaufdrehzahl bei allen Vergasermotoren auf 900 U/min heraufgesetzt. Zu den hier nachfolgend genannten Drehzahlen, die für die vor 1974 gültigen Einstellungsanweisungen erteilt wurden, sind also noch jeweils 100 U/min zu addieren, um den oben erwähnten Schwierigkeiten aus dem Weg zu gehen.
Es waren dabei jeweils zwei Werte angegeben: die erste Zahl bezieht sich auf den 1,8-Liter-Motor, die Zahl hinter dem Schrägstrich auf den 2-Liter-Motor. Ausgenommen sind der ab August 1974 mit dem Zenith-Vergaser INAT bestückte Motor XN 1, der ab September 1975 mit dem Solex-Vergaser BICSA ausgerüstete Motor XM 7 und der ab Juni 1977 in den Modellen Break und Familiare eingesetzte Solex-Vergaser TMIMA. Zunächst die Vergaser mit zwei Einstellschrauben:

- Leerlauf-Anschlagschraube verdrehen, bis sich die Motordrehzahl auf 860/840 U/min einpendelt.
- Durch Drehen der Leerlaufgemisch-Regulierschraube die für diese Drosselklappenstellung höchste erreichbare Drehzahl einstellen.
- Leerlauf-Anschlagschraube erneut auf eine Stellung drehen, die 860/840 U/min ergibt.
- Den gesamten Vorgang so lange wiederholen, bis auch mit Hilfe der Leerlaufgemisch-Einstellschraube 860/840 U/min erreicht sind.
- Leerlaufgemisch-Regulierschraube hineindrehen (nach rechts drehen), bis der Drehzahlmesser 800/800 U/min anzeigt. Dabei muß der Motor gleichmäßig rund laufen.

Über einfachere Einhaltung der Abgasemission verfügen jüngere Vergaser wie der Zenith INAT mit einem Umluftsystem. Neben einem Leerlaufgrundsystem ist noch ein Leerlaufsystem mit konstantem CO-Gehalt im Gemisch vorhanden, dessen Zusammensetzung unveränderbar ist. Hierbei wird nur noch die Gemischmenge dosiert und dazu dient eine einzige Regulierschraube. Die Leerlaufdrehzahl beim Motor mit diesem Vergaser soll ebenfalls 900 U/min betragen. Andere Einstellungen darf man an dem Vergaser nicht vornehmen.
Ähnlich ist es bei den Vergasern Solex BICSA und TMIMA mit seinem System für Einhaltung des konstanten CO-Gehalts im Abgas. Zur Leerlaufeinstellung (900 U/min) dient lediglich die große Luftschraube. Nur in der Werkstatt einstellbar ist die Zusammensetzung der Gemischaufbereitung im Leerlaufsystem, für die eine Gemischanreicherungsschraube da ist.

Leerlauf ohne Instrument einstellen

Nochmals die Position der Einstellschrauben in Ergänzung zu den in diesem Buch gebotenen Abbildungen: Bei dem Vergaser Solex PBICA sitzt die Leerlaufanschlagschraube links und die Leerlaufgemisch-Regulierschraube rechts der Drosselklappenwelle. Der moderne Vergaser Zenith INAT mit konstanter Gemischaufbereitung besitzt nur eine Regulierschraube, die man unterhalb der Drosselklappenwelle auf der rechten Vergaserseite findet. Mit dieser Rändelschraube braucht per Hand nur ein gleichmäßiger, nicht zu schneller Leerlauf eingestellt werden. Ebenso verfügen die Vergaser Solex BICSA und TMIMA nur über eine Luftschraube zur Einstellung des Systems mit konstantem CO-Gehalt; bei ersterem ist sie zur linken, bei dem anderen zur rechten Wagenseite gerichtet. Beim Solex SEIEA befindet sich die Leerlauf-Einstellschraube schräg angeordnet links der Drosselklappenbetätigung und die Leerlaufgemisch-Regulierschraube – in Fahrtrichtung gesehen – in der Mitte der hinteren Seite am Vergasergehäuse.

Für die Vergaser mit zwei Einstellschrauben kann folgendes gelten:

■ Warmen Motor im Stand laufen lassen, Leerlauf-Anschlagschraube mit dem Schraubenzieher so weit herumdrehen (Drosselklappe schließen), bis der Motor gerade noch rund läuft.

■ Leerlauf-Einstellschraube möglichst noch bis zur niedrigsten gleichmäßigen Leerlaufdrehzahl herausdrehen. Falls vorher ein sehr schneller Leerlauf eingestellt war, kann jetzt ein nochmaliges Regulieren an der Leerlaufgemisch-Regulierschraube und abschließend an der Leerlauf-Einstellschraube nötig sein. Manche Praktiker erhöhen dagegen zuerst die Leerlaufdrehzahl etwas; mit unserer Methode kann aber ein geringerer Verbrauch erreicht werden.

Wenn das Leerlaufsystem verstopft ist, bleibt das Verstellen der Leerlaufgemisch-Regulierschraube möglicherweise ohne Wirkung. Wenn die Leerlaufdüse verstopft ist, bleibt der Motor bei losgelassenem Gaspedal stehen: Düse reinigen, manchmal hilft auch kräftiges Gasgeben oder während der Fahrt im niedrigen Gang plötzliches Weglassen von Vollgas.

Achtung: Beim Vergaser Solex SEIEA darf die Stellung der Anschlagschraube der 2. Drosselklappe (vorn rechts am Drosselklappenteil) und der Anschlagschraube zur teilweisen Öffnung der 1. Drosselklappe in Betätigung (unterhalb der Drosselklappenwelle, etwas nach hinten versetzt) niemals verändert werden. Ebenso sind – bei abgenommenem Vergaserdeckel erreichbar – die beiden Luftkorrekturdüsen weder auszubauen noch in ihrer Position zu verändern.

Am Zenith-Vergaser (linkes Bild) darf nur noch die Umluft-Regulierschraube gedreht werden, wenn man den Leerlauf verändern will. Beim Hineindrehen steigt jedoch der CO-Gehalt an. Sie ist durch den Pfeil gekennzeichnet und kann mit der Hand verstellt werden. Ebenso besitzt der Solex-Vergaser BICSA (rechtes Bild) nur noch eine Schraube, mit der man den Leerlauf reguliert. Sie wird mittels Schraubenzieher betätigt.

Leerlauf-Einstellschraube (Va) am Solex-Vergaser TMIMA. Auf der anderen Vergaserseite, unterhalb des Kaltstartgehäuses, sitzt die mit einer Eingriffsicherung versehene Gemischanreicherungsschraube. In der Werkstatt wird eine Einstellung an beiden Schrauben vorgenommen, wie auf Seite 109 beschrieben (100 U/min zu den dort angegebenen Werten hinzurechnen).

Abgasmessung bei der TÜV-Kontrolle

Die Anforderungen des TÜV bezüglich der Emissionswerte im Abgas sind nicht so streng, wie sie bei den hier voran beschriebenen Einstellarbeiten erreicht werden können. Deshalb braucht man vor der CO-Messung, die den Anteil von Kohlenmonoxyd aufzeigt, keine Angst zu haben. Die geforderten Werte, nämlich 4,5 plus maximal 1,0 Vol. Prozent CO, können bei den von Peugeot eingebauten Vergasern weitgehend eingehalten werden (siehe Seite 107).
Folgendes ist vor der Messung zu beachten: Der Motor soll möglichst eine halbe Stunde warmgefahren werden. Ein Wagen, der viel im Stadtverkehr verwendet wird, ist zur Reinigung seines innerlich verschmutzten Motors 100 bis 150 km weit zügig zu bewegen. Beim TÜV soll man den Motor dann aber nicht im Leerlauf tuckern lassen, sonst waren die Vorbereitungen umsonst. Der Luftfiltereinsatz muß sich in einwandfreiem Zustand befinden.
Werden trotzdem die vorgeschriebenen Werte nicht erreicht, sind Ventilspiel, Schließwinkel (wird im Zündungskapitel erklärt), Zündzeitpunkt und Elektrodenabstand der Zündkerzen zu prüfen. Fällt danach der CO-Test immer noch negativ aus, ist danach die Vergasereinstellung zu kontrollieren. Die Reihenfolge der hier aufgezeigten Vorkehrungen muß unbedingt befolgt werden, weil der Erfolg sonst zweifelhaft bleibt. Alle Versuche sind zu vermeiden.

Ändern der Vergasereinstellung

Die in Zusammenarbeit von Peugeot und Solex festgelegten Vergasereinstellungen sind erst nach langwieriger Feinarbeit gefunden worden. Wie bei jedem anderen Vergaser galt es auch hier, den günstigsten Kompromiß zwischen bester Leistung und geringstem Verbrauch zu finden. Hinzu kommt, daß es zur Erfüllung der geltenden Abgas-Bestimmungen erforderlich war, die Vergaserabstimmung umweltschützend zu gestalten und teilweise zu fixieren. Demnach ist es überhaupt untersagt, am Vergaser herumzuexperimentieren, und bei entsprechenden Feststellungen bei der TÜV-Prüfung gibt es kein Pardon.
Hoffnungen, die sich manch einer hinsichtlich der Benzinersparnis vor seiner zeitraubenden Vergaserbastelei machte, wären sofort verblaßt, wenn er eins berücksichtigt (oder gewußt) hätte: Der günstigste Verbrauch stellt sich bei gleichmäßigem Fahrstil ein, worunter keineswegs zu verstehen ist, daß ein ausgeglichener Fahrer mit seinem Auto schleicht und den Verkehr behindert.
Wer auf Grund ausreichender eigener Erfahrung – etwa zum Zweck sportlicher Betätigung – mit veränderter Vergaserbestückung experimentieren möchte, weiß sicher, daß es besser ist, immer nur jeweils eine Änderung vorzunehmen, damit man die Übersicht über das neue Leistungsbild nicht verliert. Außerdem gehört dazu eine sorgfältige Beobachtung im Fahrbetrieb, wobei man sich selbst nichts vormachen darf.

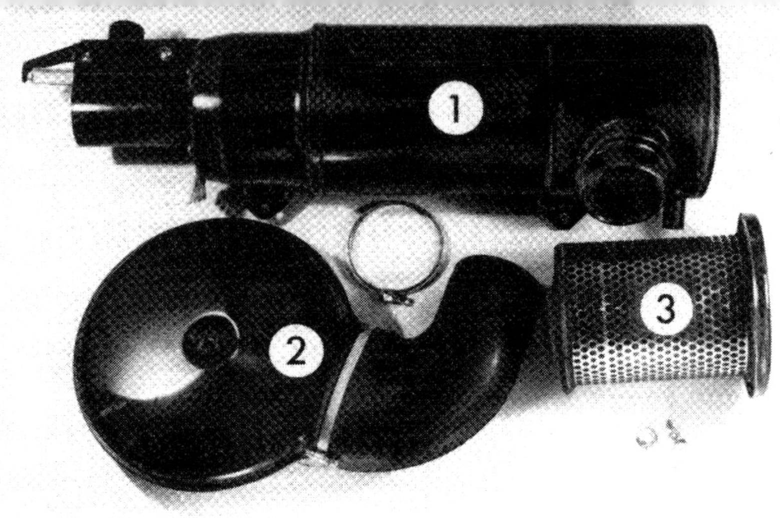

Die 504-Vergasermotoren mit 2 Liter Hubraum besitzen eine derartige Luftfilteranlage. 1 – Luftfiltergehäuse, 2 – Lufteinlaß (auf dem Vergaser), 3 Luftfiltereinsatz. Der Schlauchbinder in Bildmitte dient zur Befestigung des Luftschlauches auf dem Gehäusestutzen. Schraube und Scheibe rechts unten halten den Filtereinsatz im Gehäuse fest. Bei den 1,8-Liter-Versionen sind die Teile etwas anders, aber im Prinzip ähnlich gestaltet.

Luftfilter wechseln

Pflegearbeit Nr. 39

Luftfilter halten Verunreinigungen von der »Atmungsluft« des Motors fern. Vom Motor über den Vergaser angesaugt, würden sie in den Ölkreislauf gelangen und auf den geschmierten Gleitbahnen wie Schmirgel wirken. Gleichzeitig dämpft der Luftfilter die Ansaugluft. Ein verschmutzter Filter läßt dem Motor zu wenig Luft zukommen und den CO-Gehalt der Auspuffgase ansteigen.

Bis Anfang 1972 verwendete Peugeot Filtereinsätze aus Polypropylen, die seitdem nicht mehr geliefert werden. Man mußte sie alle 10 000 km ausblasen, dann in Dieselöl schwenken und abtropfen lassen und anschließend in Motoröl tauchen und nach nochmaligem Abtropfen wieder einbauen. Nach 40 000 km waren solche Filter zu ersetzen.

Neuere Filter bestehen aus Polyurethan-Schaumstoff, von einem Metallsieb umhüllt. Sie sind nach 15000 km auszuwechseln, bei häufigen Fahrten auf unbefestigten, staubigen Straßen schon nach 10000 km. Diese Filter dürfen nicht mit Feuchtigkeit in Berührung kommen. In Ermangelung eines neuen Filters kann man den alten einigermaßen reinigen: Auf einer festen Unterlage ausklopfen (ohne ihn zu verbiegen), an der Tankstelle mit Preßluft (oder notfalls mit der Fahrradpumpe) den Luftstrahl zunächst an den äußeren Filterflächen vorbeistreichen lassen, danach von innen nach außen durchblasen.

Einen neuen Filtereinsatz erhält man im Peugeot-Ersatzteillager und gleichfalls in Zubehörgeschäften, wo es Filter mit folgenden Bezeichnungen verschiedener Hersteller gibt:

Hersteller	Peugeot 504	
	1,8-l-Motor	2-l-Motor
Bosch	0 451 103 016	
Fram	PH 2885	
GUD		Z 74
Knecht	AG 37	AG 26
Mann	C 1337/1	C 1349
PM/Purflux		LS 176
Purolator	FC 109	bis 9. 70: FA 599 ab 10. 70: FA 672

Das Filtergehäuse ist auf dem Ventildeckel mit 4 Muttern SW 10 befestigt. Nach Abschrauben dieser Muttern läßt sich das Gehäuse abheben und an dem zum

Vergaser führenden Luftschlauch verdrehen. Die Flügelmutter zur Befestigung des Einsatzes ist hinten am Gehäuse abzuschrauben und der Einsatz herauszuziehen. Die Einzelteile der Luftfilteranlage sind aus der Abbildung auf der linken Seite zu ersehen.

Vergaser und Düsen reinigen

Störungen im Vergaser rühren meistens durch Verschmutzungen in seinem Inneren her, die sich schon dann auswirken können, wenn sie noch recht minimal erscheinen. Bei neuen Vergasern treten bisweilen Unstimmigkeiten auf, die auf nicht entfernte Fremdkörper bei der Produktion zurückzuführen sind oder auch im Konservierungsfett ihre Ursache haben. Derartige Rückstände verklemmen die Schwimmernadel und setzen im Laufe des Betriebes die Düsen und Bohrungen zu. Ferner hat Wasser im Benzin die Eigenschaft, Absonderungen von dem Zinkguß des Vergasergehäuses zu erzeugen, und dieses Zinkkarbonat setzt sich in der Schwimmerkammer ab.
Öldämpfe, die über die Kurbelgehäuseentlüftung in den Vergaser geleitet werden, bereiten ebenfalls Verunreinigungen, insbesondere, wenn man aus vermeintlichem Sicherheitsbedürfnis zu viel Öl in den Motor füllte. Die Summe der hier aufgezählten Einflüsse kann zu merklichen Einbußen in der Leistung des Motors führen. Deshalb sollte man bestrebt sein, je nach Fahrstrecke alle ein bis zwei Jahre für eine Reinigung des Vergasers zu sorgen.
Wir raten aber nicht unbedingt dazu, den Vergaser komplett zu zerlegen, um ihn zu säubern. Die Demontage verlangt viel Aufmerksamkeit und der Zusammenbau müßte womöglich mit Hilfe eines herbeigeholten Fachmannes erfolgen. Man kann aber den vom Luftfilter kommenden Lufteinlaß vom Vergaser abbauen und sich ansehen, was man sich weiter getraut abzuschrauben. Auf den Bildern dieser beiden Kapitel sieht man, welche Düsen verhältnismäßig leicht zugänglich sind und welche Vergaserteile ohne spätere Komplikationen gelöst werden können. Zu beachten ist, daß kein Teil verloren geht oder vertauscht wird, keine Dichtung beschädigt ist und daß bei der ganzen Prozedur nichts in den Vergaser hineinfällt, was dann an der Drosselklappe vorbei im Ansaugkrümmer verschwindet und somit beim Lauf des Motors in den Verbrennungsraum geraten würde.
Weiter läßt sich – unabhängig vom Vergasertyp – generell sagen:

- Ausgebaute Vergaserteile in Kraftstoff oder Spiritus reinigen. Die Teile auf sauberes Tuch legen.
- Düsen, Bohrungen und Schwimmerkammer mit mäßigem Preßluftdruck ausblasen, auch Handluftpumpe ist geeignet. Düsen können notfalls mit dem Mund durchgeblasen werden. Besser eignet sich das Ventil am (sauberen) Re-

In Ergänzung zum Bild auf Seite 106 bietet sich hier die Draufsicht auf den Zenith-Vergaser INAT.
Folgende Teile sind bezeichnet:
1 – Starterklappe (geschlossen) im Sangrohreingang der 1. Stufe,
2 – Saugrohr der 2. Stufe mit Vorzerstäuber,
3 – Startautomatik,
4 – Unterdruckmembran zur Betätigung der 2. Stufe, 5 – Unterdruckdose des Gemischanreicherungsventils, 6 – Leerlaufdüse 45, 7 – Luftkorrekturdüse 110 (2. Stufe), im Bild darüber die Luftkorrekturdüse 150 (1. Stufe), unter beiden sitzen an der Unterseite des Platineblocks die Hauptdüsen.

serverad. Drückt man die herausgeschraubte Düse in das Ventil, pustet die aus dem Reifen entweichende Luft alle Fremdkörper fort. Auf keinen Fall mit hartem Draht reinigen, geeignet ist jedoch eine Borste aus einer Bürste. Düsen sind aus weichem Metall (Messing), daher nicht zu fest einschrauben.

■ Drosselklappenwelle auf zu großes Spiel an den Lagerungen untersuchen. Dort könnte Nebenluft eindringen und Start und Leerlauf verschlechtern.

■ Die Spitze der Leerlaufgemisch-Regulierschraube darf keine Druckstellen aufweisen. Sonst auswechseln.

■ Den Schwimmer kontrolliert man, ob er dicht ist (schütteln und gegen das Ohr halten). Eventuell in heißes Wasser legen und auf Blasen achten. Auch muß die Schwimmerachse gut gängig sein.

■ Im Vergaserdeckel, von unten eingeschraubt, findet sich das Schwimmernadelventil. Ist es nicht locker? Die Ventilnadel muß einwandfrei beweglich sein. Gegen sie drückt von unten der Hebel des Schwimmers. Undichtes oder hängendes Schwimmernadelventil liefert dem Vergaser zu viel Kraftstoff: Erhöhter Verbrauch, Vergaser läuft über. Ventil austauschen.

Keine Teile am Vergaser schmieren! Der Vergaser soll außen fettfrei und trokken sein. Der an den beweglichen Teilen haftende Schmutz wirkt dort wie Schmirgel und vergrößert deren Spiel, was besonders an Drossel- und Starterklappen zu ungenauer Funktion und zu erhöhtem Luftdurchsatz führt.

Filter am Vergaser reinigen

Pflegearbeit Nr. 40

Der Vergaser Solex PBICA ist mit einem Kraftstoffsieb ausgestattet, das in dem Benzinzulauf auf dem Vergaserdeckel untergebracht ist. Nach Abziehen des von der Benzinpumpe herangeführten Schlauches schraubt man mit einem Gabelschlüssel dieses Zulaufrohr heraus und kann dann das rohrförmige Filtersieb entnehmen. Vorher ist es nötig, das Gehäuse für die Zuführung der Ansaugluft vom Vergaserstutzen abzubauen. Man bläst das Sieb alle 15000 km mit Preßluft (Fahrradpumpe) sauber oder man wäscht es in einem Napf Benzin mit dem Pinsel.

Die Beschleunigungspumpe

Die Bedeutung dieser Einrichtung wurde bereits auf Seite 106 erwähnt. Auf der Verbindungsstange zwischen dem Betätigungshebel und dem Pumpenhebel sitzt beim Vergaser Solex PBICA eine lange Schraubenfeder, deren Stärke und Spannung für die Pumpenarbeit wichtig ist. Die Spannung speichert die vom Hebel übertragene Kraft und verzögert deren Wirkung.

Am komplett ausgebauten Vergaser läßt sich der Hub der Pumpe an der Mutter einstellen, die am Ende der Verbindungsstange angebracht ist. Dazu dreht man den Vergaser um und schiebt als Lehre einen Bohrer mit nachstehend genanntem Durchmesser zwischen die sonst nach unten öffnende Hälfte der Drosselklappe und Saugrohrwandung. Die Mutter wird um einige Umdrehungen gelöst und anschließend bis zum leichten Anschlag am Hebel der Pumpe eingeschraubt. Die an der Drosselklappe einzuhaltende Öffnung richtet sich nach der Variante des Vergasers:

34 PBICA 5 = 3 mm
34 PBICA 6 = 6,5 mm
34 PBICA 7 = 3 mm
34 PBICA 8 = 4 mm
34 PBICA 9 = 3,5 mm

Beim Vergaser Solex SEIEA wird die Pumpe von dem in Fahrtrichtung nach hinten gerichteten Hebel bedient, dessen Rolle unter dem Schwimmergehäuse auf einem Nocken abläuft. Nach korrekter Leerlaufeinstellung ist der feste Sitz der Mutter für den Nocken zu prüfen. Danach wird die Anschlagschraube gelöst, die auf den Stößel der Pumpe drückt, und zwar bis zwischen beiden ein Spiel von 1 mm besteht. Anschließend wird die Schraube bis zur leichten Berührung mit dem Stößel eingeschraubt, bis Rolle am Nocken ohne Spiel aufliegt.

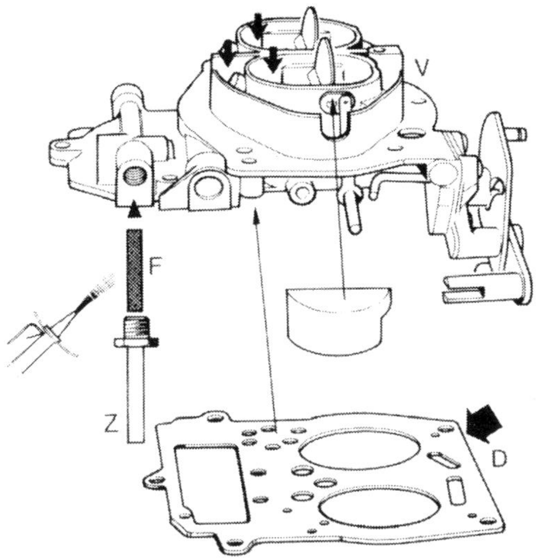

Zum Reinigen des Solex-Vergasers SEIEA ist der Vergaserdeckel V abzubauen und die Dichtung D abzunehmen. Letztere muß sich in gutem Zustand befinden, andernfalls ersetzen. Die Innenseite des Vergaserdeckels und die Leerlaufluftbohrungen werden gesäubert oder mit Preßluft ausgeblasen. Kraftstoffzulauf Z und Filtersieb F können auch bei eingebautem Vergaser gereinigt werden.

Die Startautomatik

Der Vergaser Zenith INAT besitzt eine elektrisch beheizte Startautomatik. Automatisch ist an dieser Startvorrichtung nur, daß sich die im Vergasereinlaß befindliche Starterklappe, die bekanntlich im geschlossenen Zustand für fetteres Gemisch sorgt, von allein wieder öffnet. Statt von Hand eine Starthilfe zu ziehen, muß man aber vor dem Start mit dem Fuß das Gaspedal einmal durchtreten, damit die Klappe ausrastet und sich schließt.

Hat man den Verdacht, daß der Motor auf Grund einer Störung der Automatik schlecht anspringt oder mit zu fettem Gemisch läuft, kann es sein, daß die Klappe hängt, also nicht mehr einwandfrei gängig ist und nicht ganz schließt oder öffnet. Zur Prüfung die Zuführung vom Luftfilter abnehmen, Gasgestänge so einstellen, daß es etwa Halbgas entspricht und vorsichtig von Hand probieren, ob die Klappe gut beweglich ist (nur in bestimmten Stellungen des Gaspedals ist die Klappe nicht gesperrt). Es kann sein, daß sich auf der Klappe bzw. an ihrer Welle Ablagerungen aus der Kurbelgehäuse-Entlüftung gebildet haben. Diese mit Spiritus entfernen.

Wer es ganz genau wissen möchte: Vor dem Kaltstart Luftfiltereinlaß abnehmen, Stellung der Starterklappe beobachten. Sie wird jetzt noch senkrecht stehen, wenn das Gaspedal noch nicht berührt wurde. Dann Gaspedal einmal durchtreten. Nun wieder die Stellung der Klappe ansehen. Sie muß den Vergasereinlaß geschlossen haben.

Im Gehäuse der Startautomatik am Zenith-Vergaser INAT befindet sich die elektrisch aufheizbare Spirale, die sich bei Wärme ausdehnt und die im Deckel nach oben weisende Zunge weiterbewegt. Diese Zunge drückt auf den in der Mitte im Automatikgehäuse angebrachten Hebel, dessen Welle über einen weiteren Hebel mit der Starterklappe verbunden ist. Durch Verdrehen des Gehäusedeckels in Pfeilrichtung wird das Gemisch angereichert: dazu muß man die drei Deckelschrauben lockern.

Die Einstellung der Starterklappen ist wichtig. Beim Solex-Vergaser SEIEA prüft man sie wie folgt: Starterklappenzug (im Wagen) herausziehen, die Stange 1 der Unterdruckdose bis zum Anschlag eindrücken, um eine teilweise Öffnung der Starterklappen zu bewirken. Die Öffnung der Klappe der 1. Stufe muß dann 2–3 mm betragen (mit Bohrer entsprechenden Durchmessers prüfen). Andernfalls muß der Hebel 2 entsprechend gebogen werden, um den Anschlag von 1 richtig zu begrenzen.

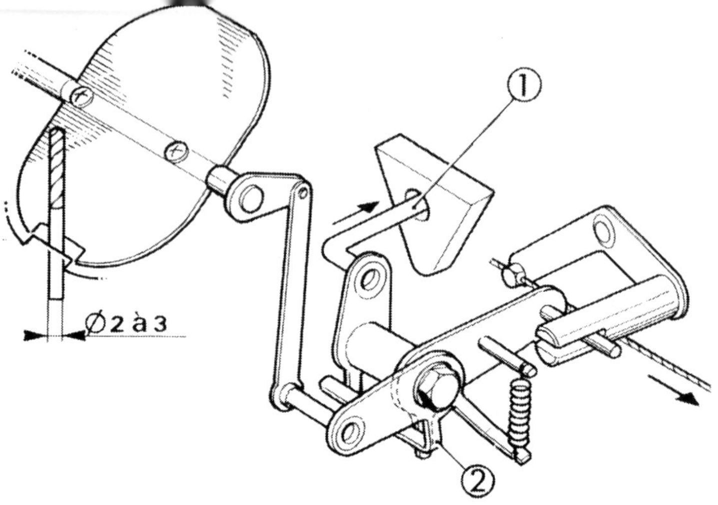

Wesentliche Teile der Automatik sind das Automatikgehäuse und das mit drei Schlitzschrauben darauf aufgesetzte trommelförmige Federgehäuse. Eine Markierung oben auf beiden Teilen soll übereinstimmen (Mittelstellung). Wenn die Startautomatik aber zu früh oder zu spät öffnet, kann auf Grund einer Überprüfung (möglichst Werkstatt) ein Abweichen von dieser Stellung notwendig werden. Beim Zenith-Vergaser bedeutet Drehen im Uhrzeigersinn: Die Starterklappe wird früher geöffnet, entgegengesetzte Drehung: Klappe öffnet später.

Schrauben nachziehen

Der Peugeot-Inspektionsplan sieht eine Überprüfung der Befestigungsschrauben des Vergasers am Ansaugkrümmer nicht vor. Doch man sollte sie hin und wieder kontrollieren. Allerdings muß man die Muttern nicht jedesmal noch fester »anknallen«, aber mit einem angesetzten Schraubenschlüssel stellt man leicht fest, ob da etwas locker ist.
Bei dieser Gelegenheit kann man auch prüfen, ob die Vergaserdeckelschrauben locker sind. Wenn man an dem Lufteinlaßgehäuse wackelt, kann man leicht feststellen, wenn der Vergaserdeckel dabei mitwackelt. Das heißt, die Schlitzschrauben fester anziehen.

Störungsbeistand

Vergaser allgemein

Kommt es zu Schwierigkeiten beim Motorlauf, so liegt die Ursache nur in seltenen Fällen an einer Fehlfunktion des Vergasers. Störungen an der Zündanlage sind (bei allen Autos) häufiger. Man vergewissere sich, daß Zündzeitpunkt, Unterbrecherkontakte, Zündkerzen und Kabelanschlüsse in Ordnung sind.
In der folgenden Tabelle sind die Möglichkeiten aufgeführt, die zu Störungen am Vergaser Ihres 504 Anlaß sein können. Auf den besonderen Charakter des Vergasers Zenith INAT nimmt die sich daran anschließende zweite Tabelle Bezug.

Die Störung	– Ihre Ursache	– ihre Abhilfe
A Motor springt nicht an (siehe auch vordere Buchklappe)	1 Zündung nicht einwandfrei	Kontrollieren (siehe Kapitel Zündanlage und vordere Buchklappe)
	2 Tank leer	Auftanken
	3 a) Kraftstoffweg im Vergaser nicht in Ordnung	Prüfung: Zuleitung am Vergaser abziehen, Verteilerfinger entfernen, Motor stromlos starten. Kein Kraftstoff: Siehe unter Kraftstoffpumpe

Die Störung (Fortsetzung)	– ihre Ursache	– ihre Abhilfe
	b) Leerlaufdüse verschmutzt	Herausschrauben, reinigen
	c) Bohrungen im Vergaser verstopft	Vergaser zerlegen reinigen
	d) Vergaser läuft über (Motor ersoffen durch zuviel Gasgeben oder Schwimmer klemmt oder undicht)	Gegen Schwimmergehäuse klopfen. Evtl. Vergaser-deckel abnehmen. Schwimmer überprüfen Beim Starten Vollgas
	e) Startautomatik versagt (Klappe schließt nicht).	Vor dem Start Gaspedal zwei- bis dreimal durchtreten
B Kraftstoffverbrauch zu hoch	1 Fehlerhafte Flanschdichtungen	Nachprüfen Eventuell auswechseln
	2 Undichter Schwimmer	Auswechseln
	3 Schwimmernadelventil schließt nicht	Säubern Eventuell auswechseln
	4 Düsen stimmen nicht	Auswechseln (siehe Technische Daten)
	5 Leerlaufgemisch zu fett (bei Vergaser Solex SEIEA)	Gemisch-Regulierschraube etwas eindrehen (Leerlauf muß sauber bleiben)
	6 Leerlaufdüse locker	Kontrollieren, eventuell anziehen
	7 Leerlauf zu hoch	Einstellen
	8 Startautomatik: Starterklappe hängt	Lufteinlaßgehäuse abnehmen: Funktion der Klappe prüfen
C Motor bleibt bei höheren Drehzahlen stehen, wenn langsam Gas gegeben wird	Hauptdüse verstopft	Herausschrauben, reinigen
D Ungleichmäßiger Lauf und Auspuffrußen bei niedriger Leerlaufdrehzahl, stärkeres Rußen bei höherem Leerlauf	1 Zu hoher Druck auf Schwimmernadelventil	Kraftstoffpumpendruck prüfen lassen
	2 Schwimmernadelventil schließt nicht	Ventil prüfen, evtl. erneuern
	3 Schwimmer undicht	Auswechseln
E Ungleichmäßiger Lauf bei Vollgas Aussetzer, Patschen, Leistung fällt ab	Nicht ausreichende Kraftstoffzufuhr	Hauptdüse reinigen, Kraftstoffpumpensieb und Schwimmerventil reinigen, Druck der Kraftstoffpumpe kontrollieren lassen
F Schlechte Übergänge beim Gasgeben	1 Beschleunigungssystem arbeitet nicht	Lufteinlaßgehäuse abnehmen; prüfen, ob eingespritzt wird, wenn Gasgestänge betätigt wird
	a) Pumpenkanal oder Einspritzrohr verstopft	Reinigen
	b) Membrane defekt	Auswechseln
	2 Falscher Leerlauf	Richtig einstellen
G Vergaser patscht	Leerlauf zu mager eingestellt	Regulierschraube etwas herausdrehen. Aber Leerlauf muß einwandfrei sein

Die Störung (Fortsetzung)	– Ihre Ursache	– ihre Abhilfe
H Leerlauf ungleichmäßig, Motor bleibt stehen	1 Leerlauf zu fett oder zu mager	Richtig einstellen
	2 Leerlaufsystem verstopft (Verstellen der Gemischschraube ohne Einfluß auf Drehzahl)	Leerlaufdüse herausnehmen, reinigen. Anschließend Leerlauf einstellen

Störungsbeistand

Vergaser Zenith 35/40 INAT

Die Störung	– ihre Ursache	– ihre Abhilfe
Kaltstart schlecht oder unmöglich	Anlaßmethode nicht richtig befolgt	Der empfohlenen Methode folgen
	Starterklappe schließt nicht (Bimetallfeder defekt)	Starterdeckel austauschen
	Betätigungsstange nicht richtig eingestellt	Einstellen
Motor würgt nach Kaltstart ab	Starterklappe bleibt geschlossen	Einstellen
	Membrane vom Starterventil defekt	Dichtheit des Starterdeckels und der Membrane prüfen. Falls notwendig austauschen
Starterklappe schließt nicht vollständig oder zu spät	Heizspirale defekt	Starterdeckel austauschen
	Schlechter Kontakt	Verbindung Heizspirale/Masse überprüfen
Schlechter Heißstart	Schwimmernadelventil undicht	Austauschen
	Schwimmernadelventil klebt	Leitungssystem reinigen
Schlechter Übergang von der 1. zur 2. Stufe	Drosselklappe der 2. Stufe klemmt	Überprüfen – Einstellen
	Membrane der Lunge undicht	Gehäuse austauschen
Mangelnde Leistung	Einstellungen entsprechen nicht den Spezifikationen	Einstellungen korrigieren
	Benzinfilter verstopft	Filter austauschen
	2. Stufe öffnet sich nicht	Schließeinstellung der Drosselklappe der 2. Stufe kontrollieren und/oder Membrane der Lunge überprüfen
Zu hoher Kraftstoffverbrauch	Falsche Düsenbestückung	Montage der Originaldüsen
	Hauptdüsen vertauscht	Richtigstellen
	Schwimmernadelventil undicht	Austauschen
	Luftfilter verstopft	Reinigen oder austauschen
	Starterklappe öffnet sich nicht vollständig	Startvorrichtung einstellen
	Betätigungsmembrane des Gemischanreicherungsventils defekt	Austauschen

Pumpstation

Für die Gemischaufbereitung beim Peugeot 504 TI sorgt eine pneumatisch geregelte Einspritzanlage der Firma Kugelfischer. Peugeot stützt sich dabei auf gute Erfahrungen mit vergleichbaren Anlagen, die in früheren Modellen Verwendung fanden.

Der Mehraufwand bei dieser Benzineinspritzung wird durch folgende Vorteile gerechtfertigt:

- Gleichmäßigere Gemischverteilung, bessere Verbrennung, günstigerer spezifischer Kraftstoffverbrauch
- Leistungssteigerung von rund 5%
- Größere Elastizität, höheres Drehmoment bei niedrigen Drehzahlen
- Verringerter Anteil schädlicher Abgase.

Gegenüber anderen Einspritzanlagen (z. B. elektronisch gesteuerte) geht es hier in mancher Hinsicht etwas unkomplizierter zu. Jede Peugeot-Werkstatt ist daher in der Lage, für die erforderliche Wartung zu sorgen oder eventuell anfallende Reparaturen auszuführen. Aber auch ein praktisch veranlagter Autobesitzer kann sich der regelmäßigen Pflege dieser Anlage widmen und Kontrollen ausüben, die der erwarteten Funktionsbereitschaft dienen.

Arbeitsweise

Der Kraftstoff im Tank wird beim Einschalten der Zündung von einer elektrischen Förderpumpe zum Hauptfilter geleitet, nachdem er bereits einen Vorfilter passierte. Vom Filter führt eine Leitung direkt zur Einspritzpumpe, auf deren kastenförmigem Gehäuse die vier Anschlüsse zu den Einspritzdüsen am Motor sitzen. Diese Einspritzventile brauchen nicht besonders gewartet zu werden. Die Pumpe wird über einen Zahnriemen von der Nockenwelle angetrieben.
Zuviel in die Einspritzpumpe geförderter Kraftstoff gelangt über eine separate Leitung zurück zum Hauptfilter. Ebenso ist je eine Rücklaufleitung zwischen Hauptfilter und Tank sowie zwischen Förderpumpe und Tank vorhanden. Die

Der Motor XN 2 im Peugeot 504 TI ist mit der Einspritzanlage vom Typ KF 5 ausgerüstet. Dieses Bild läßt Einzelheiten erkennen: 1 – Drosselklappenanschlagschraube, 2 – Bypass-Schraube für den Leerlauf zur Dosierung der Luftmenge, 3 – Verschlußschraube des Einlaß-Druckreglers, 4 – Luftverteiler. Vorn im Bild die Schlauchverbindung zum Ölbad-Luftfilter.

Ansicht der Einspritzpumpe KF 5 mit dem pneumatischen Regler, der sich im Bild hinter den vier Einspritzleitungen befindet. Der eigentliche Pumpenkörper ist der viereckige Kasten vorn, auf dem die Anschlüsse zu den Einspritzdüsen sitzen. Links oben ist die Betätigung der Drosselklappenwelle zu sehen. Der Pfeil unten zeigt auf die »Anschlagschraube zur Dosierung der Kraftstoffmenge«, mit der die Gemischanreicherung einreguliert wird.

elektrische Pumpe verfügt über eine Förderleistung, die weit über den normalen Bedarf des Motors hinausgeht.
Mit der Einspritzpumpe verbunden ist ein pneumatischer Regler, der den im Luftverteiler herrschenden Unterdruck aufnimmt und die Einspritzmenge bestimmt. Der Verteiler ist das schräg über dem Motor in Längsrichtung angebaute Aggregat, das mit dem Motor durch vier Ansaugrohre verbunden ist und ähnlich einem Vergaser eine Drosselklappe besitzt. Der registrierte Unterdruck entspricht der Differenz zwischen dem atmosphärischen Druck und dem im Verteiler (hinter der Drosselklappe) herrschenden Druck. Jede Erhöhung der dem Motor zugeführten Luftmenge wird durch den dadurch verursacht veränderten Unterdruck im Verteiler mit einer entsprechenden Erhöhung der Fördermenge an Kraftstoff ausgeglichen.
Damit unterscheidet sich diese Einspritzanlage mit der Bezeichnung KF 5 von dem schon vorher verwendeten System KF 6, bei dem ein Gestänge zwischen Drosselklappe und Einspritzpumpe unmittelbar durch Betätigung des Fahrers die Einspritzmenge dosiert. Die Einstellung der Fördermenge je nach Motordrehzahl erfolgt dabei von einem magnetischen Regler.
Man unterscheidet also bei der KF 5-Pumpe zwischen einem Kraftstoffteil und einem pneumatischen Teil. Letzterem ist der Höhenregler angeschlossen, der mit einer Leitung vom Luftfilter und einer solchen zum pneumatischen Regler verbunden ist. (Der Luftfilter übt bei der Einspritzpumpe die gleiche Funktion wie beim Vergasermotor aus.) Bei Druckveränderung der Außenluft reguliert der Höhenregler die Kraftstoffmenge bei Leerlauf und bei Teilbelastung. In dem völlig verschlossenen Regler bedient eine Barometerdose einen Plastikschieber zur Einstellung der Schlitzdüse, die bei bestimmtem Außendruck schließt. Der Schlitz öffnet sich bei abnehmendem Luftdruck progressiv. Dadurch wird der Kolben des pneumatischen Reglers nach unten gedrückt und die Kraftstoffmenge verringert.
Im Leerlauf dient ein By-pass zur Dosierung der Luft, die durch eine gesonderte Leitung vom Luftfilter direkt zum Einlaß am Verteiler gelangt. Die im Luftfilter entnommene Luft enthält keine Öldünste, damit der By-pass nicht verschmutzt. Mittels Einstellschraube kann der Luftlochdurchmesser im By-pass zum Verteilerinneren geändert werden, was die Leerlaufdrehzahl beeinflußt.
Oberhalb der Drosselklappe – im Verteiler – sorgt das »Einlaßdruck-Regelsystem« für eine Steuerung der bei unterschiedlichen Betriebszuständen des Motors erforderlichen Gemischzusammensetzung. Über eine Verbindung zum unteren Teil des pneumatischen Reglers, zur Ansaugdruckkammer, wird der An-

saugdruck im Leerlauf und bei schiebendem Wagen (Motorbremse) weitergeleitet. Ferner befiehlt der Einlaßdruck-Regler eine Erhöhung der Fördermenge, sobald die Drosselklappe aus der Ruhestellung tritt, aber noch so gering öffnet, daß der dabei vorhandene Ansaugdruck zur notwendigen Fördermenge nicht ausreicht. Die vom pneumatischen Regler als Druckunterschiede empfangenen Informationen gelangen über eine Betätigungsstange zum »Regelsystem«.

Die Einspritzpumpe

Die mechanisch arbeitende Einspritzpumpe wird in ihrer Förderleistung im wesentlichen von dem pneumatischen Regler beeinflußt. Ansaugdruck in der unteren Kammer und Gegendruck (Gemisch aus Ansaugdruck und Luftdruck) in der oberen Kammer des Reglers übertragen sich auf einen Kolben, dessen Membran beide Kammern trennt. Der Kolben wird durch eine in ihrer Kraft regulierbare Feder nach oben gezogen. Auf- und Abbewegungen des Kolbens übertragen sich auf einen Kurvenhebel, der durch seine Stellung die günstigste Fördermenge bestimmt.
Gemäß der Zylinderzahl des Motors besitzt die Einspritzpumpe vier Kolben, die den Kraftstoff in die Verbrennungsräume drücken. Jeder Kolben wird durch einen unter Federspannung stehenden Stößel betätigt. Die Bewegung der Stößel erfolgt durch die Pumpennockenwelle, die ihrerseits mit der Motornockenwelle in Verbindung steht und von deren Drehzahl abhängig arbeitet.
Bei sich senkender Reglerstange vergrößert der Kurvenhebel den Hub der Pumpenkolben, wodurch eine größere Kraftstoffmenge eingespritzt wird. Diese Menge ist bei voller Drosselklappenöffnung maximal. Wenn die Motordrehzahl über 2000 U/min liegt und die Drosselklappe, die mit dem Gaspedal verbunden ist, geschlossen hat, erfolgt keine Einspritzung. Alle übrigen Dosierungen sind von der jeweiligen Last und Gaspedalstellung abhängig.
Zum Ingangsetzen des kalten Motors ist noch ein Warmlaufgeber vorhanden, der über eine Zugstange mit dem Anreicherungshebel und weiter mit dem schon erwähnten Kurvenhebel verbunden ist. Ein Dehnstoffelement wird über Wasserumlaufanschlüsse von der Motortemperatur unterrichtet. Bei kaltem Motor zieht das Element die Zugstange an und somit den Anreicherungshebel in eine Stellung für reiche Kraftstoffzufuhr. Diese Bewegung nach schräg oben wird bei 40° C beendet. Der Warmlaufgeber ist daneben mit einem Ventil für Zusatzluft ausgestattet, die über eine separate Leitung zum Verteiler gelangt. Bei Erreichen von 60° C unterbricht das Ventil die zusätzliche Luftzufuhr und somit die Wirkung dieser Startautomatik.

Ölstand in der Einspritzpumpe kontrollieren

Pflegearbeit Nr. 7

Da es sich bei der Einspritzpumpe um ein mechanisch arbeitendes Aggregat handelt, muß es folglich geschmiert werden. Die Pumpe hat eine eigene Ölversorgung. Einerseits erfolgt die Schmierung der Pumpennockenwelle und der Regeleinrichtung im Tauchbad des Pumpengehäuses. Andererseits schmiert über eine Zweigleitung herangeführtes Motoröl die vier Einspritzkolben unter Druck. Vom Ölstand soll man sich alle 7500 km unterrichten.
Zu dieser Prüfung schraubt man die Kontrollschraube SW 10, die sich an der linken senkrechten Seite der Pumpe befindet, vorsichtig heraus. Wenn dabei das Öl heraustritt, ist die Kontrolle bereits positiv verlaufen und man kann die Schraube wieder festdrehen. Sollte kein Öl auslaufen, ist es ratsam, sicherheitshalber etwas Öl nachzufüllen, weil sich der tatsächliche Ölstand nur schwer ermitteln läßt.
Zum Nachfüllen nimmt man Motoröl 10 W (Peugeot schreibt Essolube 10 W vor) und läßt davon – nur wenig! – in den Einfüllstutzen an der Rückseite der Pumpe laufen. Das nächste Bild zeigt diese Öffnung und den Verschluß.

Zur Überprüfung der Ölmenge in der Pumpe öffnet man mit einem Ringschlüssel SW 10 die Kontrollschraube K. Nachgefüllt wird in den Einfüllstutzen E, dessen Schraubverschluß im Bild herausgedreht ist.

Einspritzpumpenöl wechseln

Pflegearbeit Nr. 45

Die Beanspruchung des Öls in der Einspritzpumpe ist nicht sehr hoch. Deswegen braucht man nur alle 50 000 km oder frühestens nach 18 Monaten für einen Wechsel der Ölmenge zu sorgen.

Zum Ablassen des alten Öls dient die Schraube, die auf der dem Motor zugewandten Seite des Pumpengehäuses sitzt. Man kann das Öl in einem kleinen Behälter auffangen, den man im Motorraum von vorn unter die Pumpe hält. Zum besseren Ablaufen wird der Einfüllstutzen geöffnet. Ist alles Öl abgelaufen, Verschlußschraube wieder eindrehen.

Zur Neubefüllung wird das Öl Essolube 10 W empfohlen, 0,15 l sind erforderlich. Man läßt davon so viel in den Einfüllstutzen einlaufen, bis das Öl aus der Öffnung der vorher herausgeschraubten Ölstandskontrollschraube heraustritt. Anschließend ist diese Kontrollschraube wieder (ohne übermäßige Kraftanwendung) festzudrehen und der Einfüllverschluß zuzuschrauben.

Fördermenge der Einspritzpumpe kontrollieren

Pflegearbeit Nr. 33

Nach jeweils 15 000 km Fahrstrecke soll geprüft werden, ob die Einspritzpumpe in die vier Leitungen zu den Einspritzventilen eine gleichmäßige und genügende Menge Kraftstoff drückt. Eine solche Kontrolle ist vor allem dann ratsam, wenn der Leerlauf ungleichmäßig ist. Zu diesem Zweck werden nacheinander die Überwurfmuttern der Einspritzleitungen auf dem Pumpengehäuse bei laufendem Motor gelöst und wieder festgezogen. Die Leitung, bei der sich der Leerlauf während der Trennung vom Einspritzventil nicht weiter verschlechtert, ist verdächtig. Zur Gegenkontrolle tauscht man das nächstliegende Einspritzventil gegen das vermutlich defekte aus und wiederholt die gesamte Prüfung. Sollte der Leerlauf jetzt beim Lockern der Leitung mit dem eingeschraubten be-

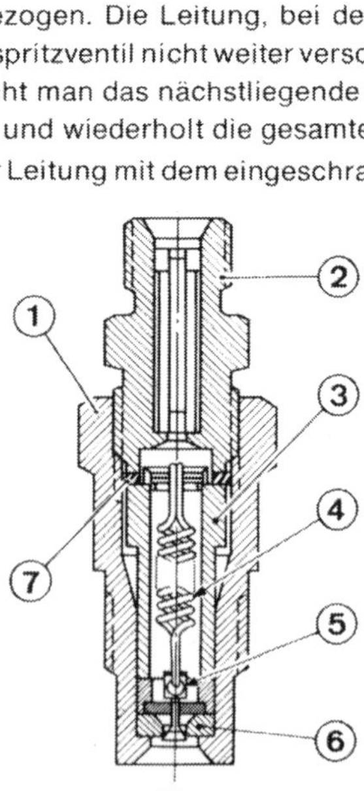

Schnittzeichnung eines Kugelfischer-Einspritzventils vom Typ DL 020 B. Die Zahlen bedeuten:
1 – Einspritzventilhalter,
2 – Anschluß der Einspritzleitung,
3 – Einspritzventilkörper,
4 – Ventilfeder, 5 – Ventil,
6 – Ventilsitz, 7 – Stahldichtung.

anstandeten Einspritzventil wieder ohne Verschlechterung sein, dann muß dieses Ventil ersetzt werden. Einspritzventil mit 2 kpm, Einspritzleitung mit 2,5 kpm anziehen.

Diese Arbeit sollte jedoch einer Werkstatt überlassen werden. Zugleich ist das Druckventil – bei abgebauter Einspritzleitung – zu entlüften. Dazu löst man ein wenig die Mutter des betreffenden Ventils. Zündung einschalten, wobei etwas Kraftstoff ausfließt. Mutter mit 5 kpm wieder anziehen. Überwurfmutter der Einspritzrohre mit 2,5 kpm anziehen.

Zur Überprüfung der Druckventile auf Dichtheit wird nach Abschrauben der vier Einspritzleitungen die Zündung eingeschaltet. Die Vertiefungen der Druckanschlüsse dürfen sich danach nicht vor 30 Sekunden füllen. Schnellere Füllung bedeutet schadhaftes Ventil und Austausch desselben.

Ölbad-Luftfilter reinigen

Pflegearbeit Nr. 10

Wie für einige andere Länder ebenfalls bei Vergasermotoren vorgesehen, so besitzt der Peugeot 504 TI ein Ölbad-Luftfilter, das alle 7500 km gesäubert werden muß. Das Filtergehäuse befindet sich links im Motorraum vor der Batterie. Zur Reinigung löst man den Anschluß der Luftansaugleitung zum Luftverteiler der Einspritzanlage, der sich wegen des elastischen Faltenbalges nach oben drücken läßt. Die Federklammern des Filteroberteils werden zur Seite gedrückt und danach kann man das Oberteil von dem Gehäuseunterteil abheben. Das Oberteil enthält ein Drahtgeflecht, das mit Dieselöl ausgewaschen werden muß. Dazu legt man es zunächst in ein entsprechend großes Gefäß, teilweise gefüllt mit Dieselöl, damit sich die Schmutzteile lösen. Dann schwenkt man das Filter in einem Bad frischen Dieselöls hin und her und läßt es gut abtropfen, bevor man es wieder einbaut. Siehe Bild Seite 72.

Inzwischen kann man sich der Säuberung des unteren Gehäuseteils widmen. Das darin enthaltene alte Öl muß entfernt werden, was zwar ohne Ausbau des Behälters, nicht aber ohne verschmierte Hände geschehen kann. Alte Zeitungen, zusammengedrückt, nehmen das Öl wie Löschpapier auf, den Rest wischt man mit einem Lappen auf. Der gesäuberte Behälter ist mit ¼ l Motoröl der gleichen Sorte, die für die Motorschmierung verwendet wird, zu befüllen.

Einstellung der Einspritzausrüstung prüfen

Pflegearbeit Nr. 25

Zur tadellosen Funktion der Einspritzanlage, besonders im Leerlauf, muß sichergestellt sein, daß an keinem Anschluß der pneumatischen Leitungen und am Luftverteiler Zusatzluft eindringen kann. Ohne besondere Meßinstrumente kann man als Heimwerker hierbei nur einfache Überprüfungen vornehmen, indem man sich vom festen Sitz der Schlauchbinder überzeugt. Allerdings soll man nicht versuchen, die Schrauben der Binder jedesmal fester anzuziehen. Andere Arbeiten, die mit der Einstellung – besonders des Warmluftgebers – zusammenhängen, sollte man besser der Werkstatt in Auftrag geben. Eine Überprüfung der Einstellungen von Drosselklappenöffnung, Leerlaufanreicherung und Leerlauf ist im Kundendienstplan für alle 15000 km vorgesehen.

Wir wollen jedoch Hinweise geben, wie man sich von der richtigen Stellung der Drosselklappe überzeugen kann. Dazu dreht man mit einem Vierkant-Inbusschlüssel die Verschlußschraube des Einlaßdruckreglers oberhalb des Lufteinlasses aus ihrem Sitz im Luftverteiler, ferner wird der Anschluß des Lufteinlaßschlauches gelöst und von dem Verteilerstutzen abgezogen. In die Bohrung der Verschlußschraube führt man eine Lampe ein, wobei es sich z. B. nur um eine einfache 12-Volt-Rücklichtlampe in einer alten Fassung zu handeln braucht, die über Kabel mit der Batterie verbunden wird. Des weiteren bringt man einen Taschenspiegel vor dem Lufteinlaßstutzen so an, daß der obere Teil der Drosselklappe zu sehen ist.

Bei abgestelltem Motor bewegt man nun die Drosselklappe am Segment, das vom Gaszug bedient wird. Die geringste Bewegung muß jetzt im Spiegel einen haarfeinen Lichtstrahl erscheinen lassen, der durch die Schlitzdüse nach unten zur Drosselklappe fällt, doch währenddessen soll sich die Anschlagschraube für die Drosselklappe von ihrem Anschlag noch nicht entfernen. Sind diese Voraussetzungen gegeben, sollte man sich noch vom festen Sitz der Kontermutter für die Anschlagschraube überzeugen; letztere aber nicht verstellen.
Ist der Lichtstrahl zu stark oder überhaupt nicht aufgetreten, muß die Stellung der Drosselklappe justiert werden. Kontermutter der Anschlagschraube lösen und die Schraube (rechts herum) hineindrehen, bis im Spiegel der Lichtschein auftaucht. Die Schraube wieder bis zum Verschwinden des Lichtstrahls langsam lösen und danach erneut um höchstens 1/10 Drehung einschrauben. Damit ist ein notwendiges Spiel der Drosselklappe in Ruhestellung gesichert und der Lichtstrahl muß gerade sichtbar sein. Stellung der Schraube nicht verändern (Schraube mit Schlüssel festhalten) und Kontermutter festziehen.
Bevor man die Verschlußschraube mit 2 kpm anzieht, überzeugt man sich, daß die Reglerdüse (Scheibe mit einer Bohrung von 2,5 mm) in Verlängerung der Bohrung, in die man die Lampe einführte, senkrecht und fest sitzt. Die Verschlußschraube soll einen neuen, geölten Dichtring erhalten. Zum Schluß den Lufteintrittsschlauch wieder befestigen.

Leerlaufeinstellung prüfen

Pflegearbeit Nr. 29

Gleiche Ursachen wie beim Vergasermotor können beim Einspritzer dazu führen, daß die Leerlaufdrehzahl sich ändert, doch das Einhalten einer bestimmten Drehzahl im Leerlauf ist auch hierbei von Bedeutung (siehe Seite 108). In der Werkstatt wird die Kontrolle mit einem separat angeschlossenen Drehzahlmesser vorgenommen, dessen Anzeige mit der des eventuell im Wagen eingebauten Drehzahlmessers kaum übereinstimmen dürfte. Wer es sich zutraut, die Einstellung selbst vorzunehmen, dem seien nachfolgend die entsprechenden Hinweise gegeben, die jeweils nach 15000 km zu befolgen sind.
Zur Einstellung an der KF 5-Anlage dienen die By-pass-Schraube, die für die Dosierung der Luftmenge zuständig ist, und die Anreicherungsschraube zur Mengenregelung des Kraftstoffs. Eine Anreicherung des Gemischs wird durch Hineindrehen der Anreicherungsschraube bewirkt. Die Schrauben sind auf den Abbildungen auf Seite 119 und 120 zu sehen. Die Kontrolle muß bei betriebswarmem Motor (Wassertemperatur 80° C) durchgeführt werden. Das Erregerkabel der Lichtmaschine (Kabel Nr. 8) ist abzuklemmen.
Die hier angegebenen Werte gelten für Motoren, die eine größere Laufstrecke als 5000 km hinter sich haben. Für jüngere Motoren sind von den Drehzahlangaben ca. 70 U/min abzuziehen.
Zur Leerlaufeinstellung ist die By-pass-Schraube so zu verstellen, daß der Drehzahlmesser 850 U/min anzeigt. Sodann ist ein Inbusschlüssel SW 3 in die Sechskantbohrung der Anreicherungsschraube zu stecken und mit dem Schlüssel als Hebel wird die Schraube langsam nach oben gedrückt. Dabei erhöht sich die Drehzahl auf 950 bis 970 U/min. Liegt die Drehzahl darüber, ist das Gemisch zu mager. Zur Korrektur die Kontermutter der Anschlagschraube lokkern und die Schraube mit dem Inbusschlüssel um 1/4 Drehung einschrauben (rechts herum drehen). Bei geringerer Drehzahl als angegeben muß die Schraube um 1/4 Drehung gelöst werden. Wurde durch Verstellen der Anreicherungsschraube die Gemischmenge verändert, so muß auch wieder die Luftmenge durch Einregulieren auf eine Drehzahl von 850 U/min angepaßt werden. Im Wechsel sind beide Einstellschrauben so aufeinander abzustimmen, bis die genannten Drehzahlen eingehalten werden. Zum Schluß muß das Kabel Nr. 8

wieder an die Lichtmaschine angeschlossen werden. Der CO-Wert soll dann bei Motoren bis Baujahr Juni 1975 0,7–1,3 % und bei später gebauten 1,2–1,7 % betragen.
Einstellungen an der Einspritzpumpe KF 6, ebenfalls alle 10 000 km fällig, sollte man getrost der Werkstatt übertragen. Dort hat man die nötigen Lehren, Werkzeuge und ein spezielles Thermometer zur Hand, womit sich die vorgeschriebenen Kontrollen ohne große Mühen ausüben lassen. Bei diesem KF 6-Motor liegt der CO-Gehalt im Leerlauf zwischen 7 und 10 %. Ein solcher Wert muß als normal angesehen und kann nicht geändert werden, ohne die Funktion und Lebensdauer des Motors zu beeinträchtigen. Für die TÜV-Prüfung gilt eine entsprechende Sonderregelung.

Elektrische Kraftstoffpumpe prüfen

Pflegearbeit Nr. 26

Zur Einspritzanlage KF 6 gehört die Förderpumpe PLF 6, deren hydraulischer Teil von Kugelfischer und deren elektrischer Teil von AEG hergestellt ist. Diese Pumpe erzeugt einen etwas niedrigeren Druck als die Bosch-Pumpe, die mit der KF 5-Anlage verbunden ist. Es ist aber möglich, die elektrische Benzinpumpe von Bosch auch in Verbindung mit der älteren KF 6-Anlage zu verwenden. Ein solcher Austausch ist in der Peugeot-Werkstatt vornehmen zu lassen, wo man die nötigen anderen Schlauchstücke für den Anschluß und einen Vorfilter mit anbauen muß. Außerdem sind neue Befestigungslöcher in der Querverstärkung des hinteren Bodenblechs zu bohren, sofern die Karosserie-Nummer kleiner als 156 995 ist; bei spater gebauten Wagen sind die drei Bohrungen in dem Verstärkungsblech bereits vorhanden.
Der Förderdruck der Pumpe soll bei jeder 15 000 km-Inspektion überprüft werden. Dazu verwendet man in der Werkstatt ein Manometer, das an das Ende der Kraftstoffleitung angeschlossen wird, die zum Magnetventil hinten am Luftfilter führt. Selbstverständlich muß dazu der Leitungsanschluß von dem Magnetventil gelöst werden. Bei eingeschalteter Zündung hat der Förderdruck 1–2,5 bar zu betragen. Falls ein geringerer Druck angezeigt wird, sind der Reihe nach zu überprüfen:
Menge des Tankinhalts, Anschlüsse der Kraftstoffleitungen, Spannung der Förderpumpe (12 V ± 0,1 V), Vorfilter zwischen Tank und Pumpe auf Verunreinigungen. Bei höherem Druck als gefordert prüft man die Sauberkeit des Filters im Zulaufanschluß (an der nach vorn gerichteten senkrechten Seite der Einspritzpumpe), der Düse der Rücklaufleitung (nach Ausbau des Ablaufanschlusses an der nach hinten gewendeten Seite der Einspritzpumpe), sowie der Rücklaufleitungen.
Um sicherzugehen, daß die Förderleistung durch keine Undichtigkeiten Einbußen erleidet, sollte man alle Anschlüsse der Kraftstoffleitungen zwischen Tank und Einspritzpumpe – einschließlich der Rücklaufleitungen – unabhängig von der 10 000 km-Kontrolle überprüfen. Dazu bietet sich bestimmt Gelegenheit, wenn man durch einen im anderen Zusammenhang ausgeführten Handgriff gerade in die Nähe der Kraftstoffanlage gerät.
Doch sei wiederholt: Nicht jedesmal die Schlauchbinder und Schrauben am Pumpengehäuse fester anziehen. Bei Leckstellen an der Pumpe ist es angebrachter, neue Dichtungen einzusetzen als die Schrauben zu fest anzuziehen. Auch das Magnetventil (hinten am Luftverteiler) kontrollieren. Ventil ausbauen, Kraftstoffanschluß lösen und das vorher abgezogene Stromversorgungskabel wieder an das lose Ventil anschließen. Zündung einschalten und das Ventil gegen Masse halten: Aus der Bohrung zum Luftfilter darf kein Kraftstoff austreten, andernfalls ist es zu ersetzen. Das Ventil muß in jedem Fall mit einem neuen Dichtring eingebaut werden.

Ähnlich wie der auf Seite 99 unten abgebildete Filter ist der Pumpenfilter (Vorfilter) für die Einspritzanlage gestaltet. Auch der Austausch erfolgt in der gleichen Weise. Dieser Filter ist unter dem Wagenboden in der Nähe der elektrischen Förderpumpe zu finden.

Vorfilter austauschen

Pflegearbeit Nr. 34

Der zwischen Tank und Förderpumpe in der Ansaugleitung angebrachte Vorfilter soll nach jeweils 15 000 km ausgetauscht werden. Er ist hinten unter dem Wagen zu erreichen, hat die Form einer runden Dose (siehe Bild oben) und stammt von Bosch. Anfangs wurde ein kegelförmiger Vorfilter von AMFG verwendet.

Zum Austausch lockert man die Schrauben der beiden Schlauchbinder und zieht die Schlauchenden von den Filterstutzen ab. Um das Auslaufen von Benzin aus den Schläuchen zu verhindern, klemmt man sie mit Schlauchklemmen zusammen oder knickt sie um. Die Schlauchenden werden auf die Anschlüsse des neuen Filters geschoben und die Schlauchbinder werden wieder festgezogen. Den alten Filter darf man keinesfalls mit Preßluft ausblasen, um ihn weiterverwenden zu wollen.

Kraftstoffhauptfilter entwässern

Pflegearbeit Nr. 11

Rechts neben der Servobremse, hinten im Motorraum, ist der Hauptfilter angebracht. Er erfüllt zweierlei Aufgaben: Die im Kraftstoff mitgeführten Verunreinigungen, die im Vorfilter zur elektrischen Benzinpumpe nicht ausgesondert wurden, müssen hier aufgefangen werden. Jeder noch so kleine Fremdkörper, der in die Einspritzpumpe gerät, stört deren Funktion und somit den einwandfreien Lauf des Motors. Außerdem sammelt sich in dem Filter das Wasser, das sich im Tank als Kondenswasser niedergeschlagen hat oder auf andere Weise in die Kraftstoffleitung geraten ist.

Um das aufgefangene Wasser aus dem Filter entweichen zu lassen, ist die an der Unterseite des Filtergehäuses angebrachte Verschlußschraube zu lösen.

Der Hauptfilter befindet sich im Motorraum hinten an der Spritzwand. Auf diesen Seiten ist beschrieben, daß er alle 7500 km entwässert werden muß. Dazu öffnet man die Verschlußschraube W mit einem Ringschlüssel.

In Fahrtrichtung hinter der Pumpe P sitzt bei der KF 5-Anlage der Warmlaufgeber W, dessen Bedeutung auf Seite 121 beschrieben ist. E – Einfüllstutzen, R – Rücklaufleitung von der Pumpe zum Hauptfilter. Aus dem Warmlaufgeber ragt die Anreicherungsschraube schräg nach unten.

Normalerweise wird sich innerhalb von 7500 km – in diesen Abständen ist die Entleerung vorzunehmen – nur eine geringe Menge Wasser gesammelt haben. Zur Kontrolle der Menge kann man das Wasser in einem Gefäß auffangen: Sollte es sich um mehr als 10 ccm handeln, sind die nachstehend beschriebenen Arbeiten auszuführen.

Kraftstoffhauptfilter erneuern

Pflegearbeit Nr. 41

Nach 15000 km oder im Fall der eben erwähnten übermäßigen Wasseransammlung ist der Filtereinsatz auszuwechseln. Der Filter sitzt in dem ebenfalls zuvor beschriebenen Filtergehäuse und ist nach Herausschrauben der Befestigungsschraube für den Deckel zugänglich. Der Filtereinsatz läßt sich dann entnehmen. Beim Einbringen des neuen Einsatzes muß man darauf achten, daß die Schraubenfeder, die den Einsatz nach oben gegen die Filterglocke drückt, in der Mitte der Unterseite vom Einsatz anliegt. Der Filtereinsatz trägt bei Peugeot die Nummer C 113.
Mußte der Filterwechsel wegen festgestellter Entwässerungsmenge erfolgen, sind die Kraftstoffleitungen vom Gehäusedeckel abzuschrauben. Die Innenseite des Deckels ist gut zu säubern und zu trocknen, ebenfalls das Filtergehäuse; beide Teile kann man vorsichtig mit Preßluft ausblasen. Die zur Einspritzpumpe führende Leitung muß auch an der Pumpe und ihr Abzweig am Magnetventil abgeschraubt werden, damit sie mit Preßluft ausgeblasen werden können. Beim Anschließen der Leitungen sind möglichst neue Dichtungen zu verwenden.

Störungen an der Einspritzanlage

Wenn Ungleichmäßigkeiten im Motorlauf festgestellt werden, die einwandfrei nicht mit der Zündanlage in Verbindung zu bringen sind und auf eine Störung in der Einspritzanlage schließen lassen, kann man den Fehler mit Hilfe des »Störungsfahrplanes« in der vorderen Buchklappe einkreisen. Defekte treten relativ selten auf und kündigen sich bei aufmerksamer Beobachtung der Laufkultur des Motors rechtzeitig an. Hier ist es wie beim Zahnschmerz: Der frühe Gang zum Zahnarzt erspart meist größere Qualen. Deshalb sollten Sie sich nicht scheuen, in solchem Falle baldmöglichst Ihre Peugeot-Werkstatt aufzusuchen. Detaillierte Beschreibung Ihrer Beobachtungen (ungewöhnliche Geräusche, Leistungsminderung bei gewissen Drehzahlen, hoher Kraftstoffverbrauch usw.) helfen dem Meister in der Werkstatt zur Erstellung der Diagnose und somit zu einer zielstrebigen Reparatur.

Treue Verbindung

Die Kraft, die ein Motor entfalten kann, ist für die Größe und Stärke einer Kupplung bestimmend. Da in der Peugeot 504-Reihe unterschiedliche Motorleistungen vorhanden sind, kommt es auch bei der Wahl der Kupplung zu entsprechenden Unterschieden. Im Aufbau ist sie bei allen Typen gleichartig.
Verschleißfördernder Großstadtverkehr und eine nicht stets sachgerechte Behandlung sind Strapazen, welche die Kupplung scheinbar gleichmütig erduldet. Zu ihrem unauffälligen Wirken trägt bei, daß sie fast wartungsfrei ist – dennoch sollten Sie als Autofahrer einiges über sie wissen. Als Besitzer eines Peugeot mit Getriebeautomatik freilich können Sie dieses Kapitel überschlagen.

Was die Kupplung tut

Die Kupplung hat die Aufgabe, den beim Start laufenden Motor mit den noch stehenden Teilen der Kraftübertragung sanft zu verbinden. Während der Fahrt soll sie beim Schalten der Gänge die Verbindung zwischen Motor und Getriebe unterbrechen und die unterschiedlichen Drehzahlen zur Kraftübertragung angleichen. Somit ist sie eine ausschaltbare Verbindung des vom Motor ausgehenden Kraftflusses.
Die Kurbelwelle des Motors ist mit dem Schwungrad fest verbunden und auf der anderen Seite dieser Schwungscheibe (mit Zahnkranz für den Anlasser) ist die Kupplungsscheibe längs verschiebbar mit der Getriebehauptwelle verbunden. Auf diese Kupplungsscheibe, die ein bremsbelagähnliches Material aufgenietet trägt, drückt die federbelastete Druckplatte. Dadurch wird die Kupplungsscheibe gegen die vom Motor angetriebene Schwungscheibe gepreßt und von dieser mitgenommen. Öffnungen an beiden Seiten des Kupplungsgehäuses beschleunigen die Abkühlung der Druckplatte.
Bei betätigtem Kupplungspedal wird die vorher an der Schwungscheibe anliegende Kupplungsscheibe von ersterer getrennt. Dabei überträgt sich die Pedalkraft auf den Kupplungshebel (auch: Ausrückhebel), der links aus der Kupplungsglocke herausragt. Das andere Hebelende schiebt das Drucklager auf der Welle nach vorn gegen das kugelgelagerte Ausrücklager, das ebenfalls nach vorn gedrückt wird. Dadurch wird das Außenteil der Druckplatte um die Lagerpunkte nach hinten gezogen. Somit ist ausgekuppelt, denn die Kupplungsscheibe läuft jetzt frei zwischen Druckplatte und Schwungrad.
Nachlassender Pedaldruck kehrt den Vorgang um und verbindet wieder den Motor mit dem Getriebe. Durch Festhalten des Pedals auf halbem Wege bewirkt man das »Schleifen«, jenen für den Kupplungsbelag mörderischen Vorgang.
Eine Eigenart der Kupplung im Peugeot ist die Scheibenfeder. Man findet sie allerdings auch bei einigen anderen Fabrikaten. Mit ihrer Hilfe wird die Druckplatte gegen die eigentliche Kupplungsscheibe – die den Kupplungsbelag trägt – gepreßt. Gewöhnlich werden dafür mehrere kleine Schraubenfedern verwendet. Die Scheibenfeder ist eine gegen Fliehkraft unempfindliche Metallscheibe, sektorenförmig wie eine Torte eingeschnitten, mit einzelnen Zungen.

Die Übertragung der Pedalkraft zum Kupplungshebel geschieht nicht mechanisch (sonst meist durch Seilzug), sondern auf hydraulischem Wege. Das System ist mit dem der Bremsanlage vergleichbar und beim 504 wird dabei auch die Flüssigkeit für die Bremsbetätigung eingesetzt. Das Kupplungspedal ist mit einer Stange mit Kolben im Kupplungshauptzylinder (Geberzylinder) verbunden. Von dort führt eine Leitung zum Arbeitszylinder (Nehmerzylinder) am Kupplungsgehäuse, wo die Kraft auf den Ausrückhebel übertragen wird. Einzelheiten, die mit dieser Hydraulikanlage verbunden sind, werden im Kapitel über die Bremsen besprochen. Wie bei den Bremsen, so kann es auch bei dieser Kupplung vorkommen, daß ihre Leitung entlüftet werden muß. Bemerkbar macht sich diese Forderung durch schwer einzulegende Gänge. Natürlich muß die Anlage richtig befüllt sein, sonst treten ärgere Schaltschwierigkeiten auf.

Kupplung ohne Nachstellung

Die hydraulische Kraftübertragung und die Konstruktion der Kupplung lassen einen stets vorhandenen Vordruck entstehen, der praktisch bis zum Verschleiß des Belages reicht. Wenn der Fahrer das beginnende Nachlassen der Kupplungswirkung bemerkt, beträgt die Belagstärke noch etwa 4–5 mm. Dann muß man sich allmählich auf einen Werkstattbesuch einrichten.
Ansonsten braucht an der Kupplung nichts nachgestellt zu werden. Eine schwächere Wirkung kann natürlich auch mit Undichtigkeiten im hydraulischen System zusammenhängen, so können z. B. die Manschetten in den Zylindern undicht werden. Diese lassen sich ersetzen, aber Reparaturen an den beiden Zylindern werden nicht vorgenommen, man tauscht sie aus.

Rutschende Kupplung

Durchrutschen bedeutet, daß die Kupplung nicht mehr die volle Motorkraft übertragen kann, also nicht mehr einwandfrei verbindet. Auch eine sorgsam behandelte Kupplung kann durch allmählichen Verschleiß so abmagern, daß die Reibpartner einfach nichts mehr zu fassen bekommen – wo keine Anpreßkraft hinkommt, kann auch keine Reibungskraft erzeugt werden. In diesen Fällen wird man die Unarten der Kupplung meist bemerken, wenn beim Fahren im schnellsten Gang (in dem die dem Motor abverlangte Leistung am größten ist) der Motor bei Belastung »durchdreht«, d. h. auffallend schneller dreht, als es der Fahrgeschwindigkeit entspricht.

Kupplung trennt nicht

Wenn es beim Schalten kratzt oder kracht, dann trennt die Kupplung nicht mehr richtig. Um die Ursache dieser Begleitmusik zu ermitteln (es könnte in Ausnahmefällen auch am Getriebe liegen), muß man die Probe mit einem nicht synchronisierten Gang machen. Das ist nur der Rückwärtsgang. Lassen Sie den Motor laufen, kuppeln Sie ganz aus, warten Sie etwa eine Sekunde lang und legen Sie dann den Rückwärtsgang ein. Kratzt es, dann trennt die Kupplung nicht sauber. Ursache ist meistens zu großes Kupplungsspiel oder zu wenig hydraulische Flüssigkeit. Böser ist es, wenn der Kupplungsbelag an der Druckplatte oder an der Schwungscheibe klebt, und in schlimmen Fällen ist die Mitnehmerscheibe durch Hitze verzogen.

Zumutbare und unzumutbare Behandlung

Manchmal läßt es sich im heutigen Verkehr nicht umgehen, »mit der Kupplung zu fahren«, was bedeutet, daß man sie ein wenig schleifen läßt, weil das Fahrtempo noch im unteren Bereich des 1. Gangs liegt. Aber grundsätzlich sollte man sonst darauf bedacht sein, die Kupplung nur kurz zum Ein- und Auskuppeln zu betätigen. Eine schlechte Angewohnheit ist es ebenfalls, mit durchgetretenem Pedal vor der Ampel auf die Weiterfahrt zu warten. Das beansprucht das Ausrücklager und zieht notwendigerweise Verschleiß nach sich.

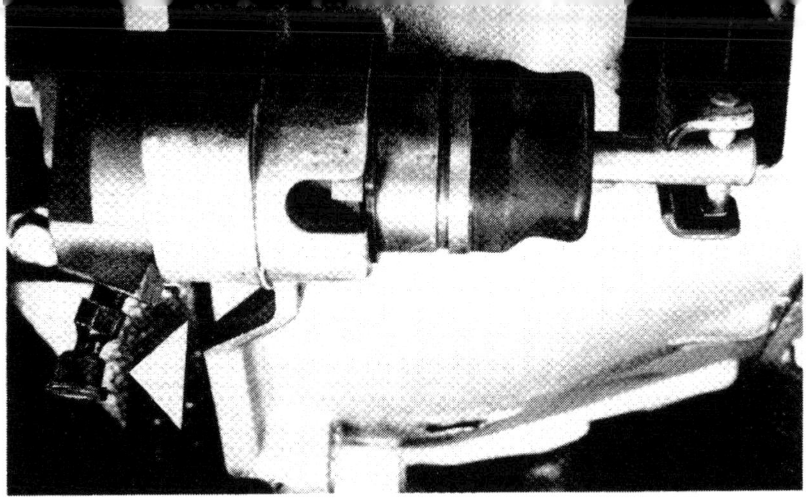

Der Nehmerzylinder für die hydraulische Kupplungsbetätigung ist am Kupplungsgehäuse unten links angebracht. Der weiße Pfeil im Bild zeigt auf das Entlüftungsventil. Neben dem auf dieser Seite beschriebenen Vorgang des Entlüftens besteht für Praktiker noch die Möglichkeit, die Hydraulikflüssigkeit mittels Plastikflasche in das Entlüftungsventil zu pumpen.

Kavalierstart

Eine recht wirksame Methode, die Beläge frühzeitig zu verschleißen, ist das Anfahren im 2. Gang oder mit zu hoher Motordrehzahl, landläufig als Kavalierstart bekannt. Technisch gesehen bekommt man tatsächlich vom Halt weg eine größere Anfangsbeschleunigung, wenn man mit höherer Drehzahl und länger schleifender Kupplung anfährt. Sinnvoll ist das aber nur beim Motorsport.

Schalten ohne kuppeln

Wenn die Kupplungsübertragung defekt ist, kann man notfalls ohne Kupplungshilfe die Gänge wechseln. Zum Anfahren legt man bei stehendem Motor den ersten (oder bei warmem Motor gleich den zweiten) Gang ein. Anlasser betätigen – der Wagen setzt sich holpernd in Bewegung. Aufwärtsschalten geschieht, indem man Gas wegnimmt und bei schiebendem Wagen, also bei geringerer Motordrehzahl, den Gang herausnimmt. Nach einer kleinen Schaltpause im Leerlauf muß der nächste Gang dann eingelegt werden, wenn antreibende und angetriebene Welle im Getriebe die gleiche Drehzahl haben, wobei sie sich ohne Widerstand miteinander verbinden lassen.

Hydraulikanlage entlüften

Zur Entlüftung dient das Ventil, das auf dem Bild oben zu sehen ist. Man erreicht es von der linken Seite her unter dem Wagen. In der Werkstatt benutzt man zum Entlüften einen speziellen Behälter, aus dem mit ca. 1,5 bar Druck die Flüssigkeit in die Hydraulikanlage gepreßt wird.
In der Selbsthilfe verfährt man ähnlich wie auf Seite 147 beschrieben. Dazu wird die Entlüftungsschraube des linken Radbremszylinders mit dem Entlüftungsventil der Kupplung durch einen durchsichtigen Schlauch verbunden. Mit dem Bremspedal pumpt man die Flüssigkeit in die Kupplung. Eine Hilfsperson muß am Schlauch den Durchfluß beobachten und auch nötigenfalls den Bremsflüssigkeitsbehälter auffüllen.

Das interessiert den Fachmann

Reparaturen an der Kupplung können nur ausgeführt werden, wenn das Getriebe ausgebaut ist.
Die Druckplatte vom Typ 215 DB stammt von Ferodo. Ihre Anpreßkraft beträgt bei der Limousine 420 kg, bei Break und Familiale 450 kg und beim Commerciale 410 kg (alle mit Benzinmotor).
Die Mitnehmerscheibe weist eine Stärke von 1,3 mm auf, Abmessungen: 215x145 mm. Bei neuer Mitnehmerscheibe sollen zwischen Schwungrad und Druckplatte folgende Abstände vorhanden sein: Unbelastet 8,4 ± 0,1 mm; unbelastet, jedoch von der Druckplatte aneinandergepreßt, 8 ± 0,1 mm; mit einer Kraft von 450 kg angepreßt 7,7 mm(+ 0,15 mm oder –0,30 mm).

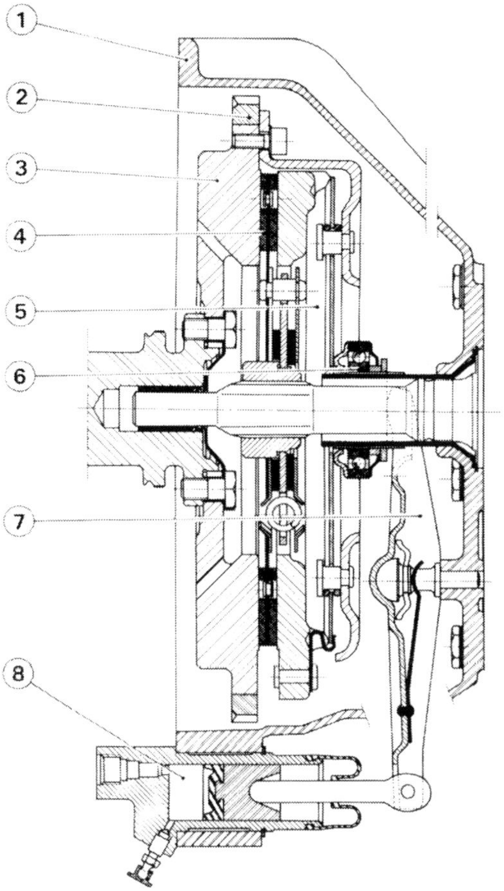

Im wesentlichen besteht die Kupplung aus folgenden Teilen: 1 – Kupplungsgehäuse, 2 – Anlasser-Zahnkranz, 3 – Schwungrad, 4 – Mitnehmerscheibe ∅ 145 × 215 mm, 5 – Druckplatte mit Federscheibe, 6 – Geführtes Kugel-Ausrücklager, 7 – Ausrückgabel, 8 – Nehmerzylinder.

Störungsbeistand
Kupplung

Die Störung	– ihre Ursache	– ihre Abhilfe
A Kupplung rupft	1 Druckplatte oder Schwungscheibe zu stark abgenützt (Riefenbildung) oder angerissen	Nachschleifen oder auswechseln
	2 Kupplungsscheibe hat Schlag	Korrigieren, besser auswechseln
	3 Verschmierte Kupplungsscheibe	Auswechseln, Dichtungen überprüfen
B Kupplung trennt nicht	1 In der Hydraulikanlage fehlt Flüssigkeit	Nachfüllen, nach undichter Stelle suchen
	2 Kupplungsscheibe hat Schlag	Richten oder auswechseln
	3 Beläge gerissen	Scheibe auswechseln
	4 Nabe der Kupplungsscheibe zu stramm auf Welle	Gängigmachen oder oder auswechseln
C Kupplung rutscht	1 Klemmender Kolben im Arbeitszylinder	Arbeitszylinder austauschen, Hydraulikanlage überprüfen
	2 Kupplungsscheibe verschmiert	Scheibe auswechseln Dichtungen prüfen
	3 Beläge verschlissen	Scheibe auswechseln

Richtig übersetzt

Der Autofahrer muß zur rechten Zeit den richtigen Gang einlegen, damit die Leistung des Motors voll wirksam werden kann. Nur bei einer bestimmten Drehzahl gibt ein Verbrennungsmotor die nötige Leistung ab und die Durchzugskraft des Motors (bestimmt durch das Drehmoment) ist je nach Drehzahl verschieden. Da sich ständig unterschiedliche Fahrgeschwindigkeiten und Belastungen ergeben (z. B. Beschleunigen, Bergfahren), müssen zur Anpassung an die Drehzahl der Antriebsräder verschiedene Übersetzungsstufen gewählt, also geschaltet werden. Das automatische Getriebe jedoch vermag selbständig die jeweils günstigste Übersetzungsstufe zu wählen, wobei trotzdem noch eine individuelle Beeinflussung erhalten bleibt und bisweilen sogar nötig ist.
Getriebe, Übertragungswelle (Kardanwelle), Ausgleichgetriebe (Differential) und Achsantrieb sind Bauteile mit sehr genauen Maßen und Toleranzen. Arbeiten daran soll man der Werkstatt überlassen. Die Kontrolle des Ölstands und der Wechsel des Getriebeöls (siehe Kapitel »Schmieren aller Teile«) liegen allerdings im Bereich der Möglichkeiten des Eigenpflegers.

Das Schaltgetriebe

Die Motorkraft wird über Kupplung und eine kurze Welle zum Schaltgetriebe geleitet. In diesem Wechselgetriebe greifen verschiedene Zahnradpaare ineinander, die zwischen Motor und den Antriebsrädern für die richtige Übersetzung sorgen. Der Fahrer bestimmt durch Einlegen des betreffenden Ganges, welche Zahnradpaare (Übersetzungen) gerade in Funktion sein sollen.
Das Vierganggetriebe besitzt – wie heutzutage üblich – geräuschlose (synchronisierte) Vorwärtsgänge und einen geradverzahnten (nicht synchronisierten) Rückwärtsgang. Das bedeutet Schalten ohne Zwischengas und Zwischenkuppeln. Die Zahnräder in Synchrongetrieben sind nicht mehr in Längsnuten verschiebbar, vielmehr sitzen sie frei drehbar auf der Getriebeausgangs- (Antriebs-)welle und befinden sich in ständigem Eingriff mit den auf der Eingangswelle festsitzenden Gegenrädern. Zum Schalten werden sie über kleine, seitlich

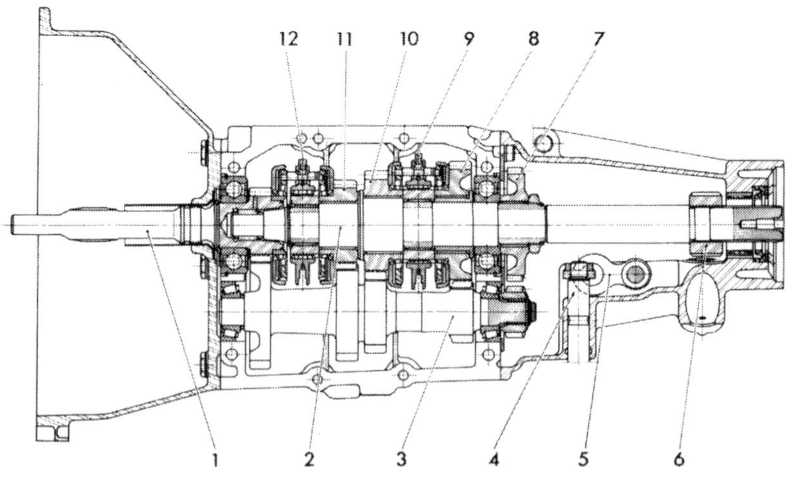

Der Längsschnitt des mechanischen Schaltgetriebes Typ BA 7 läßt folgende Einzelteile erkennen: 1 – Antriebswelle, 2 – Hauptwelle, 3 – Vorgelegewelle, 4 – Gangschalthebel, 5 – Gangwählhebel, 6 – Antriebsschnecke mit 10 Windungen für Km-Zähler, 7 – Zahnrad für R.W.-Gang: 31 Zähne, 8 – Zahnrad für 1. Gang: 35 Zähne, 9 – Synchronkörper für 1./2. Gang, 10 – Zahnrad für 2. Gang: 29 Zähne, 11 – Zahnrad für 3. Gang: 26 Zähne, 12 – Synchronkörper für 3./4. Gang.

mit ihnen verbundenen Kupplungen mit der Welle verbunden oder gelöst. Synchronisiert wird – vereinfacht ausgedrückt – mit kleinen Reibungskupplungen (Konus und Gegenkonus).
Je mehr die Drehzahlen der Antriebwelle von denen der Welle zu den Antriebsrädern voneinander abweichen, umso mehr Reibungsarbeit wird den Synchronisierkupplungen aufgebürdet. Das braucht seine Zeit. Deshalb gilt es, exakt zu schalten, um die Langlebigkeit der Synchronisation zu sichern. Gewaltsames Durchreißen des Schalthebels beansprucht die Synchronisation über Gebühr und schadet. Defekte Synchronringe machen beim Schalten Kratzgeräusche.

Einzelheiten des Peugeot-Getriebes

Das Getriebe vom Typ BA 7 hat sich schon im Peugeot 404 bewährt und wurde für den 504 nur leicht verstärkt. Zur besseren Montage der Getriebeteile besteht das Hauptgehäuse aus zwei in Längsrichtung zusammengesetzten Teilen. Es enthält eine Ölfüllung von 1,5 l Öl 10 W-50. Eine Entlüftungsbohrung oben verhindert das Ausfließen von Öl bei möglichem Überdruck.
Die Antriebswelle ist vorn in einer Zentrierbüchse aus Bronze und hinten durch ein Kugellager gelagert. In der Antriebswelle wird die Hauptwelle des Getriebes von einer nadelgelagerten Büchse geführt, ein Kugellager und ein Nadellager sorgen für die Führung im Gehäuse.
Die Zahnräder des 1., 2. und 3. Ganges stehen in dauerndem Eingriff mit den entsprechenden Zahnrädern der Vorgelegewelle. Der direkte (4.) Gang entsteht durch »Verklauung« der Synchronkörpernabe des 3./4. Ganges mit der Antriebswelle. Im Hauptgetriebegehäuse wird die Vorgelegewelle durch zwei Kegelrollenlager gehalten. Auf ihr sitzt das Zahnrad des Rückwärtsganges, welches das Gegenrad der Hauptwelle über ein Schieberad antreibt.
Im hinteren Getriebegehäuse sind Gangschalt- und Gangwählhebel untergebracht, ferner Schnecke und Ritzel für den Tachometerantrieb. Die 10 Windungen der Schnecke treiben – entsprechend der jeweiligen Übersetzung des Hinterachsantriebs – ein Ritzel mit 20 oder 19 Zähnen an. Den unterschiedlichen Charakteristiken der einzelnen 504-Modelle sind die Übersetzungsverhältnisse des Getriebes entsprechend angepaßt (siehe »Technische Daten«).

Die Gangschaltung

Coupé und Cabrio, Wagen mit Rechtslenkung und die Typen GL und TI ab Juli 1972 sowie die Typen GR und SR ab 1978 und das Grundmodell ab 1978 haben Knüppelschaltung (TI-Vorserie ab Ende 1971). Die Kombiwagen gibt es für die USA wahlweise mit Knüppelschaltung, die L-Version ist mit Lenkradschaltung, ab September 1975 auch mit Knüppelschaltung ausgestattet. Bei letzterer erfolgt die mit dem Schalthebel ausgeübte Bewegung sozusagen über Eck zum Getriebe hin und es kann vorkommen, daß die Hebelführung nicht ganz exakt ist – sie geht hakig. Das kann durch Einstellen der Gestänge behoben werden. Bei Neuwagen fällt ein solcher Mangel unter die Garantie. Selbstverständlich läßt sich auch das Gestänge der Knüppelschaltung einstellen. In jedem Fall sollte man diese Arbeit einer Peugeot-Werkstatt überlassen.

Das automatische Getriebe

Die Limousinen (L ab 1976) wie auch der Familiale können mit einer Getriebeautomatik ausgerüstet sein. Sie wird von der Zahnradfabrik Friedrichshafen hergestellt und trug bis etwa Mai 1976 die Bezeichnung 3 HP 12, dabei handelte es sich um eine Weiterentwicklung des im 404 bekannten automatischen Getriebes. Das seitdem zum Einbau kommende Wechselgetriebe trägt die Bezeichnung ZF 3 HP 22 und besitzt andere Übersetzungsverhältnisse.
Zur Funktion der Getriebeautomatik sei gesagt, daß zwischen das Planetengetriebe und den Motor ein hydrodynamischer Drehmomentwandler von Fichtel &

Sachs geschaltet ist, in dem die Leistung des Motors durch Schaufelräder übertragen wird. Gekuppelt mit dem Motor ist das Pumpenrad, das die Wandlerflüssigkeit bei laufendem Motor in Rotation versetzt und nach außen gegen das Wandlergehäuse schleudert. Dabei trifft die Flüssigkeit auf das sogenannte Leitrad, welches für eine Umlenkung in die Drehrichtung der Kurbelwelle sorgt. Dadurch wird auch das Turbinenrad in Drehung versetzt, das mit dem nachgeschalteten Getriebe fest verbunden ist. Da die Zahnräder des Getriebes dauernd in Eingriff stehen und die Wandlerflüssigkeit bei laufenden Motor immer versucht – durch das Pumpenrad in Bewegung versetzt –, das Getriebe und damit auch die Antriebsräder zu bewegen, »kriecht« dieser auch im Leerlauf, muß also mit Fuß- oder Handbremse festgehalten werden.
Die Beeinflussung des automatischen Getriebes kann auf dreierlei Art geschehen: Durch Schalten per Hand in gewohnter Weise (aber ohne Kuppeln), durch Sperren des oberen oder der beiden oberen Gänge (Fahrstufen), und durch »Kickdown«, also volles Durchtreten des Gaspedals. Sowohl beim Kickdown als auch beim langsamen Gasgeben (oder Gaswegnehmen) verändern sich die Unterdruckverhältnisse im Ansaugrohr des Vergasers, was zu entsprechenden Reaktionen im Getriebe führt. Durch Bandbremsen werden hier bestimmte Zahnradsätze abgebremst, andere freigegeben, wodurch gewissermaßen der »Gangwechsel«, und damit verschiedene Übersetzungen hergestellt werden. Die aufwendige Mechanik mit ihrem kompliziert erscheinenden Aufbau zeichnet sich durch geringe Störanfälligkeit aus.
Die Fahrstufe 1 ist hydraulisch abgesichert, versehentliches Zurückschalten in diese Stufe hat also keine Folgen. Ebenso wird eine irrtümliche Schaltung in die Parkstellung während der Fahrt von einer Sperrklinke abgewiesen.

Fingerzeig: *Bei scharf betätigten Bremsen schaltet das automatische Getriebe zurück. Das kann auf winterlich glatter Fahrbahn einen Schleudervorgang auslösen. In solcher Situation sollte man – entsprechend dem Auskuppeln beim handgeschalteten Getriebe – die Automatik in Leerlauf schalten.*

Störungsbeistand Automatik

Im Selbstverfahren ist nichts zu reparieren. Man kann aber prüfen, ob bei stehendem Motor und voll durchgetretenem Gaspedal die Drosselklappe der ersten Vergaserstufe voll geöffnet hat. Überhaupt muß man sich bei Verdacht auf Störungen der Aufmerksamkeit befleißigen. Es gibt z.B. eine Geruchsprobe: Verbrannte Kupplunglamellen oder Bremsbänder rufen eine Art Brandgeruch hervor. Dazu Peilstab ziehen und am Öl in Richtung Peilstab riechen.
Wenn die Schaltübergänge anomal ausfallen, kann es dazu folgende Erklärun-

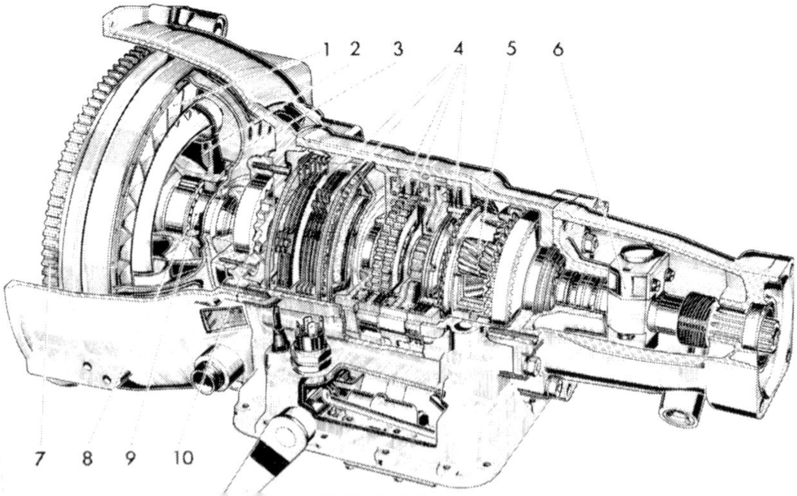

Das automatische Getriebe vom Typ 3 HP 12, aufgeschnitten dargestellt, zeigt:
1 – Turbinenrad,
2 – Leitrad,
3 – Pumpenrad,
4 – Lamellenkupplungen,
5 – Planetenradsatz,
6 – Fliehkraftregler,
7 – Schwungrad,
8 – Freilauf,
9 – Getriebe-Eingangswelle,
10 – Zahnradpumpe.

gen geben. Durchrutschende Kraftübertragung = Öldruck zu niedrig; harter Schaltübergang = Öldruck zu hoch; harte Kickdown-Rückschaltung = Rückschlagventil klemmt; überdies können noch andere Ursachen Anlaß zu den genannten Beanstandungen sein. Wenn die Bremswirkung in Fahrstufe »2« oder »1« ausfällt, kann auf eine Verstellung des Wählhebelgestänges geschlossen werden. Auch ungewöhnliche Geräusche, etwa Kreischen oder Zischen im Getriebe sind Alarmzeichen.
Ölstandskontrolle ist immer die erste Maßnahme vor jeder weiteren Untersuchung. Man muß auch wissen, daß kaltes Öl die hydraulischen Funktionen im Getriebe verlangsamt, daher ist jede Prüfung bei betriebswarmem Motor und bestimmt alle 1000 km vorzunehmen.
Wird keine Motorkraft auf die Antriebsräder übertragen, kann die Ursache folgende sein:

- Ölstand zu niedrig
- Ölsieb verschmutzt
- Ölpumpe schadhaft
- Drehmomentwandler defekt
- Antriebswelle gebrochen.

Rauhe Schaltvorgänge beim Abwärtsschalten im Schub dürften auf zu hohe Leerlaufdrehzahl des Motors zurückzuführen sein. Falls die Kraftübertragung beim Anfahren durchrutscht, ist eine Abnutzung des Bremsbandbelags möglich. Allgemein muß man, um weiterreichende Schäden zu vermeiden, bei jeder Abweichung von der normal gewohnten Funktion um Abhilfe durch eine Werkstatt bemüht sein.

Die Kardanwelle

Der »Längskraftübertragung«, wie es bei Peugeot heißt, vom Getriebe zum Differential dient eine Hohlwelle mit 42 mm Durchmesser. Diese ungeteilte Welle ist von einem Verbindungsrohr ummantelt und wird durch ein elastisch gelagertes Nadellager geführt. Die gute Funktion des Lagers wie auch der Schubrohrkugel – eine drehbare Verbindung zum Getriebe – muß durch regelmäßiges Abschmieren gewährleistet sein. Beim 504 L und bei den Kombi-Versionen mit anders geführter Hinterachse sind an dem Schubrohr auch die Schubstreben befestigt.
Auf der Seite der Getriebeabtriebswelle wie auf der Kegelradseite des Hinterachsantriebes, also an beiden Enden, besitzt die Kardanwelle Keilnuten. Somit können Schubkräfte aufgefangen werden. Bei den Wagen mit Einzelradaufhängung ist am Verbindungsrohr gleichzeitig die Auspuffleitung angebracht; gegen Wärme wird es durch eine Blechabdeckung geschützt.
Das Verbindungsrohr schützt die – sonst freiliegenden – Übertragungswelle auch vor Verschmutzung und Beschädigung, was möglicherweise zu Torsionsschwingungen führen könnte. Trotzdem kann ein entsprechender Unfall eine Unrundheit der Welle zur Folge haben. Ausgebaut läßt sie sich vermessen: In Höhe des mittleren Nadellagers darf eine solche Abweichung von der Geraden nicht mehr als 0,2 mm ausmachen. Auch beim Verbindungsrohr darf die Unrundheit nicht mehr als 2 mm betragen. Welle und Rohr können mit hydraulischen Pressen gerichtet werden.

Der Hinterachsantrieb

Die vom Motor auf die Kardanwelle übertragene Drehbewegung, die in Wagenlängsachse verläuft, muß in der Hinterachse rechtwinklig »um die Ecke« geführt werden. Über Teller- und Kegelrad (ein Zahnradsatz) und links und rechts über je eine Achswelle wird die Antriebskraft zu den Hinterrädern geführt. Durch seine Übersetzung gleicht der Antrieb die höhere Getriebeausgangszahl der kleinsten Drehzahl an. Unterschiedliche Radwege bei Kurvenfahrt zwischen innerem und äußerem Hinterrad gleicht das Kegelradgetriebe (Differential) aus.

Um den Gelenkwellentunnel im Wagenboden niedrig zu halten, wird die Gelenkwelle so tief an das Hinterradgetriebe herangeführt, daß die Achse des kleinsten Kegelrades (Ritzel) unterhalb der Drehachse des Tellerrades liegt. Dieser Antrieb – ein Hypoidantrieb – verursacht hohe Zahnflankendrücke zwischen Teller- und Kegelrad, deshalb sind die Schmiermittelvorschriften genau einzuhalten.

Die 504-Modelle mit Einzelradaufhängung verfügen über ein Hinterachsgetriebe, das sich von dem bei Wagen mit starrer Hinterachse (504 L, Commerciale) unterscheidet. Bei den erstgenannten Ausführungen ist das Getriebegehäuse an einer Traverse aufgehängt, die an der Karosserie mit elastischen Zwischenlagen befestigt ist. Da auch der Motor gummigelagert ist und, wie erwähnt, die Kardanwelle in einem vorn und hinten fest verbundenen Rohr läuft, ist die Karosserie gegen Geräusche und Vibration dieser Einheit Motor/Getriebe/Hinterachse geschützt.

Bei diesen Wagen erfolgt die Kraftübertragung auf die Antriebsräder durch Gelenkwellen, die mit je zwei Gelenken ausgestattet sind. Eine solche Gelenkigkeit ermöglicht erst die Einzelradaufhängung (im nächsten Kapitel besprochen). Peugeot treibt hierbei einen recht sinnvollen Aufwand: In Nuten verschiebbare Dreikugel-Gelenke, sogenannte homokinetische oder Gleichlaufgelenke, lassen eine große innere Verschiebung und somit Längenveränderungen zu, als Ausgleich für die von den Rädern ausgehenden Schwingungen. In den äußeren Gelenken sorgt eine Feder für konstanten Druck auf die Achswelle. Die Gelenke sind wartungsfrei, weil Gummimanschetten die Einflüsse durch Wasser und Schmutz fernhalten. Beschädigte Manschetten sind baldmöglichst erneuern zu lassen.

Die andere Hinterachsausführung ist starr. Sie besteht aus einem tragenden Achsrohr, direkt mit den Hinterrädern verbunden, in dem beidseitig je eine Achswelle gelagert ist. Dadurch ist sie dem Gewicht des Wagens und dessen Schwingungen, aber auch den Verwindungsbeanspruchungen der Kraftübertragung ausgesetzt. Innerhalb des Achsgehäuses werden die Achswellen von Rollen- und Kugellagern getragen und enden in den Radnaben.

Wartungsarbeiten an den in diesem Kapitel beschriebenen Bauteilen sind im Kapitel »Schmieren aller Teile« beschrieben.

Schutzmanschetten der Gelenkwellen kontrollieren

Pflegearbeit Nr. 15

Bei der Hinterachse mit unabhängiger Radaufhängung sind die freiliegenden Achswellen den Einflüssen des Fahrbetriebs ausgesetzt. Besonders die Schutzmanschetten dieser Gelenkwellen werden durch Spritzwasser, Schmutz und hochgeschleuderte Steine strapaziert. Deshalb ist die 7500 km-Kontrolle, bei der man sich vom Zustand der Manschetten überzeugen muß, nicht auf die leichte Schulter zu nehmen: Beschädigungen des elastischen Materials lassen die schmierende Füllung entweichen und Fremdkörper sowie Nässe eindringen, wonach die Gelenke bald angegriffen werden.

Zur Sichtkontrolle fährt man das Auto über eine Grube oder hebt es hinten an. Um die Manschetten ringsum sorgfältig untersuchen zu können, muß man dann den Wagen entweder um eine halbe Radumdrehung weiterschieben oder bei freihängenden Rädern diese drehen. Schwärzliche Verfärbung des sonst grauen Straßenschmutzes deutet auf undichte Stellen. Wenn man gegen die Manschetten mit dem Finger drückt, kann man feststellen, ob ihre Elastizität noch erhalten ist oder ob sie verhärtet sind. In diesem Fall sollte man sich schon in der Werkstatt anmelden, damit die Manschetten ausgewechselt werden. Ein Austausch beschädigter Manschetten hat umgehend zu erfolgen.

Siehe dazu die Abbildung auf Seite 140.

Unterbau

Seine guten Fahreigenschaften verdankt der Peugeot 504 im wesentlichen einer aufwendigen Konstruktion des Fahrwerks. Durch eine geschickte Anordnung der Bauelemente wurde zudem erreicht, daß Antriebs- und Fahrgeräusche weitgehend geschluckt und vom Inneren der Karosserie ferngehalten werden.
Innerhalb der 504-Reihe entdeckt man zwei technisch erheblich voneinander abweichende Hinterradführungen. Während die Limousine L, Break, Commerciale und Familiale über eine starre Hinterachse verfügen, besitzen die anderen Typen einschließlich Break GL einen Hinterradantrieb mit unabhängiger Radaufhängung. Vorderachse mit Einzelradfederung und die Art der Lenkung ist allen Modellen gemeinsam.
Die notwendigen Pflegearbeiten der auf diesen Seiten behandelten Fahrwerksteile sind im Kapitel »Schmieren aller Teile« beschrieben.

Die Vorderachse

Fachkenntnisse, Spezialwerkzeug und Verantwortungsbewußtsein sind nötig, wenn an der Vorderachse etwas eingestellt oder repariert werden soll. Man sollte deshalb entsprechende Arbeiten der Peugeot-Werkstatt überlassen.
Sozusagen das Rückgrat der Vorderachse bilden der Vorderachsträger und der davor liegende Querträger. Ersterer besteht aus Stahlguß; an ihm sind die Motorlager und das Lenkgetriebe befestigt. Auf dem Querträger aus Stahlblech steht der Kühler und unter ihm kann der Wagenheber angesetzt werden. Beide Träger sind mit der Karosserie verschraubt.
An beiden Enden dieser Querträger schließen sich bewegliche Bauteile – sogenannte Querlenker – als Bestandteile der Einzelradaufhängung der Räder an. Als »untenliegend« ausgebildete Querlenker bestehen diese jeweils aus zwei Lenkarmen, miteinander gelenkig verbunden. Über Haltegelenke und Silentblöcke (Dämpfungsbuchsen zur Verringerung der Fahrgeräusche und der

Die Pfeile zeigen auf die mit Fett gefüllten Gummimanschetten an der Vorderradaufhängung. Reinlichkeit ist oberstes Gebot im Umgang mit Gummi. Obwohl Gummi heute alterungsfest hergestellt und auf besondere Funktionen abgestimmt wird, kann es doch durch äußere Einflüsse angegriffen werden. Benzin und Öl sind ebenfalls böse Feinde, deshalb soll man auch beim Absprühen der Wagenunterseite die Gummiteile abdecken.

Alle Peugeot 504-Modelle besitzen diese Vorderachse mit Federbeinen. Es sind bezeichnet:
1 – Vorderer Querträger aus Stahlblech,
2 – Drehstab,
3 – Vorderer Arm des Dreieckquerlenkers,
4 – Achsschenkel mit Stoßdämpfer,
5 – Hinterer Arm des Dreieckquerlenkers,
6 – Vorderachsträger aus Stahlguß,
7 – Radnabe,
8 – Gummipuffer,
9 – Schraubenfeder,
10 – Obere Auflageschale der Schraubenfeder,
11 – Obere Halterung (elastisch gelagert),
12 – Sicherheitsscheibe.

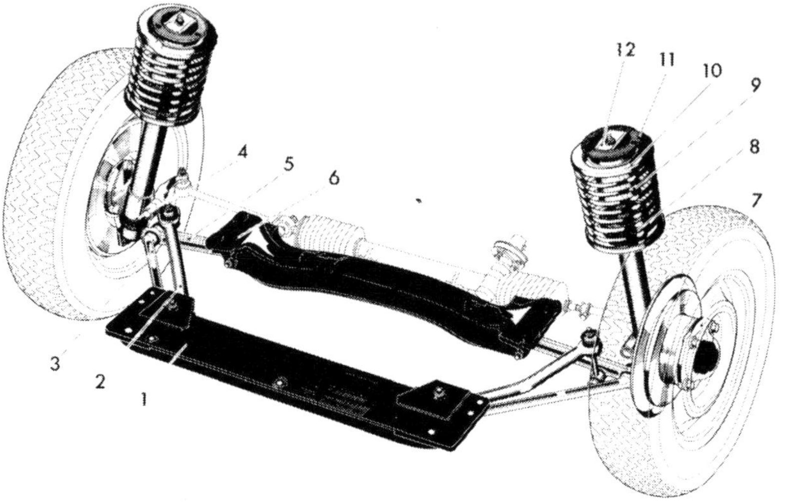

Bremsauswirkungen) stehen vordere und hintere Lenkarme mit den Querträgern in Verbindung.
Das äußere Ende des hinteren Querlenkerarms ist zugleich Stütze für den Achsschenkel. An den Achsschenkeln sind lange, leicht nach innen geneigte Stoßdämpfer stehend angebracht, deren oberer Teil von einer Schraubenfeder umschlossen wird. Unten ist die Auflageschale der Feder an das Stoßdämpfergehäuse geschweißt. Die obere Halterung dieser Federbeine ist über eine elastische Lagerung mit der Karosserie (im Motorraum) befestigt. Ein Nadellager ermöglicht unter der oberen Auflageschale das freie Drehen des Achsschenkels. Zur Stabilisierung des Fahrverhaltens trägt ein Drehstab bei, der von zwei Gummilagern an den Haltegabeln der vorderen Lenkarme geführt wird. Er ist mit jedem hinteren Lenkarm – über Zwischenstangen und Silentblöcke – verbunden. Bei ungleichmäßigem Einfedern der Räder wird der Stabilisator auf Verdrehen (Torsion) beansprucht: Die Federung des einfedernden Rades verhärtet sich, das andere wird vom Drehstab nach unten gedrückt und bekommt festeren Bodenkontakt, lästige Kurvenneigung wird verhindert.
Zwischen Achsschenkel und hinterem Lenkarm befindet sich ein Kugelgelenk aus vergütetem Stahl, das zwischen zwei Kunststofflagerschalen drehbar ist. Das Gelenk muß regelmäßig geschmiert werden (Schmiernippel!). Der Sitz des Stoßdämpfergehäuses sowie der Lenkhebel sind am Achsschenkel angeschweißt. Wie auch bei anderen Autos üblich, ist der Achsschenkel in der Radnabe mit zwei Kugellagern, seit Ende 1975 mit effektiveren Kegelrollenlagern (Betriebsspiel: 0,01–0,05 mm) gelagert. Radnabe und Lager sind mit etwa 100 g Radlagerfett (Esso Multipurpose Grease H) versehen.

Die Hinterachse

Bei den Wagen mit starrer Hinterachse werden die Hinterräder spur- und sturzkonstant geführt, was bei Nässe und Glätte von Vorteil ist. Die wenig komplizierte Radaufhängung bietet allerdings einen nicht unter allen Umständen optimalen Federungskomfort, weil die starre Achsbrücke größere ungefederte Massen aufweist und die Federung nicht so fein wie bei einer Einzelradaufhängung ansprechen kann. Dennoch kam man mit dieser Achskonstruktion zu respektablen Ergebnissen.
Beide Hinterräder laufen an einem gemeinsamen Achsrohr. Sie sind in seinem

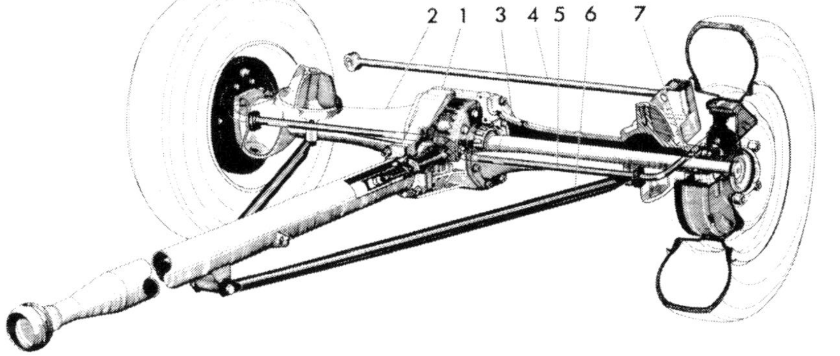

Starre Hinterachse des 504 L mit Trommelbremsen. Es bedeuten: 1 – Hinterachsgetriebegehäuse, 2 – Rechtes Hinterachsrohr, 3 – Linkes Hinterachsrohr, 4 – Stabilisator, 5 – Drehstab, 6 – Dreiecklenker, 7 – Ölabweisring.

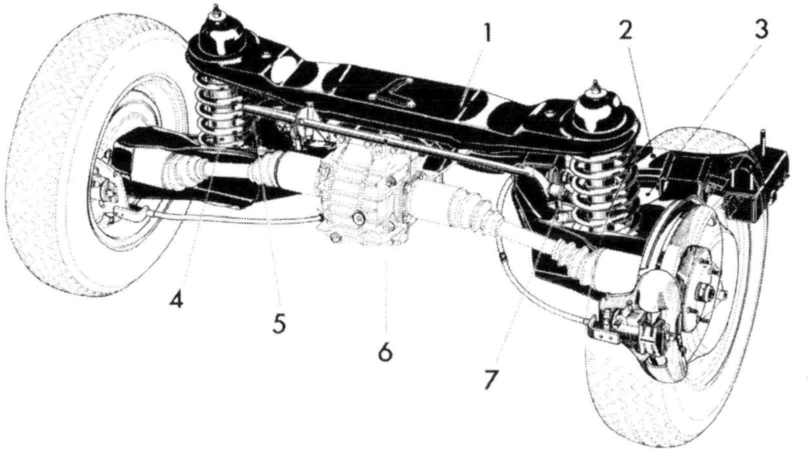

Die Modelle TI und GL verfügen über diese Hinterachse mit Einzelradaufhängung und Scheibenbremsen. Man sieht: 1 – Aufhängungstraverse, 2 – Hinterachsquerträger, 3 – Längsträger, 4 – Stoßdämpfer, 5 – Schraubenfeder, 6 – Drehstab, 7 – Zwischenstange des Drehstabs. (Ansicht von hinten).

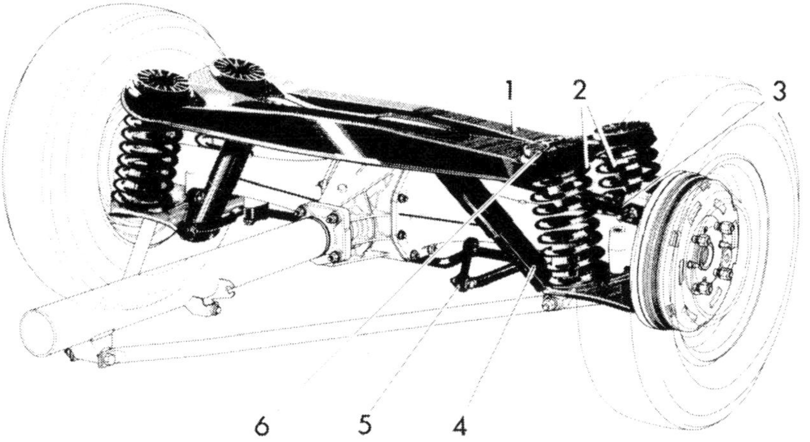

Die Break-, Commerciale- und Familiale-Hinterachse besitzt Trommelbremsen. Ihre wesentlichen Bauteile sind: 1 – Aufhängungstraverse, 2 – Schraubenfedern, 3 – Stabilisationsstab, 4 – Stoßdämpfer, 5 – Drehstab, (nur Familiale und Break), 6 – Gummilager des Querträgers.

Innerhalb der mit Pfeilen bezeichneten Manschetten verbergen sich Gelenke, die immer in Fett gebettet sein müssen. Besonders sollen die Manschetten aber gegen Schmutz und Feuchtigkeit schützen. Sie müssen demnach regelmäßig nach eventuellen Beschädigungen abgesucht werden. Diese Kontrolle läßt sich nur zuverlässig ausführen, wenn der Wagen auf der Hebebühne oder über einer Grube steht. Als Eigenpfleger kann man auch den Wagen einseitig anheben und durch Drehen des Hinterrades die Manschetten rundum prüfen, danach kontrolliert man die Hinterachsmanschetten der anderen Wagenseite.

Inneren durch Halbachsen mit dem Differential verbunden, das dem Ausgleich unterschiedlicher Rollwege bei Kurvenfahrt dient. Die Leistung des Motors wird über die Kardanwelle und über Kegel- und Tellerrad und Differential zu den beiden Halbachsen übertragen. Zwei Längslenker, nach vorn mit dem Kardanwellenrohr verbunden und somit als Schubstreben wirkend, führen diese Hinterachse.

Im weiteren Aufbau der starren Achse kommt es jedoch zu Unterschieden beim 504 L und bei den Wagen mit Kombi-Aufbauten. Bei der Limousine stützen sich die Achsrohre gegen je eine Schraubenfeder, die mit der Karosserie verbunden ist. Ein außerhalb der unteren Federsitze an der Achse befestigter Drehstab ist vor der Achse am Wagenboden gelagert. Ein langer Querlenker, auch als Panhardstab bezeichnet, ist links am Hinterachskörper angebracht und mit seinem anderen Ende gelenkig mit dem Unterbau rechts verbunden. Er dient zur Führung der Achse in seitlicher Richtung.

Die für höhere Transportlast eingerichteten Kombis sind an jeder Hinterachsseite mit zwei hintereinander stehenden Schraubenfedern ausgestattet. Die Federn sitzen oben in den Enden einer aus Stahlblech gepreßten Brücke, auf der der Aufbau ruht. Der Drehstab, mehrmals direkt unterhalb der Hinterachse gekröpft, wird nur bei Break und Familiale angetroffen.

Zu den übrigen Modellen gehört die in dieser Art nicht alltägliche Hinterachse mit Einzelradaufhängung. Auf Seite 136 wurde die bei ihr vorhandene Antriebsübertragung bereits beschrieben. Das Achsgetriebe ist unter einer Traverse aufgehängt, die zugleich die von unten herangeführten Schraubenfedern mit den oberen Stoßdämpferbefestigungen aufnimmt. Unten stehen die Federn auf den Längslenkern. Schräg oberhalb des Antriebs befindet sich der nach hinten ausladende Drehstab, der am Kofferraumboden zwei elastische Lager und zu jedem Längslenker eine nach unten abgewinkelte Zwischenstange besitzt.

Die Schubkraft der Antriebsräder wird durch die Längslenker auf einen Querträger übertragen, der Verbindung zu der Karosserie über Lagerböcke mit je zwei Gummilagern hat. Form und Anordnung dieser Lager gestatten bei exakter Führung der Achse, Schub- und Bremskräfte zu dämpfen und Fahrgeräusche zu absorbieren. Die kastenförmigen Längslenker sowie der von Seite zu Seite des Wagenbodens reichende Querträger bestehen aus starkem, gepreßten Stahlblech.

Jeder Längslenker ist mit zwei Silentblöcken versehen, die auf der Traverse mittels zwei Haltegabeln mit großer Innenweite gehalten werden und leicht geneigt angeordnet sind. Dadurch werden seitliche Verschiebungen verhindert, aber

ein in Abhängigkeit von der Belastung variabler Radsturz wird ermöglicht, was sich auf die Stabilität günstig auswirkt. Gummipuffer unter der Karosserie begrenzen die vertikalen Ausschläge der Aufhängung.
Wegen der stabilen, selbsttragenden Bauart sind die Gelenkwellen unabhängig jeder Beanspruchung, die von den Radnaben ausgehen könnte. Diese werden im Achsschenkel, der am Längslenker befestigt ist, durch ein zweiteiliges Kugellager gehalten. Wartung verlangen die Radnaben nicht.

Die Radeinstellung

Für den Nichtfachmann kommen, wie schon angedeutet, Arbeiten an den Radführungen nicht infrage. Deshalb sollen hier nur die wichtigsten Begriffe der Radgeometrie erläutert werden. Man muß sie überprüfen lassen, wenn etwa die Reifen ein ungleichmäßiges Abnutzungsbild zeigen, wenn die Lenkung flattert und überhaupt natürlich nach einem Unfall, der die Radaufhängung in Mitleidenschaft gezogen hat.
Unter »Sturz« versteht man die leichte Schrägstellung der Räder, die sich in der Neigung der Radebene zu der auf der Standebene errichteten Senkrechten darstellt. Er bewirkt, daß die Räder stets am Radlager anlaufen, wodurch das Lagerspiel vermindert wird.
Durch den »Nachlauf« werden die Räder sozusagen gezogen und haben das Bestreben, von selbst die gerade Fahrtrichtung einzuhalten. Er wird erreicht, indem man die Achse des Achsschenkelbolzens so neigt, daß sich – grob ausgedrückt – aus der Verlängerung dieser Achse und aus einer Senkrechten auf der Fahrbahn ein meßbarer Winkel ergibt.
Die »Vorspur« dient dazu, die Vorderräder in eine Stellung zueinander zu bringen, daß sie nicht in Versuchung kommen, nach außen wegzulaufen. Andernfalls würden sie, unterstützt durch ihren Sturz und durch Fahrwiderstände, den Wagen in eine Kurve hineinziehen. Deshalb stellt man sie vorne näher zusammen als hinten – sie laufen in einem spitzen Winkel aufeinander zu. Falsche Vorspur verschleißt die Reifen schneller und wirkt sich ungünstig auf Lenkverhalten aus (Radflattern).
Mit »Spreizung« bezeichnet man die Neigung des Achsschenkelbolzens gegenüber einer zur Wagenlängsachse senkrechten Ebene. Durch die Spreizung erreicht man, daß Stöße auf die Räder an einem kleinen Hebelarm angreifen: Der Rollkreishalbmesser (Abstand zwischen Reifenberührungspunkt und Schnittpunkt der Achsschenkelbolzenachse mit der Fahrbahn) wird kleiner.
Die festgelegten Werte dieser einzelnen Begriffe sind auf Seite 224 zu finden. Dabei ist zu beachten, daß bei der Vorderachse im Juli 1969 und bei der Hinterachse im September 1970 gewisse Änderungen durchgeführt wurden.

Stoßdämpfer prüfen

Die Stoßdämpfer müßten eigentlich »Schwingungsdämpfer« heißen, denn sie sollen die nach der Einfederung eines Rades entstehenden Schwingungen dämpfen. Ohne sie würden sich die Räder während der Fahrt mehr in der Luft als auf der Straße befinden und der Wagen könnte unter bestimmten Umständen unkontrollierbare Eigenbewegungen vollführen.
Einige untrügliche Anzeichen für die nachlassende Wirkung der Stoßdämpfer bieten sich sowohl bei aufmerksamer Beobachtung während der Fahrt als auch durch einige Sichtkontrollen. Wenig oder sogar manchmal falschen Aufschluß erhält man durch die bekannte Schaukel-Methode im Stand, bei der man den Wagen am betreffenden Kotflügel aufschaukelt und plötzlich losläßt. Die Federbewegung müßte sofort gedämpft werden. Da sich die Bewegungen aber auch auf die übrigen drei Dämpfer auswirken, weiß man nie mit Gewißheit, welcher eventuell defekt ist.

Folgende Abweichungen von der Norm lassen auf defekte Stoßdämpfer schließen und gelten als Warnsignal:

■ Flatternde Lenkung, weil den Rädern der ständige Fahrbahnkontakt fehlt. Schädigt Übertragungsorgane der Lenkung und des Antriebs.

■ Nach Unebenheiten der Fahrbahn schwingt der Aufbau nach.

■ Verlust der Stabilität in Kurven, wobei die kurveninneren Räder nicht mehr auf den Boden gedrückt und die äußeren nicht genügend entlastet werden.

■ Anstieg der Seitenwindempfindlichkeit.

■ Springendes Rad, das freilich nur von einem neben- oder hinterherfahrenden Beobachter ausgemacht werden kann.

■ Vielfach unterbrochene Bremsspur bei harter Bremsung und unberechenbare Bremswirkung in der Kurve.

■ Ungleichmäßige Abnutzung der Reifen und erhöhter Reifenverschleiß.

■ Undichter Stoßdämpfer mit auffällig erkennbarem Ölverlust. Geringe Ölspuren sind normal; bis zu 10 Prozent der Dämpferfüllung kann ein Stoßdämpfer folgenlos verlieren.

Eine sichere Diagnose über den Zustand der Stoßdämpfer bieten Shocktester, wie sie von einigen Stoßdämpferfirmen und vom ADAC zur Verfügung stehen. Die dort gewonnenen Resultate ersparen umständliche Montage- und Prüfarbeiten, weil die Stoßdämpfer dabei kontrolliert werden, solange sie noch im Wagen eingebaut sind.

Guten Ruf haben die nachstellbaren Stoßdämpfer »Spezial D« von Koni, die man bei ohnehin einmal notwendigem Ersatz einbauen lassen kann. Für Limousine, Coupé und Cabriolet lauten die Bestell-Nummern für vorn 82R–1642 und für hinten 80A–2056. Beim Break ab Baujahr 1972 passen hinten dagegen die Dämpfer 82–1379. Häufige Vollbeladung oder die Benutzung eines Wohnanhängers lassen die Koni-Dämpfer »Load-a-Juster« mit progressiv arbeitender Zusatzfeder empfehlenswert erscheinen. Diese nur für die Hinterachse vorgesehen Dämpfer für den Break haben die Nummer 8000E–1044 und für die anderen Wagen 8000E–1095.

Die Lenkung

Die Drehbewegung am Lenkrad wird auf das obere Lenksäulenteil übertragen, dem sich über ein Kardangelenk nach vorn abgewinkelt der untere Lenksäulenteil anschließt. Eine so geknickte Lenksäule bietet erhöhte Sicherheit bei Auffahrunfällen. Zwischen Lenksäule und Lenkgetriebe ist eine Hardyscheibe (elastische Verbindung) eingebaut, daran anschließend greift ein Ritzel im Lenkgehäuse von oben in eine Zahnstange. Im Kreuzungspunkt unterhalb Ritzel und Zahnstange sitzt auf dem Gehäuse aus einer Aluminium-Legierung eine fixierte Einstellschraube. Ein Stößel mit Feder drückt die Zahnstange ständig gegen das Ritzel.

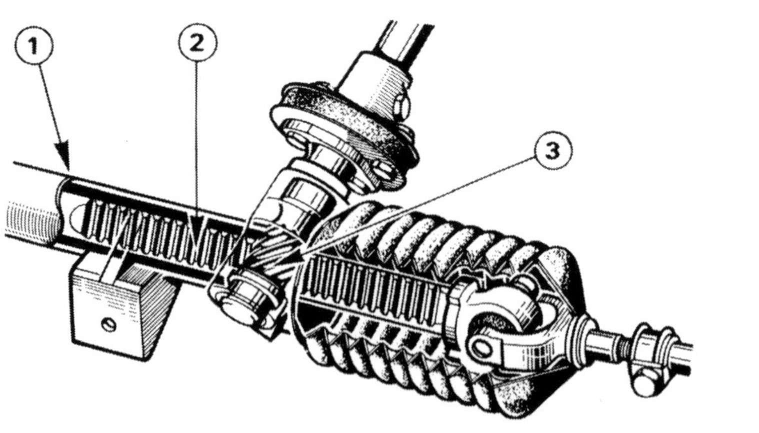

Diese Zeichnung vermittelt eine Vorstellung vom Wesen der Zahnstangenlenkung des Peugeot 504. Die wichtigsten Teile sind:
1 – Lenkgetriebegehäuse,
2 – Zahnstange mit 32 Zähnen,
3 – Ritzel mit 7 Zähnen.

Beim Stand unter dem Wagen gewinnt man vom Lenkgehäuse diesen Anblick. Im Bild links die harmonikaförmige Manschette, die auch in Bild der gegenüberliegenden Seite eingezeichnet ist, vom oberen Bildrand ragt die Lenksäule zum Lenkgetriebe. Auf Seite 71 ist am Beispiel anderer Schmiernippel gezeigt und beschrieben, wie man abschmiert. Der Nippel des Lenkgetriebes ist hier mit dem Pfeil bezeichnet.

Durch die Lenkradbewegung läuft das Ritzel auf der Verzahnung der verschiebbaren Zahnstange ab, die diese Hin- und Herbewegung auf die seitlich herausführenden Lenkspurstangen und damit an die Räder weitergibt. Das Lenkgehäuse ist mit Fett gefüllt, das aus dem seitlichen, harmonikaförmig faltbaren Manschetten nicht heraustreten kann. Um den Spurstangen das von den Rädern verursachte Mitschwingen zu ermöglichen, befinden sich innerhalb der Manschetten gelenkige Verbindungen zwischen Zahnstange und Spurstangen: Klauengelenke greifen in die Zahnstangenaugen. Somit sind die Spurstangen schwenkbar gelagert.
Am Ende jeder Lenkspurstange sorgt ein Kugelkopfgelenk für bewegliche Verbindung zu den Lenkhebeln an den Achsschenkeln. Über Schmiernippel muß hier regelmäßig Fett zugeführt werden. Die linke Spurstange ist in ihrer Länge verstellbar. Zur Fixierung der einmal gewählten Einstellung dienen Klemmbänder mit einer Schraube; bei der Voreinstellung soll der Abstand zwischen dem Bund der Haltegabel und dem des Kugelbolzengehäuses 180 mm betragen.

Lenkung prüfen

Noch im Stand kann man feststellen, ob sich im Lenkrad kein Spiel bemerkbar macht. Dabei sollen die Vorderräder in Geradeausfahrt stehen. Zugleich ist zu vermerken, ob sich die Lenkradspeichen dabei in waagerechter Stellung befinden. Man kurbelt das Seitenfenster herunter und stellt sich neben den Wagen. Dann greift man durchs Fenster, und während man das Lenkrad dreht, beobachtet man das linke Vorderrad und besonders die Felge. Denn die Reifen sind elastisch und können beim Drehen im Stand zunächst einen Teil des Einschlages »schlucken«, ehe sie sich bewegen. Bei stärkerem Einschlag der Räder kann ein geringes Lenkradspiel vorhanden sein.
In der Mittelstellung soll die Lenkung überhaupt kein Spiel aufweisen. Man fühlt es auch am Lenkrad. Es wird sogleich ein gewisser Widerstand spürbar. Auf einer ebenen Straße mit guter Fahrbahndecke kann man bei langsamer und auch bei schnellerer Fahrt die Geradeauslaufeigenschaft überwachen. Dazu gehört allerdings das Fehlen anderer Verkehrsteilnehmer, damit man bei dieser Kontrolle nicht gehindert wird. Wenn die Straße ganz frei ist, läßt man das Lenkrad während der Fahrt los. Der Wagen darf weder zur einen noch zur anderen Seite ziehen, sondern er muß schnurgerade in der Spur bleiben.
Ebenso kann man den Rückstelleffekt prüfen. Nach einer Kurve müssen sich die Vorderräder selbständig in die Geradelaufrichtung zurückstellen. Dieser Geradeauslauf wird von der Anordnung und Geometrie der Achsschenkellenkung hervorgerufen. Ist er gestört, muß die Werkstatt dem abhelfen.

Anhalter

Vom Zustand der Bremsanlage Ihres Wagens kann Ihr eigenes und das Leben anderer abhängen.
Oberstes Gebot ist es, daß regelmäßig Kontrollen einzelner Teile der Anlage vorgenommen werden. Das sind Sicht- und Funktionsprüfungen, die jeder Autofahrer selbst ausführen kann. Wartungsarbeiten und besonders Reparaturen sollen Sache der Werkstatt bleiben. Hierbei kommt es auf die Einhaltung von Arbeitsmethoden an, die mit großer Sorgfalt auszuführen sind. Arbeiten an den Bremsen und an der hydraulischen Anlage verlangen neben der Beachtung absoluter Sauberkeit, Verantwortungsbewußtsein, dazu die Verwendung des vorgeschriebenen Materials. Die in diesem Kapitel gebotenen Beschreibungen sollten daher nur unter diesen Gesichtspunkten gesehen werden.

Die Bremsanlage

Der Tritt auf das Bremspedal hat im Hauptbremszylinder die Betätigung eines Kolbens zur Folge, dessen Bewegung, vom Bremskraftverstärker unterstützt, die Bremsflüssigkeit in den Bremsleitungen zu den Radbremsen drückt. Bei dieser hydraulischen Übertragung erfolgt die nötige Ergänzung der Flüssigkeit selbsttätig aus dem Vorratsbehälter, der auf dem Hauptbremszylinder sitzt. Der Druck der Bremsflüssigkeit überträgt sich an den Scheibenbremsen auf Bremskolben und an den Trommelbremsen auf Radbremszylinder mit Kolben, welche die Bremsbeläge gegen die Scheiben bzw. Trommeln pressen. Um zu verhindern, daß bei scharfem Bremsen die entlasteten Hinterräder blockieren, ist in die Leitung ein Bremsdruckregler eingesetzt.
Die von dieser Anlage getrennte Handbremse wirkt über einem Seilzug – mechanisch – auf die Hinterräder.

Bremsen prüfen

Bremsen müssen eingefahren sein. Mit neuen Bremsbelägen sollte man scharfes Bremsen während der ersten 300 km möglichst vermeiden. Bremsscheibe bzw. Bremstrommel und Bremsbelag müssen sich aneinander gewöhnen und ihre gemeinsame Oberfläche, auf der sie sich berühren, muß möglichst groß sein. »Trägt« der Belag nur auf wenigen Quadratzentimetern, ist die Bremswirkung schlecht und ungleichmäßig.
Bremsproben beginnt man, indem zunächst aus mäßiger und dann aus höherer Geschwindigkeit abgebremst wird. Das gleiche wiederholt man mit losgelassenem Lenkrad. Das gibt – auf ebener, nicht gewölbter Straße – Aufschluß darüber, ob der Wagen beim Bremsen einseitig wegzieht. Trotz unbelebter Straße sollte man vor der ersten Bremsung nicht schneller als 60 km/h sein.
Ungleichmäßig ziehende Bremsen deuten zumindest auf verschlissene Beläge, wenn nicht auf undichte Bremsleitungen, auf klemmenden Bremskolben oder auf stark verschmutzten Bremssattel hin. (Auch ungleicher Reifendruck wirkt sich derartig aus.) Wenn das Auto beim Bremsen nach einer Seite zieht, sind vordringlich die Radbremsen der anderen Wagenseite zu untersuchen.

Bremsflüssigkeitsstand kontrollieren

Pflegearbeit Nr. 2

Außer dem Bremssystem ist der Hydraulikanlage auch die Übertragung der Kupplungsbetätigung angeschlossen (vergleiche Kapitel »Die Kupplung«). Beide – getrennt arbeitende – Vorrichtungen werden aus einem Reservoir, dem Bremsflüssigkeitsbehälter, gespeist. Der darin enthaltene Vorrat an Bremsflüssigkeit muß immer in ausreichender Menge zur Verfügung stehen. Und davon sollte man sich alle 1000 km durch Sichtkontrolle überzeugen.

Der Behälter sitzt auf dem Hauptbremszylinder im Motorraum links hinten, vor der Trommel des Bremskraftverstärkers. Wenn er sauber ist, läßt sein durchscheinendes Material den Flüssigkeitsstand von außen erkennen. Das Niveau soll nicht oberhalb der am Behälter aufgeprägten Markierung »Maxi« stehen und darf nie unter die Gefahrenmarke »Danger« abgesunken sein.

Bei völlig dichtem Hydrauliksystem wird die Flüssigkeit nicht weniger, doch sinkt ihr Spiegel im Laufe der Zeit entsprechend dem Belagverschleiß etwas ab. Auffallenden Flüssigkeitsverlust sofort untersuchen!

Zum Nachfüllen darf nur Original-Bremsflüssigkeit verwendet werden, etwa Lockheed 55, Nafic FN3, Peugeot oder ATE. Niemals irgend etwas anderes, gar Motoröl, einfüllen! Bremsflüssigkeit hat einen hohen Siedepunkt, ist nicht kälteempfindlich und enthält Substanzen gegen Korrosion sowie gegen Zersetzung von Gummi. Allerdings ist sie wasseranziehend, giftig und wirkt ätzend auf Lack. Seit 1975 ist Bremsflüssigkeit nicht mehr eingefärbt, sondern klar bis bernsteinfarben. Achten Sie deshalb auf den Aufdruck der Spezifikation »DOT 3« oder »DOT 4« auf der Dose.

Freilich ist dem Peugeot-Fahrer gegen zu tiefen Stand der Bremsflüssigkeit eine Alarmanlage gegeben. Dann brennt die Bremskontrolleuchte, hervorgerufen durch Absinken des Schwimmers im Deckel des Bremsflüssigkeitsbehälters, der bei zu niedriger Befüllung einen Stromkreis schließt. Von der Funktion der Anlage kann man sich bei eingeschalteter Zündung überzeugen, wenn man die beiden Kabel von den Kontaktzungen am Deckel abzieht, den Deckel abschraubt, senkrecht hält und die Kabel wieder aufsteckt: Die Warnlampe in der Instrumententafel muß aufleuchten. Die Kontrolleuchte ist zugleich mit den vorderen Bremsbelagplatten und (außer Commerciale) mit dem Handbremshebel verbunden.

Hydraulikanlage auf Dichtheit prüfen

Pflegearbeit Nr. 14

Der Zustand der im Motorraum und am Wagenboden verlegten Bremsleitungen und zur Kupplung ist zu ihrer eigenen Sicherheit alle 7500 km zu überwachen. Bremsschläuche mit Scheuerspuren müssen umgehend in ihrer Lage verändert und womöglich sogar ausgetauscht werden. Ebenso beachte man Beschädigungen durch Steinschlag und Korrosion. Die Rohrleitungen sind zwar durch Verzinkung gegen Rost geschützt, doch in wenigen Jahren kann der Schutz von Streusalz angegriffen sein.

Benzin, Dieselkraftstoff, Petroleum, Fett, Lack und Absprühöl müssen von Bremsschläuchen ferngehalten werden. Am besten also überhaupt nicht einsprühen lassen (auch der serienmäßige Unterbodenschutz leidet dadurch) oder sorgfältig abdecken.

Die Zustandskontrolle geht Hand in Hand mit der Überprüfung auf Dichtheit der Anlage. Hüten Sie sich davor, an den Bremsleitungen oder -schläuchen irgend etwas selbst korrigieren zu wollen. Das ist Werkstattsache! Eine lebenswichtige Operation überläßt man dem Spezialisten. Ob aber an den Bremsleitungen alles in Ordnung ist, das können Sie selbst kontrollieren. Bocken Sie den Wagen hoch und verfolgen Sie bei trockener Wagenunterseite den Verlauf der Bremsleitungen und -schläuche. Sie müssen trocken und dürfen nicht aufgequollen sein. Anschluß- und Verbindungsstellen beachten! Bremsflüssigkeit kriecht

Der Bremsflüssigkeitsbehälter soll bis zur Marke »MAXI« befüllt sein, die Flüssigkeit darf nicht unter die Marke »DANGER« absinken. Der Verschlußdeckel enthält einen Schwimmer mit elektrischem Kontakt, der bei zu tiefem Stand der Flüssigkeit die Warnleuchte in der Instrumententafel in Betrieb setzt. Kabel-Nummern M 6 und 69. Das Loch an der Unterseite der Deckelkammer dient zugleich der Entlüftung.

durch Schmutz, und wo dieser schwarz ist, muß eine undichte Stelle vermutet werden. Auch Radzylinder können undicht werden. Neben dieser vordringlichen Kontrolle sollte man auch beim gelegentlichen Blick in den Motorraum die Bremsleitungen und ihre Anschlüsse am Hauptbremszylinder überprüfen, was überhaupt keine Mühe macht.

Flüssigkeit im hydraulischen System erneuern

Pflegearbeit Nr. 44

Der Austausch der Flüssigkeit soll alle 40000 km oder nach zwei Jahren vorgenommen werden. Praktischerweise kann man diese Arbeit mit dem vielleicht in den näheren Zeitraum fallenden Belagwechsel der vorderen Bremsen vereinen. Zum Tausch der Flüssigkeit ist ein Helfer vonnöten. Zunächst ist der Wagen allseits hochzubocken, die Räder werden abgenommen, Bremsflüssigkeitsbehälter mit einem Saugheber entleeren. An den Vorderrädern die Bremsbelagplatten ausbauen, innere und äußere Platten zur Unterscheidung markieren. Mittels passendem Holzstück die Kolben vorsichtig so weit wie möglich zurückdrükken. Gleichzeitig Kolbenschutzmanschetten auf Zustand und Abdichtung prüfen. Belagplatten wieder einbauen (siehe Absatz »Belagplatten wechseln«).
Bremsflüssigkeitsbehälter erneut leersaugen. Handbremse lösen. Gleiche Arbeit wie eben an den hinteren Scheibenbremsen ausführen und Behälter wieder leeren. Bei hinteren Trommelbremsen die Einstellschrauben am Bremsträger um eine halbe Umdrehung lösen, dadurch werden die Bremsbacken zurückversetzt (siehe Absatz »Trommelbremsen nachstellen«). Auf das Entlüftungsventil am rechten Hinterrad passenden Schlauch aufstecken, dessen anderes Ende in ein Gefäß reicht. Entlüftungsschraube öffnen und mit dem Bremspedal in schneller Folge pumpen, bis keine Flüssigkeit mehr austritt. Schraube schließen. Den gleichen Vorgang an den anderen Rädern (Reihenfolge: linkes Hinterrad, rechtes Vorderrad, linkes Vorderrad) vornehmen.
Zuflußöffnung im Boden des Bremsflüssigkeitsbehälters verstopfen. Behälter mit sauberem, nichtfaserndem Tuch reinigen, Öffnung wieder freimachen.
Bremsanlage durchspülen. Dazu nur Bremsflüssigkeit nehmen. Bremsflüssigkeitsbehälter langsam befüllen und während der folgenden Arbeitsgänge ständig nachfüllen. Entlüftungsschraube am rechten Hinterrad – mit aufgesetztem Schlauch – öffnen, Bremspedal schnell durchdrücken und langsam zurückkommen lassen. Wenn die Flüssigkeit klar abläuft, Entlüftungsschraube schließen und den Arbeitsgang an den anderen drei Bremsen wiederholen.
Kupplungspedal treten und festhalten. Entlüftungsschraube des Kupplungsnehmerzylinders (siehe Bild Seite 130) öffnen, Gefäß unterstellen. Nachdem die Ausrückgabel in Ruhestellung zurückgekehrt ist, Entlüftungsschraube schlie-

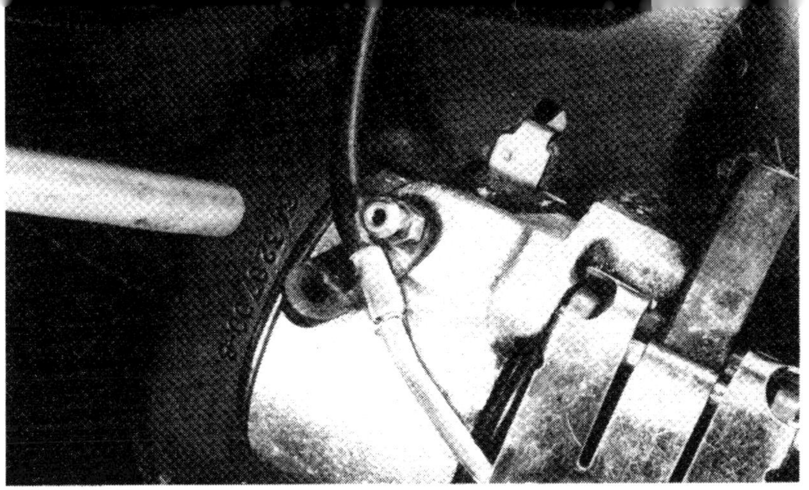

Bremse entlüften: Hier ist an der vorderen Scheibenbremse die Entlüftungsschraube zu sehen. Auf das Entlüftungsventil wird der Entlüftungsschlauch geschoben. Mit seinem anderen Ende liegt dieser in einem mit Bremsflüssigkeit teilweise gefüllten Glasgefäß, so daß man das Aufsteigen herausgepreßter Luftblasen beobachten kann. Steigen keine Blasen mehr auf, ist diese Bremse entlüftet und das Entlüfterventil wird geschlossen (mit Schlüssel festdrehen).

ßen. Kupplungspedal langsam in Ausgangsstellung zurückkommen lassen. Vorgang so oft wiederholen, bis auch hier die Flüssigkeit klar abläuft, erforderlichenfalls Bremsflüssigkeitsbehälter auffüllen.
Anschließend Bremsen entlüften und einstellen. Dann prüfen: Dichtheit der Leitungen und Anschlüsse, Flüssigkeitsstand im Behälter, Belüftungsloch im Behälterdeckel, Brems- und Kupplungsverhalten während der Fahrt.

Bremsen entlüften

Wenn sich das Bremspedal zu tief durchtreten läßt, wenn das Pedal beim Betätigen federt oder wenn sich die richtige Bremswirkung erst nach »Pumpen« mit dem Pedal einstellt, dann ist Luft in der Bremsleitung. Veranlassen Sie in solchem Fall, daß die Bremsleitung auf schnellstem Wege entlüftet wird. Vor dem Entlüften ist zu kontrollieren, ob der Stand der Bremsflüssigkeit im Ausgleichbehälter (Motorraum) richtig gefüllt ist.
Durch das Entlüften soll, wie schon der Name verrät, die Luft wieder aus der Bremsanlage herausgebracht werden. Ein zweiter Mann drückt mit dem Bremspedal pumpenderweise die Flüssigkeit aus den Leitungen, und zwar so lange, bis sie keine Luftbläschen mehr mit sich bringt. Die Reihenfolge für das Entlüften (rechtes Hinterrad, linkes Hinterrad, rechtes Vorderrad, linkes Vorderrad) wird oft von den Werkstätten eingehalten, um die Luft aus den längeren Leitungen eher entweichen zu lassen. Da aber die eventuell vorhandene Luft im Hauptbremszylinder dann immer mitgepumpt wird, ist es zweckmäßiger, die Bremsanlage völlig zu entleeren, neu zu befüllen und mit der Entlüftung des kürzesten Weges zu beginnen.
Der Arbeitsablauf ist praktisch der gleiche wie beim vorher geschilderten Wechsel der Bremsflüssigkeit: Schutzkappe von den dafür vorgeschriebenen Entlüftungsventilen entfernen (diese vorher mit Lappen von Schmutz säubern). Stramm sitzenden Schlauch über den Ventilnippel schieben. Schlauchende in Glasgefäß (altes Marmeladenglas, kleinere Flasche) stecken. Das Gefäß muß schon mit Bremsflüssigkeit gefüllt sein, damit beim folgenden »Pedalpumpen« keine Luft in die Leitung zurückgesaugt wird. Das Schlauchende muß demnach in der Flüssigkeit liegen. Mit Gabelschlüssel Entlüftungsventil etwa eine halbe Umdrehung lösen. Auf Zuruf des Mannes am Rad beginnt der Mann im Wagen mit dem Bremspedal zu pumpen (schnell treten, langsam zurückkommen lassen). Beobachtet der erste Mann, daß mit der Bremsflüssigkeit keine Luftblasen mehr herausgedrückt werden, ruft er »halt«. Der zweite Mann hält Pedal in seiner tiefsten Stellung und der erste schließt das Entlüftungsventil. Schlauch abziehen. Staubkappe (gesäubert) aufsetzen.

■ Nach jeder Radentlüftung ist der Bremsflüssigkeits-Vorratsbehälter wieder aufzufüllen. Luft gerät wieder in Leitungen, wenn das Niveau zu weit absinkt.

■ Original-Bremsflüssigkeit gibt es in der Werkstatt oder in jedem Zubehörgeschäft zu kaufen. Literpreis etwa 9 Mark.

■ Nach der Arbeit bei laufendem Motor Bremsen mehrmals kräftig betätigen, dann Bremsproben während vorsichtiger Fahrt vornehmen.

Hauptbremszylinder für zwei Bremskreise

Im Hauptbremszylinder versorgt ein sogenannter Tandemkolben zwei getrennte Bremskreise. Bei den zuerst gebauten Modellen war eine Einkreis-Bremsanlage installiert. Jedoch gab es die Zweikreisbremse von Anfang an auf Wunsch. Sie setzte sich dann durch und wird seit 1974 grundsätzlich eingebaut. Im Zweikreis-Bremssystem werden die Vorderradbremsen vom vorderen Teil des Kolbens und die Hinterradbremsen von dem hinteren Teil bedient.
Zwei Bremskreise garantieren für größere Sicherheit, falls einmal ein Bremskreis ausfallen sollte. In jedem Fall arbeitet dann noch der andere. Dabei ist die Bremswirkung spürbar geringer, wenn die vorderen Bremsen ausfallen, weil die Bremsanlage an einem Auto so eingerichtet sein muß, daß die vorderen Bremsen kräftiger zugreifen als die hinteren.
Bestimmte Einstellungen im Hauptbremszylinder lassen es nicht zu, daß daran unsachlich repariert wird. Nur in der Werkstatt kann er zerlegt, überholt oder gegebenenfalls ersetzt werden. Peugeot baut in die 504-Modelle Hauptbremszylinder von Girling, Lockheed und Teves ein, die sich gering voneinander unterscheiden. Bei diesen Typen differieren auch die Ausführungen der Bremsflüssigkeitsbehälter; selbstverständlich hat die Einkreisbremse nur einen Einkammerbehälter.

Die Scheibenbremse

Das Arbeitsprinzip der Scheibenbremse ist ziemlich einfach: Parallel mit dem Rad dreht sich eine Stahlscheibe, gegen die von beiden Seiten Reibklötze gepreßt werden. Heute hat man sich allgemein zu Scheibenbremsen – zumindest für die Vorderräder – entschlossen, weil dieser Bremsentyp der althergebrachten Trommelbremse in einigen Punkten überlegen ist.
Wegen ihrer offenen Bauart zeichnet sich die Scheibenbremse durch bessere Ableitung der Reibungswärme, ferner durch Unempfindlichkeit gegenüber Schwankungen im Reibwert der Bremsbeläge (daher sorglosere Betätigung möglich) und durch ihre Wartungsfreundlichkeit aus. Schließlich ist die Scheibenbremse selbstnachstellend und in gewissem Maße auch selbstreinigend.
Ihre negativen Eigenheiten muß man aber kennen. Die Bremsbeläge sind für Scheibenbremsen wesentlich kleiner als für die Trommelbremsen. Daher nutzen sie sich auch schneller ab und müssen eher ausgetauscht werden. Weil die Beläge nicht völlig abzuschirmen sind, können zwischen diese und die Scheibe Fremdkörper eindringen. Das führt zu lästiger Quietscherei, was man durch Säubern oder Auswechseln des Belags beseitigen kann. Manchmal hilft es, mit leicht getretenen Bremsen rückwärts zu fahren, wobei die Quietschgeister wieder ins Freie befördert werden. Bremsenquietschen kann aber auch an einem verdrehten Kolben im Radbremszylinder liegen. In der Werkstatt bringt man dann den Kolben mit einem speziellen Kolbendrehwerkzeug wieder in die richtige Stellung.
Von den zweierlei Arten der Scheibenbremse – Festsattel- und Schwimmsattelbremse – findet man beim 504 die letztere. Das bedeutet, daß der Bremssattel beweglich (»schwimmend«) angeordnet ist. Der Kolben im Radbremszylinder drückt den äußeren Bremsbelag gegen die Bremsscheibe. Dieser Druck wirkt im selben Maße auf den Boden des Radbremszylinders und verschiebt den

Bremssattel seitlich, wodurch auch der innere Belag gegen die Scheibe gedrückt wird. Den Verschleiß der Bremsbeläge berücksichtigt ein automatischer Spielausgleich.
Schwimmsattel-Bremsen haben den Nachteil, daß die Beweglichkeit der Bremsklötze von Schmutz beeinträchtigt werden kann oder sie klemmen sogar. Um sich der steten einwandfreien Arbeit der Bremsen zu versichern, müssen sie hin und wieder auf übermäßige Verschmutzung kontrolliert werden. Vordringlich nach der Winterperiode ist der Zustand der Scheibenbremsen zu prüfen, da ja die Auftausalze leider sehr aggressiv sind.

Zustand der Bremsscheibe

Während der oben beschriebenen Arbeit läßt sich der Zustand der Bremsscheibe kontrollieren. Ihre Originalstärke: vorn 12,75 mm, hinten 10 mm (bei Bremssattel Girling AH 12 MK I) oder 12 mm (AH MK III). Durch einmaliges Feinstdrehen dürfen diese Maße bis auf 11,25 / 9 / 11 mm reduziert werden. Danach darf die Scheibe nochmals bis 10,75 / 8,5 / 10,5 mm abgenutzt werden, dann ist sie auszuwechseln.
Die Bremsscheibe darf keine zu tiefen Rillen aufweisen. Gewöhnlich rühren diese von aufgefangenen Fremdkörpern, seltener von zu weit abgenutzten Belägen her. Bläuliche Verfärbung der Bremsscheibe ist ohne Belang.

Fingerzeige: *Scheibenbremsen ziehen erwärmt am besten. Sie sollen also vor erkennbaren Situationen, bei denen mit baldigen Bremsen zu rechnen ist, öfter leicht angetippt werden.*
Wenn die Bremswirkung bei längeren Abfahrten im Gebirge nachläßt, hat es keinen Zweck, das Bremsen durch wesentlich erhöhten Fußdruck zu erzwingen. Damit werden nur die Bremsbeläge verdorben. Besser ist es, die Bremswirkung des Motors im 2. oder gar im 1. Gang auszunützen.

Bremsbeläge der Scheibenbremsen prüfen

Pflegearbeit Nr. 16

Die Stärke des Bremsbelags, also des abnutzbaren Teils der Bremsklötze, soll jeweils nach 7500 km kontrolliert werden. Bei ständig scharfer Fahrweise kann der Belag an den Vorderrädern schon nach 10000 bis 12000 km verschlissen sein (im sportlichen Einsatz noch eher). Allerdings ist in das Material der innenliegenden Bremsbeläge ein Kabel eingebettet, das nach Abnutzung Kontakt mit der Bremsscheibe bekommt; der sich über die Masse schließende Stromkreis läßt die bereits erwähnte Bremskontrollampe aufleuchten. Aber verlassen sollte man sich darauf nicht – das Kabel kann durch Steinschlag gebrochen sein.
Zur Kontrolle muß man den Wagen an der betreffenden Seite hochbocken und das Rad abnehmen. Bei den Vorderrädern die Lenkung entsprechend einschlagen, damit der Bremssattel gut zugänglich ist.
Hinter der H-förmigen Druckfeder sitzen die beiden Bremsklötze, die sich gegen die Bremsscheibe lehnen. Ohne die Feder zu lösen, läßt sich schräg von oben gesehen die Belagstärke feststellen. Sie soll nicht geringer sein als 2,5 mm. Dabei darf natürlich die Platte des Belagträgers nicht mitgemessen werden. Kreuzfeder und Belagträger müssen mindestens um die Stärke eines Markstücks voneinander entfernt sein. An einer Achse müssen immer alle vier Bremsklötze ausgewechselt werden, wenn auch nur bei einem das Mindestmaß unterschritten ist.

Bremsbelagplatten wechseln

Dieses ist eine Arbeit für Ihre Peugeot-Werkstatt. Bei längeren Auslandsreisen (Ostblock) kann es freilich nötig werden, die Bremsklötze ohne fachlich geschulte Hilfe zu erneuern. Für diesen Fall, bei dem vielleicht ein Peugeot-fremder Monteur unterstützt werden muß, sei hier der Arbeitsablauf aufgezeigt.

Voraussetzung ist selbstverständlich das Vorhandensein passender Bremsklötze für die am Wagen befindlichen Bremssättel Girling AH 12 MK I oder III. Möglich sind die Belagtypen Ferodo EP 2430, F 2430, NS 414 oder 737; mit einer Sorte ist immer eine ganze Achse auszustatten. Sollte man also einen »improvisierten« Belagwechsel in Aussicht haben, wird man von seiner Werkstatt bestimmt insofern Unterstützung bekommen, daß man die richtigen Belagplatten und außerdem für jedes Rad eine Druckfeder mit Klammer für die Reise erhält. Zum Belagwechsel vorn (oder hinten) den Wagen hochbocken und beide Räder abnehmen. Den Bremsflüssigkeitsbehälter bis zur Marke »Danger« entleeren. Befestigungsschraube der Klammer lösen und seitlich aus den Ösen beider Belagplatten herausziehen, dabei die Druckfeder entnehmen. Den äußeren Bremsklotz entnehmen und durch einen neuen ersetzen. Dann den inneren Bremsklotz herausziehen und mit einem Stück Holz den Kolben in den Zylinder drücken, dann den neuen Klotz einsetzen. Die Kolben der hinteren Bremsen haben eine feine Verzahnung zur selbständigen Nachstellung der Handbremse. Damit die Verzahnung nicht zerstört wird, muß man den Kolben um $^1/_8$ Umdrehung drehen, bevor er zurückgedrückt wird. Bei Wagen mit Bremswarneinrichtung ist das Kabel des Bremsbelags an die vorher abgetrennte elektrische Leitung wieder anzuschließen.

Sollten Reinigungsarbeiten vorgenommen werden, ist die innere alte Bremsplatte an ihrem Platz zu lassen, damit sich die Kolbendichtung nicht lösen kann. An den Hinterrädern prüfen, ob der Hebel der Handbremsbetätigung an seinem Nylonanschlag richtig aufliegt. Die Werkstatt sprüht auf die Rückseite der Bremsklötze, der vom Schacht des Bremssattels bedeckt wird, »Permatex«, ein Mittel mit Dauerklebeeigenschaft.

Hintere Bremssättel sind mit zusätzlichen Zugfedern ausgestattet. Diese zweimal gewinkelten Bauteile sind mit den Klammern am Bremssattel festgeschraubt und lehnen ihre beiden abgespreizten Enden gegen die auch bei den Vorderrädern vorhandene Druckfeder.

Durch die Ösen der neuen, eingesetzten Belagplatten die Klammer einführen und weiter in die Bohrungen seitlich am Bremszylinder schieben. Druckfeder aufsetzen. Pfeil oder Bohrung im Mittelteil müssen bei in Fahrtrichtung vorn an der Bremsscheibe sitzenden Bremssätteln nach unten, bei hinten sitzenden nach oben zeigen. Bei den Hinterrädern auch die Druckfeder anbringen und zusammen mit der Klammer mit 1,75 kpm festschrauben.

Vor der Weiterfahrt: Bremsflüssigkeitsbehälter auffüllen. Bei laufendem Motor (Unterdruck der Servobremse wird nur dann aufgebaut) das Bremspedal bis zum Auftreten spürbaren Widerstandes niedertreten.

Bild links: Scheibenbremse am Vorderrad. Nach Lösen ihrer Befestigungsschraube ist die Klammer K nahezu aus ihrem Sitz gezogen. Dadurch werden äußerer (A) und innerer (I) Bremsbelag frei, die sich an die Bremsscheibe S anlehnen. Z – Radbremszylinder. Bild rechts: Noch im montierten Zustand läßt sich die Belagstärke ermitteln (weiße Pfeile). Die weiß-schwarzen Pfeile zeigen auf die Bohrungen für die beiden Enden Der Klammer. E – Entlüftungsventil, von Schutzkappe bedeckt. Zum inneren Bremsbelag führt das weiß-isolierte Kabel, das die Meldung an das Bremswarnlicht weitergibt, wenn der Stromkreis durch zu weit abgenutzten Bremsbelag geschlossen wird. Seit Ende 1975 sind die Bremssattelhalterungen nicht mehr mit Schrauben befestigt, sondern in die Achsschenkel integriert

Weitere Demontage der Bremsbeläge. K – Klammer mit Befestigungsschraube, D – Druckfeder, B – äußerer Bremsbelag (der innere ist noch an seinem Platz). Man wechselt zuerst den einen Belag und danach den anderen.

Die Trommelbremse

Der Peugeot 504 L sowie die Wagen mit Kombiaufbauten haben an den Hinterrädern Trommelbremsen. In ihnen werden zwei Bremsbacken von den Kolben des Radzylinders, der zwischen ihren oberen Enden an der Bremsträgerplatte sitzt, gegen die Bremsfläche der Trommel gedrückt. Die sinnreiche Aufhängung der Bremsbacken bewirkt eine Verstärkung der Bremskraft beim Bremsen und zentrischen Druck gegen die Bremstrommel. Daraus ergibt sich auch eine gleichmäßige Abnutzung beider Beläge.
Man sollte sich hüten, die Trommelbremse als veraltet zu bezeichnen. Unbestreitbar hat diese Bremsart Vorzüge; so ist der nötige Pedaldruck kleiner, zu erwähnen ist auch ihre Unempfindlichkeit gegen Nässe und die längere Lebensdauer der Bremsbeläge.

Zustand der Trommelbremse prüfen

Leider läßt die Wirkung der Trommelbremse im Laufe der Zeit nach. Ab 1977 werden in der Serie allerdings Bremsen mit automatischer Nachstellvorrichtung eingesetzt, wie es auch teilweise schon vorher geschah. Bei den konventionellen Bremsen stellt man in der Fahrpraxis eine verminderte Bremsleistung selten und manchmal erst im Notfall fest. Vordringlich ihr Zustand ist einmal jährlich zu kontrollieren, aber auch die Beläge der Bremsen mit automatischer Nachstellung sind natürlich eines Tages verschlissen.
Zur Kontrolle muß das betreffende Rad abgenommen werden. Wagen hinten hochbocken, Vorderräder mit Steinen, Bremsklötzen oder ähnlichem sichern. Die Handbremse muß gelöst sein, sonst läßt sich die Bremstrommel nicht von den nach außen drückenden Bremsbacken abziehen.
Die Bremstrommel wird gemeinsam mit dem angeschraubten Rad auf dem Radträger festgehalten, man kann die Trommel also nach Abnehmen des Rades meist mühelos nach vorne wegziehen. Eventuell muß man durch Klopfen mit dem Hammerstiel nachhelfen. Es empfiehlt sich, Bremstrommel und Nabe mit einem Ritzer zu markieren, damit die Trommel nachher wieder in der alten Lage aufgesetzt wird. Drehen beim Aufsetzen erleichtert ihre Montage.
Der Innendurchmesser einer neuen Trommel bei der Limousine L beträgt 255 mm, sonst 280 mm. Wenn die Bremsfläche der Trommel Rillen aufweist, muß sie ausgedreht werden. Auch unrunde Trommeln (machen sich durch »Rubbeln« bemerkbar) kann man ausdrehen (zentrieren) lassen, sofern die Materialstärke das zuläßt. Nach dem Ausdrehen darf das höchstzulässige Durchmesser-Übermaß 1,0 mm ausmachen. Danach darf noch eine Abnutzung um 0,5 mm stattfinden, bevor die Trommel auszuwechseln ist. Bremstrommeln müssen innen sauber und trocken sein.

Der Bremsbelag ist auf den Bremsbacken aufgenietet. Man wird also, wenn man nicht über das entsprechende Werkzeug verfügt, den eventuell notwendigen Belagwechsel seiner Werkstatt überlassen müssen. Man kann aber zumindest feststellen, ob die Abnutzung so weit fortgeschritten ist, daß neue Beläge montiert werden müssen oder ob die Bremse noch nachgestellt werden kann.
Ein Bremsbelag darf nicht so weit abgenutzt sein, daß die Nieten, die den Bremsbelag festhalten, das Oberflächenniveau des Belags erreichen. Ebenso müssen verölte Beläge und solche mit Rillen ausgewechselt werden. Reinigen mit Benzin und Abschleifen ist wirkungslos. Glatte, auch schwärzlich glänzende Oberflächen zeigen, daß die Beläge gut tragen. Die Trommelbremsbeläge halten etwa doppelt so lange wie die Scheibenbremsbeläge.
Zum Auswechseln der Beläge muß man die Nietköpfe an den Bremsbacken mit den alten Belägen vorsichtig wegbohren, die alten Beläge entfernen und die Backen sorgfältig reinigen. Mit Nieten, die man beim Kauf der neuen Beläge erhält, sind die neuen Beläge zu befestigen. Die Hohlnieten sind mit einem besonderen Nieteisen zu umbörteln, damit der Belag festen Halt hat. Mit dem Aufnieten beginnt man in der Mitte des Belags, und zwar nietet man immer zwei sich gegenüberliegende Nieten hintereinander fest und setzt die Arbeit wechselweise nach außen hin verlaufend fort. An einer Achse dürfen nur Beläge desselben Herstellers verwendet werden, und selbstverständlich sind alle Beläge gleichzeitig auszuwechseln, auch wenn nur ein Belag abgenutzt oder verölt ist.
Peugeot benutzt für die 504 L-Bremsen den Bremsbelag Textar V 643, Länge 219 mm, Breite 45 mm, für die anderen Typen die Länge 248 mm, Breite 60 mm. Taxis besitzen Ferodo 4Z-Beläge, oder diese sind einzusetzen.
Vor dieser Arbeit muß man selbstverständlich die Bremsbacken von der Bremsträgerplatte lösen. Auf dem Bild Seite 156 ist ersichtlich, wie und wo die Bremsbacken der Bremse ohne automatische Nachstellung befestigt sind. Schwierigkeiten kann das Lösen der Rückzugfeder bereiten, wenn man keine Federzange besitzt, um sie aus der einen Backe auszuklinken. Es gelingt aber auch, indem man mit einer Zange das Federende aus seinem Haltepunkt etwas lüftet und mit einem Schraubenzieher nachfährt. Danach wird die Schraubenzieherklinge an einem festen Punkt innerhalb der Bremse angesezt, um die jetzt am Schraubenzieherschaft eingehakte Feder aus der Backe herauszuhebeln. Hat man auch die Bremsbacken seitlich und unten ausgehängt, lassen sie sich beide entnehmen. Der Einbau erfolgt später in umgekehrter Reihenfolge der vorher verrichteten Arbeit.
Der Belagwechsel bei den automatisch nachstellenden Bremsen muß wegen erforderlichen Spezialwerkzeugs die Werkstatt vornehmen.

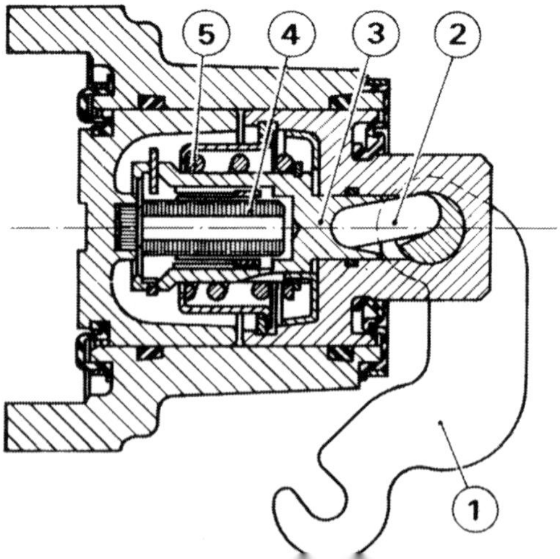

Die mechanische Betätigung der Handbremse zeigt dieser Schnitt eines Zylindergehäuses an der hinteren Bremse links. Die mit automatischer Nachstellung versehene Einrichtung wird vom Hebel (1) bewirkt, der fest mit einer Achse verbunden ist, die sich in dem in Anschlag an den Schwimmsattel des Zylindergehäuses befindlichen Kolben dreht.
Diese Achse ist mit einer exzentrischen Nute versehen und veranlaßt über einen Finger (2), einen Stößel (3) und einen Anschlag (4), eine Vergrößerung des Abstandes beider Kolben voneinander und somit eine Bremsung der Scheibe durch die Bremsbeläge.
Die Rückholfeder (5) zieht die Kolben wieder in ihre Ausgangsstellung zurück, sobald die Handbremse gelöst wird.
Die automatische Nachstellvorrichtung ermöglicht einen stets gleichbleibenden Arbeitsweg des Betätigungshebels, wie groß auch immer der von der Abnutzung der Bremsbeläge abhängige Abstand der Kolben voneinander sein mag.

Trommelbremse nachstellen
Pflegearbeit Nr. 30

Trommelbremsen ohne die erwähnte automatische Nachstellvorrichtung müssen bei nachlassender Bremswirkung, spätestens jedoch nach 15000 km, eingestellt werden. Dazu braucht man die Räder nicht unbedingt abzunehmen. Der Wagen ist hinten anzuheben, daß die Hinterräder frei hängen. Nachgestellt werden entsprechende Exzenter, die durch Verdrehen der am Bremsträger sitzenden Einstellschrauben in die erforderliche Position gebracht werden. Beim 504 L befinden sich diese Exzenterschrauben seitlich des (in der Bremse sitzenden) Radbremszylinders, also an der Bremsträgerplatte ziemlich oben. Die anderen Modelle haben diese Einstellschraube tiefer sitzend, im Radkasten von vorn erreichbar. Setzt man den Gabelschlüssel auf der Einstellschraube so an, daß sein anderes Ende schräg nach vorn gerichtet ist, und dreht ihn jetzt nach oben in Richtung Wagenheck, so werden die Beläge angestellt. Schleift oder bremst die Bremstrommel beim Drehen des Rades, Verstellbolzen langsam lokkern, bis das Rad gerade frei läuft. Die Radbremse des anderen Rades ebenso einstellen.

Empfehlenswert: Während des Einstellens das Bremspedal mehrmals durchtreten, damit die Bremsbacken gleichmäßig zum Anliegen kommen. Gleich nach dieser Einstellarbeit sollte eine Probefahrt unternommen werden, um die Bremsen auf Wirkung und Gleichmäßigkeit zu prüfen.

Das fortschreitende Verschleißen der Bremsbeläge macht sich auch in der Wirkung der Feststellbremse bemerkbar. Hier kommt noch hinzu, daß sich die Seile mit der Zeit um geringe Beträge dehnen, was sich ebenfalls in mangelhafter werdender Wirkung bemerkbar macht.

Handbremse auf Funktion prüfen und einstellen
Pflegearbeit Nr. 17

Die mechanisch auf die Hinterräder wirkende Seilzugbremse ist eine Feststellbremse, die in der Lage sein soll, den Wagen auch im Gefälle festzuhalten. Eine »Betriebsbremse«, mit der man während der Fahrt wirkungsvoll bremsen könnte, ist sie nicht, da ein aus schneller Fahrt nur hinten gebremstes Auto schwer kontrollierbar reagiert. Immerhin kann sie als eine Art Notbremse angesehen werden.

Handbremsen haben die Eigenart, ihre Wirksamkeit nach gewisser Zeit zu verlieren. Das hängt mit der Dehnbarkeit eines Seils zusammen, auch wenn dieses aus Stahldrähten geflochten ist.

Man sollte es sich nicht angewöhnen, die Handbremse bei jedem Abstellen des Wagens anzuziehen. Am Berg legt man zum Festhalten einen kleinen Gang ein (als doppelte Sicherheit noch die Vorderräder zum Straßenrand einschlagen). In der Ebene braucht man das Auto überhaupt nicht zu blockieren. Je weniger man die Handbremse unnötig benutzt, um so seltener muß sie nachgestellt werden und um so mehr kann man sich auf sie verlassen, wenn man sie wirklich braucht. Allerdings soll man sich gelegentlich von ihrer Einsatzbereitschaft überzeugen.

Die Handbremse, die auf hintere Scheibenbremsen wirkt, braucht nicht nachgestellt zu werden. Lediglich beim Einbau neuer Bremsseile muß eine Grundeinstellung vorgenommen werden. Für die Handbremse zu hinteren Trommelbremsen ist eine Nachstellung gegeben.

Zwei verschiedene Ausführungen der Handbremse mit Nachstellmöglichkeit sind anzutreffen: Einmal der Bremsstock, der schräg unter dem Armaturenbrett angeordnet ist, zum anderen den Bremshebel zwischen den Vordersitzen. Bei der ersten Art ist an dem Bremsstock ein Seil befestigt, das über eine Rolle zu einem Hebel mit Rückzugfeder am Wagenboden läuft. Am anderen Ende des Hebels ist an einer Gewindestange ein U-förmiges Rohr verstellbar befestigt, durch das ein zweites Seil zu den Bremsen führt.

Zum Nachstellen dieser Bremse ist die Kontermutter vor dem Seilrohr zu lokkern. Die andere Mutter wird so weit nachgezogen, daß die angehobenen Hinterräder so reagieren, wie im Abschnitt »Trommelbremse nachstellen« beschrieben wurde.
Bei der Handbremse auf der Mittelkonsole werden die Seile zu den Hinterrädern direkt vom Handhebel betätigt. An die Nachstellvorrichtung gelangt man nach Abbau der Abdeckung: Zwei Kreuzschlitzschrauben herausdrehen, eingerastetes Bodenteil abziehen, um die Konsole über den Handbremshebel heben zu können. Warnlichtschalter mit Schraubenzieher heraushebeln und Steckverbindung abziehen, Konsole schräg nach vorn abheben, Sitze eventuell entsprechend verschieben.
Unter dem Handbremshebel, in Verlängerung nach hinten, sitzen auf einer Gewindestange zwei Muttern. Kontermutter lösen und die andere Mutter anziehen, bis der Hebel um 4–7 Rasten verstellt werden kann. In dieser Stellung müssen die Hinterräder blockieren. Anschließend die Kontermutter festziehen und die Konsole wieder einbauen.
Wenn die Handbremse bei Wagen mit hinteren Scheibenbremsen gelöst ist, muß der Betätigungshebel des hinteren Bremsmechanismus am Nylonanschlag anliegen. Zur Grundeinstellung bei Handbremshebel am Armaturenbrett muß die Einstellmutter die gewölbte Federscheibe zu einer Stärke von 1–1,5 mm zusammendrücken. Bei Wagen mit Handbremshebel zwischen den Sitzen sind die Kontermuttern am Seilende zu lösen, die dahinter befindlichen Gewindesätze werden bis zum Abheben der Hebel vom Nylonschlag gelockert und dann zieht man die Gewindesätze wieder um eine halbe Umdrehung an und schraubt die Kontermuttern fest.

Der Bremskraftverstärker

Bei den Scheibenbremsen entsteht kein selbstverstärkender Effekt, wenn die plananliegenden Beläge gegen die flachen Bremsbeläge gedrückt werden. (Bei der Trommelbremse nimmt die umlaufende Trommel den gegen sie »auflaufenden« Bremsbacken mit, was den Anpreßvorgang verstärkt.) Mit der Einführung von Scheibenbremsen wurde daher bei schweren Wagen ein gesonderter Bremskraftverstärker (Servobremse) erforderlich. Ein solcher, vom Typ Master-Vac, kommt auch beim 504 zum Einbau.
Er ist in zwei Kammern aufgeteilt, die jedoch mit der Bremsflüssigkeit nicht direkt in Verbindung kommen. In beiden Kammern – getrennt durch eine Membrane – herrscht normalerweise Unterdruck. Bei Betätigung des Geräts (von der Pedalseite her, wenn also die Bremse getreten wird) strömt in die kleinere Kammer Außenluft, deren Druck sich auf die Membrane fortpflanzt. Diese

Bild links: Nach Entfernen der Abdeckung des Mitteltunnels (Beschreibung auf dieser Seite) läßt sich die Einstellung der Handbremse verändern.

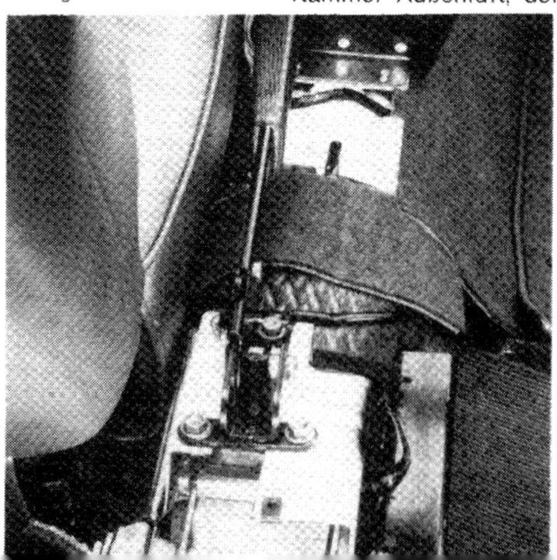

Bild rechts: Einer der bei der 504-Typenreihe verwendeten Bremsdruckregler. Eine fehlerhafte Funktion kann nur in der Werkstatt beseitigt werden.

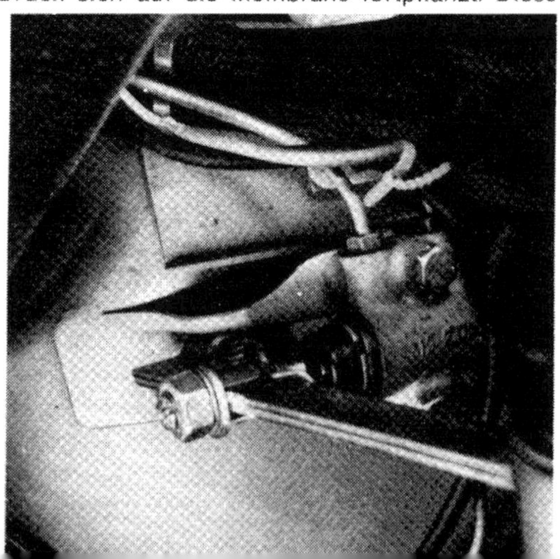

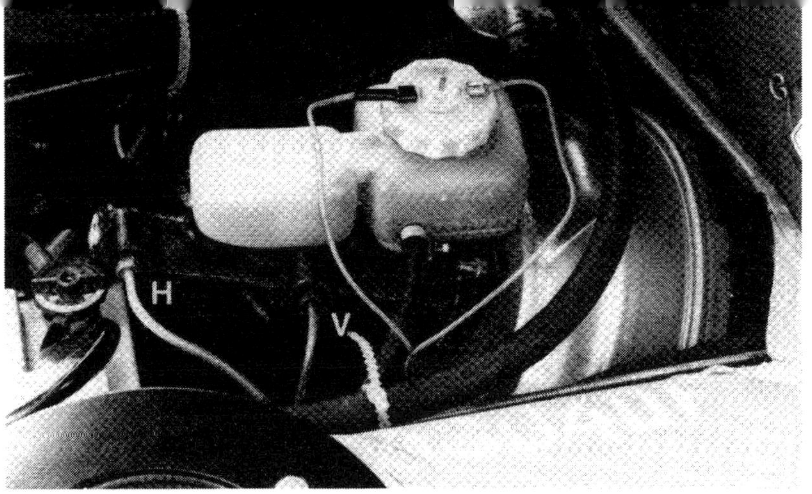

Das trommelförmige Gebilde rechts ist der Bremskraftverstärker (Bremsservo). Er sitzt zwischen Bremspedal und Hauptbremszylinder. Im Bild ist ein Lockheed-Hauptbremszylinder zu sehen, von dem die Leitung H zu den Hinterradbremsen und die Leitung V zu den vorderen Bremsen führen. Beim Aggregat von Teves sind diese Anschlüsse umgekehrt angeordnet. Die Bremskraftunterstützung funktioniert nur bei laufendem Motor, zum Abbremsen des geschleppten Wagens ist ein höherer Pedaldruck nötig.

drückt den luftverdünnten Raum der trommelförmigen großen Kammer, die über eine Leitung mit dem Absaugrohr des Motors verbunden ist, zusammen und verstärkt dadurch den Druck auf den angeschlossenen Hauptbremszylinder. Bei stehendem Motor liefert der Servo natürlich keine (zusätzliche) Bremskraft. Deshalb muß man z.B. beim Abgeschlepptwerden wesentlich kräftiger auf das Pedal treten.
Die Funktion läßt sich feststellen, indem der Unterdruck bei abgestelltem Motor durch mehrmaliges Betätigen des Bremspedals abgebaut wird. Dann hält man das Pedal niedergetreten fest und startet den Motor. Wenn sich das Pedal infolge der neuerzeugten Hilfskraft weiter senkt, ist die Anlage in Ordnung. Senkt sich das Pedal dabei nicht weiter, sind wahrscheinlich die Unterdruckschläuche nicht einwandfrei. Andernfalls ist der Bremsverstärker defekt und muß von der Peugeot-Werkstatt ausgetauscht werden.

Der Bremsdruckregler

Ein Auto muß vorne wirksamer bremsen als hinten, da sich ein Teil des Wagengewichts beim Verzögern nach vorne verlagert. Der Bremsdruckregler drosselt den Druck nach hinten, damit die beim Bremsen entlastete Hinterachse nicht überbremst wird und den Wagen schleudern läßt.
Innerhalb der 504-Baureihe unterscheidet man die Bremsdruckregler für GL, TI, Cabriolet und Coupé mit Feder und Hebel (von Bendix), für den 504 L mit Steuerfeder (von Teves) und für die übrigen Wagen mit Steuerstange. Kontrollen und Einstellungen an diesen Geräten sind nur der Peugeot-Werkstatt möglich, da es dazu verschiedener Lehren und besonderer Arbeitsmethoden bedarf.

Störungsbeistand
Bremsanlage

Die Störung	– ihre Ursache	– ihre Abhilfe
A Wagen zieht nach rechts oder links beim Bremsen	1 Reifendruck ungleich	Korrigieren
	2 Bereifung ungleichmäßig abgenützt	Auswechseln, daß auf jede Achse gleichmäßig abgenutzte Reifen kommen
	3 Verschmierte oder verschlissene Beläge	Alle Beläge der betr. Achse erneuern
	4 Bremssattel oder Bremstrommel verschmutzt oder verrostet	Säubern und gängig machen
	5 Unrunde Bremstrommeln	Trommeln ausdrehen
	6 Kolben im Bremssattelzylinder verdreht	Kolbenstellung berichtigen

Die Störung (Fortsetzung)	– ihre Ursache	– ihre Abhilfe
B Bremsen quietschen	1 Schmutz an oder in den Bremsen	Mit Preßluft ausblasen und mit der Bürste säubern
	2 Federn der Bremsbeläge gebrochen	Federn ersetzen
	3 Bremsscheibe hat Schlag	Erneuern
C Pedalweg zu groß	1 Beläge abgenutzt	Beläge erneuern
	2 Bremsscheibe hat Schlag	Auswechseln
	3 Luft in der Anlage	Entlüften
D Pedalweg zu groß und federndes Durchtreten	1 Luft in der Bremsanlage, evtl. Bremsflüssigkeit zu tief abgesunken	Bremsen entlüften, evtl. Vorratsbehälter auffüllen
	2 Beschädigte Manschette im Trommelbremszylinder	Auswechseln
	3 Undichtigkeit	Anlage kontrollieren
E Pedalweg zu groß, trotz Entlüftung	Dichtungen oder Bremsschläuche schadhaft	Beides auswechseln
F Pedal läßt sich ganz durchtreten, Bremswirkung läßt nach	1 Undichtigkeit in der Leitung	Anschlüsse kontrollieren, evtl. Leitung auswechseln
	2 Haupt- oder Radzylinder-Manschette beschädigt	Manschette auswechseln (Werkstatt)
G Schlechte Bremswirkung bei hohem Fußdruck	1 Gummidichtungen verquollen	Gummiteile und Bremsflüssigkeit erneuern
	2 Unterdruck in der Servoanlage zu gering	Sofort Werkstatt aufsuchen
H Bremse zieht von selbst	1 Ausgleichsbohrung im Hauptzylinder verstopft	Hauptbremszylinder überholen (Werkstatt)
	2 Gequollene Manschetten	Bremsanlage spülen, Manschetten auswechseln

Dieses ist die linke Hinterradbremse eines 504 mit Kombiaufbau ohne automatische Nachstellung.
Ihre Bestandteile:
1 – Radzylinder,
2 – Bremsbacken-Rückholfeder, 3 – Druckstange,
4 – Primärbremsbacke (vorne), 5 – Seitliche Haltefedern,
6 – Haltefedern der Bremsbacken,
7 – Handbremsseil,
8 – Handbremshebel,
9 – Sekundärbremsbacke (hinten).

Maß-Schuhe

Peugeot macht es dem 504-Besitzer nicht sehr schwer, bei der Neuanschaffung von Reifen die richtige Wahl zu treffen. Der Spielraum für die Möglichkeit, verschiedenartige Reifen aufzuziehen, ist nämlich sehr begrenzt. Das hat den Vorteil, beim Kauf von Schuhwerk für dieses Auto nichts falsch machen zu können. Mit Absicht erteilt Peugeot solche strengen Richtlinien, denen sich auch die deutsche Zulassungsbehörde nicht verschloß. Die vorgegebenen Reifengrößen und -typen bieten ein hohes Maß von Sicherheit und Fahrkultur, ermittelt in gründlicher Versuchsarbeit.

Bedeutung der Felgen- und Reifen-Bezeichnungen

Alle Peugeot 504-Modelle sind mit Felgen der gleichen Größe ausgerüstet: 5 J x 14. Die Räder stammen von Michelin oder Dunlop und haben zur Befestigung vier Löcher. Mit den Bezeichnungen werden folgende international gültigen Begriffe angedeutet:

5	= Felgenmaulweite in Zoll, an der Felgenhornbasis quer zur Laufrichtung gemessen.
J	= Kennbuchstabe für die Hornhöhe
×	= Zeichen für Tiefbettfelge
14	= Felgendurchmesser, von Wulst zu Wulst in Zoll gemessen.

Derartige Normangaben beziehen sich jedoch nur auf die für die Reifengröße wichtige Felgenabmessung, nicht aber auf die Art der Felgenbefestigung. Die Zahl der Radmuttern und der Radius ihres Lochkreises sowie die Schüsseltiefe und andere Merkmale differieren trotz gleicher Normbezeichnung von Automarke zu Automarke. Beim Kauf von neuen Felgen sind deshalb Autofabrikat und -typ anzugeben.

In gleicher Weise (und ebenfalls nach international gültigen Regeln) verbergen sich hinter der für den 504 möglichen Bezeichnung der Reifen verschiedene Bedeutungen:

165, 175, 185	= Reifenbreite in Millimeter
14	= Zollangabe für den Felgendurchmesser
S	= Kennbuchstaben für zulässige Höchstgeschwindigkeit von 180 km/h
H	= Kennbuchstabe für zulässige Höchstgeschwindigkeit von 210 km/h
R	= Kennbuchstabe für Reifen in Gürtelbauart (Radialreifen)
RF	= reinforced (englisch) = verstärkt, Gürtelreifen mit höherer Tragfähigkeit
88, 89, 90	= Kennzahlen für Reifentragfähigkeit: 88 = 560 kg, 89 = 580 kg, 90 = 600 kg, etc.

Welche Reifen tatsächlich für Ihren Peugeot zugelassen sind, ersehen Sie aus der Tabelle auf Seite 225.

Gürtelreifen sind Vorschrift

Man unterscheidet Diagnoal- und Radial-(Gürtel-)Reifen. In ihrer Karkasse – dem Unterbau – sind die Diagonalreifen durch Fäden in verschiedenen Gewebeeinlagen gekennzeichnet, die sich diagonal zur Reifenachse übereinander kreuzen. Sie entsprechen der althergebrachten Reifenbauweise und werden deshalb als »konventionelle Reifen« bezeichnet. Da eine Benutzung solcher Reifen beim Peugeot 504 untersagt ist, kann eine weitere Beschreibung und der Hinweis auf unerlaubte Mischbereifung entfallen.

Gürtelreifen besitzen unter ihrer Lauffläche einen ziemlich stabilen »Gürtel« aus verschiedenen Lagen von Stahl- oder Textilfäden, die je nach Fabrikat in unterschiedlicher Fadenrichtung liegen können. Bei wachsender Geschwindigkeit kann sich dieser Gürtel in seinem Durchmesser kaum verändern, so daß sich die Lauffläche nicht, wie beim Diagonalreifen, mit wachsender Geschwindigkeit aufbaucht und die Bodenberührungsfläche größer wird. Dadurch gibt es in der Lauffläche bei der Berührung der Fahrbahn keine Querbewegungen und es entsteht eine besondere gute Bodenhaftung. Gürtelreifen geben hauptsächlich in den weichen Reifenflanken nach, so daß sie manchmal den Eindruck machen, es fehle am richtigen Luftdruck. Trotzdem ist ihr Rollwiderstand geringer, wodurch mit Gürtelreifen Benzinersparnis verbunden ist.

Hinzu kommt, daß diese Radialreifen in vielen Fällen die Anschaffung besonderer M + S-Reifen erübrigen. Vor allem zeichnen sie sich durch sehr geringen Abrieb aus, da ihre Lauffläche auf der Fahrbahn kaum walkt. So erreicht man mit Gürtelreifen wesentlich höhere Kilometerleistungen – sie liegen oft doppelt so hoch wie jene normaler Diagonalreifen.

Textil-Gürtelreifen sind gewöhnlich etwas komfortabler als Stahl-Gürtelreifen, für den 504 sind diese aber nicht vorgesehen. Stahl-Gürtelreifen besitzen eine weitgehend stabilisierte Lauffläche, was sie auch relativ gut wintertauglich macht. Jedoch nur einige bekannte Fabrikate aus der großen Reihe der Reifenhersteller haben den offiziellen Segen des Werkes erhalten:

Michelin zX	L, Break, Commerciale, Familiale
Michelin XAS	L, GL, TI, Cabriolet, Coupé
Michelin XVS	504, GL, TI, Cabriolet, Coupé
Michelin XZX	504, GL, TI, Cabriolet, Coupé
Michelin XZX reinforced	Break, Commerciale, Familiare
Dunlop Sp 57	L
Dunlop Sp Sport	GL, TI, Cabriolet, Coupé
Kleber V 10 GT	GL, TI, Cabriolet, Coupé
Kleber V 10 S	Break, Commerciale, Familiale
Uniroyal Rallye 180	Break, Commerciale, Familiale

Selbstverständlich ist man als 504-Besitzer dieser markengebundenen Liste nicht unbedingt verpflichtet. Wer also günstig Reifen einer anderen Marke beziehen kann, soll sich nicht scheuen, zuzugreifen. Auch der TÜV hat dagegen nichts einzuwenden.

Mitbestimmung des TÜV

Eine Frage bewegt viele Autofahrer beim Reifen-Ersatzbedarf: Könnte man sein Auto nicht auf andere Reifengrößen stellen? Man hört da so viel von verbesserter Straßenlage, schnellerer Kurvenflitzerei, von Benzinersparnis und mehr Kilometern. Das alles trifft für den 504 nicht zu. Deshalb sind auch weder vom Werk noch vom TÜV andere Größen als die angegebenen freigegeben. Maßgebend für die Bereifung sind nur die in den Kraftfahrzeugpapieren gemachten Angaben.

Der Reifenverschleiß

Die Lebensdauer eines Reifens wird von verschiedenen Einflüssen bestimmt. Da wäre zuerst die Beanspruchung, die sich durch Wagenbelastung, Geschwindigkeit und Fahrstil bemerkbar macht. Bedeutende Auswirkungen gehen von falschen Luftdrücken aus, wie noch später ausführlich erklärt wird. Der Straßenzustand spielt nur eine untergeordnete Rolle, weil es heutzutage kaum noch Schotterstraßen in unseren Breiten gibt. Bei der Beurteilung der Abriebfestigkeit kann es sich natürlich nur um Durchschnittsangaben handeln, die auch die allgemeine Lebensdauer einzelner Reifenmarken unberücksichtigt lassen. In gewissem Maß hängt die mögliche Laufstrecke eines Reifens auch von der Gummimischung ab. Bei den Sommer-Gürtelreifen bestehen jedoch keine großen Unterschiede zwischen den einzelnen Reifenfabrikaten, sofern es sich um HR-Reifen der von Peugeot empfohlenen Fabrikate handelt. Mit ihnen wird man im Durchschnitt auf 35000 km bis 40000 km kommen. Natürlich ergeben sich Differenzen aus der Motorleistung. Der schwächere 504 L etwa hat selbstverständlich einen geringeren Reifenverbrauch als die Version mit Einspritz-Motor, die sich strammer fahren läßt. Die Reifen am Automatik-Peugeot haben in der Regel eine längere Lebensdauer, etwa um 3000 bis maximal 5000 km.

Die Reifenwahl

Vorschriften über Bauart und Größe des Reifens begrenzen, wie erwähnt, die Auswahl neuer Reifen erheblich. Es bleibt eigentlich nur noch übrig abzuwägen, welchem Reifenfabrikat man den Vorzug geben soll.
Jeder Reifenhersteller rühmt die lange Lebensdauer seiner Produkte und wir weisen hier auf die tatsächlich geringen Unterschiede besonders hin. Andererseits plädiert der eine Fabrikant mehr für Regentauglichkeit und der andere lobt die zusätzliche Wintereigenschaft seines Reifens. Wir wollen uns hier nicht festlegen, denn die individuelle Beurteilung hängt schließlich von verschiedenen Faktoren ab, die freilich auch die Gestaltung des Reifenprofils berücksichtigt. Denn bei dem Profil – die unterschiedlich breiten, sich wiederholenden Einschnitte auf der Lauffläche – kommt es sowohl auf Griffigkeit an als auch auf die Gegebenheit, Wasser auf der Fahrbahn aufzunehmen und in Sekundenbruchteilen so verdrängen zu können, daß der Kontakt Reifen/Straßenoberfläche dauernd erhalten bleibt.
Immerhin ist es nicht verkehrt, wenn man den in der Tabelle auf Seite 158 aufgeführten Fabrikaten den Vorzug gibt, wenn es sich um HR-Reifen handeln soll. In diesem Zusammenhang sind auch folgende Reifen unbedingt in die engere Wahl zu ziehen: Continental TS 771-3, Fulda Rasant Steel, Goodyear G 800 GP, Phoenix 2010 S-V und Veith-Pirelli CN 36 SM.
Der von Peugeot ursprünglich gewählte Standard, der lediglich HR-Reifen zuließ und auch für die Nachrüstung verbindlich war, entstand wohl aus einer fast überspitzt zu bezeichnenden Sicherheitsforderung des Werkes. Diese Reifen, die für Geschwindigkeiten bis 210 km/h zugelassen sind, beherrschen die Anforderungen eines normalen Betriebes souverän und besitzen noch Reserven, wenn die Beanspruchung für konventionelle Reifen längst kritisch geworden ist. Aber solche Reifen kosten ihr Geld – ganz abgesehen davon, daß der Durchschnittsautofahrer selten in die Versuchung kommt, sein Auto wie bei einer Rallye zu strapazieren. Peugeot verschloß sich dieser Ansicht nicht und genehmigte im Sommer 1975 die Nachrüstung mit Reifen 175 SR 14 für die Modelle GL und TI, und 185 SR 14 für die Kombiwagen. Allerdings muß man die Fahrzeugpapiere entsprechend umschreiben lassen. Peugeot Saarbrücken hält auf Anfrage die notwendige Freigabebescheinigung bereit.
Somit sind also auch die im Preis günstigeren SR-Reifen von Interesse. Ihre Konstruktion läßt es ohne weiteres zu, die Wagenleistung voll auszuschöpfen.

Der Dunlop SP Sport D 1 ist ein Stahlgürtelreifen in HR-Ausführung und für Geschwindigkeiten bis 210 km/h ausgelegt. Er bietet also für den Peugeot 504 eine erhebliche Sicherheitsreserve. Ein besonderes Merkmal dieses Reifens ist das Drainage-System, eine sinnreiche Anordnung von Entwässerungskanälen, die bei Regen viel Wasser aufnehmen und seitlich ableiten können.

Bei den Modellen Break, Commerciale und Familiale war die SR-Ausrüstung ohnehin seit Anbeginn der Produktion üblich, nur muß man bei diesen Autos beachten, daß sie verstärkte SR-Reifen (»reinforced«) benötigen. Solche speziell für Kombifahrzeuge und Transporter entwickelten Reifen in PKW-Dimensionen besitzen eine erhöhte Tragfähigkeit, die wiederum von der Festigkeit der Karkasse, nicht minder aber vom Luftdruck abhängig ist. Verstärkte Reifen sind für Geschwindigkeiten bis zu 170 km/h zugelassen.
Neben den gängigen Reifenfabrikaten trifft man in Versandhäusern und Selbstbedienungsläden auf preisgünstige Angebote meist ausländischer Herkunft. Normalerweise kann man davon ausgehen, daß die in namhaften Häusern offerierten Reifen von ordentlicher Qualität sind. Etwas Skepsis ist bei allzu billigen Reifen angebracht, weil die Abriebfestigkeit solcher »Occasionen« bisweilen begrenzt ist. Wir kennen die hier folgenden Marken – Ursprungsland in Klammern – die sich sogar einer teilweisen Beliebtheit erfreuen.

Jeder Reifen trägt eine Aufschrift, aus der neben dem Hersteller und dem Reifennamen die Reifengröße hervorgeht. Außerdem enthält sie auch einen Hinweis auf die Bauart des Reifens. Der Peugeot 504 darf nur mit Gürtelreifen (»SR« oder »HR«) ausgerüstet werden.

sofern man keine zu harten Ansprüche an sie stellt: Barum (CSSR), Everest (Israel), Gislaved (Schweden), Mars (Israel), Pneumant (DDR), Yokohama (Japan) und Sava (Jugoslawien).

Reifenpreise

Für Autoreifen gelten, wie heute überall üblich, »empfohlene Richtpreise«, an die sich aber niemand halten muß. So gibt vielleicht ein Händler 10% Rabatt auf den empfohlenen Richtpreis und außerdem sind Montage, Auswuchten und die dazu notwendigen Bleigewichte im Preis inbegriffen. Ein anderer Händler bietet dagegen 30% Rabatt an, dafür muß man aber Montage und Auswuchten extra bezahlen. Lassen Sie sich von hohen Rabattprozenten nicht täuschen, das billigste Angebot kann hinterher teurer als gedacht ausfallen. Es lohnt sich also in jedem Fall, erst einige Angebote einzuholen, ehe man Reifen kauft.
Auf dem Markt gibt es neben den bekannten Markenreifen auch solche von großen Kaufhauskonzernen und sogenannte Importreifen. Importreifen sind meist die billigsten. Bevor Sie aber bei völlig unbekannten Reifen zugreifen, sollten Sie erst das Urteil eines Fahrers (nicht des Verkäufers) hören, der schon längere Zeit diese Reifen aufgezogen hat oder, noch besser, Sie besorgen sich einen Reifentestbericht einer unabhängigen Fachzeitschrift.

Serienmäßig mit Schlauch

Gürtelreifen sollte man nicht in schlauchloser Ausführung auf Peugeot-Felgen montieren. Schlauchlose Gürtelreifen erfordern eine besondere Felgen-Formung, die sogenannte Hump-Felge. Sie können bei zu niedrigem Reifendruck und extremen Fahrbedingungen (z.B. Schleudern bei einem Ausweichmanöver) von einer sonst üblichen Felge abspringen.
Peugeot stattet seine Wagen nur mit Schlauch aus, was von einer die Sicherheit bevorzugenden Zurückhaltung zeugt, weil man nicht garantieren kann, ob die Schweißstellen an den Felgen luftdicht bleiben. Andere Kraftfahrzeughersteller nehmen lieber schlauchlose Reifen, weil deren Montage im Werk kostensparend ist. Dazu sind sie einfacher zu reparieren und brauchen nicht einmal von der Felge abgenommen zu werden, wenn die Schadenstelle äußerlich erkennbar ist.

Runderneuerte Reifen

Neu besohlte Reifen stehen bei vielen Autofahrern in schlechtem Ruf, obwohl sie den Beweis ihrer Tüchtigkeit in verschiedenen Tests erbracht haben. Solche Reifen sind wesentlich billiger als fabrikneue, allerdings erreichen sie auch nur eine kürzere Lebensdauer.
Wenn Sie runderneuerte Reifen mit »CAL-Gütesiegel« kaufen, so weist das auf bestandene Schnellauftests. Dennoch eignen sich nach unseren Erfahrungen Runderneuerte eher für solche Fahrer, die den Peugeot auf der Autobahn nicht voll ausfahren und auch nicht bis zum zulässigen Gesamtgewicht beladen (immer nocht treten Defekte an neu gummierten Reifen hauptsächlich bei höheren Geschwindigkeiten und voller Beladung auf – vor allem, wenn die regelmäßige Luftdruckkontrolle vergessen wird). Mit runderneuerten Reifen müssen Sie im allgemeinen mit größeren Unwuchten rechnen und trotz gleich aussehendem Reifenprofil können sich die Fahreigenschaften vom entsprechenden Markenreifen erheblich unterscheiden.
Wer die genannten Punkte beachtet, kann mit Runderneuerten einiges Geld sparen, vor allem bei der Winterbereifung, die es mit Haftgummischung preisgünstig zu kaufen gibt.

Fingerzeig: *Auch neue Reifen müssen eingefahren werden! Sie sind nämlich erst nach etwa 100 km wirklich rutschfest, wenn die vom Vulkanisieren sehr*

glatte Reifenoberfläche etwas angerauht ist. Auch können die bei neuen Reifen noch hohen Profilstollen zum »umkippen« neigen, so daß auch hierdurch die Rutschfestigkeit geringer ist. Nicht zuletzt muß sich der anfangs wenig verformungsfreudige Pneu erst einmal geschmeidig walken und vor den ersten harten Bremsnanövern sollte überdies das beim Reifenaufziehen verwendete Montagefett ausgetrocknet sein.
Es sind also eine ganze Menge Punkte, die für das vorsichtige »Einfahren« der Reifen sprechen. Man braucht aber deshalb keineswegs die ersten Kilometer im Schneckentempo zurückzulegen. Verhaltenes Fahren auf einer kurvenreichen Landstraße und Vermeiden von Vollbremsungen reicht da schon aus.

Die Reifenmontage

Bei der Reifenmontage darf man keine Gewalt anwenden. Wichtig ist es, den Reifen nicht mit scharfkantigen oder unsachlich geführten Werkzeugen an seiner Wulst zu zerstören. Zur Montage sind nur dafür besondere, stumpfe Montiereisen geeignet. In der höchsten Not helfen auch zwei großkalibrige Schraubenzieher, die man aber sehr behutsam benutzen muß.
Das Abnehmen des Reifens von der Felge geschieht so: Luft ablassen – gegenüber Schlauchventil einen Wulst in das Tiefbett drücken – dort beide Montiereisen ca. 20 cm von einander entfernt zwischen Wulst und Felgenhorn ansetzen – einen Montierhebel festhalten, mit dem anderen Stück für Stück die Wulst über die Felge hebeln. Ist diese Felgenwulst völlig aus dem Felgenbett befreit, Ventil losschrauben und Schlauch aus der Decke heben. Der zweite Wulst läßt sich leicht von der Felge bringen, wenn ein Teil davon gut im Tiefbett der Felge liegt.
Das Auflegen des neuen Reifens setzt voraus, daß seine Innenseite sauber und trocken ist. Schlauch und Wulstpartie der Decke sind gleichmäßig mit Talkum einzureiben. Schlauch schwach aufpumpen und in den Reifen einlegen. Felge mit Ventilloch nach oben auf den Boden legen – eventuell vorhandene Rotpunktmarkierung des Reifens soll am Ventil liegen. An Ventilseite der Felge Reifen mit unterem Wulst in Tiefbett schieben. Schlauchventil durch Ventilloch stecken und mit den Händen restlichen Wulst über Felgenkante drücken. Eventuell schräg sitzendes Ventil durch Verschieben des Schlauches im Loch zentrieren. Danach ist das Rad umzudrehen.
Den jetzt obenliegenden Reifenwulst gegenüber dem Ventil so tief wie möglich ins Felgenbett drücken (daraufknien). Mit Montierhebel abschnittweise in Richtung Ventil die Wulst in die Felge hebeln. Dann den Reifen noch etwas aufpumpen und durch Schlagen oder Aufsetzen auf den Boden versuchen zu erreichen, daß der Schlauch falten- und spannungsfrei in der Decke sitzt. Die Kennlinie über dem Reifenwulst muß sich überall im gleichen Abstand vom Felgenrand befinden. Noch sicherer ist es, die Luft erneut abzulassen und den Reifen danach wieder aufzupumpen, damit sich der Schlauch überall gleichmäßig an Reifen- und Felgenwand anlegen kann.
Reifen lagert man möglichst nicht in der Garage, besser in einem kühlen und trockenen Keller. Gummi altert durch Sonnenlicht, Nässe, Wärme und Zugluft, schädlich sind Öl, Fett und Benzin. Auf eine starke Holzunterlage legt man bis zu vier Reifen übereinander; nur schlauchlose Reifen sollen stehend lagern. Gebrauchte Reifen sind vor der Lagerung sorgfältig zu säubern.

Räder austauschen?

Peugeot empfiehlt, die Räder nach gewisser Laufzeit untereinander auszutauschen. Man will damit eine gleichmäßige Reifenabnutzung erzielen. Eigentlich halten wir nicht viel davon. Durch das Auswechseln der Räder werden Fehler der Lenkung, der Stoßdämpfer und der Gelenke usw. insofern verschleiert, als

bestimmte Fehlerquellen dann nicht genügend Zeit haben, ihre Kennmarken auf dem Reifenprofil zu hinterlassen.
Will man trotzdem dem Peugeot-Rat folgen (was allerdings keinesfalls innerhalb des 10000-km-Turnus geschehen sollte, um einen gleichmäßigen Verschleiß der vorderen und hinteren Räder zu erwirken), dann kann man die Räder einer Seite miteinander austauschen. Der manchmal praktizierte kreuzweise Austausch sollte aber unterbleiben, weil er einen besonders hohen Verschleiß zur Folge haben kann. Gürtelreifen sollen ohnehin nur in der einmal gewählten Laufrichtung montiert bleiben, was beim kreuzweisen Radtausch (z.B. rechtes Vorderrad gegen linkes Hinterrad) nicht gegeben ist, es sei denn, man montiert die Reifen ab und dreht sie auf der Felge um. Deshalb sind die Reifen XAS von Michelin an ihrer Außenseite besonders durch die Worte »côté extérieur« gekennzeichnet.
Die Reifen mit dem besseren Profil gehören immer an die Hinterachse. In jedem Fall müssen alle Reifen, die getauscht werden, einer genauen Kontrolle auf ihren Zustand unterzogen werden. Ungleichmäßige Abnutzung ist verdächtig und ihre Ursache ist in der Peugeot-Werkstatt erforschen zu lassen – falsch eingestellte Radgeometrie (siehe Abschnitt »Die Radeinstellung«) läßt sich durch den Radaustausch nicht abstellen.

Reifenzustand prüfen

Teil der Pflegearbeit Nr. 13

Es ist ratsam, öfter als bei den vorgeschriebenen 7500 km-Intervallen nach dem äußeren Zustand der Reifen zu sehen. Die beste Möglichkeit ergibt sich, wenn der Wagen in der Tankstelle zum Ölwechsel oder zu einer Unterwagenwäsche hochgebockt wird. Bei dieser Gelegenheit hebelt man mit einem kleinen Schraubenzieher Fremdkörper aus der Reifendecke und prüft nach, ob bereits ernsthafter Schaden aufgetreten ist. Im Vordergrund der Reifenprüfung steht natürlich die Beobachtung der Reifenabnutzung. Man kann sehr zufrieden sein, wenn jeweils die Reifen einer Achse über den gesamten Reifenumfang oder über die gesamte Profilbreite gleichmäßig abgenutzt sind. Zeigt sich jedoch eine einseitige Abnutzung oder hat das Profil wellige Vertiefungen in regelmäßigen Abständen, dann ist an der Radaufhängung oder am Rad selbst etwas nicht in Ordnung.
In diesem Falle sollten Sie aber einen wirklichen Fachmann zu Rate ziehen. Nur dieser kann durch die Art der ungleichen Reifenabnutzung erkennen, ob es sich um zu viel oder zu wenig Luftdruck, um unausgewuchtete Räder, um unwirksame Stoßdämpfer, um ausgeschlagene Gelenke, um Fehler in der Vorspur- oder Radsturzeinstellung als Ursache handelt. Alle diese Fehlerquellen hinterlassen nämlich ihre charakteristischen Spuren auf dem Reifenprofil. Unter Um-

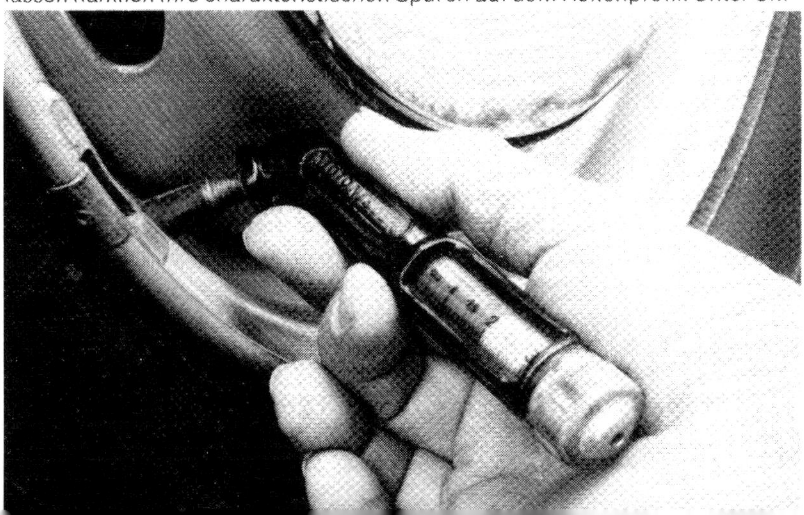

Ein eigener Reifendruckprüfer ist zur Kontrolle des Reifendrucks bei noch kalten Reifen – vor Antritt der Fahrt – zu empfehlen. Durch Fahrt erwärmte Reifen zeigen höheren Luftdruck, der nicht abgelassen werden darf, aber auch keinen korrekten Vergleich zuläßt. Die Meßgenauigkeit des eigenen Reifendruckprüfers kann man von Zeit zu Zeit an einer gepflegt geführten Tankstelle mit dem großen Reifenfüllmesser durch eine Vergleichsmessung prüfen. Zu wenig Luftdruck schadet den Reifen in jedem Fall, dagegen ist höherer Luftdruck nicht so schädlich wie oft angenommen.

ständen müssen dann die Räder ausgewuchtet werden oder die betreffende Achse ist zu vermessen. Das sind jedoch Arbeiten, die Ihnen auch mit guten Heimpflege-Hilfsmitteln nicht möglich sein werden. Die Kosten, die Sie in Ihrer Werkstatt dafür entrichten, haben Sie mit der gewonnenen Reifenersparnis schnell wieder verdient.

Reifendruck-Vorschriften befolgen

Teil der Pflegearbeit Nr. 13

Als günstigste Kombination zwischen guter Straßenlage, angenehmem Fahrkomfort und langer Lebensdauer hat Peugeot eine Reihe von Luftdruck-Empfehlungen gegeben. Wir geben diese Angaben in Form einer Tabelle im Kapitel »Technische Daten« auf Seite 225 wieder.
Ein beispielsweise mit 1,8 angegebener Reifendruck bedeutet, daß der Luftdruck im Reifeninneren 1,8 kg auf 1 cm^2 beträgt, wobei dies üblicherweise in der Bezeichnung für den atmosphärischen Überdruck = atü angegeben wird. Die mathematische Luftdruckangabe kg/cm^2 entspricht der geläufigen, offiziell für die Einheiten im Meßwesen nicht mehr zulässigen Bezeichnung »atü«. Die für den Druck von Flüssigkeiten und Gasen festgelegte Grundeinheit heißt »bar« und entspricht etwa 1,02 kg/cm^2.
Belastung des Wagens und die bei individueller Fahrweise erreichte Geschwindigkeit geben zudem Ausschlag auf die Reifendruck-Vorschriften. Der richtige Luftdruck ist die wichtigste Voraussetzung für Lebensdauer und Sicherheit. Man wird also bei der Gepäckraum- und Rücksitz-»Ausnutzung« abwägen müssen, ob der Reifendruck zu erhöhen ist. Nur soll man natürlich nicht dauernd von einer Tankstelle zur anderen pendeln, um fortwährend dort die Luftpumpe zu strapazieren, sondern man wird sich nach der hauptsächlichsten Inanspruchnahme richten, wobei es kein Fehler ist, wenn der höhere Luftdruck gewählt wird. Höherer Druck schadet weniger als zu niedriger.
Wenn das Ausnützen der dem Wagen eigenen Geschwindigkeit seitens der Behörden erlaubt ist, soll zu flotter Fahrt auf der Autobahn der Druck um 0,2–0,3 bar (atü) auf allen Reifen erhöht werden. Das empfiehlt auch Peugeot. Die verstärkte Beanspruchung wirkt sich dann nicht übermäßig negativ auf die Lebensdauer der Reifen aus. Autofirmen haben früher gewöhnlich zu Reifendrükken geraten, die für die entsprechenden Reifen gerade noch vertretbar waren. Dies geschah aus Gründen des Fahrkomforts und der Kompromiß zwischen Fahreigenschaften und Komfort mußte zu Lasten der Reifen geschlossen werden. Glücklicherweise denkt man heute realistischer.

Kalte Luft ist maßgebend

Der Reifendruck ist immer am kalten Reifen zu messen. Da der Druck schon nach wenigen Kilometern zügiger Fahrt um 0,2 oder sogar 0,4 bar ansteigen kann, wäre es falsch, beim nächsten Halt an einer Tankstelle den Luftdruck entsprechend zu reduzieren. Dieser Druckanstieg durch Erwärmung ist von den Reifenkonstrukteuren bereits einkalkuliert.
Wenn man keinen besonderen Verdacht auf mangelnden Luftdruck hat, ist es keinesfalls notwendig, täglich den Luftdruck zu prüfen. Alle ein oder zwei Wochen genügt es, denn ein moderner Reifen darf in sechs bis acht Wochen nur etwa 0,1 bar verlieren. Schnellerer Druckverlust bedeutet einen Defekt. Das zu häufige Luftdruckprüfen an den Tankstellen hat sogar auf die Dauer einen Nachteil. Bei dieser Tankstellen-Prüfung wird nämlich jedesmal zuerst ein kleiner Luftstoß in den Reifen gegeben. Dadurch wird zwangsläufig Kondenswasserdunst, Schmutznebel und Öldunst aus dem Gerät durch das Reifenventil gepreßt, wodurch auf die Dauer die Ventilnadel eine Schmutzkruste erhält und ihre Dichtfähigkeit nachläßt. Ein zu oft kontrollierter Reifen wird schließlich dauernd etwas Luft verlieren, ohne schadhaft zu sein.

Festsitzende Radmuttern lassen sich in Ermanglung eines Kreuzschlüssels auch lösen, indem man einen Schraubenschlüssel auf die Mutter setzt und mit einem zweiten Schraubenschlüssel den Hebelarm verlängert. Hat man keine weiteren Hilfsmittel zur Verfügung, dann kann man mit kräftigem Tritt auf den angesetzten Schlüssel schlagen. Aber Vorsicht, daß man dabei nicht abrutscht und sich verletzt.

Der Radwechsel

Damit der Radwechsel auch für zarte Damenhände keine – womöglich unausführbare – Tortur bedeutet, sind zweierlei Vorkehrungen zu treffen. Zum ersten muß sichergestellt sein, daß der Wagenheber leichtgängig funktioniert und zweitens dürfen die Radmuttern nicht festgerostet sein. Die Gewindespindel des Wagenhebers sollte mit zähem Fett oder (wegen der geringeren Verschmutzungsgefahr beim Umgang) mit Unterbodenschutzwachs, das es zur Fahrgestellkonservierung gibt, eingesprüht sein. Ein solcher Korrosionsschutz hält den Wagenheber stets einsatzbereit. Genau so sind die Gewinde der Radbolzen mit Fett zu bestreichen, bevor man die Muttern eindreht und das Rad befestigt. Verlassen Sie sich dabei nicht auf die Werkstatt, dort vergißt man Ihren diesbezüglichen Auftrag doch. Zudem werden die Radmuttern in Werkstätten und Tankstellen meist mit elektrischen Schlagschraubern angeknallt und sind später nur mit äußerster Kraftanstrengung zu lösen.
Der Wagenheber ist im Motorraum untergebracht. Das Reserverad befindet sich unter dem Heck des Wagens; nach Hochziehen des Drahtzuges im Kofferraum und nach Lösen der Sicherung am Tragkorb kann es entnommen werden. Wie man den Bordwagenheber zum Radwechsel ansetzt, zeigt das Bild 58.
Der Radwechsel geschieht folgendermaßen:

- Wagen möglichst auf ebenem und festem Boden anhalten
- Handbremse anziehen, kleinen Gang einlegen
- Räder der anderen Wagenseite mit Steinen oder Holz blockieren
- Radkappe mit dem Radmutterschlüssel abschrauben
- Radmuttern mit dem Schlüssel um einige Umdrehungen lockern
- Wagenheberkopf in die entsprechende Lasche einhängen: Bei Vorderradschaden vorn in Wagenmitte, oder an der Wagenseite für den Hinterradwechsel
- Fahrzeug hochkurbeln wie im Bild Seite 61 dargestellt, bis defektes Rad vom Boden abhebt
- Die vier Radmuttern ganz abschrauben, in die Radkappe ablegen
- Rad abnehmen und Ersatzrad aufstecken
- Radmuttern über Kreuz gleichmäßig zuerst leicht, dann abwechselnd so stramm wie möglich anziehen
- Wagen ablassen, Wagenheber von der Halterung abnehmen
- Radmuttern über Kreuz fest anziehen und Radkappe anschrauben
- Defektes Rad und Wagenheber verstauen

Entgegen der üblichen Regel halten wir es für besser, die Radschrauben bei noch nicht belastetem Rad, also bei noch nicht völlig herabgelassenem Wagen, fest anzuziehen. Das Rad zentriert sich ohne Wagengewicht besser.

Radmuttern nachziehen

Ab und zu sollte man einmal kontrollieren, ob die Radmuttern fest angezogen sind. Es genügt dazu, wenn man sich mit einem Kreuzschlüssel oder gekröpften Ringschlüssel SW 19 vom festen Sitz der Muttern überzeugt. Wenn sie nicht ohne mittlere Gewalt weiterbewegt werden können, dürfen sie nicht noch fester »angeknallt« werden.
Bei dieser Gelegenheit kann man natürlich zuerst die Muttern losdrehen und die Gewinde aus dem oben beschriebenen Grund einfetten. Muttern mit beschädigtem Gewinde sind auszutauschen. Peugeot schreibt für diese Bolzen ein Anzugsmoment von 6 kpm, beim Kombi sogar von 8 kpm vor.

Unwucht der Räder kontrollieren

Manchmal sieht man andere Fahrzeuge, an denen ein Rad oder gar mehrere ständig wackeln oder springen, obgleich das Auto auf ebener Fahrbahn rollt. Die Ursache dazu kann an einem defekten Stoßdämpfer liegen, der nicht mehr in der Lage ist, das Springen des federnden Rades zu verhindern. Sehr oft liegt dies jedoch an dem betreffenden Rad und dessen ungleicher Gewichtsverteilung. Diese ungleichmäßige Gewichtsverteilung nennt man Unwucht, von der es zwei Arten gibt: die statische und die dynamische.
Derartige Kräfte, die an unausgewuchteten Rädern auftreten, sind beachtlich. Nicht nur, daß sich dabei die Fahreigenschaften verschlechtern, sondern auch die Radaufhängung und die Teile der Lenkung leiden unter den ständigen Vibrationen.
Die Kosten für das Auswuchten lohnen sich auf jeden Fall. Dazu müssen die Räder einzeln abgenommen und auf einer besonderen Auswuchtmaschine ausgewuchtet werden. Diese Maschinensysteme sind sehr unterschiedlich. Trotzdem erkennt man schnell, wie sie eine Unwucht anzeigen und kann durch Zuschauen die Qualität der Auswuchtarbeit unterstützen. In manchen Werkstätten stellt man nämlich die jüngsten Lehrlinge, denen es auf 20 Gramm mehr oder weniger nicht ankommt, an diese Maschine. Achten Sie auch beim Aufspannen des Rades auf die Maschine genau darauf, daß das Rad einwandfrei zentriert ist und mit allen vier Radmuttern – und nicht nur mit zwei oder drei – angeschraubt wird, sonst ergibt sich von vornherein eine Unwucht. Die Notwendigkeit des Nachwuchtens läßt sich mit feinem Fingerspitzengefühl am Vibrieren des Lenkrades erkennen.

Winterreifen

Ausführliche Hinweise zu den Reifen, die bei Glätte und Schnee über ausreichende Qualitäten verfügen, finden Sie im Winterkapitel ab Seite 39. Die gegenwärtig vom Handel angebotenen Winterreifen sind keine Alleskönner und man darf sich trotz teils großartiger Werbung für einzelne Fabrikate nicht darüber hinwegtäuschen lassen, daß sie immer nur relativ gute Eigenschaften für spezielle Straßenzustände besitzen und daß diese Eigenschaften wegen der unterschiedlichen Fahrwerkskonstruktion der einzelnen Automodelle bei jedem Wagentyp anders zur Geltung kommen.

Ein Kasten voll Strom

Batterien sind Speicher für elektrischen Strom, der in unserer Welt dauernd gebraucht wird. Je nach Bedarf stehen große und kleine Batterien zur Verfügung und es ist verständlich, daß für Taschenlampen andere Batterietypen infrage kommen als etwa für einen Ackerschlepper. Im Zusammenhang mit dem Faktor Strom stehen die Begriffe »elektrische Spannung«, mit der Einheit »Volt« wiedergegeben, und »elektrische Leistung«, durch »Watt« dargestellt.
In Haushalt und Betrieb hat man es mit relativ hohen Spannungen zu tun. Dagegen baut sich im Auto die Versorgung der elektrischen Verbraucher – die soundsoviel Watt haben – auf einem Schwachstromnetz auf. Allenfalls sehr unbedachte Handlungsweise kann hier Schaden stiften. Allerdings wird an einigen Stellen der Zündanlage mit hochgespanntem Strom gearbeitet, doch dadurch braucht sich niemand einschüchtern zu lassen.

Elektrik ohne Geheimnisse

Elektrischer Strom fließt immer nur in »eingeschalteten« Leitungen. Er kommt von dort, wo er erzeugt oder gespeichert wird – von der Lichtmaschine oder von der Batterie. Werfen Sie einen Blick auf die Schaltpläne in der hinteren Buchklappe, wo man wie auf einer Landkarte den Start und die Wege und Abzweigungen zu den verschiedenen Zielen des elektrischen Stroms verfolgen kann. Gewissermaßen »fließt« der »Strom« durch diese Leitungen wie Wasser. Stellen Sie sich die Batterie als Stausee vor, dessen abfließender Inhalt allerlei Maschinen antreibt. Neuen Vorrat für das Reservoir schafft die Lichtmaschine herbei, als Stromerzeuger pumpt sie laufend Nachschub in die Batterie.

Was die Batterie leistet

Im Peugeot 504 ist die Batterie bequem zugänglich im Motorraum links untergebracht. Sie verfügt über sechs Zellen, von denen jede etwa 2 Volt Spannung hat, was 12 Volt Batteriespannung ergibt. Alle Verbraucher, vom Anlasser bis zur Innenleuchte, sind auf diese Spannung ausgelegt. Diese 12-Volt-Anlage bietet gegenüber einem Auto mit 6-Volt-Nennspannung den Vorteil leichteren Startens bei Kälte, außerdem liefert sie einen kräftigeren Zündfunken bei hohen Drehzahlen und der Spannungsabfall zwischen den verschiedenen Anschlüssen ist geringer.
Auf der Batterie sind der Name des Herstellers und eventuell interne Typenbezeichnungen vermerkt, aber vor allem ihre wesentlichen Eigenschaften: In der Regel 12 V/45 Ah. Auf Wunsch erhält man für den Peugeot auch 55 Ah-Batterien, und in Ländern mit kühlem Klima wird sogar eine 65 Ah-Batterie eingebaut. Der Commerciale kommt mit einer Batteriekapazität von 40 Ah aus. Was bedeutet das?
Nach der Spannung (12 Volt) ist hinter dem Schrägstrich die Stromstärke, die in Ampere gemessen wird, in ihrer »Menge« angegeben. Das sind Ampere-Stunden (= Ah), die auf die Batteriekapazität hinweisen. Die im Peugeot 504 normalerweise eingebaute Batterie kann also theoretisch 45 Stunden lang 1 Ampere

oder 1 Stunde lang 45 Ampere abgeben, sofern sie vollgeladen ist. Selten, höchstens im Sommer nach langer Autobahnfahrt, ist sie ganz aufgeladen, so daß man praktisch nur mit zwei Dritteln oder der Hälfte ihrer Kapazität rechnen kann. In diesem Fall brennt die gesamte Außenbeleuchtung, bei eingeschaltetem Fernlicht mit Instrumentenbeleuchtung, kaum länger als zwei Stunden! Wenn der Motor nicht läuft, werden eingeschaltete elektrische Verbraucher nur aus der Batterie versorgt und nicht wie bei laufendem Motor von der Lichtmaschine. Es liegt auf der Hand, daß die Kapazität der Batterie dann um so eher erschöpft ist, je mehr Strom verbraucht wird.
Wir möchten empfehlen, bei der eines Tages notwendigen Anschaffung einer neuen Batterie den Kauf der auch vorgesehenen stärkeren Batterie ins Auge zu fassen, wenngleich diese teurer ist. Besonders in den Wintermonaten trifft immer einmal die Situation ein, daß durch viele eingeschaltete Stromverbraucher die Batterie kurz vor dem Ende ihrer Puste ist.
Die eingebaute Drehstrom-Lichtmaschine macht die Stromversorgung nicht mehr derart von den Motordrehzahlen – wie bei einer Gleichstrom-Lichtmaschine – abhängig. Nächtliche Verkehrstauungen auf der Autobahn haben im Hinblick auf das Laden der Batterie ihren Schrecken verloren, wie im Kapitel über die Lichtmaschine noch näher erläutert ist. Fahrer, die den Umgang mit einer Gleichstrom-Lichtmaschine gewöhnt sind, wissen, daß bei Stauungen und bei mehreren gleichzeitig eingeschalteten Stromverbrauchern die rote Ladekontrolleuchte aufleuchten kann, weil die niedrige Ladeleistung jenes Lichtmaschinentyps für solche Beanspruchungen nicht ausreicht. Im Peugeot braucht man bei der Drehstrom-Lichtmaschine solche Sorgen nicht zu haben. Mit ihr ist ein Voltmeter verbunden. Fällt dessen Zeiger plötzlich ab, sind sofort die auf Seite 178 genannten Kontrollen vorzunehmen.
Am stärksten belastet der Anlasser die Batterie. Er leistet rund 1 PS und beim Einschalten kommt er durch Reibungsverluste auf einen Bedarf, der bei 1500 Watt liegen kann. Bei warmem Motor ist der Strombedarf des Anlassers geringer, weil jener sich wegen der verringerten Zähflüssigkeit des Öls leichter durchdrehen läßt. Mit Absinken der Temperatur und zunehmender Zähigkeit der Schmierstoffe steigen die Ansprüche an den Anlasser. Sehr schnell sinkt dabei die Betriebsspannung der Batterie auf etwa 9 oder im Winter auf noch weniger Volt ab. Leider verliert die Batterie im Winter zusätzlich an Kapazität, obgleich man in dieser Jahreszeit am meisten von ihr erwarten muß.
Springt der Motor nicht sofort an, soll man den Anlasser nur in Intervallen jeweils für 3–5 Sekunden betätigen. Dazwischen braucht die Batterie kleine Erholungspausen. Theoretisch könnte man bei einer zu zwei Dritteln geladenen Batterie den Anlasser fast hundertmal je 5 Sekunden lang betätigen. Aber ihre Spannung fällt schnell ab und in Wirklichkeit bringt sie oft schon nach 20 Startversuchen den für den Anlasser notwendigen Strom nicht mehr zuwege.
Die Mühen des Anlassers kann man verringern, indem man beim Einschalten zugleich das Kupplungspedal tritt, sofern das Auto ein normales Schaltgetriebe hat. Die Umdrehung der vom Anlasser über das Schwungrad bewegten Kurbelwelle setzt sich dann nicht bis ins Getriebe fort. Obgleich dort kein Gang eingelegt ist, bewegen sich verschiedene Innereien im Getriebe auch beim Starten, weil der Motor über die Kupplung mit dem Getriebe verbunden ist. Die ausgerückte Kupplung verhindert das und schafft dem Anlasser somit Erleichterung.

Fingerzeige: *In kalten Nächten ist es von Vorteil, die Batterie auszubauen, um sie in der Wohnung in Heizungsnähe aufzustellen. Der Wagen springt am nächsten Morgen mit einer warmen Batterie überraschend schnell an.*

Der Ausbau der Batterie bei scharfem Frost hat einen weiteren Grund. Eine tief entladene Batterie (versehentlich nicht ausgeschaltete Scheinwerfer) kann schon bei -10°C gefrieren; bei einer halb geladenen Batterie reicht es allerdings für -27°C Frost. Wurde vorher gerade destilliertes Wasser eingefüllt, kann eine Batterie einfrieren und platzen.
Ein Riß im Kunststoffgehäuse kann mit Ameisensäure geklebt werden. Ist bei unsachgemäßer Behandlung ein Pol abgebrochen, besteht die Möglichkeit, ihn wieder anzulöten, wenn man sehr schnell arbeitet.

Ladezustand prüfen

Der Ladezustand einer Batterie hängt nur sekundär mit ihrem Säurestand zusammen. Auch eine Batterie, deren Säurestand in Ordnung ist, kann entladen sein. Das kann folgende Gründe haben: 1. Sie mußte zu viele Verbraucher speisen, was ihre Kapazität übermäßig beanspruchte; 2. Lichtmaschine oder Reglerschalter arbeiten nicht richtig; 3. die Batterie war über geraume Zeit unbenutzt, wodurch sich ihr Ladezustand verschlechterte.
Allgemein sollte man eine Batterie – auch wenn sie in ständigem Gebrauch ist – nach spätestens zwei Jahren auf ihren Ladezustand hin überprüfen. Sonst wird man womöglich eines Tages von ihrem »Ableben« überrascht. Ein Warnzeichen dazu ist es, wenn die Scheinwerfer beim plötzlichen Gasgeben heller aufstrahlen oder wenn sich die gefüllte Batterie nicht mehr erholt.
Dann muß man bei jeder einzelnen Batteriezelle den Ladezustand prüfen. Die zuverlässigste Messung erhält man in der Werkstatt oder beim Autoelektrik-Dienst, wo man die Batterie auch gleich richtig laden kann (Heimladegeräte schaffen das nicht immer). Dort mißt man mit einem Hebesäuremesser, und die Meßergebnisse bedeuten:

Batterie vollgeladen	spez. Gewicht 1,285 kg/l	Anm.: Die Messung ist auf + 20 °C
Batterie halb geladen	spez. Gewicht 1,20 kg/l	bezogen. Je 14 °C Temperaturunterschied
Batterie entladen	spez. Gewicht 1,12 kg/l	ändert das spez. Gewicht um 0,01 kg/l.

Weisen alle sechs Zellen eine gleichmäßig niedrige Säuredichte auf, kann es noch mit Nachladen getan sein, falls die Batterie nicht schon zu alt ist. Wenn nur eine Zelle entladen ist, muß die Fachwerkstatt prüfen, ob die Batterie noch eine Weile brauchbar ist. Stark verbrauchte Batterien erkennt man daran, daß die Scheinwerfer bei plötzlichem Gasgeben aus dem Leerlauf heraus merklich heller strahlen.

Säurestand der Batterie prüfen

Pflegearbeit Nr. 9

Wie hoch die Säure in der Batterie steht, soll man wenigstens alle 5000 km nachsehen. Das mag Ihnen sehr pedantisch vorkommen, zumal andere Autofirmen für ihre Wagen und deren Batterien eine Kontrolle nach jeweils 10000 km empfehlen. Es ist ohne weiteres möglich, daß der Säurestand erst nach 15000 km berichtigt werden muß.
Wir meinen, daß eine Überprüfung in kürzeren Zeitabständen eine erhebliche Sicherheitsreserve birgt, zumal im Sommer, wenn die Temperaturen für rascheres Verdunsten sorgen. Aber es liegt auch an den Betriebsumständen, wie schnell der flüssige Inhalt der Batterie »vergast«. Als Arbeit kann man die Kontrolle nicht bezeichnen:
Man schraubt die sechs Stopfen (oder zieht die für die drei Zellenöffnungen zugleich vorgesehenen Verschlußleisten) ab. In den sechs Batteriezellen muß der Säurestand etwa 1 cm über den Batterieplatten sichtbar sein. Wenn der Säurespiegel schon so weit abgesunken ist, daß die Oberkante der Platten frei von Flüssigkeit ist, wird es zum Ergänzen des Inhalts höchste Zeit.

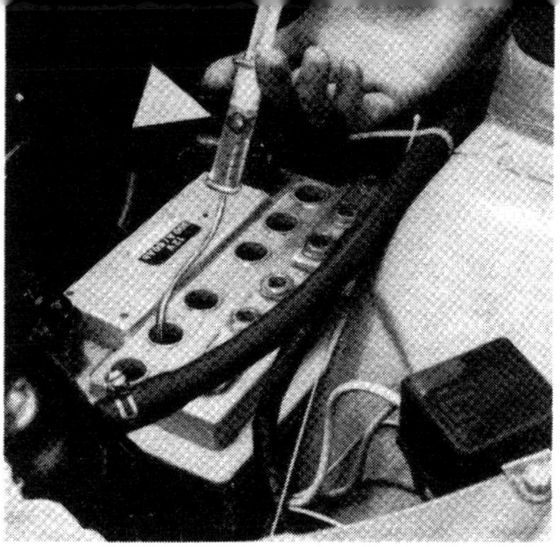

Mit einem Hebesäuremesser, wie er von der im letzten Abschnitt dieses Kapitels genannten Firma Neuber dem Mittel gegen Batterie-Korrosion beigefügt wird, läßt sich der Ladezustand bequem überprüfen. Wenn die rote Kugel in dem Säureheber oben schwimmt, ist die Batterie in Ordnung. Schwebt die Kugel etwa in der Mitte, ist der Ladezustand mäßig, und sinkt sie nach unten, muß Abhilfe geschaffen werden.

Es darf nur destilliertes Wasser nachgefüllt werden, niemals Batteriesäure. Auf völlige Reinheit der Nachfüllung ist zu achten. Leider bekommt man an einigen Tankstellen kein ganz sauberes destilliertes Wasser, deshalb legt man sich besser einen eigenen Vorrat davon zu (für einige Pfennige aus der Drogerie).
Wegen ihres höheren Preises sind die wartungsfreien Batterien wieder aus dem Handel verschwunden. Sie enthoben zwar den Wagenbesitzer der regelmäßigen Säurestandkontrolle, eine höhere Lebensdauer besaßen sie aber nicht. Der sonst so schädliche Wasserverlust durch Überladung (bei zu hoher Reglerspannung), durch Verdunstung und vor allem durch Selbstentladung wird bei wartungsfreien Batterien weitgehend verhindert. Dieser Wasserkreislauf kann das normale Altern einer Batterie nicht verhindern, weil noch kein Kraut gegen Bleischlammbildung und Vermehrung des Antimongehalts gewachsen ist. Jede Autobatterie erleidet deshalb pro Tag eine Verminderung ihrer Nennkapazität durch Selbstentladung von 0,2–1%. Dazu tragen auch Kriechströme durch Verschmutzung bei.

Batterie sauber halten

An den Batteriepolen und an den daran sitzenden Polklemmen bilden sich gerne Oxydationskristalle. Diese schaden der Batterie, ermöglichen Kriechströme und zeugen überhaupt von Nachlässigkeit des Wagenhalters. Mit warmem Wasser und einer alten Bürste läßt sich der Oxydationsschmutz beseitigen. Säureschutzfett (z. B. »Ft 40 v 1« von Bosch) verhindert neue Oxydbildung, wenn man die Polköpfe und Klemmen nach dem Trocknen damit einfettet.
Beim Peugeot sind die Kabelanschlüsse an den Batteriepolen nicht, wie sonst üblich, mit metallenen Schraubklemmen befestigt. Vielmehr ist das Minus-Kabel mit einer Flügelmutter aus Plastik und das Plus-Kabel mit einer Rändelmutter festgeschraubt. Wenn man die Flügelmutter um wenigstens zwei Umdrehungen löst, ist bereits die Stromzufuhr völlig abgeriegelt. Diese Möglichkeit stellt einen Sicherheitsfaktor dar, der z. B. bei einem Kabelbrand umständliches Hantieren mit Werkzeug erübrigt.
Sollte in einem sehr vernachlässigten Wagen die Oxydation schon so weit fortgeschritten sein, daß die Schraubanschlüsse sich nicht ohne weiteres lösen lassen, vermeide man rohe Gewalt. Kochendheißes Wasser oder besser Sodalösung retten aus dieser »Verklemmung«. Mechanische Zwangsmittel hingegen könnten zu unreparierbaren Schäden an der Batterie führen.
Der Ausbau der Batterie hat stets mit dem Abschrauben des Minus-Kabels zu beginnen. So vermeidet man Kurzschlußfunken durch versehentliches Berühren des Plus-Pols mit Metallteilen. Umgekehrt wird beim Einbau das Minus-Ka-

bei zuletzt angeschlossen. Die Batterie wird von einem Bügel festgehalten, der sich nach Losdrehen der beiden Flügelmuttern an jeder Seite abnehmen läßt. Danach kann man den Akku aus dem Wagen heben.

So wird geladen

Eine allmähliche Entladung findet auch in der unbenutzten Batterie statt – im Winter etwas langsamer als im Sommer. Etwa nach 100 Tagen ist eine vorher vollgeladenen Batterie leer. Die entladene Batterie leidet Schaden, deshalb muß sie bei stillgelegtem Wagen einmal im Monat nachgeladen werden. Kann man sie nicht zu anderweitigem Gebrauch verleihen, lohnt es sich, sie bei einem Elektro-Dienst in Pension zu geben und dort an ein Frischhaltegerät mit schwachem Ladestrom hängen zu lassen. Vor dem Aufladen einer müden Batterie im Wagen müssen beide Kabelanschlüsse von den Polen gelöst werden.
Bei tiefer Entladung muß die Batterie ausgebaut und an ein leistungsstarkes Ladegerät angeschlossen werden. Das besitzen nur Werkstätten. Vor dem Laden – und das gilt grundsätzlich – darf destilliertes Wasser nur bis zur Bedekkung der inwendigen Platten eingefüllt werden, damit die Säure bei der Aufladung nicht »überkocht«. Der Anfangs-Ladestrom soll nicht mehr als 10 Prozent der Ah-Kapazität einer Batterie betragen, bei der Batterie im Peugeot demnach 4–5 Ampere. Mit zunehmender Batteriespannung wird die Ladestromstärke verringert, was automatische Ladegeräte gewöhnlich selbst regulieren, sonst bekommt man eine überladene und geschädigte Batterie zurück. Eigentlich ist es richtig, wenn die Werkstatt die Batterie zuvor völlig entlädt. Der Gesamtvorgang dauert 10 bis 15 Stunden.
Das während dieser Zeit sich bildende Gas muß entweichen können, deshalb sind die Verschlußstopfen der Batteriezellen zu öffnen. Es handelt sich dabei um Wasserstoff und Sauerstoff, und in der Nähe dieses gefährlichen Knallgases darf man nicht mit Feuer hantieren. Der von den Gasblasen verursachte Sprühnebel schlägt sich um die Batterie herum nieder: Beim Laden der eingebauten Batterie muß man deren Umgebung mit Plastikfolie oder alten Zeitungen abdecken.
Die Batterie ist geladen, wenn eine Zellenspannung von 2,6 bis 2,7 Volt erreicht ist und wenn innerhalb von 2 Stunden die Säuredichte nicht mehr ansteigt. Zum Schluß muß noch einmal der Säurestand überprüft werden.
Auch ein Transformator für Modelleisenbahnen eignet sich zum Batterieladen, es muß aber ein wenigstens 1 Ah liefernder Gleichstrom-Transformator sein. Die rote Transformator-Klemme wird mit dem Plus-Pol der Batterie und die blaue mit dem Minus-Pol durch üblichen isolierten Draht verbunden. Bei der 12-Volt-Batterie ist der Reglerknopf bis zur höchsten Stufe einzustellen.

Bei allen Arbeiten an der elektrischen Anlage ist das Massekabel zu lösen.
Eine Besonderheit der Peugeot-Anlage ist nämlich dieser praktische Anschluß, der wie ein Schalter funktioniert: Durch zwei Umdrehungen linksherum ist die Stromzufuhr unterbrochen – man braucht das Kabel überhaupt nicht ganz abzuschrauben. Einem Kurzschluß oder Kabelbrand ist somit schnell die Nahrung genommen.
Die Kabelanschlüsse besitzen außerdem Steckdosen für Bananen-Stecker (z. B. für Handlampe).

Schadet die Schnelladung?

Schnelladen dauert ungefähr nur eine halbe Stunde, stellt aber eine Pferdekur dar. Nur gesunde Batterien überstehen diese mit 40 Ampere erfolgende Ladung. Zur Regel soll man eine solche Behandlung nicht werden lassen und höchstens dann vornehmen, wenn man unbedingt mit dem Auto fahren muß. Putscht man ältere Batterien mit den Schnelladegerät auf, können sich die Plattenblöcke heben und die Batterie zerstören. Auf gar keinen Fall dürfen fabrikneue Batterien oder mit Gel gefüllte Trocken-Akkus schnellgeladen werden. Vielmehr wird in eine solche – trocken vorgeladene – Batterie Säure gefüllt und nach kurzer Wartezeit kann man damit starten. (Eigentlich ist die gebräuchliche Bezeichnung »trocken vorgeladen« falsch; solche neuen Batterien wurden normal geladen, dann gespült, getrocknet und mit Konservierungsstoff gefüllt.)

Starten mit mit leerer Batterie

Wem ist es nicht schon passiert: Man will starten, doch die Batterie ist leer. Vermutlich war irgendein Stromverbraucher angeschaltet, der von der Kapazität der Batterie zehrte (und dies hoffentlich nicht tagelang). Da Ihr Peugeot nun nicht, wie es in solchen Fällen früher einmal überaus praktisch war, mit der Andrehkurbel in Schwung gebracht werden kann, müssen etwas umständlichere Maßnahmen getroffen werden. Man kommt aber bestimmt vom Fleck, wenn die Batterie an sich noch gesund ist.

Anschleppen oder Anschieben

Sollte man nicht gerade das Glück haben, von einem Berg herunterrollen zu können, um dadurch den Motor in Gang zu setzen, wird man sich – bei Verzicht auf eine volle 12-V-Batterie – anschleppen lassen müssen. Das ist aber nur bei Wagen mit Schaltgetriebe möglich, nicht jedoch mit Getriebeautomatik (siehe Kapitel »Schleppen und Abschleppen«).

Befestigen Sie Ihr Seil an dem Wagen des edelmütigen Schleppers so, wie es im Kapitel »Schleppen und Abschleppen« beschrieben ist und behalten Sie einen ruhigen Kopf – der Motor wird schneller anspringen als Sie sich vorstellen.

Diese Startmethode funktioniert so: Zündung einschalten, Kupplung treten, 2. Gang einlegen. Während der Schleppwagen das Seil straffzieht und Ihr Auto zu rollen beginnt, ziehen Sie den Starterknopf (Choke) je nach Außentemperatur so weit, als würden Sie den Motor wie üblich anlassen. Bei genügend Fahrt – etwa von doppelter Schrittgeschwindigkeit an aufwärts – Kupplung langsam kommen lassen, rechte Hand an der Handbremse, Fuß aufs Gaspedal lehnen. Springt der Motor an, sofort Kupplung treten und Gas geben, Handbremse sanft ziehen (Sie haben nur zwei Beine und können nicht auch noch auf die Fußbremse treten), damit Sie dem Vordermann nicht ins Hinterteil fahren, und dem Schleppfahrer Hupsignal geben. Jetzt den Gang heraus und Kupplung loslassen, immer noch etwas Gas geben (damit der Motor nicht stehen bleibt und Sie von vorne anfangen müssen), und zusammen mit dem Schleppwagen langsam abbremsen.

Den Peugeot kann man auch mit Hilfe von zwei Leuten zum Laufen bringen, wenn diese kräftig schieben. Dann muß allerdings die Zündanlage in guter Verfassung sein, sonst wird es schwierig. Weil man die notwendige Drehzahl durch Anschieben in den oberen Gängen im allgemeinen nicht erreicht, wendet man einen Trick an. 1. Gang einlegen, Kupplung durchgetreten halten, Wagen anschieben lassen, bis er in Schwung ist, dann Kupplung schnell kommen lassen. Hierbei wird der Motor plötzlich schnell genug durchgedreht, um in der Lichtmaschine ausreichend Strom für den Zündfunken zu erzeugen. Springt der Wagen an, sofort Kupplung treten und Gas geben. Wagen mit der Handbremse anhalten, denn die Füße braucht man, wie schon gesagt, für Kupplung und Gaspedal.

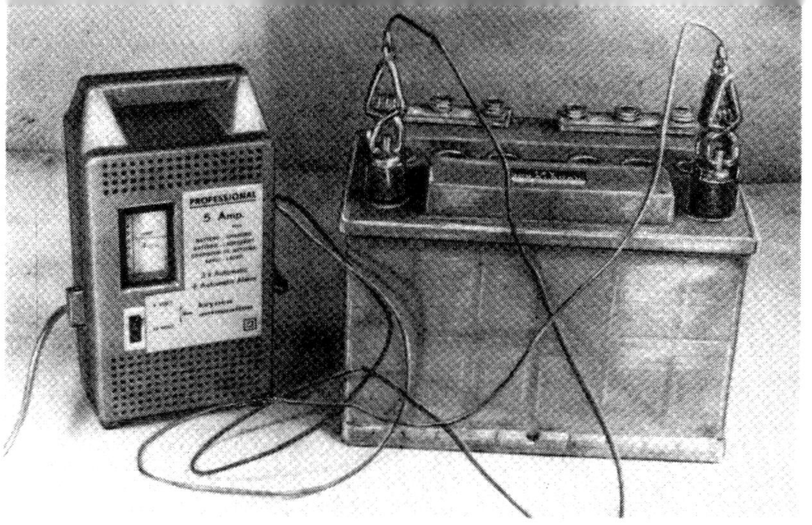

Zum Aufladen der Batterie gibt es einfache Garagengeräte, die für 12-Volt-Batterien etwa ab 60 Mark kosten. Beim Laden, das mehrere Stunden in Anspruch nimmt, sollen die Verschlußstopfen der Batteriezellen geöffnet werden. Wie auf der vorangegangenen Seite beschrieben, eignet sich zum Laden auch ein Modellbahntransformator.

Fahren ohne Batterie nicht möglich

Die schon genannte Empfindlichkeit der Drehstrom-Lichtmaschine erlaubt es nicht, ohne Batterie zu fahren. Bei Wagen mit herkömmlicher Lichtmaschine läßt sich das ohne weiteres unternehmen. Ein mit Drehstrom-Lichtmaschine ausgerüsteter Wagen läßt es daher auch nicht zu, daß man sich anschleppen läßt, wenn keine Batterie eingebaut und angeschlossen ist.
Ebenfalls darf im Peugeot keine defekte Batterie mit innerem Kurzschluß eingebaut werden. Die Lichtmaschine kann in ihr keinen Strom speichern. Die deshalb überlastete Lichtmaschine und der Reglerschalter schmoren in kürzester Zeit durch und die Stromversorgung bricht endgültig zusammen. Abschleppen lassen und teure Instandsetzungsarbeiten wären die Folgen.

Kauf einer neuen Batterie

Häufige Müdigkeitserscheinungen beim Starten künden an, daß eine neue Batterie fällig ist. Bei üblicher Benutzung ist es nach 3 Jahren oder 50000 km Fahrstrecke so weit. An der dann notwendigen Geldausgabe kommt man leider nicht vorbei. Eine 45-Ah-Batterie kostet wenigstens 150 Mark.
In den letzten Jahren wurden etwas fortschrittlichere Autobatterien entwickelt. Anstelle der dickwandigen Hartgummiumhüllungen trat das leichte Polypropylen und die Platten und Separatoren sind fest verspannt. Das hatte neue DIN-Maße (geringere Höhe und Länge, beibehaltene Befestigungsbreite) zur Folge. Aber die begrenzte Lebensdauer bleibt auch für absehbare Zeit ein Manko. Das Prinzip langlebiger Batterien ist zwar bekannt, aber in einem normalen Personenwagen lassen sich solche Stromspeicher nicht unterbringen.
Ab Werk sind die Peugeot 504-Modelle mit Batterien der Marken Tudor, Steco oder U.S.L. ausgestattet. Die Verstellbarkeit der Befestigung im Motorraum läßt es zu, daß natürlich auch Batterien deutscher Hersteller verwendet werden können. Batterien mit Kunststoffkasten sollen aber nur an ihrem Boden befestigt werden, sonst gibt das Gehäuse nach.
Aufputschmittel für Batterien taugen nichts. Es gibt jedoch ein Präparat, das chemisch defekte, also sulfatierte Batterien wieder aufmuntert. In eine noch junge Batterie eingefüllt, kann dieses »Cobalt-MG«, richtig dosiert eingefüllt, ihre Lebensdauer erheblich verlängern. Einer drei Jahre alten Gebrauchsbatterie gaben wir das Mittel bei und erst nach weiteren vier Jahren versagte sie ihren Dienst. Der Vertrieb erfolgt über die Firma Krynen-Neuber, Jahnstr. 13, 5810 Witten, von wo es auch an Kaufhäuser und an den Fachhandel geliefert wird. Das Mittel darf nicht in ATSA-Batterien, die bereits mit Kobalt angereichert wurden, gegeben werden.

Energiespender

Ursprünglich war die Lichtmaschine im Auto nur dazu bestimmt, wie ein Fahrraddynamo Licht zu erzeugen. Daher ihr Name. Mit der Zeit erhielt sie zusätzliche Aufgaben und man gab ihr die Bezeichnung »Generator«. In erster Linie muß sie Zündstrom für die Zündfunken zur Verbrennung des Kraftstoff-Luft-Gemisches schaffen. Zugleich muß sie Gleichstrom für die Batterie entwickeln, die kein Wechselstrom speichern kann.
Die Batterie gibt beim Anlassen des Motors und durch die Versorgung anderer Stromverbraucher immer wieder Energie ab, die ergänzt werden muß. Den höchsten Stromverbrauch hat der Anlasser, der als kleiner Kraftprotz in der Lage sein muß, auch einen kältestarren Motor genügend rasch durchzudrehen. Der Startvorgang soll nicht wegen ungenügenden Stromhaushalts oder wegen Schwäche des Anlassers im Versuch ersticken.

Die Lichtmaschine

Die heutzutage verwendeten Drehstrom-Generatoren zeichnen sich gegenüber den konventionellen Gleichstrom-Lichtmaschinen dadurch aus, daß sie bereits bei Motorleerlauf Leistung abgeben. Deshalb muß man nicht mehr fürchten, etwa bei einer nächtlichen Verkehrsstauung – die sich in Urlaubszeiten über weite Strecken ziehen kann – von schwächer werdendem Scheinwerferlicht überrascht zu werden. Moderne Lichtmaschinen sorgen unter allen Betriebsbedingungen für eine genügende Ladung der Batterie.
Die Gleichrichtung des erzeugten Drehstroms erfolgt durch Halbleiterdioden und nicht, wie bei der alten Lichtmaschine, über Kohlebürsten und Kollektor, die den dort erzeugten Wechselstrom gleichrichten. Kohlebürsten und Kollektor sind dem Verschleiß unterworfen und nur bis zu einer gewissen Drehzahl einsatzbereit. Ohne diese Teile vermag die Drehstrom-Lichtmaschine weitaus höhere Drehzahlen zu verkraften, ferner ist ihr Wartungsbedarf geringer.
Selbstverständlich muß die Leistung der Lichtmaschine auf die Menge und Größe der zu versorgenden Stromverbraucher abgestimmt sein. Beispielsweise ist der Leistungsbedarf beim Einspritzer mit elektrischer Kraftstoffpumpe (und mit Halogen-Scheinwerfern) höher als bei Wagen mit der Grundausstattung. Ist bei jenem ein 500 Watt leistender dreiphasiger Generator eingebaut, kann man bei letzterem mit einer einphasigen Lichtmaschine von 350 Watt gut auskommen, auch wenn nachträglich Nebelscheinwerfer oder Radio installiert werden.
Die 504-Vergasermotoren sind mit den Fabrikaten Ducellier, Paris-Rhône oder SEV Motorola ausgerüstet, der Motor mit Benzineinspritzung verfügt über einen Generator des zweiten oder dritten Typs. Beim Vergasermotor ist die Lichtmaschine an der linken Seite ziemlich hoch angebracht, beim Einspritzer sitzt sie rechts. In jedem Fall erfolgt ihr Antrieb über Keilriemen durch die Kurbelwellenriemenscheibe, und zwar mit einem Übersetzungsverhältnis von 1,886, was bedeutet, daß die Lichtmaschine fast doppelt so schnell dreht wie der Motor.

Die einphasige Lichtmaschine besitzt zwei Statorwicklungen (feststehende Wicklungen). Ihre Stromabnahmestellen sind mit Sicherungen versehen. Zur Gleichrichtung des Wechselstroms dienen zwei Dioden. Bei dem anderen, dreiphasigen Generatortyp erfolgt diese Umwandlung in Gleichstrom durch sechs Dioden, ferner enthält er drei Statorwicklungen.
Dioden sind elektronische Halbleiter, mit einem Ventil vergleichbar, das nur in einer Richtung durchlässig ist. Bei umgekehrter Polarität – weil Strom in verschiedenen Schaltungen in der Lichtmaschinen statt nur in einer Richtung auch in die andere fließt – darf an bestimmten Schaltpunkten für den Strom keine ungehinderte Durchlässigkeit vorhanden sein. Solche Dioden unterliegen zwar keinem mechanischen Verschleiß, aber sie sind gegen hochgespannte Stromstöße empfindlich. Sie können durch diese Spannungsspitzen, die sich beispielsweise beim Einschalten von Stromverbrauchern ergeben, zerstört werden. Deshalb hat bei der Drehstrom-Lichtmaschine die Batterie die Aufgabe, als Spannungsbegrenzer zu dienen und ist darum mit der Lichtmaschine direkt durch Kabel verbunden.

Wichtige Vorsichtsmaßnahmen

Die Kabelverbindungen zwischen dieser Drehstrom-Lichtmaschine und der Batterie dürfen bei laufendem Motor niemals getrennt werden, was bei einer Gleichstrom-Lichtmaschine völlig harmlos ist. Batterie und Lichtmaschine (zusammen mit dem Regler) bilden in diesem Fall eine fest zusammengehörende Einheit. Ebenso darf der Motor nicht gestartet (und demnach auch nicht angeschleppt) werden, ohne daß eine Batterie angeschlossen ist. Zu beachten ist weiter, daß die Anschlüsse von Batterie, Reglerschalter und Lichtmaschine keinesfalls verwechselt werden. Überdies muß der Regler über einen sicheren Massenanschluß verfügen.
Wie schon im Kapitel über die Batterie bemerkt, ist es beim Aufladen derselben im Wagen unumgänglich, vorher beide Batterieklemmen – also Plus- und Minus-Anschluß – von der Batterie zu lösen.
Diese Reglementierung sollten Sie im eigenen Interesse befolgen, um nicht Gefahr zu laufen, daß die Dioden ihren Dienst versagen. Der vorher angedeutete Vergleich zu einem Ventil, das eine Diode sinngemäß darstellt, läßt sich nämlich fortführen: Übersteigt die Kraft aus der Gegenrichtung die Schließfähigkeit der nur in diese Richtung wirkenden Sicherung, wird das Ventil zerstört. Tritt in die Diode aus der falschen Richtung eine zu hohe Stromspannung, kann sie schlagartig den Tod erleiden.

Wartung der Lichtmaschine

Da die Drehstrom-Lichtmaschine von Haus aus wartungsfrei ist, hat man mit ihr auch kaum Ärger. Eventuell vorkommende Arbeiten kann man beruhigt einer Fachwerkstatt überlassen, denn dieser Stromerzeuger ist ein Aggregat mit empfindlichen Teilen. Bei der Kontrolle müssen die Schleifringe gereinigt werden und man hat zu prüfen, wie weit die Bürsten abgenutzt sind, gewöhnlich wird man sie bei dieser Gelegenheit ersetzen müssen.
Gegen ungeschickte Bastelübungen eines übereifrigen Heimwerker ist die Drehstrom-Lichtmaschine allergisch. Ihre Lager sind nur mit entsprechenden Abziehvorrichtungen zu lösen und vor allem sind etliche Bauteile sehr empfindlich gegen Hitze (beim unvermeidlichen Löten), gegen Verdrehen, ungenauen Zusammenbau und gegen das Berühren mit nicht zusammengehörenden Kontakten. Da kann der Heimwerker-Instandsetzungsversuch teuer werden. Also besser: Drehstrom-Lichtmaschine Werkstattsache.
Bevor man die Lichtmaschine abbaut: Batterie abklemmen! sodann löst man die Befestigungen aller an der Lichtmaschine angeschlossenen Kabel. Der Ge-

nerator wird oben an dem Schwenkbügel von einer Schraube festgehalten. Dieser Arm läßt sich nach oben bzw. unten schwenken, wenn man dessen Lagerung gelockert hat, jedoch genügt es, den Bolzen an dieser Spannvorrichtung zu lösen. Nach Lösen des unteren Bolzens läßt sich nun die Lichtmaschine in Richtung Motor drücken, so daß der Keilriemen und anschließend die Lichtmaschine abgenommen werden können.

Fehler einkreisen

Eine geräuschvoll arbeitende Lichtmaschine muß zunächst auf ihre feste Anbringung hin untersucht werden. Vielleicht ist auch nur der Keilriemen schadhaft? Ein abgenutztes Lager macht sich durch Pfeifen oder Singen bemerkbar. Ungewöhnliche Töne können von einer Gleichrichter-Diode, die Kurzschluß hat, herrühren.

Wenn die Lichtmaschine wenig, unregelmäßig oder überhaupt nicht die Batterie auflädt, sollte man zuerst die Keilriemenspannung überprüfen. Es kann auch sein, daß der Regler nicht richtig arbeitet, oder die Kohlebürsten sind verbraucht oder haben sich verklemmt. Schließlich ist eine Unterbrechung des Erreger- oder Ladestromkreises in der Maschine zu vermuten.

Eine unterbrochene Läufer- oder Ständerwicklung führt zu völligem Ausfall der Lichtmaschine. Hat der Ständer dagegen Masseschluß oder teilweise Kurzschluß, kommt es zu nur schwacher Ladung. Ebenso, wenn der Läufer teilweise Kurzschluß erleidet oder die Gleichrichter-Diode unter Kurzschluß steht.

Selbsthilfe an der Drehstrom-Lichtmaschine

Zerlegen und Pflegen der Drehstrom-Lichtmaschine sollte man nur dann durchführen, wenn man schon Erfahrungen auf diesem Gebiet gesammelt hat. Dann allerdings gibt es keine sehr großen Probleme.

Nach Abklemmen der Batterie und Lösen aller Zuleitungen wird die Lichtmaschine wie beschrieben ausgebaut. Bei der SEV-Lichtmaschine zuerst die Bürstenhalter demontieren. Allgemein markiert man die Stellung des Stators zum vorderen und hinteren Gehäuseteil durch einen gemeinsamen Strich, um später den Zusammenbau zu erleichtern. Die Halteschrauben – je nach Typ drei oder vier – werden gelöst und mittels Kunststoffhammer ist das vordere Gehäuse vom Stator zu trennen. Zum Ausbau des Stators sind die entsprechenden Muttern der Plus- bzw. Minusklemmen abzuschrauben und der Stator ist abzuziehen. Beim Paris-Rhône-Typ kommt man jetzt auch an Bürstenhalter und Kohlebürsten.

Das vordere Gehäuseteil sollte nur zerlegt werden, wenn (bei SEV) das Kugellager oder (bei Paris-Rhône) der Rotor ersetzt werden sollen. Dazu benötigt man geeignete Abzieher.

Bild links: Drehstrom-Lichtmaschine. Rückseite mit Kabelanschlüssen, obere Befestigung (Pfeil). Bild rechts: Reglerschalter. Er ist im Motorraum hinten angebracht.

Arbeiten an den Dioden sollte man möglichst der Fachwerkstatt überlassen, wie auch dort nur die Funktion der einzelnen Bauteile mit Sicherheit ermittelt werden kann. Wurde eine defekte Diode festgestellt, muß der jeweilige Diodenträger komplett ausgebaut werden. Zum Anlöten der Anschlüsse an die Dioden ist ein kräftiger, sehr heißer Lötkolben zu verwenden, da rasch gearbeitet werden muß; zum Schutz der Diode gegen die Hitze greift man mit einer Zange zwischen diese und die Lötstelle.
Zerkratzte Schleifringe am Rotor können mit feinstem Schleifleinen poliert werden. Dabei ist der Rotor gleichmäßig zu drehen.

Der Reglerschalter

Je schneller die Lichtmaschine vom Motor angetrieben wird, um so mehr Strom liefert sie. Die Batterie als Stromsammler und die Stromverbraucher werden dagegen mit solchen schwankenden Leistungen nicht fertig. Besonders die Batterie muß gegen Überladen geschützt sein, und das Licht der Scheinwerfer wäre je nach Geschwindigkeit einmal schwach und einmal hell. Zur Maßhaltung des erzeugten Stroms ist der Reglerschalter an den Generator angeschlossen, der auf den jeweiligen Lichtmaschinentyp genau abgestimmt wurde. So gehören ganz bestimmte Reglerschalter zu den vorher genannten Lichtmaschinen des entsprechenden Fabrikats.
Diese Spannungsregler verbinden die jeweilige Lichtmaschine nach Erreichen der Einschaltdrehzahl mit der Batterie, wobei als Bestätigung die Voltmeteranzeige abfällt. Bei der Einschaltdrehzahl ist die Lichtmaschinenspannung bis zur Batteriespannung angestiegen, so daß die Lichtmaschine im gleichen Moment die Stromlieferung für Zündanlage, sonstige Stromverbraucher und zum Wiederaufladen der Batterie aufnehmen kann. Der Reglerschalter trennt ebenso wieder Lichtmaschine und Batterie voneinander, wenn diese Drehzahl unterschritten wird, wodurch verhindert ist, daß sich die Batterie über die dann schwächer wirkende Lichtmaschine entlädt. Bei schnell laufender Lichtmaschine sorgt schließlich der Reglerschalter dafür, daß weder die angeschlossenen Stromverbraucher – Zündspule, Scheinwerfer usw. – zu hohe Spannung erhalten, noch die Batterie überladen wird.

Reparaturmöglichkeiten am Reglerschalter?

Selbst kann man an einem Reglerschalter nichts reparieren, wenn er schadhaft ist. Reparaturversuche, etwa Abschleifen der Kontakte oder Andrücken der Schaltfedern machen die Sache zumeist noch schlimmer, denn bereits kleine Federspannungsänderungen verfälschen seine Schalterei vollkommen. Defekte im Reglerschalter sind in krassen Fällen an »überkochender« oder ständig entladener Batterie, am Nichterlöschen oder Durchbrennen der Ladekontrollampe und grellem Aufleuchten der Scheinwerfer bei schnellem Gasgeben erkennbar. Leichtere Unstimmigkeiten des Reglerschalters sind mit elektrotechnischen Meßgeräten, wie sie in Peugeot-Niederlassungen oder bei Bosch-Diensten zur Verfügung stehen, feststellbar.
Der Regler hat die drei Klemmen 7, 8 und M 1, deren Anschlüsse natürlich nicht locker sein dürfen. Der Masseanschluß des Reglers muß völlig störungsfrei sein.

Was sagt das Voltmeter?

Die Bedeutung des Voltmeters kommt im Kapitel »Instrumente und Geräte« zur Sprache, doch muß an dieser Stelle auf den Zusammenhang zwischen der Stromversorgung und entsprechender Anzeige verwiesen werden. Dieses Instrument, das im Grunde nur der Batterieüberwachung dient, ist in den Stromkreis zwischen Batterie und Regler/Lichtmaschine einerseits und Zündschloß andererseits geschaltet. Beim Einschalten der Zündung registriert das Voltmeter – korrekte Anschlüsse vorausgesetzt – den Ladezustand der Batterie, bei laufendem Motor zugleich die Arbeit der Lichtmaschine. Eine Sondierung der Art, wie sie die Ladekontrolleuchte bei anderen Autos bietet, indem diese direkt den Ausfall der Lichtmaschine oder des Reglers und auch einen Keilriemendefekt anzeigen kann, ist beim Voltmeter nicht so auffällig gegeben. Wegen der bereits vorhandenen Zahl der Kontrollampen im 504 hat man sich die sonst bekannte rote Ladekontrolleuchte gespart. Welche Schlüsse aus der Anzeige des Voltmeters zu ziehen sind, verrät der nachstehende Störungsbeistand.

Störungsbeistand

Batterie und Lichtmaschine

Die Störung	ihre Ursache	ihre Abhilfe
Voltmeter bleibt bei eingeschalteter Zündung in Ruhestellung	Batterie restlos entladen	Batterie aufladen oder ersetzen
	Batteriekabel lose oder Kabelschuh gebrochen	Batteriekabel und Polanschlüsse prüfen
	Kabel- oder Anschlußdefekt in den Leitungen: Anlasser – Lichtmaschine – Zündschloß – Voltmeter, oder Zündschloß defekt	Kabel und Anschlüsse prüfen, bzw. Zündschloß reparieren oder ersetzen
Voltmeter schlägt bei eingeschalteter Zündung nur innerhalb des roten Minus-Feldes aus	Batterie stark entladen	Batterie nachladen
	Anschlüsse an Batterie oder Kontakte der Leitungen mangelhaft	Anschlüsse und Leitungen prüfen
	Lichtmaschine lädt nicht	Lichtmaschine und Regler, auch Keilriemenspannung prüfen
Voltmeter schlägt ins rote Plus-Feld aus	Regler defekt oder zu hoch eingestellt	Regler prüfen, richtig einstellen oder austauschen
	Kurzschluß im Bordnetz	Kabel, Anschlüsse, Instrumente und elektrische Aggregate durchprüfen

Keilriemen-Probleme

Sie müssen berücksichtigen, ob Sie einen Peugeot 504 mit Vergasermotor oder mit Benzineinspritzung besitzen, wenn Sie einen neuen Keilriemen brauchen. Der erste Typ hat einen Keilriemen von 126 cm Länge zum Antrieb von Lichtmaschine und Ventilator. Der Einspritzmotor besitzt einen 71 cm langen Keilriemen für die Lichtmaschine und einen zweiten, 88 mm lang, für den Ventilator. Kaufen Sie sich den oder die entsprechenden Ersatzriemen! Ein Platz dafür im Kofferraum findet sich leicht – vielleicht brauchen Sie niemals einen. Aber wenn der alte zerrissen ist und Sie haben keinen neuen zur Hand, ist Ihre Reise vorläufig beendet. Passende Keilriemen bekommt man bestimmt beim Peugeot-Händler, manchmal auch in Ersatzteil-Geschäften oder bei Tankstellen.
Man hört es nicht immer, wenn ein Keilriemen reißt und abfliegt. Aber man sieht es an der absinkenden Anzeige des Voltmeters in das rote Minus-Feld oder zumindest in den unteren Teil des grünen Bereichs, weil die Stromversorgung dann nur durch die immer schwächerwerdende Batterie erfolgt. Außerdem klettert die Kühlwasseranzeige wegen nicht arbeitender Wasserpumpe in bedrohliche Höhe. Sofort anhalten!
Reißt beim Motor mit Benzineinspritzung der vertikal laufende Riemen, wird zwar die Lichtmaschine weiterhin von dem unteren Riemen betätigt, aber der für den Motor lebenswichtige Ventilator und mit ihm die Wasserpumpe sind außer Betrieb. Dieser Schaden wird durch stark steigende Anzeige des Kühlwasserthermometers registriert.

Ein gut gespannter Keilriemen muß sich unter Daumendruck etwa 10–15 mm durchbiegen lassen. Geübte Leute haben das im »Gefühl«. Die Schrauben von Schwenkarm und Schwenklager werden etwas gelockert, wenn der Keilriemen nachgespannt werden muß. Dann Lichtmaschine nach außen drücken und Schrauben bei richtiger Keilriemenspannung wieder festziehen. Wie die Keilriemenspannung ganz korrekt ermittelt wird, ist auf dieser Seite nachzulesen.
Einen neuen Keilriemen läßt man durch kurze Anlasserbetätigung etwas laufen und prüft danach die Spannung erneut.

Zögern Sie keineswegs anzuhalten, wenn die Voltmeteranzeige abfällt und besonders beim Ansteigen der Temperatur. Schäden durch unbedachte Weiterfahrt treten unweigerlich am Motor auf, wenn der Keilriemen nur noch wenig oder überhaupt nicht seine Aufgabe erfüllt. Der Umlauf des Kühlwassers wird unterbrochen und durch die Hitzeausdehnung im Motor kommt es zu Kolbenklemmern, die unreparierbare Zerstörung zur Folge haben können (z. B. Abreißen der Pleuel). Im günstigsten Fall, wenn der Keilriemen gerade noch »mitnimmt«, ladet die Lichtmaschine zu wenig.
Andererseits, wenn zu stramm gespannt, beansprucht der Keilriemen die Lager der Lichtmaschine zu sehr. Vorzeitiger Verschleiß der Lager, besonders des hinteren, ist die Folge.

Keilriemenspannung prüfen

Pflegearbeit Nr. 27

Die Bedeutung der richtigen Keilriemenspannung wurde eben erläutert. Man kann mit einem verhältnismäßig einfachen Handgriff kontrollieren, ob die Spannung ungefähr stimmt: Drücken Sie den Daumen auf halbem Weg zwischen zwei Riemenscheiben kräftig auf den Keilriemen. Er soll sich etwa 10–15 mm durchbiegen lassen. Das ist aber nur eine oberflächliche Kontrolle.
Bei Peugeot heißt es, der Keilriemen (oder beim Einspritzer: beide Keilriemen) muß (müssen) nachgestellt werden, wenn ein schlagendes Geräusch zu vernehmen ist. Ein Keilriemen »schlägt« bei zu schwacher Spannung anfangs schon beim Kaltstart, später auch bei warmem Motor.
Ein genaueres Spannen der Keilriemen beim Vergasermotor ist mit folgender Methode möglich: Auf der Innenseite des neuen oder des aufgelegten, aber entspannten Riemens zeichnet man exakt den Abstand von 100 mm mit zwei Strichen an. Dann wird der Riemen, wie oben beschrieben, so gespannt, daß sich der Abstand zwischen den beiden Strichen auf 102–103 mm ausdehnt, das entspricht einer Spannung von 2–3%. Der untere – kürzere – Keilriemen am Motor mit Benzineinspritzung vom Typ KF 5 soll von 100 auf 101,5 mm, bei der älteren KF 6-Anlage auf 103,5 mm gespannt werden.
Den Keilriemen am Vergasermotor spannt man ähnlich wie beim Einspritzer den unteren, der die Lichtmaschine antreibt: Etwas die obere Befestigungsschraube der Lichtmaschine lockern und ebenso ihren unteren Bolzen. Dann drückt man die Lichtmaschine kräftig vom Motor weg, dadurch spannt sich der Riemen. Lichtmaschine festhalten und zunächst die obere Schraube, dann die untere festziehen. Riemenspannung erneut kontrollieren und gegebenenfalls nochmals korrigieren. Diese Arbeiten sind für alle 15000 km vorgesehen, ferner müssen sie 1000 km nach jeder Motorüberholung vorgenommen werden.

Der beim Einspritzmotor zur Wasserpumpe reichende Keilriemen kann nicht nachgespannt werden. Das ist auch nicht nötig, weil die Wasserpumpe auch mit lockerem Keilriemen immer noch genügend angetrieben wird. Wenn sich Anzeichen der Beschädigung an dem Riemen zeigen, muß er ausgewechselt werden.

Das Auswechseln der Keilriemen ist nach vorstehenden Beschreibungen kein Problem. Selbstverständlich muß zum Erneuern des zwischen Kurbelwelle und Wasserpumpe laufenden Keilriemens am Einspritzmotor zuerst der untere Keilriemen abgenommen werden.

Gelegentlich ist der Zustand der Keilriemen zu prüfen. Wenn die beiden Laufflächen und die nach außen gerichtete Fläche des Riemens glatt und ohne Anrisse sind, ist er noch dienstbereit. Allerhöchste Zeit zum Wechseln ist es aber, wenn schon Teile des vulkanisierten Gummis oder des Gewebes abgelöst sind.

Der Anlasser

Der zum Starten dienende Elektromotor, der Anlasser, sitzt am Motor links hinten. Er ist derartig kräftig, daß man auch mit seiner Hilfe das Auto notfalls von der Stelle bringen kann. Es ist nämlich schon vorgekommen, daß durch irgendeinen unglücklichen Umstand der Motor ausgerechnet auf einem Bahnübergang abstirbt und in der Ferne schon der Zug herandonnert. Ruhig Blut, eingelegter kleiner Gang und betätigter Anlasser retten aus solcher Situation. Aber für eine weiterreichende Reise eignet sich der Anlasser natürlich nicht, denn die Wicklungen aus Draht in seinem Innern verschmoren bei zu anhaltender Belastung.

Die Peugeot 504-Modelle sind mit Anlasser der Hersteller Ducellier oder Paris-Rhône ausgerüstet. Dabei handelt es sich um Schubschraubtrieb-Anlasser mit Magnetschalter.

Das bedeutet, daß solch ein Anlasser beim Schließen des Stromkreises sein Antriebsritzel (Zahnrad) auf den Zahnkranz des Schwungrades vom Motor schiebt und dieses erst dann – rechts herum – zu drehen beginnt. Ein Freilauf am Ritzel verhindert Belastungen des Anlassers, wenn der schnell startende Motor das Ritzel noch nicht gleich freigegeben hat, also auf dem Schwungrad noch mitdreht. Natürlich schiebt sich das Anlaßritzel selbsttätig zurück, sowie der Zündschlüssel aus der Stellung »Starten« zurückgedreht wird. Der Anlasser hat Dauerschmierung, Störungen kommen selten vor.

Anlasser-Wartung

Der Aufbau des Anlassers ist dem einer Gleichstrom-Lichtmaschine sehr ähnlich. Er stellt also kaum höhere Ansprüche, wird aber wegen der zum Überprüfen erforderlichen Demontage besser von der Werkstatt kontrolliert. Die Kohlebürsten und der Kollektor sind dem Verschleiß unterworfen und müßten eigentlich nach zwei bis drei Jahren einmal überprüft werden, aber wer tut das schon? Bei Bedarf müssen sie eben ersetzt oder nachgearbeitet werden. Nach langer Betriebszeit haben sich die Kohlebürsten derart abgeschliffen, daß ihre Metallsockel Rillen in den Kollektor graben und ein Abdrehen des Kollektors unvermeidbar wird. In einer Elektro-Werkstatt ist das billiger, als womöglich einen neuen Anlasser einbauen zu lassen. Aber Ihr Wagen steht dann ein paar Tage still. Zum Abschleifen des Kollektors muß die Ankerwelle in ein Backenfutter mit Kugellager an jeder Backe eingespannt werden, um sonst entstehende Unrundheit auszuschließen. Mittels Kollektorsäge und Ziehstahl sind dann die Segmente nachzuschneiden. Abschließend wird der Kollektor mit Polierleinen bearbeitet.

Sollte sich der Anlasser beim Startversuch nicht drehen, dann ist zuerst eine schwache Batterie zu vermuten. Auch die Kabelverbindungen muß man, bevor

Die beiden Anschlußklemmen am Anlasser. An der oberen Klemme sind die Kabel 4, 20 und 21 angeschlossen, das letztgenannte führt direkten Batteriestrom heran. Mit der unteren Klemme ist das Kabel 46 verbunden. Sollte im Zünd-Anlaß-Schloß ein Defekt aufgetreten sein, der den Startvorgang nicht ermöglicht, kann man den Anlasser durch Überbrücken der beiden Anschlüsse (mit Schraubenzieherklinge) dennoch zum Laufen bringen.

dem Anlasser zu Leibe gerückt wird, auf guten, korrosionsfreien Sitz überprüfen.

Nach Ausschalten dieser möglichen Störungsursachen wird der immer noch nicht funktionierende Anlasser einen Kurzschluß in seinen »Eingeweiden« oder in dem oben darauf sitzenden Magnetschalter haben. Der Wagen muß angeschoben oder angeschleppt werden. Bisweilen hilft es auch – besonders bei heißgefahrenem Motor – gegen den Magnetschalter oben auf dem Anlasser zu klopfen. Dieser Schalter kann hängen bleiben und durch Gegenklopfen gelöst werden.

Fehlende Zähne am Antriebsritzel und am Zahnkranz des Schwungrades machen sich durch krachende Geräusche und ruckweises Durchdrehen bemerkbar. Abhilfe ist nur durch Austausch der defekten Teile in einer Werkstatt möglich. Zu langsames Durchdrehen des Anlassers bei einwandfreier Batterie weist auf abgenutzte Kohlen oder verschmorte Drahtwicklungen hin, ebenso kann es sich dabei um korrodierte oder lose Kabelanschlüsse, um einen verschmierten Kollektor oder um einen defekten Anker handeln.

Kohlebürsten müssen immer paarweise ersetzt werden, auch wenn nur eine verbraucht und die andere anscheinend noch in Ordnung ist. Ein Satz der passenden Kohlebürsten kostet etwa 3 Mark.

Die Kohlebürsten werden von Federn innerhalb von Fühlungshülsen gegen den Kollektor gedrückt. Zur Reinigung des Kollektors eignet sich ein mit Tetrachlorkohlenstoff (Fleckenreinigungsmittel) getränktes Stück Tuch, womit man über die Segmente des Kollektors reibt.

Auf Seite 190 ist die Bedeutung der Skalenplatte an der Kurbelwellenkeilriemenscheibe beschrieben – sie dient zur Einstellung des Zündzeitpunktes. Die älteren Skalenplatten (Bild links) besitzen eine übliche Grad-Skala, bezogen auf Grad/Kurbelwelle, von Strich zu Strich 2 Grad entsprechend. Ab Januar 1975 haben die Platten nur noch eine schmale Einkerbung O (den oberen Totpunkt bezeichnend) und eine breitere Markierung X, dem Einstellwert des eingebauten Zündverteilertyps entsprechend. Diese Kerbe muß sich mit der jetzt 2,3 mm breiten (früher 0,5 mm) Kerbe der Keilriemenscheibe K bei der Einstellung genau decken.

Feuerwerk im Viervierteltakt

Strecken Sie beim Ärger an der Zündanlage – der bei jedem Auto vorkommen kann – nicht gleich die Waffen. Elektrische Vorgänge erscheinen dem Uneingeweihten nur auf dem allerersten Blick undurchsichtig. Auf den hier folgenden Seiten wird das, was mit der Zündung zu tun hat, Stück für Stück beschrieben, damit es Ihnen möglich ist, erforderliche Wartungsarbeiten selbst vorzunehmen und eventuell auftretende Störungen selbst zu beheben.

Ein paar Takte Theorie

Autos mit Verbrennungsmotor besitzen eine elektrische Anlage für die Entzündung des vom Vergaser produzierten Benzin-Luft-Gemischs. Damit diese Verbrennung möglichst vollständig vor sich geht, wird sie für jeden Zylinder – sekundenbruchteilgenau – so gesteuert, daß der Kraftstoff optimal verwertet wird und die sich entfaltende Kraft am wirkungsvollsten ausgenutzt werden kann. Die Zündung muß in dem Augenblick erfolgen, bei dem sich der auf- und abgehende Kolben in der für die Arbeitsaufnahme günstigsten Stellung befindet.
Die Zündkerzen sorgen für die Entflammung des Gemischs. An ihren Elektroden (Drahtstiften) springt der Funke über. Beim Start werden die Funken von der Batterie und während der Fahrt von der Lichtmaschine geliefert. Die 12 Volt der Batterie reichen aber bei weitem nicht, um gegen den Druck des im Zylinder zusammengepreßten Gemischs einen genügend kräftigen Zündfunken überspringen zu lassen. Für die erforderliche Hochspannung sorgt die Zündspule mit mehr als 10000 Volt. Diese Stromspannung hat schlagartig und zur rechten Zeit an jeder einzelnen Zündkerze vorhanden zu sein. Für diese Regelung ist der Zündverteiler da.

Wie entsteht der Zündfunke?

Elektrischer Strom kann nur in einem geschlossenen Stromkreis fließen. Dieser Weg führt im Auto vom Plus-Pol der Batterie oder Lichtmaschine zum Stromverbraucher und durch diesen zur »Masse« (siehe Seite 196), von wo er wieder zum Minus-Pol der Batterie gelangt.
In der Zündung gibt es einen doppelten Stromkreis, zwei Stromkreise sind gewissermaßen ineinander verschlungen. Im ersten, dem Primärstromkreis, fließen 12 Volt Spannung von Batterie oder Lichtmaschine und im zweiten, dem Sekundärstromkreis, der hochgespannte Strom für den kräftigen Zündfunken.
Im Primärstromkreis kommt der Strom vom Plus-Pol der Batterie über das Zündschloß zur Zündspule, dann durch eine Wicklung aus dickem Draht – die Primärwicklung – weiter zum »Untergeschoß« des Zündverteilers. Dort wird der Primärstrom über den Unterbrecher, solange dieser geschlossen ist, wieder an »Masse« geleitet. Somit ist der Primärstromkreis geschlossen. In der dicken Drahtwicklung der Zündspule entsteht dabei ein magnetisches Feld, das durch einen Eisenkern in der Mitte noch verstärkt wird.
Der öffnende Unterbrecher des Zündverteilers unterbricht den Primärstromkreis und das Magnetfeld um die Primärwicklung der Zündspule fällt schlagar-

tig zusammen. Dabei entsteht in der zweiten Drahtwicklung der Zündspule, in der Sekundärwicklung, die aus vielen Lagen dünnen Drahtes gewickelt ist, ein plötzlicher Stromstoß bis zu 25000 Volt für den Zündfunken. Diese Erzeugung elektrischer Spannung heißt Induktion = Entwicklung elektrischer Spannung durch Änderung des Magnetfeldes.
Der hohe Stromstoß gelangt über eine Zündleitung in das »Obergeschoß« des Verteilers, wo der sich drehende Verteilerläufer die vier Kontakte in der Verteilerkappe und somit die Zündkabel zu den Zündkerzen versorgt: der Zündstrom springt an den Kerzenelektroden über und das Gemisch im Brennraum wird entzündet. Weil der Funke wieder an Masse – an die Masse-Elektrode – springt, schließt sich dabei auch der Sekundärstromkreis. Der Verlauf des Stroms läßt sich im Schaltplan verfolgen.

Das Lenk-Zünd-Anlaßschloß

Bei Peugeot-Wagen sitzt das Lenk-Zünd-Anlaßschloß links an der Lenksäule. Dieses Zündschloß ist ein elektrischer Schalter, in dem durch Drehen des Zündschlüssels je nach Stellung verschiedene Kontakte verbunden werden. Mit dem Schloß ist eine Diebstahlsicherung kombiniert, die in Ruhestellung die Lenksäule blockiert. Also während der Fahrt den Zündschlüssel nie ganz nach links drehen!
Das Zündschloß ist ein möglicher Störungsherd, falls Ihr Peugeot einmal nicht anspringen will. Die Anleitung des Störungsfahrplans in der vorderen Buchklappe gibt Ihnen die Möglichkeit, einen solchen Fehler einzukreisen. Sollten Sie das Zündschloß als Ursache erkannt haben, sind zunächst die Kabelverbindungen zu prüfen. Die Anschlüsse des Zündschlosses sind zu erreichen, nachdem man die untere Lenksäulenverkleidung abgebaut hat (4 Kreuzschlitzschrauben lösen).
Haben sich alle Anschlüsse am Zündschloß als festsitzend erwiesen, liegt der Fehler voraussichtlich im Zündschloß. Sicherheitshalber ist aber zu prüfen, ob wirklich Strom zu der Plus-Klemme des Zündschlosses (Kabel 20) gelangt. Mit einer Prüflampe läßt sich das feststellen: Einen Pol der Lampe an diese Plus-Klemme, den anderen an Masse anlegen.
Wenn die Lampe dabei nicht aufleuchtet, sind die Kabelanschlüsse ab Batterie zu kontrollieren, denn die Plus-Klemme sollte eigentlich immer Strom führen. Der Strom kommt von Batterie Plus über die Leitung 21 zum Anlasser, von wo bereits das Kabel 20 abzweigt, das noch über eine Steckverbindung hinter dem Armaturenbrett führt und dann mit dem Zündschloß verbunden ist. Dies ist aus dem Schaltplan ersichtlich.
Brennt dagegen die Lampe, doch nach dem Drehen des Zündschlüssels folgt

Die beiden Pfeile zeigen auf die Gewindelöcher für die Befestigungsschrauben der unteren Lenksäulenverkleidung. L – Lenksäule, Z – Zünd-Anlaßschloß. Der Charakter der angeschlossenen Kabel läßt sich aus ihren aufgedruckten Nummern und danach aus den Schaltplänen erkennen.

weiterhin nichts, ist das Zünschloß defekt. Unterwegs läßt es sich sicherlich nicht sogleich austauschen, also muß man versuchen, auf andere Art das Auto in Gang zu setzen. Stellen Sie eine Verbindung von Kabel 20 und Kabel 46 her (letzteres führt zurück zum Anlasser), indem Sie ein isoliertes Stück Draht gegen diese blanken Anschlüsse am Zündschloß halten. Bequemer ist es vielleicht auch, mit einem Schraubenzieher die beiden Kabelklemmen vorn am Anlasser zu überbrücken. Bekommen Sie keinen Schreck: Es wird stark funken, aber der Anlasser dreht sich. Sowie der Motor angesprungen ist, sind Draht oder Schraubenzieher wegzunehmen.

Diese unpraktische Startmethode müssen Sie einhalten, bis das Zündschloß erneuert ist. Mit der Arbeit sollte eine Peugeot-Werkstatt betraut werden, weil man dort die notwendigen Handgriffe besser kennt und Ihren Auftrag rasch erledigen wird.

Die Zündspule

Die länglich runde Zündspule ist vorn oben am Motor befestigt. Das dicke mittlere Kabel führt hochgespannten Strom zur Mittelbuchse des Zündverteilers. Das dünne Kabel an Klemme 2 der Zündspule ist mit dem Anschluß 32 am Zündschloß verbunden. Die andere Klemme 3 dient zur Verbindung mit dem »Untergeschoß« des Verteilers.

An einer Zündspule gibt es nicht zu warten und nichts zu reparieren. Ist sie defekt, so muß sie ausgetauscht werden. Man sollte sie jedoch sauber und trocken halten, damit Kurzschlüsse, Kriechströme und überspringende Funken vermeidet werden.

Ab 1976 sitzt die Zündspule an einer neuen Halterung, da vorher ihre Befestigung am Lichtmaschinen-Halter häufig abbrach.

Manche Wagen können auch mit der Zündspule Ducellier 2791 A ausgerüstet sein, deren Vorwiderstand über ein Relais während der Anlaßbetätigung überbrückt wird. Sie erleichtert das Anlassen bei feuchtem Wetter. Eine Zündspule mit Vorwiderstand kann statt einer herkömmlichen Zündspule eingebaut werden, sofern ein Steuerrelais für den Widerstand installiert wird.

Zündspule prüfen

Die Sekundärwicklung besteht, wie wir schon am Anfang des Kapitels erwähnten, aus sehr vielen Wicklungen dünnen Drahtes. In ihr kann, gewissermaßen als Alterskrankheit der Zündspule, ein Kurzschluß entstehen. Dadurch bekommt die Zündkerze zu geringe Spannung, es kann kein wirksamer Funke überspringen, und das Gemisch im Brennraum kann von der Zündkerze nicht entzündet werden.

Eine genaue Kontrolle, ob die Zündspule einen solchen Defekt aufzuweisen hat,

Die Zündspule sitzt gut zugänglich vorn am Motor. Das Kabel Nr. 2 führt zum Zünd-Anlaß-Schloß, Nr. 112 zum Drehzahlmesser und Nr. 3 zum Zündverteiler. Die Oberseite der Zündspule soll sauber und trocken sein, das Zündkabel muß fest in der Mittelbuchse eingedrückt sein.

ist nur auf dem Prüfstand der Werkstatt möglich. Immerhin gibt auch die provisorische Prüfung im Wagen Anhaltspunkte:
Zuerst prüfen, ob aus der Zündspule überhaupt hochgespannter Zündstrom durch das dicke Hauptzündkabel »herauskommt«. Dazu Hauptzündkabel aus Mittelbuchse des Zündverteilers ziehen, Motor (ohne Gasgeben) von Helfer starten lassen und blankes Hauptzündkabelende auf etwa 10 mm gegen Motorblockmetall halten. Springen kräftige Funken über, liegt es wahrscheinlich nicht an der Zündspule (sie kann es aber bei hohen Drehzahlen doch sein).
War diese Hochspannungsprüfung unbefriedigend, müssen Sie feststellen, ob an den Kontakten der Zündspule überhaupt Strom anliegt. Dazu eignet sich am besten eine aus einer alten Scheinwerferbirne selbstgebastelte Behelfsprüflampe (zwei ausreichend lange Kabel andrillen oder festlöten, daß ein Lichtfaden brennt). Der Eigenverbrauch der Scheinwerferbirne (mindestens 40 Watt) gibt durch unterschiedlich helles Leuchten den Hinweis, ob der Widerstand der Zündspule noch groß genug ist oder ob sich ein Kurzschluß eingeschlichen hat. Noch genauer ist ein parallel zur Behelfsprüflampe geschaltetes Voltmeter. Weniger geeignet ist eine gewöhnliche Elektrik-Prüflampe, denn deren geringer Eigenverbrauch zeigt nur, ob überhaupt Strom da ist, sagt aber nichts über die Widerstandswirkung.
Als Vorbereitung zu dieser Prüfung an Klemme 3 (siehe Bild links) der Zündspule das Kabel zum Unterbrecher lösen, damit der Stromweg über die Unterbrecherkontakte unterbrochen ist und durch die Behelfsprüflampe fließen muß.

- Zündung einschalten.
- Ein Ende des Prüflampenkabels und Plus-Klemme des Voltmeters an Klemme 2 der Zündspule drücken, das andere Ende und Minus-Klemme des Voltmeters an Masse: Die Lampe muß hell brennen, das Voltmeter zeigt etwa 11,5 Volt.
- Bei der gleichen Prüfung an Klemme 3 der Zündspule muß die Behelfsprüflampe sehr trübe brennen, das Voltmeter zeigt etwa 5 Volt. Brennt nichts, ist die Primärwicklung der Zündspule unterbrochen. Brennt sie recht hell, herrscht Kurzschlußüberbrückung in der Zündspule. In beiden Fällen Spule ersetzen.
- Sind die Leucht- und Meß-Ergebnisse gut, gibt es aber trotzdem keinen ausreichenden Zündfunken, kann die Sekundär-(Hochspannungs-)Wicklung der Zündspule defekt sein. Oder es liegt am Kondensator.

Der Kondensator

Beim Peugeot 504 sitzt der Kondensator außen am Verteilergehäuse, er hat die Form einer Kleinbildfilmspule. Er speichert Strom und hat die Aufgabe, Funkenbildung am Unterbrecher, der im folgenden Abschnitt besprochen wird, zu unterdrücken. Er hemmt den Abbrand der Unterbrecherkontakte und fördert das schlagartige Zusammenbrechen des Magnetfeldes in der Zündspule (je schneller das Magnetfeld zusammenfällt, um so höher wird die Spannung im Sekundärstromkreis und um so besser ist der Zündfunke).
Ein schwacher Zündfunke, dessen Ursache man in erster Linie in einem Fehler der Zündspule sucht, kann auch an einem defekten Kondensator liegen, der mit jener durch das Kabel über Klemme 3 der Zündspule verbunden ist. Eine genaue Prüfung des Kondensators auf »Durchschlag«, also Kurzschluß, Isolationsverlust und ausreichende Kapazität ist nur bei einem Autoelektrik-Dienst möglich. Wenn der Kondensator allerdings total ausgefallen ist, läßt sich dies eventuell bei abgenommenem Verteilerkopf an überspringenden starken Funken zwischen den Unterbrecherkontakten erkennen. Dazu muß ein Helfer den Motor mit dem Anlasser in Bewegung setzen.
Auch völliger Kurzschluß der Masse ist bei voll geöffneten Unterbrecherkontak-

ten mittels Prüflampe erkennbar, die zwischen Klemme 3 der Zündspule und das davon abgezogene schwarze Kabel geschaltet wird. Da die Unterbrecherkontakte geöffnet sind, besteht bei eingeschalteter Zündung kein legaler Weg des Batteriestroms zur Masse und die Prüflampe darf nicht aufleuchten. Fließt der Strom jedoch über einen Kurzschluß im Kondensator zur Masse, leuchtet die Prüflampe auf. Auch bei stark verschmorten Unterbrecherkontakten, die noch nicht lange in Betrieb sind, kann der Kondensator defekt sein.
Langes Prüfen rentiert sich indessen meist nicht, zumal der Preis des Kondensators nur bei 5 Mark liegt. Oft ist es praktischer, Kontrollen der Zündspule, des Kondensators und des nachfolgend beschriebenen Verteilers einer guten Fachwerkstatt zu überlassen. Dort besitzt man zuverlässige Apparaturen, mit deren Hilfe fast im Handumdrehen zu erkennen ist, wo ein Schaden verborgen und welcher Art er ist. Daheim sucht man mit bescheidenen Mitteln vielleicht vergeblich danach.

Der Unterbrecher

Im Zündverteiler drehen sich die Verteilerwelle und auf ihr die Unterbrechernocken, die den Unterbrecherhebel abheben. Der Unterbrecher bestimmt den Zündzeitpunkt, indem er den Primärstrom in der Zündanlage unterbricht, damit in der Sekundärwicklung der Zündspule (durch »Induzieren«) hohe Spannungen entstehen. Die Leistung des Motors ist vom Überspringen des Zündfunkens im richtigen Augenblick – vom Zündzeitpunkt – abhängig.
Die beste Leistung hat der Motor, wenn der Druck des brennenden Benzin-Luft-Gemischs unmittelbar bei Beginn der Abwärtsbewegung des Kolbens am größten ist. Zum vollen Entflammen des Gemischs wird stets eine gleichbleibende Zeit benötigt, die zwar nur rund 1/3000 Sekunde beträgt, bei der hohen Geschwindigkeit des Kolbens aber zu einem bestimmten Zeitpunkt eher einsetzen muß.
Wird der Zündzeitpunkt nämlich zu früh gelegt, schlägt das bereits entflammte Kraftstoff-Luft-Gemisch dem noch aufwärts strebenden Kolben entgegen: Der Motor klopft. Gibt man zu wenig Frühzündung, wird die Energie des Kraftstoffs nicht vollständig ausgenutzt und der Motor hat nur eine ungenügende Leistung. Die notwendige Zündverstellung arbeitet automatisch.

Die Zündverstellung

Mit steigender Motordrehzahl muß der Zündfunke früher überspringen, weil weniger Zeit zur Verbrennung des Gemischs bleibt. Die Verstellung des Zündzeitpunktes wird fast über den gesamten Drehzahlbereich durch einen Fliehkraftregler besorgt, der im Verteiler sitzt. (Die Verteilerwelle wird von der Nockenwelle über ein Zahnrad mit halber Drehzahl des Motors angetrieben.) Eine zusätzliche Verstellung durch Unterdruck erfolgt bei Teillast.

Fliehkraftverstellung

Mit Anstieg der Drehzahl verschieben sich die Fliehgewichte auf der Scheibe der Fliehkraft-Zündverstellung durch ihr Eigengewicht und entgegen der Spannkraft ihrer Haltefedern nach außen. Bei dieser Ausdehnung wird durch eine kleine Übersetzung die Nockenwelle des Verteilers in ihrer Umlaufrichtung (rechtsdrehend) bis zu folgenden Werten vorgestellt:

	Motor mit Vergaser					
U/min Zündverteiler	500	1.060	1.500	1.975	2.500	2.700
Grade am Zündverteiler	0-1°	4-6°	8°45' bis 10°45'	11° bis 13°	13°30' bis 15°30'	13°30' bis 15°30'

	Motor mit Benzineinspritzung					
U/min Zündverteiler	500	800	1.250	1.750	2.250	2.400
Grade am Zündverteiler	0-1°	3-5°	9-11°	10°30' bis 12°30'	12-14°	12-14°

Verteiler-Nockenwelle und Verteiler-Antriebswelle sind nicht starr verbunden, sondern bis zu den erwähnten 15° 30' bzw. 14° drehbar gelagert. Bei einer Reparatur des Verteilers müssen die aufeinander gleitenden Teile der Fliehkraftverstellung mit Kugellagerfett eingerieben werden.
Die Verstellmöglichkeit der Verteiler-Nockenwelle in ihrer Drehrichtung bewirkt, daß die Unterbrecherkontakte mit steigender Drehzahl früher öffnen und damit zunehmende Frühzündung erreicht wird. Bei abnehmender Drehzahl wird durch die kleinen Schraubenfedern die Frühzündung wieder vermindert. Fliehgewichte und Rückholfedern sind genau aufeinander abgestimmt. Eine fehlerhafte Veränderung oder eine Störung kann nur die Fachwerkstatt feststellen. Eine Störung kann man vermuten, wenn der Motor bei sonst einwandfreier Zündanlage in höheren Drehzahlbereichen nicht auf Leistung kommt, obwohl bei Leerlauf der Zündzeitpunkt stimmt.

Unterdruckverstellung

Eine seitlich am Zündverteiler angebrachte Blechdose regelt die Unterdruckverstellung. Diese Unterdruckdose ist durch eine dünne Saugleitung mit der Ansaugleitung des Motors kurz vor der Drosselklappe verbunden.
Wenn die Drosselklappe im Leerlauf vollkommen geschlossen oder bei Vollgas ganz geöffnet ist, herrscht an dieser Stelle kein nennenswerter Unterdruck. Ist jedoch bei halb durchgetretenem Gaspedal die Drosselklappe nur teilweise geöffnet, entsteht in der Ansaugleitung ein mehr oder weniger kräftiger Unterdruck, der die Saugleitung in der Unterdruckdose eine Membrane anzieht, von der eine kleine Zugstange in den Verteiler hineinreicht und dort die drehbare Unterbrecherplatte anzieht. Dabei wird die Unterbrecherplatte entgegen der Drehrichtung des Verteilernockens gezogen, so daß die Unterbrecherkontakte früher geöffnet werden. Die Verstellung muß folgende Werte in Richtung Frühzündung bewirken:

	mit Vergaser		mit Benzineinspritzung	
Unterdruck mm/Hg	112,5	300	50	225
Grade am Zündverteiler	0-1°	4°30' bis 6°30'	0-1°	3°30' bis 5°30'

Die Unterdruckdose kann durch äußere Einwirkung oder Korrosion undicht geworden sein, es ist aber auch möglich, daß die Membrane bei einer Fehlzündung durch Rückschlag in den Vergaser gerissen ist. Dann muß die Unterdruckdose ersetzt werden, da sich sonst der Kraftstoffverbrauch erhöht und die Leistung des Motors im Teillast-Bereich abfällt. Eine Reparatur der Unterdruckdose ist nicht möglich.

Die Unterbrecherkontakte

Die Kontakte des Unterbrechers besitzen eine sehr dünne Auflage von Wolfram-Metall. Das ständige Öffnen und Schließen des Stromkreises hat einen unvermeidbaren Verschleiß durch Abbrand, Verschmoren oder Metallwanderung zur Folge, obgleich gerade Wolfram sehr wiederstandsfähig ist. Durch den Abbrand (bei kleiner Drehzahl am größten) entsteht aus der punktförmigen Berührungsstelle zwischen Hammer- und Amboßkontakt bereits nach 1000 km Laufstrecke eine breitere Berührungsfläche, wobei sich die ursprünglich ebene Kontaktseite vom Hammer der Wölbung des Amboßkontaktes anpaßt. Der entstandene Kontaktquerschnitt ermöglicht einen besseren Durchfluß des notwendigen Maximalstroms von 5 Ampere. Leider bilden sich mit der Zeit noch weitere Krater und Höcker, die eine genaue Messung des Kontaktabstandes mit der Fühlerlehre unmöglich machen. Anstatt den Wolfram-Belag, der äußerst dünn ist, glattzufeilen, tauscht man nach Verschleiß die Kontakte einfach aus. Sie kosten nur rund 3 Mark.

Unterbrecherkontakte prüfen

Gleichzeitig mit der Zündeinstellung soll man alle 15000 km den Zustand der Unterbrecherkontakte und ihren Abstand voneinander überprüfen. Es besteht aber keine Vorschrift, sie grundsätzlich bei jeder 15000-km-Inspektion auf den Schrott zu werfen. Bei einwandfreier Zündanlage müssen die Kontakte wesentlich länger einsatzbereit sein.
Zur Prüfung löst man die beiden Klemmfedern des Verteilerdeckels, hebt diesen ab und zieht den auf der Verteilerwelle sitzenden Läufer ab. Er kann später nicht verkehrt befestigt werden, weil sein Fuß nur in einer Stellung auf die Antriebswelle paßt.
Das Aussehen der Kontakte hat verschiedene Bedeutungen:

- Kontakte silberartig, wie hell poliert: Zündanlage in Ordnung
- grauer Überzug durch Oxydation: zu kleiner Kontaktabstand oder zu geringer Kontaktdruck
- verbrannt, blau angelaufen: Kodensator oder Zündspule nicht einwandfrei
- verkrustet: Öl, Fett oder Schmutz zwischen die Kontakte geraten.

Sind die Kontakte verkrustet, dann kann man mit einem scharfkantigen Schraubenzieher oder Taschenmesser den Schmutz abschaben (keine Feile oder Schmirgelleinen dazu verwenden). Anschließend ein Läppchen um einen dünnen Holzstab wickeln und mit Tetrachlorkohlenstoff (als Fleckenreinigungsmittel in Drogerien bekannt) tränken. Damit die Kontakte abwischen. Benzin nicht dazu verwenden, da die Kontakte gegen Benzin empfindlich sind.

Kontaktabstand prüfen und einstellen

Im Do-it-your-self-Verfahren mißt man den Abstand mit einer Fühlerblattlehre, die auch zum Prüfen des Ventilspiels gebraucht wird. Zwischen den Kontakten soll bei voller Öffnung durch den Nocken ein Abstand von 0,4 mm bestehen. Zum Messen wird der Wagen bei eingelegtem 3. oder 4. Gang und bei geöffnetem Verteiler langsam so geschoben, bis der Verteilernocken die Kontakte auf größte Öffnung gebracht hat. Jetzt ist die 0,4 mm-Blattlehre dazwischen zu schieben. Sie soll die Kontakte nicht auseinanderdrücken oder Spiel haben. Praktiker nehmen eher ein 0,45-mm-Blatt; wenn sich dieses leicht zwischen den Kontakten hindurchziehen läßt, ist der erforderliche Schließwinkel von 57° nahezu erreicht.
Stimmt der Abstand nicht, muß die Schlitzschraube, die den Unterbrecheramboß festhält, ein wenig gelockert werden. Dann verschiebt man den Amboßhalter mit dem Schraubenzieher an der dafür vorgesehenen Kerbe auf der Grundplatte so weit, bis der Kontaktabstand stimmt. Schraube festziehen und nochmals messen, eventuell erneut – verbessert – einstellen.
Den Kontaktabstand mit der Fühlerblattlehre zu messen ist jedoch eine veraltete und ungenaue Methode. In Peugeot- und Autoelektrik-Werkstätten stellt man statt dessen den Schließwinkel ein. Unebene Kontakte, die das Messen mit der Fühlerblattlehre negativ beeinflussen, stören dabei nicht. Der Schließwinkel besagt, um wieviel Winkelgrad sich die Verteilerwelle vom Schließen der Un-

terbrecherkontakte bis zu ihrem Öffnen weiterdreht. Je näher man die Kontakte aneinander bringt, um so größer muß der Schließwinkel werden, weil die dicht beieinander liegenden Kontakte länger geschlossen bleiben. Dagegen ist der Schließwinkel bei größerem Kontaktabstand kleiner. Andererseits ist der Kontaktverschleiß bei zu kleinem Kontaktabstand größer.
In Kaufhäusern und Autozubehörgeschäften kann man kleine handliche Schließwinkelmeßgeräte für den Hausgebrauch kaufen. Ihnen liegen Bedienungsanleitungen bei, die es dem Heimwerker gestatten, den Schließwinkel in eigener Regie zu ermitteln. Der Schließwinkelwert beträgt bei allen 504-Motoren 57° (Toleranz ± 2°) = 63 %.

Unterbrecherkontakte austauschen

Verbrauchte Kontakte sind bald zu ersetzen, sonst kommt es zu Ärger beim Starten und beim Motorlauf. Es sind beide Teile, also Hammer und Amboß gleichzeitig zu ersetzen. Sind die alten Kontakte verschmort oder blau angelaufen, genügt allerdings das Austauschen allein nicht, es muß auch nach dem verursachenden Fehler (Kondensator oder Zündspule) gesucht werden.
Zum Auswechseln der Kontakte die Sicherungsklammer auf der Unterbrecherwelle abziehen, ebenfalls Kabelschuh des Verbindungskabels zum Unterbrecherhebel innen im Verteilergehäuse. Unterbrecherhammer mit Blattfeder und Verbindungkabel herausheben. Dann Feststellschraube für Amboß und Schraube für Massekabel lösen und Amboß herausnehmen.
Vor Einbau der neuen Unterbrecherkontakte wird die Nockenbahn der Verteilerwelle sauber gerieben und mit der Fingerspitze sparsam eingefettet (Bosch-Fett Ft 1 v 4), ebenso ist das Lager des Unterbrecherhebels zu fetten. Beim Einbau darauf achten, daß Hammer- und Amboßkontakte sich in gleicher Höhe befinden, notfalls müssen Ausgleichscheiben auf der Unterbrecherwelle unter den Unterbrecherhebel angebracht werden. Kontaktabstand und Zündzeitpunkt sind anschließend natürlich frisch einzustellen.

Zündzeitpunkt prüfen und einstellen

Pflegearbeit Nr. 24

Nach jeweils 15000 km muß der Zündzeitpunkt überprüft und eventuell neu eingestellt werden. Das hat selbstverständlich auch nach dem Zusammenbau des Motors oder dem Wiedereinbau des Zündverteilers zu geschehen.
Die Zündeinstellung kann man selbst prüfen und nachstellen. Dazu braucht man eine kleine Prüflampe für 12 Volt Spannung. Das Einstellverfahren erfolgt dabei am stehenden Motor. Man darf auf diese Weise aber keine präzisen Ergebnisse erwarten, weil es sich hierbei um eine ungenaue Maßnahme handelt. Eine genaue Zündeinstellung ist für die optimale Motorleistung wichtig. Durch ihre Überwachung behütet man den Motor vor Schäden. Zu viel Frühzündung

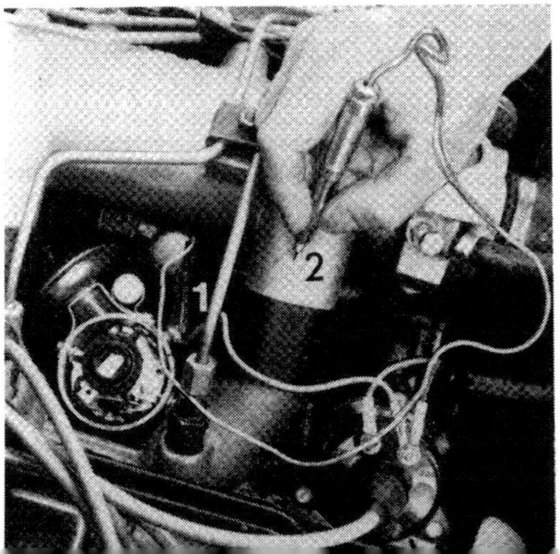

Um den Zündzeitpunkt zu verändern, wird zuerst mit einem Schraubenschlüssel SW 13 die Sockelschraube am Verteiler leicht gelockert. Die Krokodilklemme der Prüflampe ist an das blanke Ende des angeschlossenen, von der Zündspule kommenden dünnen Kabels oder an dessen Befestigungsmutter anzuklemmen (1). Dann wird die Prüflampennadel gegen »Masse« gedrückt (2). Nun ist der Verteiler, wie auf der nächsten Seite beschrieben, zu verstellen.

läßt den Motor zu heiß werden, läßt ihn klingeln (siehe Seite 15) und führt in krassen Fällen sogar zu Lagerschäden. Zu späte Zündeinstellung vermindert die Leistung und erhöht den Benzinverbrauch, außerdem wird der Motor dabei auch zu heiß. Zu dieser exakten Einstellung, die bei laufendem Motor erfolgt, verwendet man in der Werkstatt eine Stroboskoplampe.

Einstellen mit der Prüflampe

Falls vorn am Motor, über der Kurbelwellenriemenscheibe, keine Skalenplatte vorhanden ist, muß zunächst das Loch im Kupplungsgehäuse mit dem Einschnitt an der Kupplungsdruckplatte in Übereinstimmung gebracht werden. Dieses Loch ist zu finden, wenn man, rechts neben dem Motorraum stehend, zwischen Motor und Spritzwand auf die Kupplungsglocke herunterschaut. Dort sind, hintereinander, zwei Bohrungen angebracht, eine von 7 mm für die Bestimmung des oberen Totpunktes und die hier interessante von 8 mm Durchmesser. In dieses Loch steckt man einen Rundstab von 8 mm Durchmesser, der in den Einschnitt der Kupplungsdruckplatte einrasten muß. Dazu verschiebt ein Helfer den Wagen langsam bei eingelegtem 4. Gang. Decken sich Loch und Einschnitt, befindet sich der Kolben des 1. Zylinders in der richtigen Stellung vor seinem oberen Totpunkt. Oberer Totpunkt, abgekürzt auch »o. T.« oder »OT«, bezeichnet den Augenblick, in dem sich die Aufwärtsbewegung des Kolbens in eine Abwärtsbewegung umkehrt. Am Schwungrad gemessen (Seite 181 unten!) entspricht die Stellung dann folgenden Winkelgraden vor OT:

1,8 l		10°
2 l	bis Fahrgestell-Nr. 1489000	10°
2 l	ab Fahrgestell-Nr. 1489001	5°
2 l	Vergasermotor mit Zündverteiler M 78	8°
2 l	Einspritzmotor mit Zündverteiler M 77	8°
	(Nummern sind auf den Verteilern sichtbar eingeschlagen.)	

Diese Winkelgrade können bei vorhandener Skalenplatte eingestellt werden, wenn man den Wagen wie eben beschrieben so verschiebt, daß die Kerbe am Rande der Keilriemenscheibe sich in gleicher Höhe mit der betreffenden Zahlenangabe auf der Skalenplatte befindet. Ab Januar 1975 weisen die Platten anstelle der Skalen eine Markierung »O« für OT und eine Markierung »X« entsprechend dem Einstellwert des eingebauten Zündverteilers auf. Dann muß sich also »X« mit der 2,3 mm breiten Kerbe auf der Riemenscheibe decken. Zur genauen Feststellung dieser oder der vorher genannten Übereinstimmung muß man möglichst senkrecht am Motor heruntersehen. Zündung einschalten.
In der gefundenen Stellung wird der eine Pol der 12-V-Prüflampe an die Klemme 3 des Verteilers angeschlossen und der andere Pol an Masse gelegt. Die Lampe muß aufleuchten. Tut sie es nicht, dann ist der Halteflansch am Fuß des Verteilers durch Lockern der Befestigungsschraube ein wenig zu lösen. Der Verteiler kann dann gedreht werden, was man nur ganz langsam tun soll. Zuerst im Uhrzeigersinn drehen, dann links herum. Sobald die Lampe beginnt aufzuleuchten (und der Unterbrecherhammer abzuheben), ist die Befestigungsschraube in der ermittelten Stellung des Verteilers festzuziehen. Anschließend ist der Kontaktabstand des Unterbrechers zu prüfen und eventuell zu korrigieren. In diesem Fall muß die Zündung nochmals eingestellt werden.
Um ganz sicher zu sein, schraubt man die Kerzen heraus (damit wird die hemmende Kompression ausgeschaltet) und schiebt den Wagen mit eingelegtem Gang, bei eingeschalteter Zündung und angeschlossener Prüflampe ganz langsam vorwärts. Sowie die Lampe aufleuchtet, sofort anhalten. Die Kerbe der Keilriemenscheibe muß dann in Höhe der Kennmarke stehen oder der Rundstab muß in die Kerbe des Schwungrades einrasten.

Fingerzeig: *Hat man beim Schieben des Wagens durch ruckartiges Nachgeben des Motors die Markierung in der Kupplungsdruckplatte verfehlt, schiebt man das Auto ein gutes Stück zurück und beginnt vorsichtig von vorn. Damit schaltet man das stets vorhandene Spiel im Verteilerantrieb aus. Ebenso verfährt man, wenn beim Verdrehen des Verteilers der Aufleuchtzeitpunkt der Prüflampe verpaßt wurde.*

Einstellen mit der Stroboskoplampe

Damit diese Arbeit wirklich sinnvoll ist, überzeuge man sich davon, ob die Skalenplatte überhaupt richtig eingestellt ist. Dazu den Kolben des 4. Zylinders (vorn!) in obere Totpunktstellung bringen und die Platte nach Lösen der Befestigungsschrauben so verschieben, daß die Null-Marke in die Höhe der Kerbe an der Keilriemenscheibe kommt. Außerdem muß der Schließwinkel stimmen. Nachdem der Zündverteiler provisorisch eingestellt wurde (falls er sich nicht in der bereits zu prüfenden Stellung befindet), beim Vergasermotor den Schlauch von der Unterdruckdose abziehen und verschließen (klemmen). Kerbe der Keilriemenscheibe oder Schwungradkerbe in der Öffnung des Kupplungsgehäuses mit Kreide markieren. Impulsfühler der Zündlichtpistole am Hochspannungskabel der Zündspule und einen Drehzahlmesser anschließen. Motor starten und mit 850 U/min drehen lassen. Die Lichtblitze der Stroboskoplampe senkrecht auf die Markierungen richten und gegebenenfalls den Zündverteiler verstellen, damit eine Übereinstimmung mit der Einstellung vor o. T. gemäß obiger Tabelle erreicht ist.

Der Zündverteiler

Im Grunde besteht der Verteiler nur aus dem Verteilerläufer und dem Verteilerdeckel. Dennoch bezeichnet man das ganze Aggregat, also auch den Unterbrecher und den Fliehkraftversteller, als Verteiler. Sein Antrieb geschieht über eine Welle mit Zahnrad, das mit einem solchen der Nockenwelle in Eingriff steht. Auf dem oberen Ende der Welle sitzt der Verteilerläufer, dessen Metallzunge in geringem Abstand an den beiden Kontakten der Hochspannungsanschlüsse im Verteilerdeckel vorbeidreht. Der Läufer hat also die Aufgabe, den im richtigen Zündzeitpunkt produzierten hochgespannten Stromstoß an die Zündkerzen weiterzuleiten.

Diesen Stromstoß bekommt er über den Mittelanschluß im Verteilerdeckel von der Zündspule, und von der Metallzunge fließt der Strom zu dem in Drehrichtung des Läufers nächsten Kerzen-Hochspannungsanschluß. Bei einem Viertaktmotor leistet jeder Zylinder auf zwei Kurbelwellenumdrehungen nur einen Arbeitstakt, auf zwei Kurbelwellenumdrehungen entfallen also vier Zündungen, eine für jeden der vier Zylinder. Daraus geht hervor, daß die Drehzahl der Vertei-

Nachdem man dem Zündverteiler die Kappe abgenommen hat, sind die folgend angezeigten Teile zu sehen: 1 – Kondensator, 2 – Unterbrecherkontakte, 3 – Stellschraube zum Verändern des Kontaktabstandes, 4 – Unterbrecherhebel, 5 – Schmierfilz, 6 – Antriebswelle mit Unterbrechernocken, 7 – Unterdruckdose, 8 – Betätigung der Unterdruckverstellung.

lerwelle und der sie antreibenden Nockenwelle gleich der halben Drehzahl der Kurbelwelle ist.

Auf den Docht am oberen Ende der Verteilerwelle sollen alle 10000 km einige Tropfen Motoröl geträufelt werden. Dieser Docht ist (nach Abnehmen des Verteilerdeckels) zugänglich, wenn man den Verteilerläufer abgezogen hat. Außerdem kann gelegentliches Säubern der Deckelinnenseite nicht schaden. Wenn man Kratzer oder gar Risse entdeckt, muß der Deckel ausgewechselt werden. Die Kohle, die in der Mitte durch Federkraft gegen das Zentrum des Läufers gepreßt wird, soll in ihrer Führung leichtgängig sitzen.

Fingerzeige: *Um Kriechströme und Strombrücken zu vermeiden, muß man alle Teile der Zündanlage trocken und sauber halten. Besonders nach der Wagenwäsche achte man darauf. Vorhandene Feuchtigkeit, die auch bei starkem Regen zu Zündaussetzern führen kann, läßt sich heutzutage mit Hilfsmitteln »aus der Dose« auf einfachste Weise verdrängen (Kontakt-Spray, Zubehörhandel), indem man das Innere des Verteilers, elektrische Kontakte und andere Stellen der elektrischen Anlage kurz einsprüht.*

Poröse, undichte oder durch Öl gequollene Gummikappen auf dem Verteilerdeckel müssen gegen neue ausgetauscht werden.

Es gibt Zündstörungen, die ihre Ursache in feinsten Haarrissen oder strichartigen Schmutzansammlungen im Verteilerdeckel haben. Das kann Stromüberschläge ergeben. Abhilfe schafft nur ein Austausch des Verteilerdeckels.

Die Zündkabel

Am vernünftigsten sind Zündkabel mit einer dicken Kupferlitze. Wegen der vorgeschriebenen Funkentstörung haben sich aber manche Autohersteller Zündkabel mit einer Nylonseele anstelle von Metallfäden einfallen lassen. Solche sogenannten Widerstands-Zündleitungen mit graphitierten Nylonfäden findet man dann und wann auch im 504. Die auf diese Weise eingesparten Entstörstekker werden durch eine gewisse Heimtücke ersetzt, weil sie kein Zerren und Knicken vertragen: Der graphitierte Nylonfaden bricht oder längt sich, der Widerstand steigt stark an und läßt keinen zündfähigen Hochspannungsstrom mehr hindurch. Die durch sie verursachten Störungen sind nur schwer zu ergründen. Unsere Empfehlung: Werfen Sie bei passender Gelegenheit diese ganzen Widerstands-Zündkabel heraus. In der Kontaktklemme, die in den Verteilerkopf gesteckt wird, können Sie den Querschnitt des Kabels und somit die Beschaffenheit, ob Nylon oder Kupfer, feststellen. Zuverlässiges Kupferlitzenkabel (Bosch Neoprene) kostet pro Meter etwa 1 Mark. Dazu gehören Widerstandsstecker mit 5 Kilo-Ohm.

Wenn der Motor nicht anspringen will, ist dies die erste wichtige Prüfung: Liefert das Hauptzündkabel Zündstrom an den Verteiler? Dazu Hauptzündkabel aus der Mittelbuchse des Verteilers ziehen (anderes Kabelende muß fest in der Mittelbuchse der Zündspule sitzen) und blankes Kabelende (Gummi-Regenschutzkappe zurückstreifen) auf etwa 10 mm Abstand gegen Motorblock oder an eine der nahesitzenden Befestigungsschrauben halten. Durch Helfer Motor – ohne Gasgeben – starten lassen. Bei jedem Abheben der Unterbrecherkontakte (kann man bei abgenommenem Verteilerkopf beobachten) muß ein kräftiger Funke zwischen Kabelende und Masse überspringen. Kein Zündfunke bedeutet: Zündspule oder Unterbrecher defekt.

Ab Werk werden beim Vergasermotor entstörte Zündkabel der Hersteller Electrifil (rot) mit 1400 Ohm pro Meter oder Arelco (schwarz) mit 300 Ohm pro Meter eingebaut, beim Einspritzer nur von Arelco. Der Widerstand richtet sich nach der Kabellänge, wie die nachstehende Tabelle zeigt:

Kabel vom Verteiler bis	Länge	Electrifil	Arelco
Zündspule	280 mm	392 Ohm	84 Ohm
Zylinder 1	590 mm	826 Ohm	177 Ohm
Zylinder 2	450 mm	630 Ohm	135 Ohm
Zylinder 3	320 mm	448 Ohm	96 Ohm
Zylinder 4	250 mm	350 Ohm	75 Ohm

Somit ergibt sich bei der zu 1,89m addierten Kabellänge von Electrifil ein Widerstand von 2646 Ohm und von Arelco nur ein Widerstand von 567 Ohm. Peugeot ist demnach bemüht, den Widerstand beim Einspritzer so gering wie möglich zu halten.
Wenn ein Radio eingebaut werden soll, müssen meist noch zusätzliche Entstörmittel eingebaut werden. Den Entstörsatz mit Einbauanleitung bekommt man im Peugeot-Ersatzteillager, manchmal im Radiofachhandel. Er enthält folgende Teile: Entstörstecker mit Dichtungen für Zündkerzen, Entstörstecker und Entstörfilter für Zündverteiler, Entstörkondensator für Zündspule, Masseband zwischen Zündspule und Motor, Entstörkondensator für Lichtmaschine, Entstörfilter mit Rundsteckhülse und Isolierhülle für Reglerschalter, Masseband zwischen Motorhaube und Karosserie. Zusätzliche Entstörung bieten: Entstörfilter am Wischermotor, Masseband zwischen hinterem Auspufftopf und Karosserie sowie für die vordere Radaufhängung und für die hinteren Dreieckslenker, Massestern für den Stromkreis der Kontrolleuchte für die Abnutzung der Bremsbeläge (in den Radnabendeckel einzubauen). Die Kundendienstabteilung der Blaupunkt-Werke GmbH, Robert-Bosch-Straße 200, 32 Hildesheim, erteilt über die zum Peugeot passenden Radio-Entstörmittel und ihren Einbau gern Auskunft.

Die Zündkerzen

Obwohl die Zündkerzen innerhalb der Zündanlage am meisten arbeiten müssen, hat man mit ihnen normalerweise wenig Ärger. Aber eine fehlerhafte Zündkerze stellt jede noch so gute Funktion der Zündanlage in Frage, auch dann, wenn sie den richtigen Wärmewert besitzt. Daher empfehlen die Kerzenhersteller, ihre Produkte alle 15000 km zu wechseln, obwohl das in den meisten Fällen nicht notwendig ist. Oft genügt das Nachprüfen des Elektrodenabstandes, der bei allen Motoren 0,6 mm betragen soll. Für die Motoren XM und KF 6 mit anfänglichem 0,5 mm-Abstand können die Elektroden auch in diesen Abstand von 0,6 mm gebracht werden.
In der Werkstatt werden Zündkerzen ohne Auftrag nach Inspektionsplan gewechselt. Sollte man vorher selbst neue Kerzen eingesetzt haben, muß man das unbedingt vermerken lassen. Im Kaufhaus sind Zündkerzen überdies etwas billiger. Die Werkstatt berechnet zudem auch noch das Auswechseln.
Man schraubt die Zündkerzen mit einem Kerzenschlüssel SW 21 aus dem Motor. Beim Einschrauben sollen sie eigentlich mit einem bestimmten Anzugsmoment festgedreht werden, doch kann man den dazu nötigen Drehmomentschlüssel durch Einhalten folgender Empfehlung entbehren: Kerze von Hand so weit in das Gewindeloch schrauben, bis sie sich nicht mehr weiterdrehen läßt (und der Dichtring anliegt). Dann mit dem Kerzenschlüssel eine Vierteldrehung anziehen, was etwa einem Drehmoment von 3 kpm entspricht.

Fingerzeige: *Bei heißem Motorblock niemals kalte Zündkerzen zu fest einschrauben. Nach Erwärmung der Zündkerzen sitzen diese wie eingenietet fest.*
Das Zündkerzengewinde darf vor dem Einbau keinesfalls geölt werden, um es besser gängig zu machen. Öl würde verkohlen, und die Zündkerze im Gewinde festbacken. Statt dessen mit einem Bleistift Graphit auf das Gewinde schaben. Zündkerze läßt sich später spielend leicht herausschrauben.

Richtiger Wärmewert

Welcher Zündkerzentyp für Ihren Peugeot geeignet ist, ersehen Sie auf Seite 222. Serienmäßig werden die Wagen mit Kerzen der Marken Marchal, AC und Champion ausgerüstet. Diese Fabrikate erhält man im Peugeot-Ersatzteillager. Mit dem Wärmewert hat es folgende Bewandtnis: Da die verschiedenen Benzinmotoren sehr unterschiedliche Temperaturen in ihren Verbrennungsräumen entwickeln (es leuchtet ein, daß Motoren mit hoher Verdichtung und hoher Leistung mehr Hitze erzeugen als gemütliche Durchschnittsmotoren), kann man nicht jede Zündkerze in jeden Motor einsetzen. Sie muß auf die vom Motor erzeugte Hitze abgestimmt sein. Diese Eigenschaft wird durch den sogenannten Wärmewert gekennzeichnet. Bekannt sind die älteren Wärmewertangaben von Beru und Bosch, wie 145, 175 oder 200, während andere Kerzenhersteller den Wärmewert auf andere Art verschlüsselten. Doch auch Beru und Bosch sind zwischenzeitlich zu einer neuen Kennzeichnung übergegangen. Die Kennzahl 8 steht für Wärmewert 145, 7 für 175 und 6 für 200. Eine hohe Wärmewert- oder niedrige Kennzahl besagt, daß diese Zündkerze viel Hitze ertragen, d. h. ableiten kann, ohne selbst zu heiß zu werden. Leitet die Kerze zu viel Wärme ab, erreicht sie nicht ihre »Selbstreinigungstemperatur«. Die liegt bei etwa 500°C und besagt, daß sich die heißen Zündkerzenelektroden selbst von Rußansatz freibrennen können.

Zündkerzen prüfen und wechseln

Pflegearbeiten Nr. 23 und Nr. 37

Zur regelmäßigen Kontrolle – alle 15000 km – läßt man die Zündkerzen am besten in einer Werkstatt in das Zündkerzenprüfgerät einsetzen. Darin wird die Kerze unter hohem Druck geprüft, der etwa den Verhältnissen bei Kompression im Zylinder entspricht. Weil die Funkenbildung in freier Luft wesentlich einfacher möglich ist, sagt auch eine herausgeschraubte, mit dem Kerzenstecker verbundene und gegen Masse gehaltene Kerze überhaupt nichts darüber aus, ob sie den dabei gezeigten schönen Funkenüberschlag auch im Brennraum zustande bringt.
Nach Ansicht der Zündkerzenhersteller ist eine Lebensdauer von 15000 bis 20000 km bei durchschnittlichen Betriebsbedingungen realistisch. Wir meinen, daß die Kerzen bei regelmäßiger Kontrolle auch mehr Kilometer verkraften, wenn vor allem der Elektrodenabstand regelmäßig kontrolliert und gegebenenfalls nachgestellt wurde.
Beim Ausbau der Zündkerzen nicht an den Zündkabeln zerren, sondern die Zündkerzenstecker fassen und mit leichten Ruckelbewegungen von den Zündkerzenstiften ziehen. Die ausgebauten Zündkerzen sollten Sie in der Reihenfolge der Zylinder ablegen, da das »Zündkerzengesicht« Rückschlüsse auf den betreffenden Zylinder zuläßt (siehe nächsten Abschnitt).
Der Elektrodenabstand wird während der Betriebszeit durch natürlichen Abbrand weiter. 0,5 bzw. 0,6 mm Abstand sind vorgeschrieben (siehe Seite 222) – falls notwendig, biegt man die Stirnelektrode etwas nach. Sind die Elektroden dagegen schon stark abgebrannt, sollten Sie die Kerzen ersetzen.
Auf einer gut funktionierenden Kerze darf sich nicht viel Schmutz abgesetzt haben. Mit einer Zündkerzenbürste oder einer alten Zahnbürste und Reinigungs-

benzin können Sie das »Kerzengesicht« säubern. Die früher übliche Zündkerzenreinigung mit einem Sandstrahlgerät lohnt sich wegen der hohen Arbeitslöhne kaum noch, ein Satz vielleicht ohnehin bald fälliger neuer Zündkerzen ist in diesem Fall oft billiger.

Das Zündkerzengesicht

Aussehen und Färbung der Kerzenelektroden geben Rückschlüsse über Vergasereinstellung, Wärmewert der verwendeten Kerze sowie Einsatzbedingungen des Wagen (Fahrweise). So urteilt man über das »Kerzengesicht«:

- mittelbraun oder mittelgrau = gute Vergasereinstellung, Zündkerzen und Motor arbeiten richtig
- schwarz = Vergaser zu fett eingestellt oder Zündkerze ist im Betrieb durch vorwiegende Kurzstreckenfahrten zu kalt. Zündkerze mit nächstniedrigem Wärmewert probieren, wenn Vergasereinstellung stimmt
- hellgrau = Vergaser zu mager eingestellt
- silbrig = Zündkerze wird zu heiß, eventuell durch scharfe Langstreckenfahrten; Zündkerze mit nächsthöherem Wärmewert probieren. Oder Zündung zu früh gestellt
- verölt = Zündkerze setzt aus oder Kolbenringe undicht; wenn bei allen Zündkerzen, Fehler in der Zündanlage.

Diese Zusammenstellung läßt erkennen, daß man unter Umständen den Wärmewert der Zündkerzen für Ihren Peugeot nach der vorherrschenden persönlichen Fahrweise abändern kann. Wer immer sehr verhalten fährt, wird vielleicht eine verrußte Zündkerze vorfinden und sollte es einmal mit dem nächst niedrigen Wärmewert versuchen. Und umgekehrt kann dem gleichen Motor bei hochsommerlicher Urlaubsfahrt – mit vollem Wagen – ein höherer Wärmewert besser tun. Es kommt auf den Versuch an, aber man sollte immer daran denken, daß die Autowerke – und so auch Peugeot – die Zündkerzen nicht zum Scherz vorschreiben. Am besten ist es doch, Sie richten sich nach den vom Werk gemachten Empfehlungen.

Ist das Auto diebstahlsicher?

Die mit dem Zündschloß gekoppelte Diebstahlsicherung hat – so zeigt manche trübe Erfahrung – auch schon ihre »Meister« gefunden. Aber die vom Autohersteller eingebaute Maßnahme zum Schutz vor unbefugtem Benutzen durch fremde Personen entspricht dem Paragraphen 38a der Straßenverkehrszulassungsordnung. Sie hindert freilich nicht daran, daß im Wagen befindliche Wertgegenstände entwendet werden können.
Je länger ein Ganove braucht, ein Fahrzeug zu öffnen (um daraus Gegenstände zu stehlen oder um den Motor in Gang zu setzen), um so wirkungsvoller ist die Sicherung. Das gleiche gilt für die Zusatzsicherungen, von denen nur die mechanischen (Punktschloß für Türen mit 3-cm-Riegel) und die seismischen Sicherungen (bewegliche Pendel schließen bei Erschütterung Kontakt zur Alarmanlage) genannt seien. Es gibt auch Kontaktsicherungen für aufklappbare Karosserieteile.
Bosch vertreibt gepanzerte Zündspulen mit Panzerschlauch zum Zündschloß, womit ein Kurzschließen der installierten Zündanlage nicht möglich ist. Der Selvamat dagegen ist ein elektronisches Steuergerät, bei dem nach Öffnen der Türen nach einer bestimmten Zeit der richtige Zündschlüssel bedient werden muß, sonst schaltet sich der Alarm an. Die Firma Büche in Radolfzell baut ein elektromagnetisches Ventil, zur Montage zwischen Benzinpumpe und Vergaser.
Eine stets wirkungsvolle Sicherung ist es, den Verteilerläufer abzuziehen.

Drahtgeflecht

Die Stromverbraucher im Auto benötigen wie etwa elektrische Haushaltsgeräte zwei Anschlüsse, durch die der Strom hin- und zurückfließen kann. An diesen Klemmen sind sie über elektrische Leitungen mit dem Stromspeicher (Batterie) oder dem Stromerzeuger (Lichtmaschine) verbunden. Jeder Verbraucher, ob Rücklicht, Gebläsemotor oder Fernlichtkontrolle, braucht eine eigene, besondere Zuleitung. Bei der Summe der im modernen Fahrzeug untergebrachten Leuchten und Geräte ergibt sich deshalb ein auf den ersten Blick unübersichtlich erscheinendes Kabelgewirr. Bei etwas näherer Betrachtung stellt sich jedoch heraus, daß man die Wege des Stroms verhältnismäßig einfach verfolgen kann.

Zu der Vereinfachung trägt die im Autobau übliche Gepflogenheit bei, den »Rückweg« über gemeinsam leitende Metallteile zu vollziehen. Motor, Fahrwerksteile und Karosserie sind immer irgendwie miteinander verbunden und werden als Masseleiter benutzt. Daher kommt es, daß auch im Peugeot eine ganze Reihe von Verbrauchern und Schaltern nur mit dem stromführenden »Hinweg«-Kabel verbunden sind, während sie durch ihre Befestigung – zumeist Schrauben – direkten Massekontakt besitzen.

Die Masse behüten

Die notwendigen Verbindungen zwischen den verschiedenen Stromverbrauchern und der Masse können im Laufe der Zeit durch Lockerung oder Korrosion den rechten Kontakt verlieren. Aber auch die Steckverbindungen der Kabel, Anschlußkontakte der Aggregate und Schalterkontakte lockern sich bei steigendem Wagenalter und oxydieren. Wenn der Strom solche Anschlüsse nicht mehr ungehindert passieren kann, kommt es zu Spannungsabfall in den Leitungen. Zuerst macht sich dieser Mangel in z. B. immer müder leuchtenden Lampen bemerkbar, bis eines Tages der Stromverbraucher auf seine Einschaltung nicht mehr reagiert.

Kabelklemmen und Anschlüsse sind dann mittels Feile, Sandpapier oder auch nur mit dem Taschenmesser blank zu schaben, auch die Umgebung der Klemme ist zu reinigen. Isolierspray, das man auf die Kontaktstellen sprüht, schützt diese blanken Stellen vor bald erneut einsetzender Korrosion und verhütet außerdem Kriechströme durch Feuchtigkeit. Die weißliche Schicht des im Winter angetrockneten Streusalzes ist ein böser Feind der Elektrik, denn diese Salzrückstände sind elektrisch leitend und können vor allem die Zündanlage sehr verwirren.

Bei Verdacht auf oxydierte Schalterkontakte, die im Schaltergehäuse nicht zugänglich sind, überbrückt man zur Probe den Stromein- und -ausgang am Schalter mit einem kurzen Stück Draht. Zeigt sich beim Antippen der beiden Schalterklemmen mit dem Hilfsdraht eine verbesserte Leistung des dabei eingeschalteten Verbrauchers, liegt der Fehler eindeutig im korrodierten Schalter und es muß ein neuer installiert werden.

Anschlüsse mit Peugeot-Norm

Peugeot hat die Kabelfarben nicht derart typisch genormt, wie man es bei vielen anderen Automarken gewöhnt ist. Eine bestimmte Farbe, an verschiedenen Stellen im Wagen gefunden, darf also nicht mit einer gleichartigen Aufgabe der betreffenden Kabel in Verbindung gebracht werden. Außerdem kann die Kabelfarbe zu ein und demselben Verbraucher von Baujahr zu Baujahr wechseln und auch etwa bei der 504-Limousine und beim Break verschieden sein.
Trotzdem ist das kein Grund zum Verzagen, denn es ist vorgesorgt, daß man sich in der elektrischen Anlage zurechtfindet. Dazu verhilft bei Peugeot eine intern gebräuchliche Numerierung der Anschlüsse. Diese Zahlen und Buchstaben entdecken Sie auf den Kabeln, an den Anschlußstellen und gleichermaßen im Schaltplan zu Ihrem Wagen. Außerdem gibt es auch Übereinstimmungen von Modell zu Modell: Die Kabelnummer 24 beispielsweise finden Sie bei jedem Peugeot zwischen dem Signalschalter und den Signalhörnern.

Einziehen neuer Kabel

Für elektrische Leitungen im Auto dürfen in keinem Fall Haushaltskabel verwendet werden. Autokabel besitzen eine benzin- und ölfeste Isolation, die zudem scheuer- und hitzebeständig ist. Solche Kabel kauft man in der Peugeot-Werkstatt oder im Zubehörhandel und man verlangt gleich die vorgegebene Stärke.
Dort erhält man auch passende Flachstecker, Endverbinder und Kabelschuhe, die das Festlöten am Kabel ersparen. Die abisolierten und blankgeschabten Kabelenden sind in die entsprechenden Verbindungstücke zu führen, wo man sie mehrmals kurz hintereinander mit der Kombizange festklemmt. Günstiger sind spezielle Quetschzangen, die es preiswert im Zubehörhandel gibt.
Vor dem Ersatz eines Kabels ist zunächst das Masse (Minus-)Kabel der Batterie zu lösen, um Kurzschlüsse zu vermeiden. Das neue Kabel soll auf möglichst kurzem Wege verlegt werden (Spannungsabfall!), jedoch darf man es auch nicht zu straff ziehen, damit es bei Vibrationen nicht abreißt. Es darf nicht lose herumhängen, sondern man befestigt es mit Isolierband oder Tesafilm an schon vorhandenen Kabelsträngen.
Stärke (Querschnitt) und Länge eines Kabels haben Einfluß auf die Ausnutzung des Stroms. Zur Scheinwerferlampe mit 45 Watt Aufnahmemöglichkeit läuft ein Kabel mit größerem Querschnitt als zur 5-Watt-Innenraumleuchte. Wo der Strom am anderen Ende wirklich etwas leisten soll, darf er sich nicht durch ein zu dünnes Kabel zwängen müssen. Sonst tritt Spannungsabfall ein und statt der planmäßigen 12 Volt kommen nur 11 oder gar 10 Volt an. Ein zu schwaches Kabel heizt sich außerdem auf und es kann zu einem Kabelbrand kommen. Nach deutschen Norm-Vorschriften soll der Querschnitt für 4,5 bis 5,5 Ampere Dauerstrom je 1 mm^2 betragen.

Die Sicherungen

Zum Schutz vor Überlastung eines Verbrauchers und vor möglicherweise bösen Folgen durch Kurzschluß laufen fast alle Stromkreise des Peugeot 504 über Sicherungen. Solche Sicherungen besitzen dünne Metallstreifen, die dann schmelzen, wenn sie von einer zu hohen Stromstärke durchflossen werden. Man sieht es einer Sicherung sofort an, wenn sie keinen Strom mehr hindurchläßt: Ihre Metallbrücke ist dann unterbrochen.
Der Sicherungskasten befindet sich bis Baujahr 1979 links unter dem Armaturenbrett und ist bei der Limousine waagerecht, bei allen übrigen Karosserievarianten senkrecht angeordnet. Ab 1979 sind die Sicherungen im Motorraum links untergebracht. Je nach Ausführung weicht die Reihenfolge der Sicherungen und der durch sie geschützten Leitungen voneinander ab; am Ende dieses Kapitels finden Sie die für Ihr Modell zutreffende Sicherungstabelle.

Die Schaltungen zwischen Batterie, Lichtmaschine, Anlasser und Zündschloß sind nicht durch Sicherungen überwacht. Springt der Motor nicht an, ist das Suchen nach einer durchgebrannten Sicherung also zwecklos.
Durchbrennen einer Sicherung muß als Alarmzeichen gelten, denn offensichtlich wurde sie überlastet. Oft hat es keinen Sinn, dann eine neue Sicherung einzusetzen, ohne nach der Ursache des Ausfalls geforscht zu haben. Mit einer Prüflampe kann man feststellen, ob in der fraglichen Leitung, wenn eingeschaltet, Strom fließt, ab welcher Stelle kein Strom mehr angezeigt wird oder ob auch Strom trotz Ausschaltung vorhanden ist. Entweder sind ein an der betreffenden Sicherung angeschlossener Stromverbraucher oder das dorthin führende Kabel oder dessen Anschlüsse Ursache der Überlastung. Durch vorläufiges Abklemmen des auf diese Weise eingekreisten Störenfrieds kann man die Arbeit der übrigen, an die betreffende Sicherung angeschlossenen Verbraucher aufrechterhalten. Die gefundene Störung muß aber baldigst behoben werden – ein Elektrodienst oder die Peugeot-Werkstatt hilft Ihnen dabei.
Selbstverständlich muß man wenigstens 10- und 15-Ampere-Sicherungen, wie sie im Peugeot verwendet werden, im Wagen als Ersatz mitführen. Für kurze Zeit läßt sich manchmal eine Störung mit einer 20-Ampere-Sicherung überbrücken, die einen stärkeren Strom verkraften kann. Das reicht dann bis zur nächsten Fachwerkstatt, wo man den Fehler findet und beseitigt. Aber statt der Sicherung einen Nagel oder eine Büroklammer einzusetzen, ist tödlicher Leichtsinn. Ihre Versicherung zahlt nichts, wenn sie das wegen Kurzschluß verbrannte Wagenwrack untersucht und die Ursache des Schadens feststellt.

Sicherungstabellen

Die Nummern der Sicherungen sind mit der für den betreffenden Wagentyp von Peugeot gewählten Numerierung identisch. Die Reihenfolge in den folgenden Tabellen ist daher nicht immer arithmetisch, sondern gemäß der Anordnung von oben nach unten oder von links nach rechts wiedergegeben. Somit weichen die Tabellen von den Erläuterungen in den Betriebsanleitungen ab.

Limousine
bis Juli 1969
Vergasermotor
Einspritzmotor

Nr.	Stromstärke	angeschlossene Stromverbraucher
1	5 A	Standlichter vorne und hinten Instrumententafelbeleuchtung Nummernschildbeleuchtung
3	10 A	Auskuppelbarer Ventilator Bremsleuchten Rückfahrscheinwerfer Elektrische Kraftstoffpumpe des 504 mit Benzineinspritzung

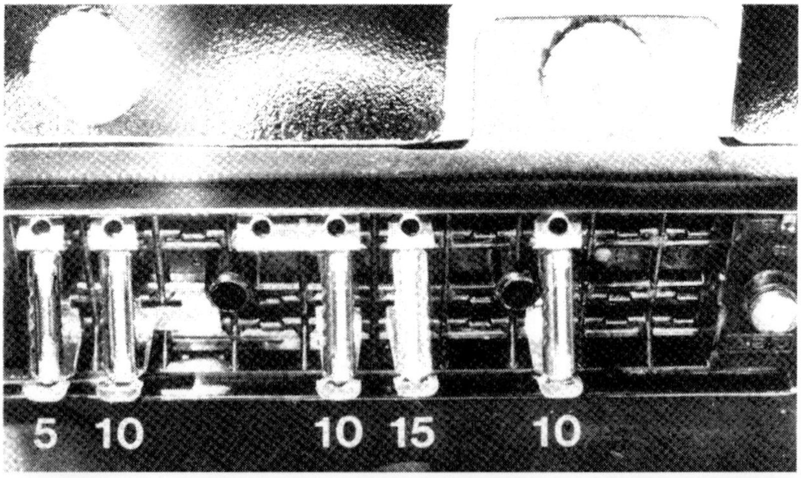

Die 1973er Ausführung des Sicherungskastens, siehe Seite 201 unten. Zum Auffinden von Störungen eignet sich ein Amperemeter, das anstelle der durchgebrannten Sicherung zwischen die Kontakte geschaltet wird. Verbraucher der Sicherung einzeln einschalten: Der Übeltäter läßt sich einkreisen. Die Zahlen geben den Ampere-Wert der Sicherungen an.

4	10 A	Blinklichter Heizungsmotor Thermisches Voltmeter Thermometer Benzinstandanzeiger Öldruck-Kontrolleuchte Brems-Kontrolleuchte Kaltstart-Kontrolleuchte des 504 mit Vergaser
2	10 A	Signalanlage Zigarrenanzünder Zeituhr Innenraumbeleuchtung Kofferraumbeleuchtung Parkleuchten
5	10 A	Scheibenwischermotor

Cabriolet
Coupé
ab Juli 1970
Einspritzmotor

5	10 A	Scheibenwischer
1	5 A	Vordere und hintere Standlichter Nummernschildbeleuchtung Instrumententafelbeleuchtung Zeituhr und Klimaanlage
2	15 A	Zigarrenanzünder Signalhörner Innenbeleuchtung Kofferraumbeleuchtung Handschuhfachbeleuchtung Begrenzungsleuchten der geöffneten Türen Elektrische Zeituhr
3	10 A	Rückfahrscheinwerfer Benzinpumpe Bremslichter Auskuppelbarer Ventilator
4	10 A	Blinklichter Benzinstandanzeiger Thermisches Voltmeter Wasserthermometer Kontrolleuchten: Öldruck, Bremsen
6	15 A	Pumpe für Scheibenwaschanlage
7	15 A	Heizungsventilator Zusatzgeräte Relais der heizbaren Heckscheibe

Familiale Break
bis Juli 1972

1	5 A	Standlicht, vorne und hinten Standlicht-Kontrolleuchte Instrumententafelbeleuchtung Beleuchtung für die Hebelgruppe der Klimaanlage Nummernschildbeleuchtung
3	10 A	Bremsleuchten Rückfahrscheinwerfer Auskuppelbarer Ventilator
4	10 A	Blinklichter Öldruck-Kontrolleuchte Kühlwasserthermometer Brems-Kontrolleuchte Kraftstoffanzeiger Kaltstart-Kontrolleuchte
2	15 A	Signalanlage Zigarrenanzünder Zeituhr Innenraumbeleuchtung Handschuhkastenbeleuchtung Laderaumbeleuchtung
5	10 A	Scheibenwischer Scheibenwasch-Pumpe Heizungsgebläse

Commerciale
und 504 L
ab Juli 1972

1	5 A	Standlicht vorne und hinten Standlicht-Kontrolleuchte Instrumententafelbeleuchtung Nummernschildbeleuchtung

2	15 A	Signalanlage Deckenleuchte
3	10 A	Blinklichter Bremsleuchten Öldruck-Kontrolleuchte Brems-Kontrolleuchte Kühlwasserthermometer Kraftstoffanzeiger
4	10 A	Scheibenwischer Heizungsgebläse

Limousine
ab Juli 1972
Einspritzmotor

5	10 A	Blinklichter Benzinstandanzeige Thermisches Voltmeter Wasserthermometer Auskuppelbarer Ventilator Heizungsgebläse Scheibenwischer/Scheibenwaschpumpe Kontrolleuchten: Öldruck Kaltstartzug Bremsen
1	5 A	Zubehörteile Vordere und hintere Standlichter Nummernschildbeleuchtung Armaturentafelbeleuchtung beleuchtung für Hebelgruppe der Klimmaanlage Standlichtkontrolleuchte
2	15 A	Innenbeleuchtung Kofferraumbeleuchtung Signalanlage Zeituhr (+ ständige Stromzufuhr) Zigarrenanzünder Relais für heizbare Heckscheibe (auf Wunsch)
3	10 A	+ Stromzufuhr nach Einschalten der Zündung Rückfahrscheinwerfer Bremslichter
4	10 A	Elektropumpe

Familiale-Break
ab Juli 1972

5	10 A	Blinklichter Benzinstandanzeige Thermisches Voltmeter Wasserthermometer Auskuppelbarer Ventilator Heizungsgebläse Scheibenwischer/Scheibenwaschpumpe Kontrolleuchten: Öldruck Kaltstartzug Bremsen
1	5 A	Vordere und hintere Standlichter Nummernschildbeleuchtung Armaturentafelbeleuchtung Beleuchtung für Hebelgruppe Standlichtkontrolle
2	15 A	Innenbeleuchtung Hintere Deckenleuchte Signalanlage Zeituhr (+ ständige Stromzufuhr) Zigarrenanzünder Relais für heizbare Heckscheibe (auf Wunsch)
3	10 A	+ Stromzufuhr nach Einschalten der Zündung Rückfahrscheinwerfer Bremslichter
4	10 A	Ersatz

Commerciale
und 504 L
bis Juli 1972

1	5 A	Standlichter Nummernschildbeleuchtung Instrumententafelbeleuchtung Standlichtkontrolleuchte
2	15 A	Signalhorn Innenbeleuchtung

3	10 A	Bremslichter Blinklichter + Stromzufuhr nach Einschalten der Zündung Benzinstandanzeige Thermisches Voltmeter Öldruckkontrolleuchte Bremskontrolleuchte Wasserthermometer
4	10 A	Heizungsventilator Scheibenwischer Zubehör

Alle Typen außer: Cabriolet, Coupé
ab Juli 1973

1	5 A	Vordere und hintere Standlichter Nummernschildbeleuchtung Armaturentafelbeleuchtung Beleuchtung der Hebelgruppe der Klimaanlage Standlichtkontrolleuchte
2	10 A	Innenbeleuchtung Kofferraumbeleuchtung Signalanlage Zigarrenanzünder Handschuhfachbeleuchtung (+ ständige Stromzufuhr) Zeituhr
3	10 A	+ Stromzufuhr nach Einschalten der Zündung Bremslichter Rückfahrscheinwerfer Auskuppelbarer Ventilator Elektrische Pumpe (bei TI)
4	15 A	Zubehörteile – Klimaanlage – Scheibenwischer/Scheibenwaschanlage – Scheibenwischerrelais – Heizbare Heckscheibe
5	10 A	Blinklichter Thermisches Voltmeter Benzinstandanzeige Wasserthermometer Kontrolleuchten: Öldruck Kaltstartzug Bremsen

504, Break
ab September 1979

1	5 A	Nebelrückleuchten
2	10 A	+ Stromzufuhr nach Einschalten der Zündung Rückfahrscheinwerfer Auskuppelbarer Ventilator Bremsleuchten
3	15 A	Benzinstandanzeige Wasserthermometer Kontrolleuchten: Öldruck Ladekontrolle Kaltstartzug Bremse Heizungsventilator Scheibenwisch-/waschanlage Blinklichter Zubehör
4	15 A	Heizbare Heckscheibe
5	10 A	Zeituhr (+ ständige Stromzufuhr) Zigarrenanzünder Innenbeleuchtung Signalhörner Warnblinkanlage
6	5 A	Vordere und hintere Standlichter Kofferraumleuchte Armaturentafelbeleuchtung Nummernschildbeleuchtung

Gut belichtet

Hand aufs Herz: Wissen Sie, ob an Ihrem Peugeot alle Leuchten in Ordnung sind? Man sollte es so oft wie möglich prüfen. Bestenfalls wird der »Einäugige«, der einem begegnet, als Schlafmütze tituliert, doch schlimm ist es, wenn dieser Unglücksrabe in einen Unfall verwickelt wird. Dann helfen die besten Ausreden nichts mehr.

Licht schafft Sicherheit

Jede ausgefallene Leuchte am Auto – sei es Standlicht, Bremslicht oder Blinker – ist eine Gefahrenquelle. Wenn Sie mit nur einem brennenden Scheinwerfer daherkommen, wirkt Ihr Auto auf den Gegenverkehr wie ein Motorrad. Das gleiche gilt für die Rückleuchten und die Alarmglocke muß bei Ihnen vor allem klingeln, wenn das Licht – vorne oder hinten – links am Wagen erloschen ist. Sollten Sie in diesem Fall wirklich keine Reservebirne zur Hand haben, dann setzen Sie wenigstens die noch intakte Birne von der rechts angebauten Lichtquelle in die linke. So haben Sie zumindest die der Fahrbahnmitte zugewendete Seite des Wagens für Gegenverkehr oder Überholer gesichert.
Sorgen Sie auch immer für saubere Scheinwerfer- und Leuchtengläser. Bei ungünstigem Wetter kann die Lichtstärke der dann verschmutzten Streuscheiben bis zur Hälfte der ursprünglichen Helligkeit abfallen. Das gilt auch bei beschlagenen Reflektoren und geschwärzten Glaskolben der Glühbirnen.
Wenn man von der Polizei wegen einer nicht funktionierenden Lampe gestoppt wird, kommt man nur dann ohne Strafmandat davon, wenn eine Ersatzbirne griffbereit ist. Ein so vorsorglicher Autofahrer ist nach der Rechtssprechung glaubwürdig, wenn er behauptet, die Lampe müsse »gerade eben« durchgebrannt sein. Niemanden kann man dafür verantwortlich machen.

Ersatzlampen auf Vorrat

Wissen Sie, welche Birne am Auto als nächste durchbrennt? Die Hersteller geloben z. B. für den Abblendfaden in den Hauptscheinwerferbirnen eine Lebens-

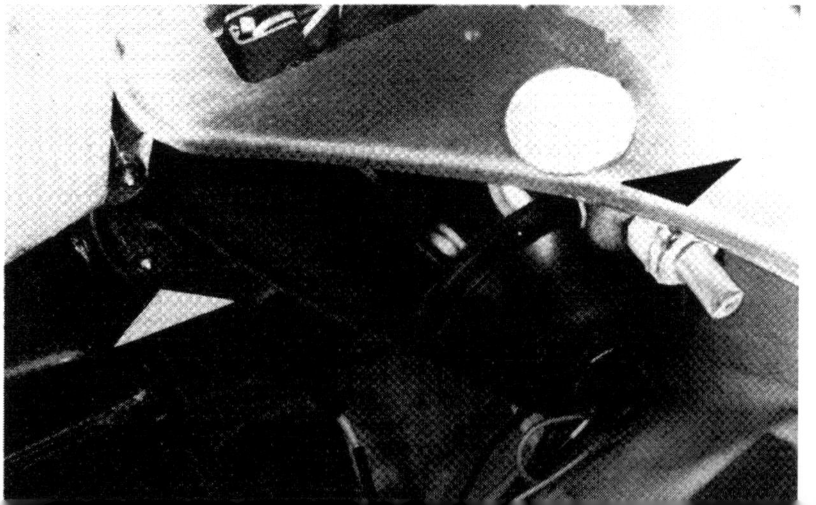

Stellschrauben für die Seitenverstellung (weißer Pfeil) und für die Höhenverstellung (schwarzer Pfeil). Man betätigt nur die gerändelten, schmalen Muttern. Siehe auch Bild Seite 204 unten links.

dauer von 150 Brennstunden. Aber wer garantiert dafür? Deshalb ist es vorteilhaft, wenn Sie sich für Ihren 504 zu jeder der vorhandenen Beleuchtungseinrichtungen wenigstens eine Ersatzbirne kaufen. In einem stabilen Kästchen, ausgelegt mit Watte, Schaumstoff oder Papiertaschentüchern, nehmen diese Birnen kaum Platz weg.
Praktische Ersatzlampenkästchen von Osram und Philips, die vorsortierte Ersatzbirnen als Vorrat enthalten, bekommt man beim Zubehörhandel oder in Kaufhäusern. Tankstellen bieten oft weniger preiswerten Einkauf. Wir geben Ihnen hier eine Aufstellung der Birnen aller äußeren Beleuchtungseinrichtungen für Ihren Peugeot, damit Sie sich über die spezielle Ersatzlampenbestükkung im klaren sind. Selbstverständlich handelt es sich dabei um Lampen mit 12 Volt Spannung.

Beleuchtungseinrichtung	Watt/Sockel
Hauptscheinwerfer:	
Asymmetrische Zweifadenlampe	45/40/ P 45t 41
Halogenlampe bis Juli 1970	55/ SP 1
ab Juli 1970	55/ P 14,5s
Standlicht	5/ BA 15s 19
Blinkleuchten vorn	21/ BA 15s 19
Blinkleuchten hinten	21/ BA 15s 19
Bremsleuchten	21/ BA 15s 19
Rückfahrscheinwerfer	21/ BA 15s 19
Schluß- und Kennzeichenbeleuchtung	5/ BA 15s 19
Instrumentenbeleuchtung, Brems- und Öldruckkontrolleuchte	4/ BA 9s
Übrige Kontrolleuchten	2/ BA 9s
Innenraumleuchte:	
bis Juli 1970	7/ Soffitenlampe
ab Juli 1970	4/ Soffittenlampe
Parkleuchte, Türbegrenzungsleuchte	Kugelbirne mit Kelch E 10, 14 V, 0,25 A

Beleuchtungsanlage prüfen

Wenngleich verschiedenen Autofirmen, und so auch Peugeot, eine Kontrolle der Leuchten nicht ausdrücklich vorschreiben, so ist sie eigentlich doch selbstverständlich.
Man kann die Einsatzbereitschaft der einzelnen Leuchten vor einer Wand prüfen und kontrollieren, ob zwei Reflexionen nebeneinander vorhanden sind. Wenn ja, brennen beide Scheinwerfer, und durch Auf- und Abblenden erhält man zugleich Gewißheit über die richtige Einsatzbereitschaft von Fern- und Abblendlicht. Diese Methode kann man auch bei den vorderen Blinkern anwenden, und mit Hilfe des Rückspiegels hat man in gleicher Weise die Möglichkeit, das Aufleuchten der Schluß- und Bremslichter sowie der rückwärtigen Blinker zu beobachten.
Bei einer ausgefallenen Leuchte kann die Lampe jedoch selbst in Ordnung sein, aber die Stromzufuhr klappt irgendwo nicht. Dann brennt vielleicht auch die neue Birne nicht, weil Lampenfassung, Kabelverbindung oder die dazugehörige Sicherung keinen Strom weiterleiten.
Abhilfe: Birne bei eingeschaltetem Schalter leicht hin- und herdrehen; flackert sie auf, Strom ausschalten und Lampenfassung und inwendige Kontaktzungen mit Taschenmesser vorsichtig blankschaben. Gleiches Verfahren bei der entsprechenden Schmelzsicherung (welche zuständig ist, kann im Kapitel »Elektrische Leitungen« nachgesehen werden). Bleiben beide Versuche erfolglos, kann nur eine Kabelverbindung lose oder oxydiert sein. Beim Verfolgen der Kabel ist der für Ihr Auto gültige Schaltplan hinten in diesem Buch behilflich.

Einstellschema zu der Beschreibung dieser Seite. O – Auf der Wand gekennzeichnete Scheinwerfermittelpunkte, X – Knickpunkte des asymmetrischen Abblendlichts bei 5 m Abstand, L und R – Linker und rechter Scheinwerfer, A – Tatsächliche Höhe der Scheinwerfermittelpunkte, B – Höhe der Hell-Dunkel-Grenze bei 5 m Abstand.

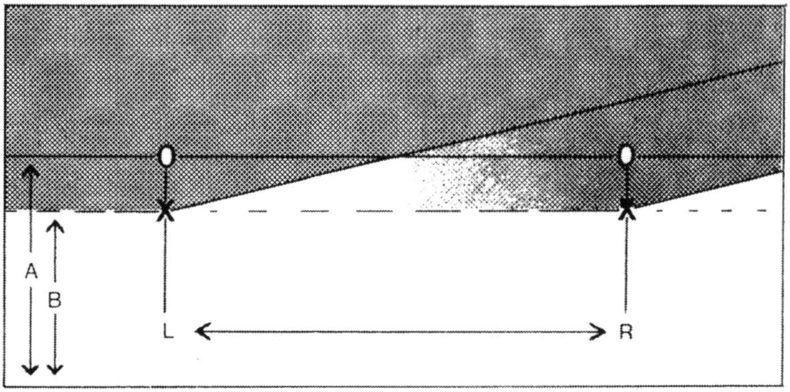

Schließlich sei noch vermerkt, daß das Auswechseln von Glühbirnen, von einer Werkstatt vorgenommen, von dieser auch – neben dem Glühbirnen-Neupreis – berechnet wird.

Scheinwerfer einstellen

Richtig eingestellte Scheinwerfer vermindern die Blendstörung beim Gegenverkehr. Durch falsch eingestellte Scheinwerfer kann der Geblendete nur noch Gegenstände in einer um etwa 75% geringeren Entfernung als normal erkennen. Wollen Sie, daß Ihnen ein derart behinderter Autofahrer begegnet?

Die Scheinwerfer müssen so eingestellt sein, daß ihr Abblendlicht auch bei extremer Belastung des Wagens im vorschriftsmäßigen Winkel auf die Straße strahlen. Bei etwas Übung kann man selbst während der Fahrt beurteilen, ob die Fahrbahn nicht mehr richtig ausgeleuchtet wird. Das gleiche gilt für zusätzlich angebaute Nebelscheinwerfer.

Will man die Einstellung selbst ausführen, muß zuvor folgendes beachtet werden: Vorgeschriebener Reifenluftdruck, völlig ebener Boden. Ferner benötigt man eine senkrechte glatte Wand, beispielsweise in der Garage. Man rollt den Wagen bis dicht vor die Wand und kennzeichnet auf dieser die Mittelpunkte der Scheinwerfer. Werden die Punkte durch eine Linie verbunden, muß dieselbe waagerecht sein. Danach schiebt man das Auto 5 m zurück, wobei es auf dem neuen Platz auch noch exakt waagerecht stehen muß.

Wenn jetzt das Abblendlicht eingeschaltet wird, müssen die durch das asymmetrische Abblendlicht erzeugten Knickpunkte 5 cm unterhalb der vorher eingezeichneten Markierungspunkte erscheinen. Der von den beiden Mittelpunkten nach rechts ansteigende Lichtwinkel hat etwa 15° zu betragen. Stimmen die

Bild links: Durch Verdrehen des Betätigungshebels an der Höhenstellschraube ist die Scheinwerfereinstellung entsprechend der Wagenbelastung einzustellen.
Bild rechts: Die Lampe im Halogen-Scheinwerfer wird von einer Klammer in ihren Sitz gedrückt. Den Kolben der neuen Lampe keinesfalls berühren!

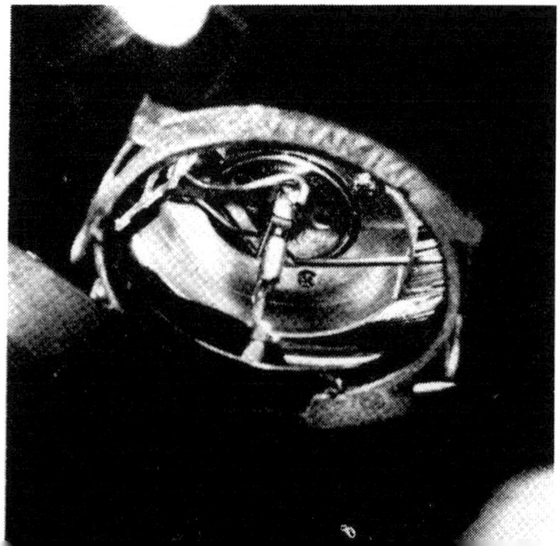

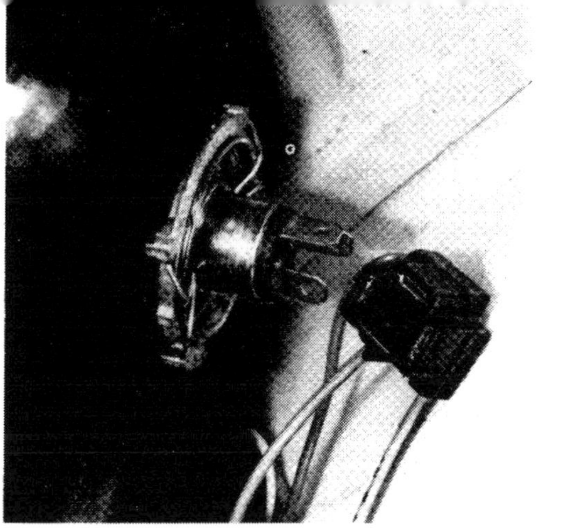

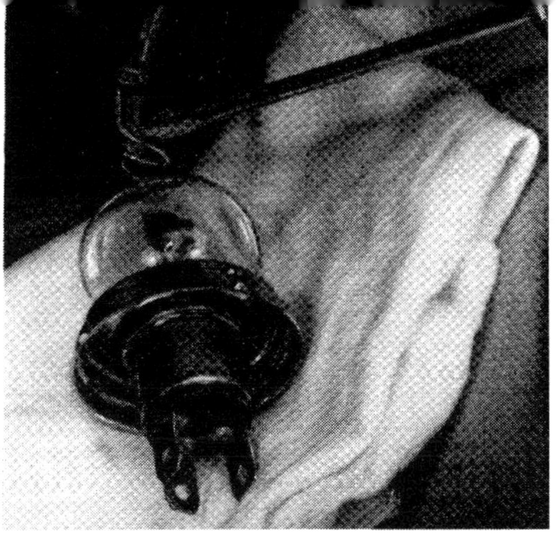

Bild links: Von der konventionellen Lampe abgezogener Stecker.
Bild rechts: Lampe entnommen. Schraubenzieher zeigt auf den Klemmbügel für die Lampe.

Lichtgrenzen nicht, ist die Stellung der Scheinwerfer entsprechend zu verändern. Das geschieht mittels der Stellschrauben vom Motorraum aus, die auf dem Bild Seite 202 zu erkennen sind.
Bei Cabriolet und Coupé erfolgt die Einstellung von außen. Vorher ist der Zierring nach Lösen der unteren Schraube und Abheben aus den beiden oberen Halterungen abzunehmen. Die Höheneinstellung kann durch Drehen der Stellschraube am Rand des Scheinwerferglases oben, die Seiteneinstellung durch Verstellen der Schraube gegenüber unten vorgenommen werden.

Höhenverstellung bei Belastung

Bei der eben beschriebenen Justierung muß die Höhenverstellung der Scheinwerfer auf »hoch« eingestellt sein. Jeder Scheinwerfer läßt sich unabhängig von der Grundeinstellung in zwei Positionen stellen, die man nach dem Belastungszustand des Wagens wählt. Bei stark belastetem Auto senkt sich das Hinterteil der Karosserie derart, daß der Lichtschein des Abblendlichts nicht mehr im vorgeschriebenen Winkel auf die Straße fällt und blendet.
Am oberen Rand der im Motorraum zugänglichen Scheinwerfer sitzt die Schraube für die Höheneinstellung. Auf ihr ist eine Distanzhülse mit zwei Flügeln oder (ab 1972) zwei Nasen angebracht. Bei senkrechter Stellung der Flügel ist der Scheinwerfer »hoch«, bei waagerechter Stellung der Flügel »nieder« ausgerichtet. Bei den Doppelscheinwerfern von Cabriolet und Coupé ist diese Einrichtung nicht erforderlich und fehlt deshalb.

Lampenwechsel

Scheinwerfer

Die Hauptscheinwerfer des 504 sind entweder für die Aufnahme konventioneller Zweifadenbirnen – auch Biluxlampen genannt – oder Halogenlampen eingerichtet. Cabriolet und Coupé besitzen Doppelscheinwerfer mit Halogenlicht.
Falls nur ein Faden einer »Bilux«-Lampe ausgefallen ist, wenn also nur Fernlicht oder nur Abblendlicht brennt, dann wird der Defekt kaum an der Stromzufuhr liegen und die Lampe muß ausrangiert werden. Brennen dagegen beide Fäden plötzlich nicht, ist der Verdacht begründet, daß kein Massekontakt mehr besteht.
Bei Limousine, Break, Commerciale und Familiale sind die Birnen im Motorraum zugänglich. Von der Rückseite des Reflektors mit konventionellen Lampen zieht man zum Lampenwechsel zuerst den dreipoligen Stecker von dem Lampenfuß ab. Dann wird die elastische Abdeckung abgenommen, sie dient zur Abdichtung gegen Feuchtigkeit. Nach Aushängen der beiden federnden Bügel, die den Tellersockel der Lampe in der Fassung festhalten, läßt sich die Lampe entnehmen. Beim Einsetzen der neuen Birne achte man auf die am Rande des

Birnensockels angebrachten Aussparungen, die – wie ein Schlüssel in sein Schloß – nur in einer Stellung in die Fassung passen. Dabei befindet sich die mittlere Kontaktzunge einer Birne oben.
Der Wechsel der Halogenlampe geschieht ähnlich. Man muß jedoch beachten, daß diese H 2-Lampe ein mit ihr fest verbundenes Kabelstück besitzt, von dem der Kabelschuh der Stromzuführung abzuziehen ist. Die Glaskolben der Halogenlampen dürfen keinesfalls berührt werden, man faßt diese Lampen nur an ihrem Metallsockel an.
Zum Lampenwechsel bei den Cabriolet- und Coupé-Scheinwerfern muß man den Zierring abnehmen, der das Scheinwerferglas umfaßt. Dazu dreht man die Halteschraube am unteren Rand des Ringes ab und hebt den Ring dann aus den beiden oberen Halterungen heraus. Rechts oben wird der Scheinwerfer von einem Federbügel gehalten, er ist anzuheben. Nach Lösen der unteren Scheinwerferbefestigung kann man den Scheinwerfereinsatz nach vorn herausziehen. Die Lampe wird auf ähnliche Art wie bei den anderen Modellen ausgetauscht. Die äußeren dieser Doppelscheinwerfer sind für das Abblendlicht, die inneren für das Fernlicht bestimmt.

Standlicht und und vordere Blinkleuchten

Beide Leuchten werden von einer gemeinsamen Lichtscheibe bedeckt. Diese Leuchteinheit befindet sich zwischen Scheinwerfer und Stoßstange. Standlicht geht von der kleineren Leuchte innen aus. Es muß bei eingeschalteten Scheinwerfern immer mitbrennen und bildet die Notbeleuchtung, wenn der Fernlicht- oder Abblendfaden im Hauptscheinwerfer ausgefallen ist.
Zum Erneuern der Lampen die beiden seitlichen Kreuzschlitzschrauben der lichtdurchlässigen Abdeckung herausdrehen und das Glas abnehmen. Lampe in die Fassung drücken und etwas nach links drehen, herausziehen. Ebenso wird eine neue Lampe durch Hineindrücken und leichter Rechtsdrehung in die Fassung gesetzt.
Die Blinkerlampen, in dem äußeren Gehäuseteil untergebracht, werden in gleicher Weise ausgetauscht. Beim Festschrauben der Lichtscheibe ist darauf zu achten, daß die Gehäusedichtung gut abdichtet.
Eine mangelhaft abschließende oder brüchige Dichtung läßt die während der Fahrt bei Regen aufprallende Nässe in das Gehäuse. Das führt bald zu korrodierten und verschmutzten Lampensitzen und Ausfall der Leuchten.

Rückleuchten

Bei den 504-Modellen sind vier Leuchten in einem Gehäuse untergebracht: Schlußleuchte, Bremsleuchte, Blinkleute und Rückfahrscheinwerfer. Die Anordnung der Leuchten ist jedoch unterschiedlich:

Standlicht (S) und vorderes Blinklicht (B). Die Lampen werden nach Abschrauben des einteiligen Deckglases zugänglich. Zum Lampenwechsel die Birne in die Fassung drücken und nach links drehen, herausziehen.

Modell	Schluß-leuchte	Brems-leuchte	Blink-leuchte	Rückfahr-scheinwerfer
Limousine	unten innen	unten außen	oben außen	oben innen
Break, Commerciale, Familiale	unten	zweite von unten	zweite von oben	oben (nicht beim Commer-ciale)
Cabriolet, Coupé	zweite von außen	zweite von innen	außen	innen

Fällt eine Lampe aus, muß die Abdeckung der ganzen Einheit abgeschraubt werden. Sollte die Abdeckung an der Dichtung festkleben, hebelt man sie vorsichtig an der Seite mit dem Schraubenzieher ab. Die Lampen haben ebenfalls Bajonettverschluß: Hineindrücken und nach links drehen, entnehmen.

Kennzeichenleuchte

Die Beleuchtung des hinteren Kennzeichenschildes erfolgt durch zwei getrennte Lampen.
Bei der Limousine sind die Leuchten im Kofferraum zugänglich. Die nach innen gerichtete Lichtscheibe, die bei eingeschaltetem Standlicht die gleichfalls mitbrennende Kennzeichenleuchte den Kofferraum beleuchten läßt, kann man seitlich aus ihrem Sitz drücken. Darunter sitzt die Lampe mit Renkverschluß.
Die Kombi-Versionen verfügen über kleine Leuchten an der Außenfront der Hecktür. Das halbrunde Leuchtenglas läßt sich abziehen und die Lampe liegt frei – Auswechseln wie üblich.
Die Leuchteinheit von Cabriolet und Coupé ist von unten in der Stoßstange untergebracht. Nach Losdrehen einer Flügelmutter zieht man den Einsatz nach unten. Auf diese Weise kommt man an die beiden Lampen heran.

Innenleuchte

Die Abdeckung der Innenleuchte ist nur auf dem Gehäuse festgeklemmt. Man zieht sie einfach ab. Die Soffittenlampe ist zwischen den beiden Kontaktzungen ebenfalls nur eingeklemmt.
Wenn die Innenbeleuchtung nicht funktioniert, ist womöglich der Türkontaktschalter der Übeltäter. Jede Tür besitzt einen eigenen Schalter im Türholm, der die Leuchte der betreffenden Seite einschaltet. Durch Herausdrehen der Befestigungsschraube kann man einen solchen Schalter ausbauen. Kabelanschluß und Leichtgängigkeit des Kontaktstiftes prüfen.
Der Commerciale verfügt nur über eine Deckenleuchte, betätigt durch Öffnen der Fahrertür. Break und Familiale haben außer den beiden seitlichen Leuchten der Limousine auch diese Deckenleuchte.

Bild links: Rückleuchten Limousine, Bild rechts: Kombiwagen. Rfs – Rückfahrscheinwerfer, Bl – Blinker, R – Schlußleuchte, Br – Bremslicht.

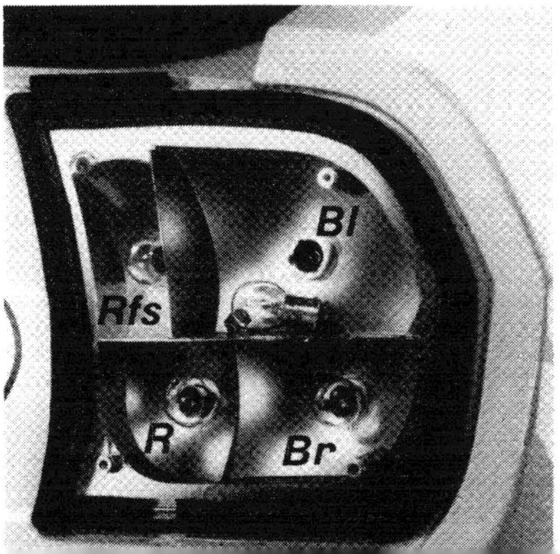

Kennzeichenbeleuchtung und gleichzeitig Kofferraumleuchte bei der Limousine. Die Lampe läßt sich wechseln, indem man sie zusammen mit der Fassung aus ihrem Sitz zieht. Die Lichtscheibe kann unabhängig davon aus ihrem Rahmen gedrückt werden.

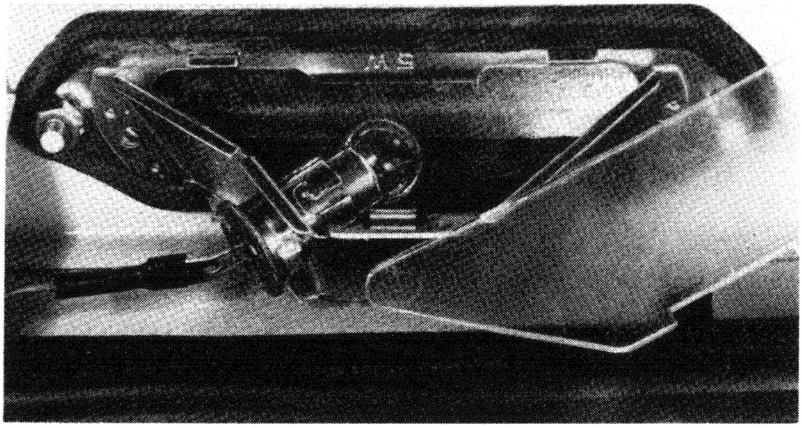

Kofferraum-beleuchtung

Unabhängig von der Einschaltung der Außenbeleuchtung brennt beim Öffnen des Kofferraums eine Lampe. Sie wird durch einen Stiftschalter zum Leuchten gebracht. Im Kofferraum nicht fest verankertes und herumschleuderndes Staugut kann die Lampe beschädigen. Auswechseln und Kontrolle der Anschlüsse bereiten keine Schwierigkeiten.

Zusätzliche Nebel-scheinwerfer

Gute und richtig eingestellte Nebelscheinwerfer strahlen kaum Licht nach oben ab, was die berüchtigte Eigenblendung verursacht. Sie leuchten den Fahrbahnrand zur Orientierung genügend aus und lassen – bei vernünftiger Fahrweise – Hindernisse noch rechtzeitig erkennen. Den Nebel können sie allerdings nicht durchdringen.

Wenn schon, dann zwei gleiche Exemplare – das ist Vorschrift. Sie dürfen nicht höher als die Hauptscheinwerfer angebaut sein; am besten ist die Anbringung unter der Stoßstange, wo ihr Licht den am Boden nie so dichten Nebel unterläuft. Weitere Bestimmungen: Bei Anbau weniger als 40 cm vom äußeren Umriß des Wagens entfernt ist Schaltung nur mit Standlicht, bei mehr als 40 cm nur mit Abblendlicht statthaft. Bei eingeschaltetem Fernlicht müssen Nebelscheinwerfer nicht verlöschen, dürfen jedoch gemeinsam nicht eingeschaltet sein. Einstellung: Ihre Hell-Dunkel-Grenze muß in 10 m Entfernung um 20 cm geneigt sein.

Gelbe Streuscheiben senden ein zwar als angenehm empfundenes Licht aus, verschlucken aber 15 Prozent der Lichtstärke (vergleichbar mit dem Gelbfilter beim Fotoapparat).

Bild links: Innenraumleuchte mit Umschalter. Ihre Lichtscheibe läßt sich von dem Gehäuse abdrücken. Bild rechts: Kofferraumleuchte am Karosserieblech innen links.

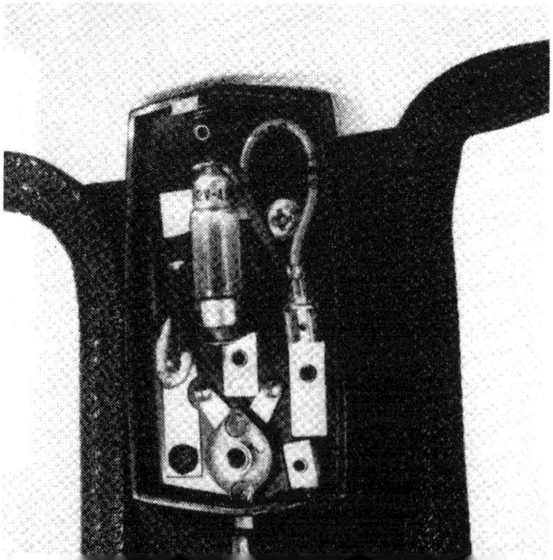

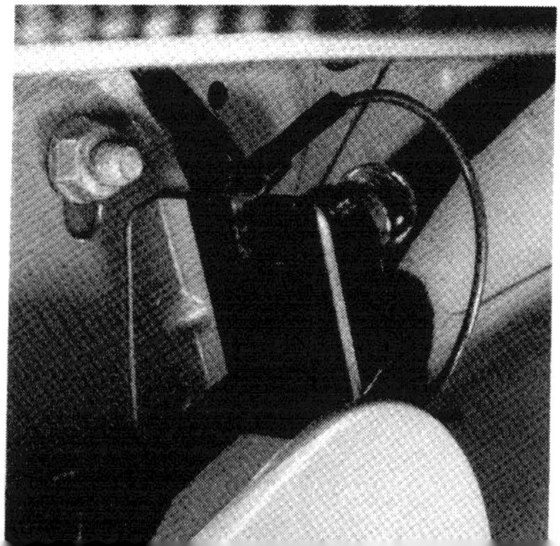

Kennzeichenbeleuchtung an der Hecktür des Kombiwagens. Die halbmondförmige Lichtscheibe läßt sich einfach abziehen. Der Lampenwechsel ist unproblematisch.

Halogen-Nebelscheinwerfer gibt es als fertig vorbereitete Sets mit Kabeln, Relais und Schalter und mit genauer Einbauanleitung. Wir testeten eine Reihe von Nebelscheinwerfern methodisch und haben bei folgend genannten die besten Ergebnisse gewonnen: Bosch 0305651001, Carello Mirage, Hella 192 und Marchal 810.
Befestigung und Stellung zusätzlich montierter Scheinwerfer sind regelmäßig zu kontrollieren. Besonders nach Benutzen automatischer Waschanlagen kann die Einstellung solcher Scheinwerfer verändert sein und dadurch bei Gebrauch derselben den Gegenverkehr stören.

Umrüstung auf Halogen-Scheinwerfer

Obwohl die Lichtstärke der konventionellen Scheinwerfer des Peugeot 504 für den normalen Betrieb ausreichend ist, wünscht sich vielleicht der eine oder andere intensiver leuchtende Halogen-Scheinwerfer. Diesen Wunsch kann man sich durch Umrüstung der Scheinwerfer erfüllen. Dazu ist für beide Scheinwerfer je ein Satz getrennte Reflektoren für Fern- und Abblendlicht der Firma SEV Marchal im Handel. Bei diesen »Amplilux«-Sondereinsätzen wird das Fernlicht von einer Halogen H 1-Lampe und das Abblendlicht mittels normaler Zweifadenlampe ausgestrahlt. Die Bestellnummern lauten: 612.81303 (links) und 612.81403 (rechts).
Zu konventionellen Hauptscheinwerfern können aber auch Halogen-Fernscheinwerfer zusätzlich montiert werden. Sie dürfen zusammen mit dem Abblend- oder mit dem Fernlicht brennen. Hella 192 Rallye oder Bosch 0306901003 verfügen über die größte Reichweite derzeitiger Leuchten.

Das Scheinwerfer-Relais ist vorn links im Motorraum mit einer Schraube SW 10 befestigt. Beim Einbau eines neuen Relais steckt man Kabel für Kabel um, womit man sichergeht, keine Anschlüsse zu verwechseln.

Statt Rauchzeichen

Im eigenen Interesse soll man sich regelmäßig von der Funktion der Blinker, Bremsleuchten und der Hupe überzeugen. Es sind optische und akustische Einrichtungen, die den übrigen Straßenbenutzern Ihre Vorhaben anzeigen sollen – mit ihnen können Sie sich im Verkehr verständlich machen. Dieser Kontakt zur Umwelt ist sehr wichtig, deshalb schreibt der Gesetzgeber auch vor, daß die Signaleinrichtungen stets einsatzbereit sein müssen.
Wie im Kapitel über die Scheinwerfer beschrieben, können Sie sich auch vom ordnungsgemäßen Aufleuchten der Blink- und Bremsleuchten auf einfache Weise überzeugen. An der Hauswand, in der Garage oder in einer Schaufensterscheibe erkennt man beim Betätigen des Blinkerschalters den Lichtschein der Blinker. Und wenn Sie auf das Bremspedal treten, müssen die Reflexionen der Bremslichter auf der Karosserie des Wagens, der hinter Ihnen am Straßenrand steht, deutlich erscheinen.

Die Blinkanlage

Blinkerschalter (rechts an der Lenksäule), zwei vordere und hintere Blinkleuchten, Blinkrelais und die grüne Blinkerkontrollampe (im mittleren Rundinstrument; 504 L und Commerciale: über der Tachometerskala) sind die Bestandteile der Blinkanlage. Sie ist über eine Sicherung geschützt, wobei hier nicht nochmals auf die unterschiedliche Reihenfolge der Sicherungen in der Entwicklung des 504 eingegangen werden soll. Falls Sie in dem zu Ihrem Wagen gehörenden Schaltplan nicht die Kabel verfolgen oder die ab Seite 198 gebotenen Tabellen studieren wollen, finden Sie die Blinker-Sicherung mit folgender Methode ganz einfach: Blinker einschalten und der Reihe nach die Sicherungen herausnehmen – bei der zutreffenden Sicherung hört es auf zu blinken.
Eine Hilfe bei eventueller Fehlersuche an der Blinkanlage ist die Kenntnis von den Kabelnummern: 37 = Blinkleuchte vorn links; 38 = Blinkleuchte vorn rechts; 49 = Blinkleuchte hinten links; 48 = Blinkleuchte hinten rechts; 51, 17, 50, M 3 = Anschlüsse am Blinkgeber; 17, 18, 19 = Anschlüsse am Blinkerschalter; 51 = Blinkerkontrollampe. Die Klemme 50 am Blinkgeber ist die stromführende, ab 1972 über das Kabel 29 mit der Sicherung verbunden und erhält ihren Strom erst nach Einschalten der Zündanlage.
Das Aussetzen einer Blinkleuchte macht sich durch wesentlich schnelleres Aufleuchten des Kontrollichts als üblich bemerkbar, oder die Kontrolleuchte blitzt nur einmal auf und bleibt dann dunkel. Eine derartige Verkehrsgefährdung ist durch Einsetzen einer neuen Birne sofort abzustellen. Es kann jedoch sein, daß die betreffende Birne nur locker in ihrer Fassung sitzt oder einen oxydierten Sockel hat oder daß korrodierte Kabelanschlüsse den Stromfluß hemmen. Wie die Birnen der Blinkleuchten ausgewechselt werden, ist im Kapitel »Scheinwerfer und Leuchten« beschrieben. Von der vorgeschriebenen Watt-Zahl der Birnen hängt auch der richtige Schaltrhythmus des Blinkgebers ab. Schalten die Blinklampen auf »Dauerlicht«, ist im Blinkrelais wahrscheinlich ein Defekt.

Dieses Relais, bei Peugeot auch als Blinkautomat bezeichnet, wird nach Ausbau der Instrumentengruppe (siehe Seite 213) zugänglich. Sein Ticken, wenn die Blinker eingeschaltet sind, hilft die Suche nach dem Relais erleichtern. Es handelt sich um einen zylindrischen Aluminiumkörper von Daumenlänge, hinter der Armaturenverkleidung mit einer Mutter angeschraubt.

Die Warnblinkanlage

Die serienmäßig installierte Warnblinkanlage ist über das Kabel 10 durch eine andere Sicherung als die Blinkanlage geschützt. Vor Juli 1970 war das Kabel 10 an das Kabel 13 angeschlossen, das seinerseits den Strom heranführte.
Es ist naheliegend, daß die Warnblinkanlage in jeder Notsituation einsatzbereit sein muß. Obwohl sie sozusagen ein erweitertes Teil der Blinkanlage darstellt, besitzt sie einen eigenen Stromkreis. Beim Betätigen des Warnlichtschalters erfolgt ein Wechseln des sonst bestehenden (Blinker-)Kontaktes 29 A – 50 in die Verbindung 10 – 50. Seit Juli 1970 steht das Kabel 29 A mit dem Kabel 33 (am Scheibenwischerschalter) in Kontakt, vorher war es am Kabel 29 und somit direkt an eine Sicherung angeschlossen. Die Kontrollampe ist mit beiden im Warnblinkschalter überbrückbaren Schaltungen verbunden.

Das Bremslicht

Die Bremsleuchten haben über das Kabel 35 Anschluß an dem Bremslichtschalter, der den Strom über Kabel 15 erhält. Zuständig ist bei allen Typen die von Peugeot mit Nummer 3 bezeichnete Sicherung. Falls diese Sicherung verschmort, kann auch ein anderer dort angeschlossener Verbraucher den Defekt ausgelöst haben (siehe Seite 198–201). Die Sicherung steht nur bei eingeschalteter Zündung unter Strom.
Da die rechte Bremsleuchte mit der linken Leuchte (über Kabel 36) verbunden ist, muß man bei Nichtaufleuchten nur einer Birne vermuten, daß diese durchgebrannt ist. Eventuell hat sie nur mangelhaften Massekontakt.
Sollten trotz intakter Sicherung beide Bremsleuchten beim Betätigen der Bremse nicht ansprechen, prüft man zunächst mit einer Prüflampe, ob bei eingeschalteter Zündung an einer Klemme des Bremslichtschalters Spannung vorhanden ist. Die andere Klemme führt nur bei getretenem Bremspedal Strom. Zur Kontrolle kann man die beiden Klemmen am Schalter auch einfach mit einem Stück Draht überbrücken. Auf diese Weise läßt sich herausfinden, ob der Fehler im Schalter oder in den Kontakten oder Leitungen liegt. Dabei ist die Anordnung der Kabel an den Schalteranschlüssen gleichgültig; Massekontakt benötigt der Schalter nicht. Etwas Fett macht einen schwergängigen Schalterstift wieder beweglicher.
Wurde ein Defekt im Schalter festgestellt, muß er auf schnellstem Wege ausge-

Bild links: Warnlichtschalter und Steckanschluß, aus der Mittelkonsole zwischen den Vordersitzen herausgezogen.
Bild rechts: Oberhalb des Bremspedals sitzt im Fußraum der Bremslichtschalter. Die Einstellung des Schalters ist nebenstehend beschrieben.

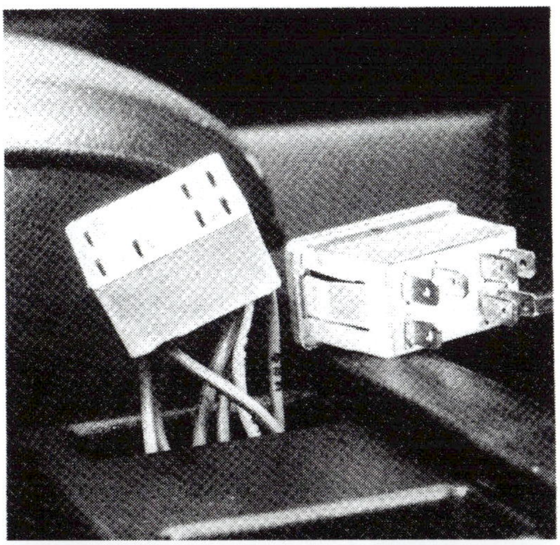

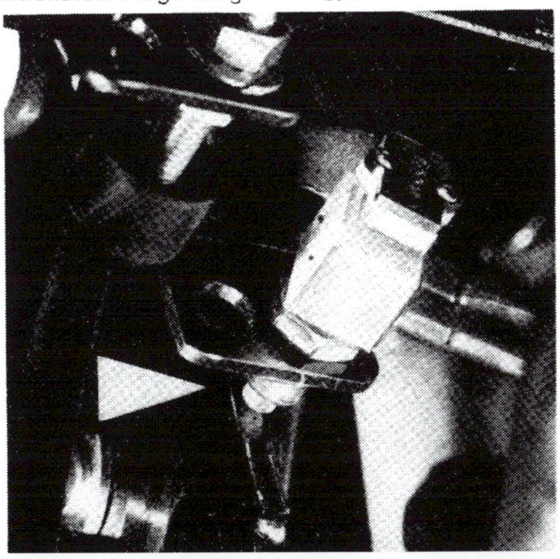

tauscht werden. Nachdem man beide Kabel abgezogen hat, hält man die Mutter oberhalb der Befestigungsplatte mit einem Gabelschlüssel fest und dreht die Mutter unterhalb der Platte los. Danach den Schalter oben herausziehen.
Der neue Schalter muß eingestellt werden, damit die Bremslichter beim geringsten Niedertreten des Pedals aufleuchten. Probeweise wird der Schalter mit angeschlossenen Kabeln und bei eingeschalteter Zündung in die Bohrung der Halteplatte eingeführt, währenddessen ein Helfer das Aufleuchten und Verlöschen der Bremslichter beobachtet. Der Schalterstift muß durch den Hebel des in Ruhestellung befindlichen Pedals in den Schalter gedrückt werden und soll nach etwa 1 cm Pedalweg – am Pedal gemessen – die Bremsleuchten in Funktion setzen. Die obere Mutter dient zum Einstellen der Schalterstellung, die untere Mutter wird nach gefundener Einstellung festgezogen.

Das Signalhorn

Die beiden Hupen des 504 sitzen hinter dem Kühlergrill, jede mit einer Blechlasche als Halter durch Schrauben an der Karosserie von innen befestigt. Die Demontage des Kühlergitters ist auf Seite 56 beschrieben. Lediglich der Commerciale hat nur ein Horn.
Die Tonhöhe einer sonst noch brauchbaren Hupe kann man einstellen, wenn man die auf der flachen Rückseite der Hupe befindliche Sechskantschraube mittels Gabelschlüssel vorsichtig verdreht. Zunehmenden (heller werdenden) Ton erzeugt man durch Drehen der Tonstellschraube rechts herum, links herum Drehen läßt den Ton abfallen. Beide Hupen sind gekennzeichnet: Die eine ist für einen tiefen und die andere für einen hohen Ton bestimmt.
Durch Anziehen des Schalterhebels rechts an der Lenksäule werden die Signalhörner zum Tönen gebracht. Der Strom, bei allen 504 von der 15 Ampere-Sicherung Nr. 2 geschützt, wird an den Signalschalter von Kabel 23 herangeführt und gelangt über Kabel 24 direkt zu den Hupen.

Lichthupe

Ab Sommer 1972 gebaute Wagen verfügen im Lichtschalter links an der Lenksäule über eine Schaltung, die das Lichthupen ermöglicht. Beim Niederdrücken des Schalterhebels wird ein Kontakt zum Fernlicht hergestellt, nach Loslassen geht der Hebel wieder in seine Ausgangsstellung zurück.
Die stete Stromzufuhr am Abblendhebel rührt von der Verbindung über das Kabel 5 her, deswegen ist die Lichthupe unabhängig von eingeschalteter Zündung und Beleuchtung ständig einsatzbereit, was z. B. beim Abgeschlepptwerden von Vorteil ist. Funktioniert die Lichthupe nicht, kann es an dem Umschalter für das Scheinwerferlicht liegen. Dessen Reparatur lohnt sich normalerweise nicht und bei einem Defekt ist er in der Werkstatt austauschen zu lassen.

An einem krächzenden Signalhorn kann noch ein Stimmversuch vorgenommen werden. Dazu ist die Stimmschraube mit einem passenden Schlüssel am Signalhorn zu drehen, während ein Helfer mit dem Hupenknopf Dauerton drückt. Die Stimmschraube muß nach der Justierung mit einem Lackfarbentropfen oder Sprühwachs wieder gegen selbständiges Verstellen und Feuchtigkeit gesichert werden.

Dienstbare Geister

Die Anzeigegeräte und Kontrolleuchten im Blickfeld des Fahrers sollen Auskunft über den jeweiligen Zustand von Motor und Fahrzeug geben. Sie müssen jederzeit verläßlich funktionieren, sonst ist die Sicherheit gefährdet.

Die Instrumententafel

In den Typen GL und TI ist eine Instrumententafel mit drei Rundinstrumenten eingebaut. Das Tachometer – links – mit Gesamt-Kilometer- und einstellbarem Tageskilometerzähler enthält unten die Kontrolleuchte für eingeschaltetes Standlicht. Im mittleren Kombiinstrument ist in der oberen Hälfte links das Voltmeter, in der Mitte die Kaltstartkontrolleuchte (Vergasermotor), rechts das Kühlwasserthermometer untergebracht. Im gleichen Instrument unten haben links die Kontrolleuchte für Fernlicht, in der Mitte die Benzinstandanzeige und rechts die Öldruckkontrolleuchte ihren Platz, im Mittelfeld sind noch die Ausschnitte der Blinkerkontrolle untergebracht. Statt der Zeituhr als drittes Instrument kommen die Fahrer im TI, Cabriolet und Coupé in den Genuß eines Drehzahlmessers. Oben zwischen dem mittleren und rechten Instrument: das Bremskontrollicht. In den Grundmodellen ab 1978 sind die Rundinstrumente und Leuchten verändert angeordnet.
504 L und Commerciale warten mit einer langgestreckten, unterteilten Instrumententafel auf. Im linken Feld sitzt oben die Öldruck-, unten die Fernlichtkontrolleuchte. Das nächste Feld ist der Bremskontrolleuchte vorbehalten. Rechts davon schließt sich das Wasserthermometer an. Es folgt das breite Tachometer, in dem die Blinkerkontrolleuchte und die Kontrolle für Standlicht placiert sind. Schließlich vervollständigen Benzinstandanzeiger und rechts außen das Voltmeter dieses Instrumentarium.

Instrumententafel ausbauen

Wie man das Instrumentengehäuse aus seinem Sitz herauslöst, muß man schon deshalb wissen, weil irgendwann eine durchgebrannte Kontrolleuchte ersetzt

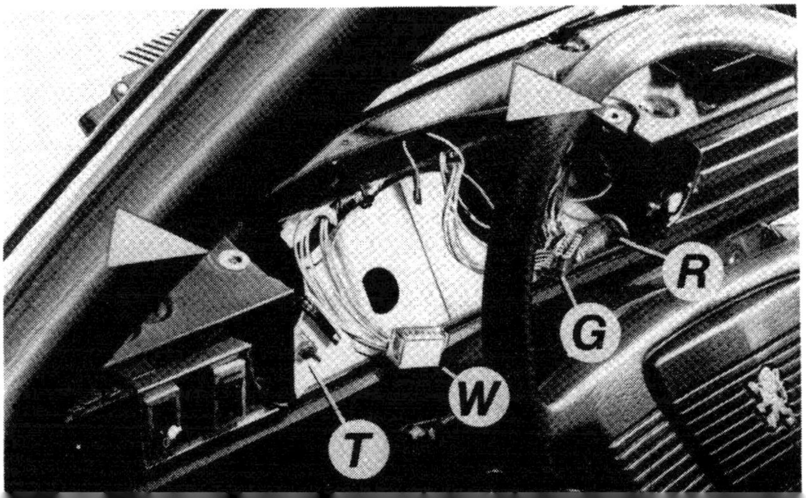

Bei ausgebauter Instrumententafel erkennt man:
T – Anschluß der Tachowelle,
W – Weißer Kabelstecker,
G – Grauer Kabelstecker,
R – Blinkrelais.
Weiße Pfeile: Befestigungslöcher für die Schrauben der Instrumententafel.

werden muß. Andere Arbeiten an den eingebauten Instrumenten sind im Do-it-yourself-Verfahren kaum zu erledigen.

Rundinstrumente: Bevor die Instrumententafel abgebaut werden kann, muß die obere Abdeckung des Armaturenbretts entfernt werden. Sie ist mit fünf nach unten ragenden Klammern in das Blech der Armaturenbrettkonsole eingedrückt und läßt sich nach oben abziehen. Dazu drückt man die Abdeckung am Rand etwas hoch, schiebt einen breiten Schraubenzieher dazwischen und hebelt in der ertasteten Nähe einer Klammer das Werkzeug nach oben.

Die Instrumententafel ist an beiden Seiten mit zwei Schrauben SW 10 befestigt. Nachdem diese herausgedreht sind, ist das Gehäuse etwas aus seinem Sitz zu ziehen, um die Rändelmutter der Tachowelle lösen zu können. Ferner sind zwei Kabelstecker und – falls Drehzahlmesser vorhanden – die Verbindung eines einzelnen Kabels zu trennen und die Tafel kann abgenommen werden.

Rechteckinstrument: Nur die Art der Anbringung ist bei diesem Instrument anders. Die obere Abdeckung des Armaturenbretts wird vorn – von unten erreichbar – durch drei Schrauben SW 6 (Steckschlüssel!) festgehalten. Beiderseits der Lenksäule müssen dann noch zwei Kreuzschlitzschrauben nach unten herausgedreht werden. Danach läßt sich das Instrument abheben; zwei Kabelstekker abziehen und die Rändelschraube der Tachowelle lösen.

Das Auswechseln der Kontrollampen ist problemlos. Sie sitzen in herausnehmbaren Fassungen, die auf der Rückseite des Gehäuses eingesteckt sind.

Die Anzeigeninstrumente sowie die Uhr lassen sich einzeln aus der Grundplatte ausbauen. Aber eigenhändige Reparaturversuche daran sind nahezu zwecklos. Sollte eins der Instrumente ausgefallen sein, dann empfiehlt sich eine Rücksprache bei der nächsten Peugeot-Werkstatt. Den Austausch eines Instruments kann man eventuell beschleunigen, wenn man sich vorher anmeldet, das ausgebaute Instrumentenbrett hinbringt und dort ein neues Instrument einsetzen läßt.

Die Öldruckkontrolle

Alle Schmierstellen im Motor müssen ständig mit Öl versorgt werden, das mit dem notwendigen Druck herangeführt werden soll. Um das überprüfen zu können, ist in den Ölkreislauf ein Druckschalter eingebaut. Mit diesem ist die rote Öldruck-Kontrollampe im Armaturenbrett verbunden, und zwar durch Kabel Nr. 30. Welche Sicherung für die Stromzufuhr verantwortlich ist, zeigen die Tabellen auf Seite 198–201.

Der Öldruck ist bei kaltem und daher zähem Motoröl höher, so daß die Lampe schon bei geringen Motordrehzahlen erlöscht. Beim Wiederstarten eines im Hochsommer heißgefahrenen Motors mit dementsprechend dünnflüssigem

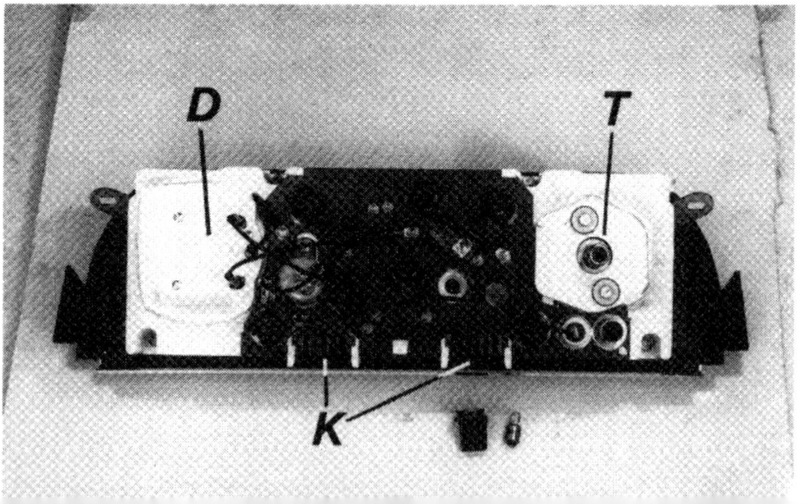

Die Rückseite der ausgebauten Instrumententafel vom 504 TI zeigt: D – Gehäuse des Drehzahlmessers, T – Tachometerwellenanschluß, K – Anschlußschienen für die beiden Kabelstecker. Eine der Kontrollampen ist mit ihrem Sockel entnommen (unten). An den beiden oberen Ecken befinden sich die Ösen für die Befestigung der Tafel.

Motoröl ist der Öldruck geringer, weshalb die Öldruck-Kontrollampe erst bei höheren Drehzahlen erlischt.
Brennt die rote Lampe während der Fahrt, so ist das ein Alarmzeichen. Natürlich kann es auch ganz harmlos sein, weil der Öldruckschalter defekt ist oder weil das Kabel zwischen Kontrollampe und Druckschalter irgendwo Kurzschluß zur Masse hat. Aber in der Regel zeigt das Aufleuchten, daß der notwendige Öldruck zur Schmierung aller Motorteile aus irgendeinem Grund nicht aufgebaut wird, manche Teile demnach ohne Schmierung laufen und bei sorgloser Weiterfahrt schwere Schäden am Motor auftreten können. Zuerst soll deshalb der Ölstand geprüft werden. Es ist immerhin möglich, daß sich das Motoröl auf den letzten Kilometern Straße verteilte, weil sich beispielsweise die Ölablaßschraube lockerte. Ebenso kann eine Schmierstelle defekt sein, so daß das Motoröl ohne Widerstand aus dem defekten Lager läuft. Der Fehler kann auch an einer schadhaften Ölpumpe liegen, was allerdings ein seltener Fall wäre. Wenn sich der Fehler nicht unterwegs als harmlos erweist, ist unter Umständen ein Abschleppen zur nächsten Werkstatt unvermeidlich.
Der Öldruckschalter ist unten am Flansch des Ölwechselfilters eingeschraubt. Eine Kontrolle über den tatsächlichen Öldruck bildet er leider nicht, dazu bedarf es eines Öldruckmessers. Wie hoch der Öldruck während verschiedener Drehzahl sein soll, ist auf Seite 86 nachzulesen.

Störungsbeistand
Öldruckanzeige

Die Störung	ihre Ursache	ihre Abhilfe
Lampe leuchtet beim Einschalten der Zündung nicht auf	Steckkontakte locker?	Kabelsteckverbindungen überprüfen
	Kontrollampe defekt?	Lampe austauschen
	Öldruckschalter defekt?	Austauschen
Lampe leuchtet während der Fahrt auf	Ölmangel?	Motoröl auffüllen
	Kurzschluß am Kabel zwischen Lampe und Druckschalter?	Kabel auf Scheuerstellen untersuchen. Anderes Kabel zwischenschalten
	Ölkreislauf unterbrochen?	Zur nächsten Werkstatt. Motor wird nicht mehr geschmiert
	Öldruckschalter undicht?	Schalter auswechseln
Lampe verlischt erst bei Vollgas	Öldruck zu niedrig?	Untersuchen lassen
	Ölpumpe schadhaft?	Untersuchen lassen
Lampe leuchtet bei heißem Motor im Leerlauf auf	Ansprechdruck des Öldruckschalters zu hoch?	Heißes, dünnflüssiges Motoröl bringt weniger Druck als kaltes Öl. Kein Grund zur Sorge.

Die Kraftstoffanzeige

Ein Geber im Tank und das Anzeigengerät in der Instrumententafel sorgen für Unterrichtung über die vorhandene Benzinmenge. Beide Teile sind durch das Kabel 65 verbunden. Zuständige Sicherung siehe Seite 198–201. Der Geber im Tank hat Verbindung zur Masse. Er sitzt auf einer demontierbaren kleinen Platte am Tank (siehe Abschnitt »Der Tank« auf Seite 96).
Im Geber der Kraftstoffanzeige befindet sich ein elektrischer Widerstand, über dessen Wicklungen ein mit dem Schwimmer des Gebers verbundener Schleifkontakt läuft. Im Anzeigengerät sitzt ein elektrisch aufgeheiztes Bimetall-Thermogerät. Wenn der Tank leer ist, schaltet der Schwimmer und mit ihm der Schleifkontakt den ganzen Widerstand des Gebers ein. Es kann nur wenig

Strom durch die Anlage fließen, das Bimetall wird nicht oder nur wenig aufgeheizt und der Zeiger hat keinen oder nur einen geringen Ausschlag. Je mehr der Tank gefüllt ist, um so kleiner hält der höher stehende Schwimmer den eingeschalteten Widerstand. Dadurch kann mehr Strom durch die Anlage fließen, das stärker aufgeheizte Bimetall gibt dementsprechend dem Zeiger einen stärkeren Ausschlag. Da zum Aufheizen des Bimetalles etwas Zeit notwendig ist, bringt der im Tank schwappende Kraftstoff den Zeiger nicht zum ständigen Hin- und Herpendeln.

Falsche Kraftstoffanzeige

Nur bei leerem oder vollem Tank kann man mit ziemlicher Sicherheit am Zeigerausschlag erkennen, ob Benzinstandanzeige und Geber richtig arbeiten. Im Zwischenbereich ist die Kraftstoffanzeige nicht genau zu ermitteln. Stimmt jedoch die Angabe bei leerem oder vollem Tank nicht oder zeigt die Meßuhr gar nichts an, so kann der Fehler sowohl im Anzeigegerät wie auch im Geber (oder im Kabel Nr. 65) stecken. Zuerst sollten deshalb die Sicherung, danach die Kabelverbindungen überprüft werden. Ist nichts daran zu entdecken, müßten Anzeigegerät und Geber ausgebaut werden.
Wie der Geber ausgebaut wird, ist auf Seite 97 beschrieben. Am ausgebauten Geber zuerst prüfen, ob der Schwimmer ein Loch hat (schwappt beim Schütteln Kraftstoff darin?). Wenn nicht, kann man zur Justierung den langen Schwimmerarm zweckentsprechend biegen. Diese Heimwerkerei ist allerdings nur sinnvoll, wenn man sorgfältig arbeitet und Ersatzteile, besonders eine neue Dichtung für die Geberplatte, zur Hand hat. Zweifellos kann sie aber billiger sein als ein voreiliger, von der Werkstatt vorgeschlagener Austausch des Gebers oder des Anzeigeninstrumentes.

Die Kühlwasseranzeige

Links hinten am Motor sitzt ein Wärmefühler zur Aufnahme der Kühlwassertemperatur. Zu seinem Herausschrauben ist es nötig, das Kühlwasser teilweise abzulassen. Dieser Temperaturfühler gibt seine Meldung über das Kabel 47 dem Anzeigeninstrument weiter. Wenn die zuständige Sicherung (siehe wiederum Seite 198–201) in Ordnung ist, können nur der Fühler, die Kabelanschlüsse oder das Anzeigengerät defekt sein.
Zeigt das Kühlmittel-Fernthermometer falsche Werte an, läßt es sich mit Heimwerkermitteln nicht prüfen, woran der Fehler liegt. Im übrigen ist es aber Werkstattsache, dem Übel auf den Grund zu gehen. Ein neuer, auch als Geber bezeichneter Fühler, darf nur nach Einstreichen seines Gewindes mit Dichtungsmasse eingebaut werden.
Über Ventilator und Thermoschalter ist ab Seite 92 mehr gesagt.

Bild links: Wärmefühler für die Kühlwasser-Temperaturanzeige, am Motor hinten links.
Bild rechts: Schalter für den Rückfahrscheinwerfer mit Kabel-Nummern.

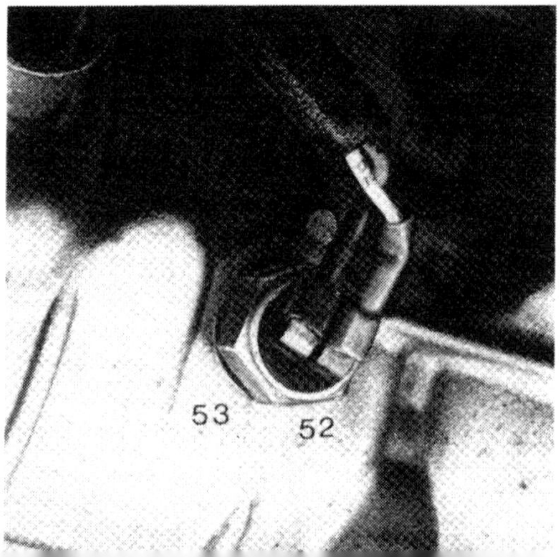

Der Zweck dieses Gerätes ist es, die Spannung im Bordnetz zu messen. Gleichzeitig ersetzt es die in Deutschland übliche rote Ladekontrollampe. Es ist über einen Plusanschluß und den Masseanschluß in den Stromkreislauf geschaltet und zeigt Spannungsunterschiede an, die bei den verschiedenen Belastungszuständen möglich sind. Somit erhält man genaue Auskunft über Ladung und Entladung, was auch bei Fehlersuche in der elektrischen Anlage von Bedeutung ist. Der Zeigerausschlag ist gedämpft und bewegt sich nur langsam über die Skala.

Das Voltmeter

Bei eingeschalteter Zündung, aber noch nicht gestartetem Motor, wandert deshalb der Zeiger des Voltmeters nur sehr geruhsam aus dem roten Feld der Minus-Seite und ist nach etwa einer Minute zum Beginn der mittleren Zone gekommen. Bei normalem Motorlauf soll er sich dann in Mittelstellung befinden, mit Tendenz zur Plus-Seite der Skala hin. Fällt der Zeiger in den roten Minus-Sektor ab, muß die elektrische Anlage baldigst überprüft werden: Die Stromversorgung funktioniert nicht mehr oder es ist ein Kurzschluß eingetreten. Wenn sich der Zeiger im oberen Bereich der +-Anzeige aufhält, kann auf einen Defekt im Spannungsregler geschlossen werden.

Wichtige Kriterien bei der Kontrolle der elektrischen Anlage sind in der Tabelle »Störungsbeistand – Batterie und Lichtmaschine« auf Seite 178 zusammengefaßt.

Das Tachometer

Im Tachometer sind Geschwindigkeitsmesser und Kilometerzähler vereinigt. Das Gerät wird zwar nicht elektrisch betrieben, doch beruht die Wirkung des Geschwindigkeitsmessers auf den erzeugten Wirbelströmen eines ringförmigen Magneten, von der Tachowelle angetrieben, die ihrerseits die Tachonadel mit sich zu ziehen versuchen.

Die Tachometerwelle bedarf keiner besonderen Pflege. Ist sie gebrochen oder macht sie durch eine zitternde Tachonadel darauf aufmerksam, daß sie bereits einen Knick hat und bald brechen wird (Ursache für die zitternde Tachonadel kann aber auch eine verschlissene Antriebsschnecke am Getriebe sein), muß die Welle baldmöglichst ausgetauscht werden. Das sollte man der Werkstatt überlassen, denn bei ungeübtem Einbau wird sie leicht wieder geknickt, was bereits der Anfang zum Bruch der Welle ist. Sie darf beim Einbau auch nicht gezerrt oder in zu engem Radius verlegt werden.

Wenn außer der Tachometernadel auch der Kilometerzähler ausfällt, liegt die Schuld sicher an der Tachowelle. Es ist dann zu kontrollieren, ob die Rändelmutter am Anschluß des Gerätes richtig festgedreht ist oder ob sich eventuell die Welle am Getriebe gelöst hat.

Bild links: Die Schalter im Armaturenbrett lassen sich mit einem schmalen Schraubenzieher aus ihrem Sitz hebeln. Schalterkontrolle siehe Seite 196 unten.
Bild rechts: Schalter für die Warnleuchte der angezogenen Handbremse. Der heruntergelassene Handbremshebel drückt auf den Schalterknopf und unterbricht damit den Stromkreis.

Weil die Kilometerangabe auf dem Tacho beim Verkauf des Wagens als Dokument gewertet wird – es soll ja über die zurückliegende Beanspruchung des Wagens aussagen – darf man natürlich nicht mit gelöster Tachowelle fahren. Auch den Umtausch eines eventuell defekten Tachometers läßt man sich mit den entsprechenden Kilometerangaben von der Werkstatt bestätigen.

Der Drehzahlmesser

Dieses beim Einspritzer und bei den sportlichen Versionen des 504 serienmäßige Instrument sitzt an der Stelle der sonst serienmäßigen Zeituhr. In den Kapitel »Prüfen ohne Werkzeug« und »Des Motors Innenleben« wurde dargelegt, weshalb es ratsam sein kann, die Motordrehzahl zu überwachen. Bei diesem Drehzahlmesser gilt, was Ausbau und Reparatur betrifft, das gleiche wie für die vorher beschriebenen Instrumente.

Wer seinen Wagen häufig hochtourig fährt, bei dem lohnt sich der nachträgliche Einbau eines solchen elektronischen Geräts als Zusatzinstrument. Man kann dazu auch ein Instrument einer anderen Herkunft wählen, sollte sich jedoch nur für ein Rundinstrument entschließen (z. B. von Moto Meter, Daimlerstraße, 725 Leonberg, oder von VDO, Sodener Straße 9, 6231 Schwalbach, mit Montageerläuterungen. Ausreichende Größe, die gutes Ablesen ermöglicht, ist wertvoll. Anbringung des Instruments in der Nähe des vielleicht vorhandenen Radios ist wegen eventueller Empfangsstörungen zu vermeiden. Ab rund 60 Mark gibt es Drehzahlmesser zur Selbstmontage.

Die Zeituhr

Weil die Uhr elektrisch angetrieben wird, muß man die Zeit wieder einstellen, wenn man einmal die Batterie abgeklemmt hatte. Ihr Ausfall kann natürlich auch einen Sicherungsdefekt und somit den Schaden an den dort angeschlossenen Stromverbrauchern anzeigen. Hat sich der Fehler allerdings in der Zeituhr eingestellt, muß sie ausgebaut und ausgetauscht werden.

Ab Fahrgestell-Nr. 2142001 (September 1975) haben 504 L und TI sowie Cabriolet und Coupé eine neue Zeituhr auf dem Armaturenbrett.

Elektrische Schalter

Im Abschnitt »Die Masse behüten« auf Seite 196 wurde beschrieben, wie man die Funktion eines Schalters überprüfen kann, wenn man seiner Wirkungsweise nicht mehr sicher ist. Ferner sind die einzelnen Licht- und Instrumentenschalter innerhalb der betreffenden Kapitel abgebildet und erläutert.

Man muß aber unterscheiden zwischen der Einsatzbereitschaft eines Stromverbrauchers und des für ihn zuständigen Schalters. Um sich zu vergewissern, ob z. B. die Öldruck-Kontrollampe noch funktioniert, kann man – bei eingeschalteter Zündung – das Kabel vom Öldruckschalter abziehen und an Masse tippen. Brennt die Lampe, ist man ihrer Funktion (aber nicht der des Öldruckschalters) sicher.

Der Scheibenwischer

Die Sommersonne macht den Scheibenwischergummi porös, und gerade bei Fahrten in der Dunkelheit ist eine schlecht gewischte Windschutzscheibe besonders unangenehm. Schließlich sollten die Wischerblätter selbst auch von Zeit zu Zeit gereinigt werden, denn an ihnen setzen sich Fettrückstände von der Windschutzscheibe ab. Man reibt die Wischerblätter am besten mit einer festen Nylonbürste (Nagelbürste) und einer starken Waschmittellösung oder auch Brennspiritus ab. Wischergummies ohne Halterung gibt es – z. B. von Bosch – im Zubehörhandel, man muß danach fragen; sie sind billiger als komplette Wischerblätter.

In dem für Ihren Wagen gültigen Schaltplan läßt sich verfolgen, welche Kabel für die Scheibenwischer-/Scheibenwascheranlage zuständig sind. Die Anlage

hat eine Zweistufen-Schaltung, die zwei verschiedene Geschwindigkeiten ermöglicht. Ferner wird bewirkt, daß nach dem Ausschalten des Wischermotors die Wischerblätter nicht sofort stehen bleiben, sondern in ihre Ausgangsstellung zurücklaufen. Dies ist ein besonderer Schalteffekt im Wischermotor, durch den der Motor noch so lange Strom erhält, bis die Wischerblätter in Ruhelage stehen. Die Endstellung funktioniert nicht, wenn die Zündung ausgeschaltet wird und die ganze Wischeranlage keinen Strom mehr erhält.
Abgesichert ist der Scheibenwischer durch eine Sicherung, die man in den Tabellen auf Seite 198–201 ermitteln muß. Bleibt der Scheibenwischermotor nach dem Ausschalten nicht stehen, dann hat sich an irgendeinem Aggregat dieser Anlage ein Massekontakt eingeschlichen. Man darf dann aber nicht einfach die Sicherung herausnehmen, weil sonst wichtige andere Organe am Wagen ohne Stromversorgung sind.
Bleiben jedoch die Wischerblätter, etwa bei Schneetreiben, Frost oder durch trockene Reibung außerhalb ihrer Ruhestellung stehen, während die Zündung eingeschaltet ist, brennt womöglich die Ankerwicklung des Wischermotors durch, auch wenn der Wischerschalter ausgeschaltet wurde. Denn durch den Endstellungs-Schalteffekt bleibt der Wischermotor trotzdem unter Strom, kann sich aber nicht drehen. Abhilfe: Wischerblätter sofort von der Windschutzscheibe abheben, damit sie in Ruhestellung laufen können.

Der Scheibenwascher

Das Kapitel »Winterschutz« behandelt auch die Füllung der Scheibenwaschanlage. Diese Anlage besteht aus der elektrischen Wascherpumpe, dem Wasserbehälter, den Verbindungsschläuchen und den Spritzdüsen. Zur Verbindung zwischen Scheibenwascherschaltkontakt und Pumpe dient das Kabel Nr. 87. Der Kontakt wird durch Eindrücken des Lichtschalterhebels in Richtung Lenksäule hergestellt, wobei die Stellung des Hebels in bezug auf die Lichtschaltung ohne Belang ist.
Erst ab Juli 1970 kommt die elektrische Wascheranlage zum Einbau. Eine mechanisch betätigte Pumpe kann man nachträglich durch einen elektrisch betriebenen Miniwascher ersetzen, wie ihn z.B. Bosch aus japanischer Produktion liefert. Die Einbaukosten liegen bei etwa 70 Mark. Erfahrungen zeigten, daß dieser Wascher über Jahre hinweg einwandfrei arbeitet. Da sein Druck sehr stark ist, müssen die Wasserdüsen vor der Windschutzscheibe genau ausgerichtet sein.
Bis 1970 war ein Scheibenwascher eingebaut, der nach Druck auf den Scheibenwischer-Drehschalter die Spritzdüsen in Tätigkeit setzte. Es handelte sich praktisch um die vom Typ 404 übernommene Anlage.

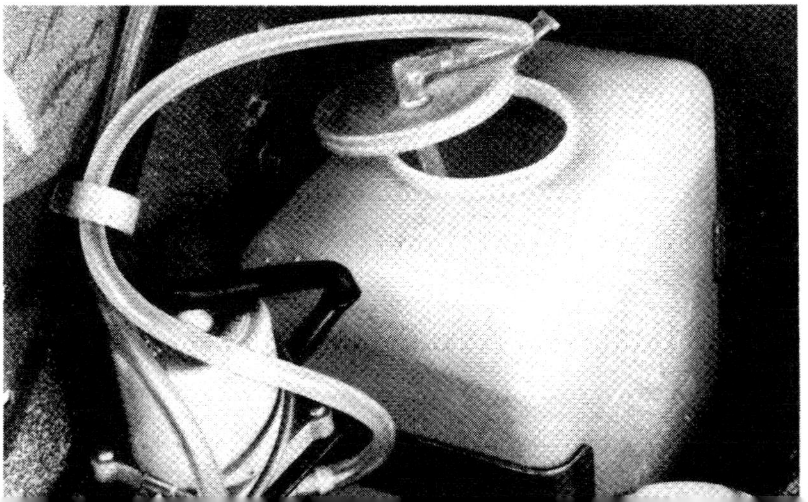

Die Schläuche der Scheibenwaschanlage müssen fest auf den Anschlußstutzen sitzen. Durch Verunreinigungen im Wasser verstopfte Schläuche sind durchzublasen, die Düsen vor der Windschutzscheibe kann man in diesem Fall mit einem feinen Draht durchstoßen. Beimischungen für das Scheibenwaschwasser siehe Seite 39. Die Pumpe kann durch Schmutzteile im Wasser schnell Schaden nehmen. Ein handelsüblicher Kraftstofffilter, in die Saugleitung vor der Pumpe eingesetzt, verhindert das.

Entwicklungsjahre – Änderungen am Peugeot 504

19. 9. 1968: Produktionsbeginn des Peugeot 504. Neue Karosserie mit Pininfarina-Einfluß. Aus dem Modell 404 weiterentwickelter Motor, Hubraum 1796 ccm; Vergasermotor mit 82 PS, Einspritzmotor mit 97 PS.

März 1969: Vorstellung von Cabriolet und Coupé, Einspritzer mit 100 PS.

Oktober 1970: Limousine mit Zweiliter-Motor (für Cabriolet und Coupé ab Januar 1971).

April 1971: Drei neue Versionen: Break, Commerciale und Familiale (in Deutschland ab September 1971).

September 1971: In Deutschland: Alle 2-l-Limousinen mit Knüppelschaltung.

August 1972: Limousinen und Kombiversionen mit Mittelhandbremse statt Stockbremse. Commerciale auch mit Trapezscheinwerfern.

Januar 1973: Neue Ölempfehlung für Motor und Wechselgetriebe: Esso Uniflo 10 W-50 statt Esso Extra 20 W-40.

6. 4. 1973: Produktionsbeginn des 504 L 1,8-Liter-Motor mit 79 PS. Vorstellung in Deutschland auf der IAA.

August 1974: Neuer Vergaser (Zenith INAT anstelle Solex SEIA) für Zweiliter-Motor ab Nr. 1904 001).

September 1974: Änderungen an der Karosserie: Versenkte Türgriffe, andere Fensterkurbeln. Modelle GL, Familiale und Break (Benziner) mit Halogen-Fernlicht. Kombiversionen mit Zwangsentlüftung, Ladeklappe mit Gasdruckhebern.

Oktober 1974: Detailänderungen am Hinterachsgetriebe.

Januar 1975: Neue Zündverteiler-Einstellmarken.

Februar 1975: Neuer Ölpeilstab: Bandstahl statt Stahldraht.

April 1975: Ölwechselintervalle für alle Schaltgetriebe vereinheitlicht.

Juni 1975: XN 1-Motoren: Verdichtungsverhältnis 8.25, mit Ölbadluftfilter und Ansaugluft-Vorwärmanlage.

September 1975: Neuer Vergaser Solex BICSA und Zeituhr für 504 L. Limousine TI mit elektrischen Scheibenhebern. Produktionsende von Commerciale, Break und Break Super Luxe; dafür Break GL mit Zweiliter-Motor, Cabriolet und Coupé mit 60 Liter-Tank.
Frostschutzfüllung im Kühlsystem serienmäßig.

Oktober 1975: Einführung der Einjahresgarantie.

Dezember 1975: Längere Stoßdämpfer vorn. Außer Cabriolet und Coupé: Bremssattelhalterungen in Achsschenkel integriert statt mit Schrauben befestigt. Bremsschläuche von 344 mm auf 375 mm (von Bund zu Bund) verlängert. Radnaben mit Kegelrollenlagern statt Kugellager.

Februar 1976: Typ 504 TI mit Doppelscheinwerfern für Halogen-Fernlicht und -Abblendlicht.
Bisherige 504-Produktionszahl: 1 300 000 Einheiten.

Mai 1976: Neues automatisches Getriebe ZF 3 HP 22 für 504 L, GL und TI.

August 1976: 504 GL-Limousine mit 96 PS und 504 TI mit 96 PS und 504 TI mit 106 PS, einschließlich Break und Familiale mit schwarzem Kühlergrill mit 2 Zierleisten, Scheibenwischerbetätigung am Lichtschalter. TI mit Servolenkung und elektrischen Fensterhebern.

September 1976: Halterung der Zündspule geändert (vorher an Befestigung der Lichtmaschine).

Juni 1977: Break und Familiale auch mit Vergaser Solex 32-35 TMIMA ausgerüstet.

September 1977: Alle Modelle mit einem elektronischen OT-Geber für die Zündeinstellung und mit Automatikgurten ausgerüstet. 504 TI mit H4-Scheinwerfern und elektrischen Fensterhebern vorn.

November 1977: Serienmäßige Einführung von Trommelbremsen mit automatischer Nachstellung an den Hinterrädern.

Juli 1978: Bisherige 504-Produktionszahl: 2 100 000 Einheiten, in Deutschland 190 000 Exemplare verkauft.

September 1978: 504 GL mit Trommelbremsen statt Scheibenbremsen an der Hinterachse.

April 1979: Geänderter Thermostat mit Leckstift und entsprechend neue Wasserpumpe bei allen Modellen.

September 1979: Produktionsende der Limousinen mit 2-Liter-Motor (dafür Typ 505). Das Grundmodell mit 1,8-Liter-Motor (mit verbesserter Ausstattung) heißt lediglich »504«, Typen: GR und SR.

September 1980: Einführung der 6-Jahres-Garantie gegen Durchrostung. 1,8-Liter-Motor von Normal- auf Superbenzin umgestellt, Leistung 80 PS, Verdichtung 8.8. Verbrauchsminderung um 12%. Break: 74 PS. Break GR und Familiale mit Heckscheibenwischer.

Technische Daten

Alle Angaben, die sich in bezug auf ein Automobil in Zahlen ausdrücken lassen, nennt man »Technische Daten«. Dazu gehören auch Kurzbezeichnungen und -beschreibungen einzelner Teile von Motor, Fahrgestell und Karosserie. Insgesamt vereinen sich diese Angaben gewissermaßen zu einem Steckbrief. Sie sind Bestandteil der Allgemeinen Betriebserlaubnis (ABE) und nachträglich darf an dem Wagen nichts geändert werden, was auch irgendwie die angegebenen Werte berühren würde. (Änderungen der nachstehenden Angaben auf Grund von Verbesserungen durch das Werk vorbehalten.)

Motor (Hinter Schrägstrich: ab August 1976)

Typ		XM	KF 6		XM 7		XN 1		XN 2	
Bauart		Viertakt-Reihenmotor, wassergekühlt								
Zylinder		4	4		4		4		4	
Bohrung	mm	84	84		84		88		88	
Hub	mm	81	81		81		81		81	
Hubraum	ccm	1796	1796		1796		1971		1971	
				ab 1969	ohne	mit Lüfter				
Höchstleistung	kW (PS)	61,1 (82)	71 (97)	73 (100)	53,7 (73)	58,1 (79)/ 60 (81)	68,4 (93)/ 71 (96)		76,4 (104)/ 88 (106)	
bei U/min		5500	5600	5500	5000	5100	5200		5200	
Drehmoment	Nm (kpm)	134 (13,7)	137 (14)		137 (14)	142,2 (14,5)	160 (16,3)		167,7 (17,1)	
bei U/min		3000	3000		2500		3000		3000	
Verdichtung		8,35	8,35		7,5		8,35/8,8		8,35/8,8	
Oktanbedarf	MOZ	86	86		80		85		86	
Kurbelwellenlager		5	5		5		5		5	
Ventiltrieb		Seitlich liegende Nockenwelle, durch doppelte Rollenkette angetrieben und auf hängende Ventile wirkend. Einlaß- und Auslaßventile auf getrennten Kipphebelwellen.								
Ventilspiel (kalt)										
Einlaß	mm	0,10	0,10		0,10		0,10		0,10	
Auslaß	mm	0,25	0,25		0,25		0.25		0,25	
Ventilsteuerung (in Klammern: bis Oktober 1972)										
Einlaß öffnet vor OT		0° 30°	1°		(1°)	2°	(1°)	2°	(2° 30')	0° ± 3°
Einlaß schließt nach UT		35°	36°		(36°)	39°	(36°)	39°	(42°)	44° 30'
Auslaß öffnet vor UT		35° 30'	35° 30'		(33°)	30°	(33°)	30°	(36°)	33° 30'
Auslaß schließt nach OT		10°	9°		(5° 30')	8° 30'	(5° 30')	8° 30'	(7°)	9° 30'
Schmiersystem		Druckumlaufschmierung durch Zahnradpumpe mit Ölwechselfilter im Hauptstrom								
Kühlung		Wasserumlaufkühlung mit Flügelradpumpe, thermostatisch geregelt, Ventilator auskuppelbar außer bei XM 7								

Kraftübertragung

Kupplung		Einscheiben-Trockenkupplung, hydraulisch betätigt; Druckplatte mit Federscheibe				
Schaltgetriebe		Schrägverzahntes, voll- und sperrsynchronisiertes Zahnrad-Vorlegegetriebe				
Übersetzungsverhältnisse	1. Gang	0,273	0,273	0,273	0,281	0,281
	2. Gang	0,461	0,461	0,461	0,475	0,745
	3. Gang	0,710	0,710	0,710	0,732	0,732
	4. Gang	1	1	1	1	1
	R.-Gang	0,267	0,267	0,267	0,275	0,275
Automatisches Getriebe		Hydraulischer Dreielement-Drehmomentwandler und automatisch schaltendes Dreigang-Planetenradsystem				
Übersetzungsverhältnisse /ZF 3HP 22	1. Gang				0,390/0,40	0,390/0,40
	2. Gang				0,658/0,68	0,658/0,68
	3. Gang				1 /1	1 /1
	R.-Gang				0,5 /0,48	0,5 /0,48
Kardanwelle		Einteilige Rohrwelle, gelagert in Verbundungsrohr				
Hinterachsgetriebe		Hypoidverzahnter, geräuscharmer Kegelradantrieb				
Übersetzungsverhältnis Limousine		0,257 (3,888:1)	0,265 (3,777:1)	0,257 (3,888:1)	0,257 (3,888:1)	0,265 (3,8:1)
Rädersatz Limousine		9 x 35	9 x 34	9 x 35	9 x 35	9 x 34
			Cabrio, Coupé	Commerciale:	Familiale:	Cabrio, Coupé
Übersetzungsverhältnis			0,270 (3,70:1)	0,237 (4,22:1)	0,243 (4,11:1)	0,270 (3,70:1)
Rädersatz			10 x 34	9 x 38	9 x 37	10 x 37

Elektrische Anlage

	XM	KF 6	XM 7	XN 1	XN 2
Zündung	Batterie-Zündung, 12 V Spannung				
Batterie	12 V/55 Ah	12 V/55 Ah	12 V/45 Ah	12 V/45 Ah	12 V/45 Ah
Zündspule	Ducellier 2070 B oder SEV Motorola 3 H				
Zündverteiler	Ducellier	Ducellier	Ducellier	Ducellier	Ducellier
Kurve	M 48	M 53	M 48	M 78	M 77
Zündverstellung					
Fliehkraft bis °kW	14° 30' ± 50'	13° ± 1°	14°	14°	14°
Unterdruck bis °kW	5° 30' ± 50'	4° 20' ± 1°	4° 30' - 6° 30'	4° 30' - 6° 30'	4° 30' - 6° 30'
Unterbrecherkontaktabstand mm	0,4	0,4	0,4	0,4	0,4
Schließwinkel	57° ± 2°	57° ± 2°	57° ± 2°	57° ± 2°	57° ± 2°
Zündzeitpunkt-Grundeinstellung siehe Seite 190	10°	10° –5°	10° –5°	8°	8°
Zündfolge	1 - 3 - 4 - 2	1 - 3 - 4 - 2	1 - 3 - 4 - 2	1 - 3 - 4 - 2	1 - 3 - 4 - 2
Zündkerzen	AC 42 XLS, Champion N 9 Y, Marchal GT 3454 oder Bosch W6DC (W175T30), Peugeot 59.61.43	KF 6: Champion N 6 Y, Marchal GT-34 HD oder KF 5: AC 41.2 XLS, Champion N 6 Y, Marchal GT 34 HD oder Motorcraft AG 12 Peugeot 59.61.41	AC C 44 XL, Champion N 7 Y, Marchal 35 HS oder Bosch W6DC (W175T30), Motorcraft AG 42, Peugeot 59.61.42	AC 42 XLS, Champion N7 Y, Marchal GT 3454 oder Beru 14-6D1 (215/13/3A), Beru RS 37, Bosch W200T30, Peugeot 59.61.42/3	AC 41 42 LTS, Champion N 9 Y, oder Beru 14-6D1 (215/13/3A), Bosch W5DC (W225T30), Motorcraft AG 12, Peugeot 59.61.41
Elektrodenabstand mm	0,6	KF 6: 0,5 KF 5: 0,6	0,6	0,6	0,6
Lichtmaschine					
Drehstrom	Einphasig	Dreiphasig	Dreiphasig	Dreiphasig	Dreiphasig
Typ	Ducellier 7529 A	SEV Motorola A 14/30 oder Paris-Rhône A 13 R 15	Ducellier 7527 oder Paris-Rhône A 13 R 95 oder SEV Motorola 712 268 02 bei 65 Ah-Batterie: SEV Motorola 14 V 712 207 02	Ducellier 7527 oder Paris-Rhône A 13 R 95 oder SEV Motorola 712 268 02	Ducellier 7527 oder 7575 oder Paris-Rhône A 13 R 95 oder SEV Motorola 712 268 02 oder 712 290 02
Spannungsregler Typ	Ducellier 8362 A	Ducellier 8349 A oder Paris-Rhône AYA 21	Ducellier 6189 oder Paris-Rhône D 8 E 96 oder Ducellier 8364 oder Paris-Rhône AYB 21	Ducellier 8364 oder Paris-Rhône AYB 21	Ducellier 8364 oder Paris-Rhône AYB 21
Anlasser Typ	Ducellier 6189 A oder Paris-Rhône D 8 E 76	Ducellier 6189 A oder Paris-Rhône D 8 E 76	Ducellier 6189 oder Paris-Rhône D 8 E 96	Ducellier 6081 oder Paris-Rhône D 8 E 57	Ducellier 6081 oder Paris-Rhône D 8 E 57, D 8 E 124
Scheinwerfer und Leuchten	siehe Seite 203				

Kraftstoffanlage

	XM	KF 6	XM 7	XN 1	XN 2
Vergaser	siehe nebenan		siehe nebenan	siehe nebenan	
Einspritzpumpe Typ		Kugelfischer KF 6			Kugelfischer KF 5
Einspritzventile Abspritzdruck bar		DLO 20 B 30 – 38			DLO 20 B 30 – 38
Kraftstoffpumpe	Mechanische Membranpumpe, von Nockenwelle angetrieben	Elektrische Förderpumpe	Mechanische Membranpumpe, von Nockenwelle angetrieben		Elektrische Förderpumpe
Luftfilter	Trocken	Mit Ölbad 0,27 l	Trocken	Trocken	Mit Ölbad 0,27 l

Motor	XM mit Schaltgetriebe		XM mit Automatik		XM 7	XM 7	XN 1 mit Schaltgetriebe		XN 1 mit Automatik		XN 1 mit Schaltgetriebe		XN 1 mit Automatik		XN 1		XN 1	
	Solex					Solex	Solex								Zenith		Solex	
Vergaser	34 PBICA-5	34 PBICA-7 ab Mai 1970	34 PBICA-5	34 PBICA-7 ab Mai 1970	34 PBICA-9	34 BICSA-3	32/35 SEIEA		32/35 SEIEA		32/35 SEIEA-2 ab Jan. 1971		32/35 SEIEA-2 ab Jan. 1971		35/40 INAT ab Aug. 1974		32/35 TMIMA ab Juni 1977	
							1. Stufe	2. Stufe	1. Stufe	2. Stufe	1. Stufe	2. Stufe	1. Stufe	2. Stufe	1. Stufe	2. Stufe	1. Stufe	2. Stufe
Lufttrichter	27	27	27	27	27	27	24	27	24	27	24	27	24	27	22	28	24	27
Hauptdüse	145	145	145	145	145	135	125	137,5	122,5	140	125	137,5	122,5	140	X 112,5	X 130	112,5	140
Luftkorrekturdüse	170	170	170	160	200	180	140	150	140	150	140	150	140	150	150	110	155	130
Mischrohr	28	28	28	130	E 8	S 134	ND	S 1	ND	S 1	ND	S 1	ND	S 1	9 R	4 N	X 3	X 2
Leerlaufdüse	50	50	50	50	47,5	56	55	-	55	-	50	-	50	-	45	-	4646	40
							ab Febr. 71		ab Febr. 71									
						siehe Seite	50		50									
Leerlaufbohrung	210	210	210	210	210	102/103	80	-	30	-	80	-	80	-			160⌀80	⌀150
	am Gehäuse	unter der Düse	am Gehäuse	unter der Düse	in der Düse													
Pumpendüse	-	50	-	50	50													
Pumpenhub						5 mm	Nocken		Nocken		Nocken		Nocken					
Beschleunigungspumpe															0,30	0,65		
Übergangsdüse															50	-		
Gemischanreicherungsventil															40	-	60	-
By-pass	3/110	3//110	3//110	3//110	130/120		110/100	120	110/100	120	-	120	-	120			0,6 x 5	⌀ 110
Econostat	-	-	-	-	100	70	-	100	-	100	-	100	-	100			-	80
Drosselklappenöffnung bei Pumpenhubende	3 mm±0,5	3 mm±0,5	3mm±0,5	3 mm±0,5	3,5 mm±0,5													
Starterdüse	160	160	160	160	160													
Einspritzrohr	45	-	45	-	50	45	40	40	40	40	50	35	50	35	0,5+0,03	0,5+0,03	40	50
							ab Nov. 1970		ab Nov. 1970									
							50	35	50	35								
Schwimmernadelventil	1,70	1,70	1,70	1,70	1,70		1,80		1,80		1,80		1,80				1,70	
Schwimmer	5,7 g	5,7 g	5,7 g	5,7 g	5,7 g										8,5 g	-	5,2 g	

Fahrwerk

Fahrwerk	XM	KF 6	XM 7	XN 1	XN 2
Vorderachse	Einzelradaufhängung an zwei Querträgern, je zwei gelenkig miteinander verbundene Lenkarme als Dreieckquerlenker, über Zwischenhebel an den hinteren Lenkarmen angreifender und mit vorderem Querträger verbundener Drehstab (außer Commerciale), schrägstehende Teleskop-Stoßdämpfer mit Schraubenfedern				
Hinterachse	Einzelradaufhängung mit aufgehängtem Hinterachsgetriebe und Achswellen mit je zwei homokinetischen Gelenken, kastenförmige gezogene Längslenker zur Aufnahme der Schubkraft, die sich auf einen mit der Karosserie verbundenen Querträger überträgt, mit dem Aufbau und über Zwischenstangen mit den Längslenkern verbundener Drehstab, Schraubenfedern mit Teleskop-Stoßdämpfern zwischen Aufhängungstraverse und Längslenkern.		Starrachse mit langen Dreiecklenkern zwischen Achsrohren und mittlerem Schubrohr der Kardanwelle, Stabilisator (Panhardstab), Schraubenfedern mit Teleskop-Stoßdämpfern, Drehstabstabilisator. Commerciale: wie Break.	Limousine, Cabrio und Coupé: wie XM. Break und Familiale: Starrachse ähnlich XM 7 mit doppelten Schraubenfedern und schrägstehenden Teleskop-Stoßdämpfern unter oberer Aufhängungstraverse.	
Lenkung	Gedämpfte Zahnstangenlenkung mit Schrägverzahnung, zweiteilige Lenksäule mit Kardangelenk und Gelenkscheibe, Spurstange links mit Längenverstellung.				

		Limousine	Break, Familiale	Commerciale	Cabriolet, Coupé
Wendekreisradius					
am Rad außen	m	5,20	10,96	10,96	4,90
an der Karosserie außen	m	5,45	11,40	11,40	5,17
Lenkraddurchmesser	mm	425 (L: 420)	420	420	405
Lenkradumdrehungen von Anschlag zu Anschlag		4,5/TI: 3,4	4,5	4,5	4,5/3,4
Vorderachse					
Vorspur		3 ± 1 mm (XM, KF 6: 4,5 ± 1 mm)	3 ± 1 mm	3 ± 1 mm	3 ± 1 mm (KF 6: 4,5 ± 1 mm)
Radsturz		0° 38' (L: 0° 38' ± 30')	0° 38' ± 30'	0° 38' ± 30'	0° 38'
Nachlauf		2° 40' (L: 2° 40' ± 30')	2° 40' ± 30'	2° 40' ± 30'	2° 40'
Achsschenkelspreizung		8° 54' (L: 8° 45' ± 30')	8° 54' ± 30'	8° 45' ± 30'	8° 45'
Hinterachse					
Vorspur		4 - 6 mm (L: 0 mm)	0 mm	0 mm	4 - 6 mm
Radsturz, negativ		0° 40' - 1° 40' (L: 0°)	0°	0°	0° 40' - 1° 40'
Spurweite					
vorne	mm	1420	1420	1420	1420
hinten	mm	1360 (L: 1330)	1360	1360	1360 (KF 6: 1410)
Radstand	mm	2740	2900	2900	2740
Bremsanlage		Hydraulische Zweikreis-Vierradbremse mit Bremskraftverstärker und Bremskraftregler für hintere Bremsen. Bei Serienbeginn auch Einkreisbremse für Limousine.			
Fußbremse vorne		Scheibenbremsen mit schwimmender Bremszange und einem Bremszylinder			
Bremsscheibe vorne					
Durchmesser	mm	273	273	273	273
		Stärken und Minimalstärken siehe Seite 149			
Bremsfläche pro Rad vorne	cm^2	764	764	764	764
Fußbremse hinten		Scheibenbremsen wie vorne (L: Trommelbremsen wie Kombis)	Trommelbremsen mit selbstzentrierender Bremsbacken		Scheibenbremsen wie vorne
Bremsscheibe hinten					
Durchmesser	mm	273			273
Bremstrommel hinten					
Durchmesser	mm	255	280	280	

		Limousine	Break, Familiale	Commerciale	Cabriolet, Coupé
Bremsfläche pro Rad hinten					
Scheibenbremse	cm²	650			650
Trommelbremse	cm²	360	527,5	527,5	
Handbremse		Mechanisch auf Hinterräder wirkend			
Felgen		5 J x 14	5 J x 14	5 J x 14	5 J x 14
Reifen		175 SR 14 175 HR 14 (L: 165 SR 14)	185 SR 14 verstarkt	185 SR 14 verstärkt	175 SR 14 175 HR 14

Reifendruck (bar)

Modell ¹) voll belastet ²) große Geschwindigkeit ³) leer		Reifen-größe	Dunlop SP Sport v h	Kleber V 10 GT v h	Kleber V 10 S v h	Michelin XAS v h	Michelin zX v h	Michelin XZX v h	Michelin XVX v h	Uniroyal Rallye 180 v h
Limousine GL, TI	¹)	175 SR 14	1,6 1,9	1,6 1,9		1,5 1,8		1,7 2,0		
	²)		1,9 2,2	1,8 2,1		1,7 2,0		1,7 2,0		
	¹)	175 HR 14	1,6 1,9	1,6 1,9		1,5 1,8			1,5 1,8	
	²)		1,9 2,2	1,8 2,1		1,7 2,0			1,5 1,8	
Limousine L	¹)	165 SR 14	1,8 2,1				1,7 2,0			
Break, Familiale	¹)	185 SR 14			1,6 3,2		1,5 3,2			1,6 3,2
	³)				1,6 2,5		1,5 2,5			1,6 2,5
Familiale	¹)	185 HR 14				1,6 2,8				
	³)					1,6 2,3				
Commerciale	¹)	185 SR 14			1,6 3,2		1,5 3,2			
	³)				1,6 2,5		1,5 2,5			
Cabriolet	¹)	175 HR 14	1,6 1,7	1,6 1,7		1,5 1,6			1,5 1,8	
	²)		1,9 2,0	1,8 1,9		1,7 1,8			1,5 1,8	
Coupé	¹)	175 HR 14	1,6 1,9	1,6 1,9		1,5 1,8			1,5 1,6	
	²)		1,9 2,2	1,8 2,1		1,7 2,0			1,5 1,6	

Typen

Limousine, Motor XM	: A 01
Limousine, Motor KF 6	: A 02
Cabriolet, Motor KF 6	: B 02
Coupé, Motor KF 6	: C 02
Limousine, Motor XN 1, Schaltgetriebe	: A 11
Limousine, Motor XN 2, Schaltgetriebe	: A 12
Limousine, Motor XN 1, Automatik	: A 13
Limousine, Motor XN 2, Automatik	: A 14
Limousine, Motor XM 7, Schaltgetriebe	: M 01
Limousine, Motor XM 7, Automatik	: M 03
Break GL, SL, Schaltgetriebe	: D 11
Break GL, SL, Automatik	: D 13
Commerciale	: E 01
Familiale, Schaltgetriebe	: F 11
Familiale, Automatik	: F 13
Cabriolet, Motor XN 2, Schaltgetriebe	: B 12
Coupé, Motor XN 2, Schaltgetriebe	: C 12
Coupé, Motor XN 2, Automatik	: C 14

Füllmengen (Liter)

Kraftstofftank	Limousinen: 56; Cabrio, Coupé: 56, ab 1975: 60; Kombis: 60
Kühlsystem	7,8
Motor 1,8 l Hubraum	4
Motor 2,0 l Hubraum	5
Einspritzpumpe	0,15 (KF 6 : 0,4)
Ölbadluftfilter	0,27
Schaltgetriebe	1,15
Automatisches Getriebe	4,75–5,25, mit Ölkühler 5,5; ZF 3 HP 22: 4,25–4,45
Hinterachsgetriebe	1,2; Limousine L und Kombis: 1,6
Scheibenwascher	1,5

Gewichte und Maße

Typ		A 01, A 02	A 11, A 12, A 13, A14,	B 02, B 12	C 02, C 12, C 14	D 11, D 13, F 11, F 13	E 01	M 01, M 03
Leergewicht*	kg	1145	1175	1165	1165	1270	1195	1160
Zulässiges Gesamtgewicht	kg	1680	1710	1540	1540	1970	1925	1640
Zulässige Last vorne	kg	755	800	730	720	790/735	655	765
Zulässige Last hinten	kg	925	910	810	820	1180/1235	1270	875
Länge über alles	mm	4490	4490	4360	4360	4803	4803	4480
Breite über alles	mm	1690	1690	1700	1700	1695	1695	1690
Höhe unbelastet	mm	1460	1460	1360	1350	1550	1550	1460
Höhe bei Last	mm	1410	1410	1340	1330	1450	1460	1400
Bodenfreiheit	mm	160	160	160	160	165	160	120
Sitzbreite vorne	mm	1420	1420	1430	1430	1420	1430	1420
Sitzbreite hinten	mm	1390	1390	1200	1400	1350	1414	1390
Nutzbarer Kofferrauminhalt	dm^3	420	421	310	310	330/650	1170/1900	353
Gesamte Scheibenfläche	m^2	225	2,25	1,69	2,25	2,96	2,986	2,226
Hecktür Breite	mm					1070	1070	
Hecktür Höhe	mm					800	800	
Ladeboden Nutzlänge	mm					690/1200	1430/1930	

* ohne Kraftstoff, Öl und Wasser

Fahrwerte (Werksangaben)

Modell		Limousine XM	Limousine KF 6	Cabriolet und Coupé KF 6	Limousine GL	Limousine TI	Limousine L	Break	Familiale	Commerciale	Cabriolet	Coupé
Höchstgeschwindigkeit	km/h	156	168	175	162	173	154	160	160	146	179	179
mit automat. Getriebe	km/h	–	–	–	156	167	–	154	154	–	–	170
Geschwindigkeit im 4. Gang bei 1000 U/min	km/h	29,62	30,5	31,14	29,75	30,62	29,16	28,75	28,75	28	31,26	31,26
Max. Anfahrsteigvermögen mit Schaltgetriebe		28,5%	30%	29%	27,5%	30%	28%	22,5%	22,5%	19,5%	30%	30%
mit automat. Getriebe		–	–	–	30%	30%	–	29,5%	29,5%	–	–	30%
Beschleunigungswerte (stehender Start) mit Schaltgetriebe												
400 m	s	19,3	18,1	18,5	18,3	17,8	19,6	19,1	19,1	20	17,5	17,5
1000 m	s	36,4	34,2	35	34,4	33,2	36	35,9	35,9	38	32,6	32,6
mit automat. Getriebe												
400 m	s	–	–	–	20,3	19,1	–	20,9	20,9	–	–	18,8
1000 m	s	–	–	–	37,5	35,5	–	38,8	38,8	–	–	34,8
von 0 auf 100 km/h												
mit Schaltgetriebe	s	14,8	12,2	12,6	13,2	11,5	15,8	15	15	17,1	11,2	11,2
mit automat. Getriebe		–	–	–	16,8	13,2	–	18,3	18,3	–	–	13

Erläuterungen zu den Schaltplänen

Die Klemmenbezeichnungen sind zugleich die Anfangsbuchstaben oder Abkürzungen des jeweiligen französischen Begriffs. Vielfach sind diese Bezeichnungen an den betreffenden Anschlüssen der Schalter und Aggregate zu finden. Deshalb haben wir uns eine Übersetzung gespart und hinter das französische Kürzel einfach die deutsche Bezeichnung eingesetzt.

Klemmenbezeichnung	Aggregat, Instrument
A bis Z	Kabelverbinder
A.C.	Zigarrenanzünder
Al.	Zündverteiler mit Kondensator
Alt.	Lichtmaschine
Amp.	Ampéremeter
Av.	Signalhorn
Bie.	Batterie
Bo.	Zündspule
B.r.	Anschlußklemme
C.A.	Signalhornschalter
C.C.E.	Schaltkasten für Elektroventil
C.Cli.	Blinkautomat
C.E.V./L.V.	Schalter f. Scheibenwischer/Scheibenwaschanlage
Cli.	Blinker
Com.	Lichtschalter
Conac.	Doppelkontakt an der Spritzwand
Cor.	Relaiskasten
Co.R.	Reglerkondensator
Coup.	Automatische Kupplung
Cr.	Kabelverbinder für Scheinwerfer
C.R.	Leerlaufabschaltventil
C.T.	Drehzahlmesser
Dém.	Anlasser mit Solenoidschalter
DIR.AV.	Schalter für Blinklichter und Signalanlage
Dyn.	Gleichstromlichtmaschine
E.C.	Kofferraumbeleuchtung
E.Ce.	Aschenbecherbeleuchtung
E.Cl	Beleuchtung: Hebelgruppe der Klimaanlage
E.Co	Beleuchtung der Bedienungshebel
E.I.	Innenraumbeleuchtung
E.I.D.	Rechte Innenraumbeleuchtung
E.I.G.	Linke Innenraumbeleuchtung
E.P.B.D.	Beleuchtung des rechten Armaturenbretts
E.P.B.G.	Beleuchtung des linken Armaturenbretts
E.P.P.	Nummernschildbeleuchtung
E.V.	Scheibenwischer
E.Va.	Elektroventil
E.V.P.	Handschuhfachbeleuchtung
F. (n)	Sicherung
F.L.	Seitliche Begrenzungsleuchten
F.P.	Türbegrenzungsleuchten
F.Pr.	Sicherung für Scheinwerfer
F.R.	Seitliche Blinker
F.S.	Parkleuchte
Gov.	Zentrifugalschalter
H.E.	Öl-und Wasserkontrolleuchte
I.A.	Lenk-Zündschloß
I.A.D.	Schalter für Lenk-Zünd-Anlaßschloß
I.C.F.	Schalter für Bremskontrolleuchte
I.Cli.	Blinkerschalter
I.C.P.	Druckabfall-Warnanzeiger
I.D.	Schalter für Warnblinkanlage
I.E.C.	Schalter für Kofferraumbeleuchtung
I.E.V.	Schalter für Scheibenwischer
I.E.V./L.V.	Schalter für Scheibenwischer. Bedienungshebel der Scheibenwaschanlage
I.E.V.P.	Schalter für Handschuhfachbeleuchtung
I.F.M.	Handbremskontaktschalter
I.F.S.	Schalter für Parkleuchten
I.L.C.	Schalter für heizbare Heckscheibe
I.L.V.D.	Schalter für rechten Fensterheber
I.L.V.G.	Schalter für linken Fensterheber
I.P.	Türschalter
I.P.AV.	Schalter für Vordertür
I.P.AR.	Schalter für Hintertür
I.P.M.	Leerlaufschalter
I.P.P.	Schalter Beifahrer
I.P.R.	Schalter für Rückfahrscheinwerfer
I.S.	Bremslichtschalter
I.S.D.	Anlaßsperrschalter
I.T.S.	Schalter für Kaltstartzugkontrolleuchte
I.V.	Kontaktschalter der Hecktür
I.V.Cl.	Schalter für Heizungsventilator
I.V.Cl.C.	Schalter für Heizungsventilator komplett
J.R.	Benzinstandanzeiger
J.Tr.	Benzinstandgeber
L.	Standlichter
L.C.	Heizbare Heckscheibe
L.E.	Lampe für Armaturentafelbeleuchtung
L.V.D.	Motor für rechten Scheibenheber
L.V.G.	Motor für linken Scheibenheber
M.	Masseanschluß
Ma.	Lichthupenbetätigung
M.C.A.	Kontaktschalter für Bremshilfe
M.C.E.	Geber für Kraftstoffanzeige
M.C.F.	Kontrollschalter für Bremsflüssigkeit
M.C.H.	Öldruckschalter
Mo.	Elektrische Zeituhr
P.B.	Handlampenanschluß
P.E.	Benzinpumpe
P.E.V.	Fußpedalschalter der Scheibenwischer
P.F.	Bremsbelagplatten
Pl.	Deckenleuchte mit Schalter
Pl.2	Hintere Deckenleuchte (abgeleitete Typen)
Pl.D.	Rechte Deckenleuchte
Pl.G.	Linke Deckenleuchte
P.L.V.	Pumpe der Scheibenwaschanlage
Pl.R.	Relaisplatte
Pog.	Schalthebel
P.R.	Rückfahrscheinwerfer
Pr.	Scheinwerfer
Pr.C.	Abblendlicht
Pr.H.	Halogenscheinwerfer
Pr.R.	Fernlicht
P.T.	Anschluß des Kühlwasserthermometers
R.A.E.V.	Relais für Lichtmaschine und Scheibenwischer
R.A.L.	Doppelrelais für Lichthupe
R.A.P.	Relais für Abgasentgiftungsanlage
R.Bie.	Batteriehauptschalter
R.D.	Anlasserrelais
R.E.V.	Scheibenwischerrelais
Reg.	Regler

Klemmenbezeichnung	Aggregat, Instrument
R.F.E.V.	Abstellautomat für den Scheibenwischer
Rh.	Rheostat der Instrumententafelbeleuchtung
Rh.Co.	Rheostat Beleuchtung der Bedienungshebel
Rh.V.Cl.	Rheostat für Ventilator der Klimaanlage
R.L.C.	Relais für heizbare Heckscheibe
R.L.F.	Bremsflüssigkeitsbehälter
R.Ph.	Scheinwerferrelais
R.Pr	Fernlichtrelais
R.V.E.	Relais des Elektroventilators
S.	Stop (Bremsen)
T.	Scheibenwischertemporisator
T.C.	Ladestrom-Kontrolleuchte
T.Cli.	Blinker-Kontrolleuchte
T.D.	Warnblinkanlage Kontrolleuchte
Te.E.	Wassertemperatur-Kontrolleuchte
T.E.	Benzindruck-Kontrolleuchte
T.H.	Öldruck-Kontrolleuchte
Th.E.	Kühlwasserthermometer

Klemmenbezeichnung	Aggregat, Instrument
Th.T.	Wärmekontakt der Wassertemperatur
Th.V.D.E.	Wärmekontakt des auskuppelbaren Ventilators für Kühlwasserkreislauf
Th.V.D.H.	Wärmekontakt des auskuppelbaren Ventilators für Ölkreislauf
Th.V.E.	Thermokontakt des Elektroventilators
T.L.	Standlicht-Kontrolleuchte
T.L.C.	Kontrolleuchte für heizbare Heckscheibe
T.Ph.	Fernlicht-Kontrolleuchte
T.S.	Starter-Kontrolleuchte
T.S.F.	Brems-Kontrolleuchte
T.V.	Fahrbereichanzeige
V.Cl.	Ventilator der Klimaanlage
V.Cl.C.	Zusätzlicher Ventilator der Klimaanlage
V.D.	Auskuppelbarer Ventilator
V.E.	Elektroventilator
+ a.c.	Stromzufuhr nach Einschalten der Zündung
+ p.	Dauernde Stromzufuhr

Die Kabelnummern sind mehr oder weniger willkürlich gewählt und entsprechen nicht den deutschen DIN-Klemmenbezeichnungen. Bei Peugeot verbinden jedoch Kabel mit gleichen Nummern stets Bauteile oder Aggregate des gleichen Charakters. Deshalb kann man von einer Peugeot-Norm sprechen (siehe Seite 197).

Die Kabelnummern finden Sie nicht nur im Schaltplan, sondern meist in bestimmten Abständen auf den Kabelisolationen selbst aufgedruckt. Die Kabelfarben haben praktisch nichts zu bedeuten, können jedoch beim Verfolgen einer Leitung helfen.

Im Schaltplan verschwinden die Einzelleitungen immer in einem dickeren Strang. In welcher Richtung das Kabel dort weiterläuft, deutet der kleine Knick vor Eintritt in den Strang an. Zum Weiterverfolgen der Leitung müssen Sie jetzt mit dem Finger oder mit einer Bleistiftspitze am Strang soweit entlangfahren, bis das Kabel mit der gesuchten Nummer wieder aus dem Strang austritt.

Wegweiser

504 L
ab April 1973

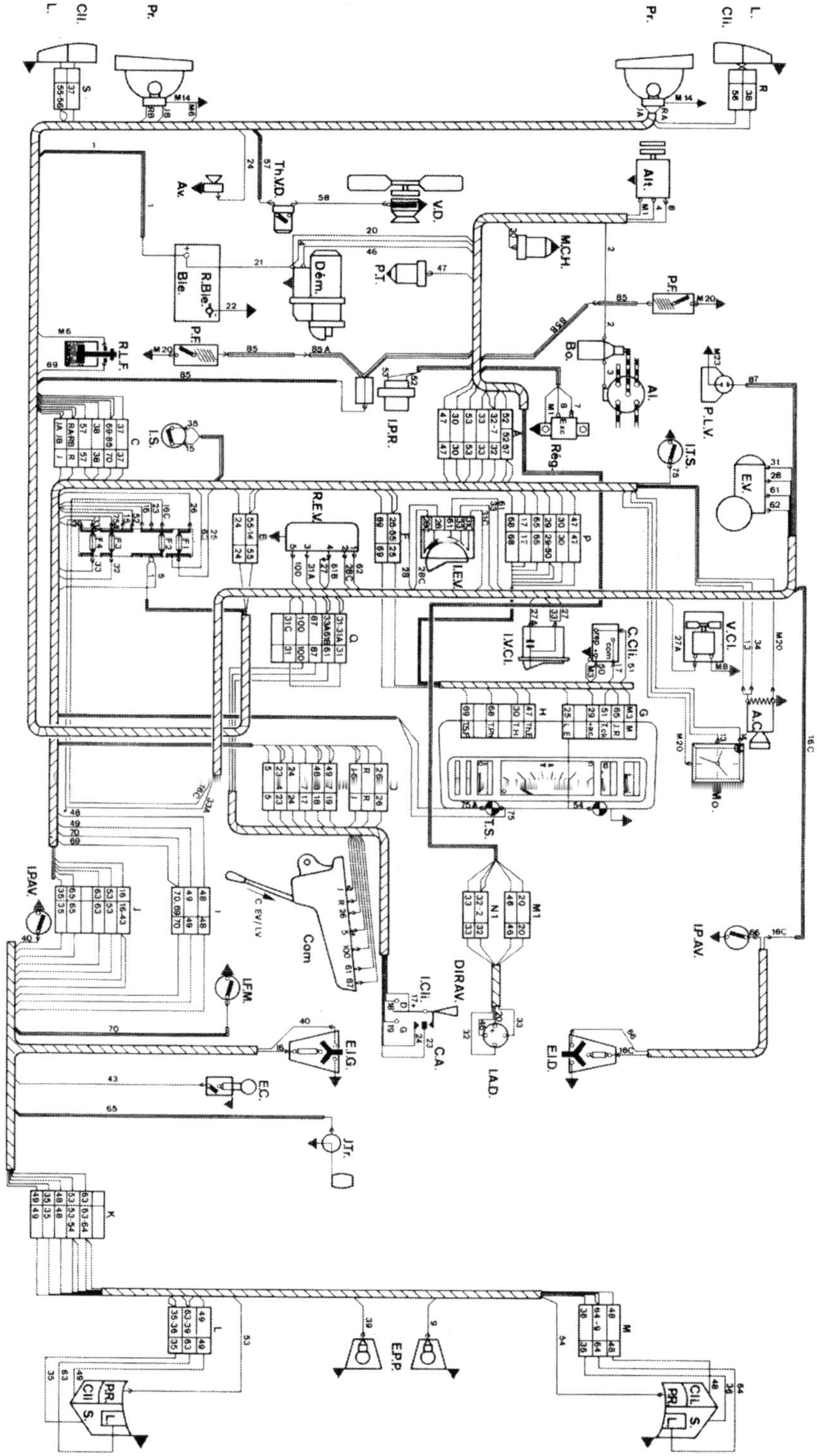

Erläuterungen zu den Schaltplänen siehe Seite 227 - 228

504 TI
ab Juli 1972

Der Schaltplan ist im wesentlichen auch mit dem der Wagen mit Vergasermotor (2 l) und zum großen Teil auch mit früheren Versionen identisch.

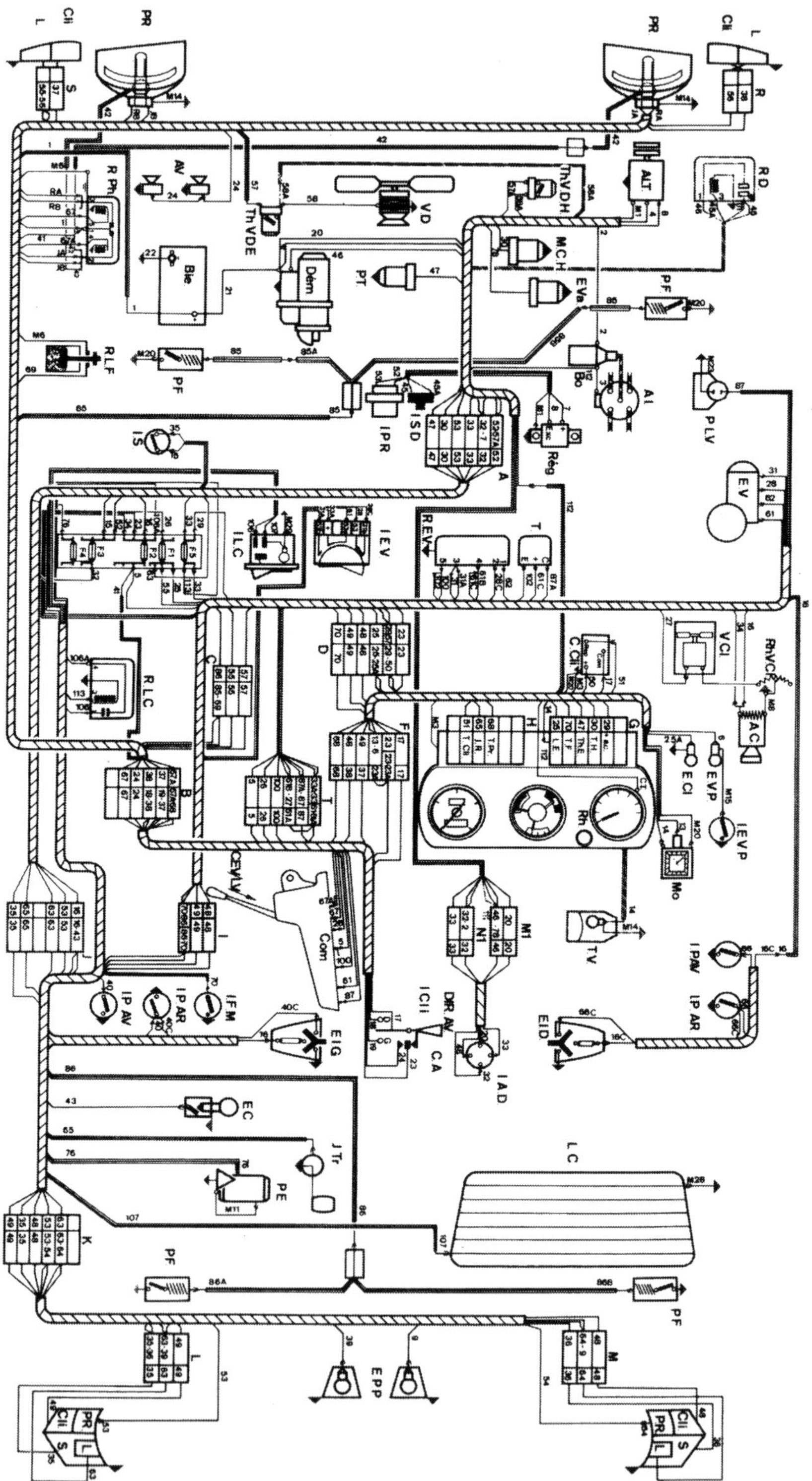

Erläuterungen zu den Schaltplänen siehe Seite 227 - 228

FSC
www.fsc.org
MIX
Papier | Fördert
gute Waldnutzung
FSC® C083411

Kolibri 360 GmbH
Ferdinand-Jühlke-Straße 7
99095 Erfurt, Deutschland
produktsicherheit@kolibri360.de